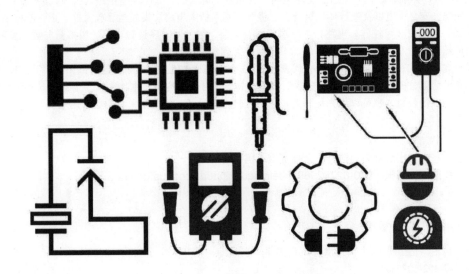

电工电子技术
与忆阻器应用

张洪润 金伟萍 —— 著

U0252655

清华大学出版社
北京

内 容 简 介

本书从实用的角度，根据电工电子技术发展的最新趋势，结合多年的教学、科研经验而编写，精简了对分立元件的分析和过多的理论叙述，增加了忆阻器、集成电路应用方面的知识和实例。

全书共 16 章，详细讲解直流电路、交流电路、变压器、电动机、低压控制电路、PC 可编程控制器、供电、输电、配电、安全用电以及半导体二极管、三极管、基本放大电路、集成运算放大器、正弦波振荡电路、直流稳压电源、晶闸管（可控硅）电路、数字逻辑组合电路、触发器时序逻辑电路、模拟量与数字量转换电路、忆阻器应用等。每章末均有小结和习题，书末附有习题参考答案。

本书理论与应用实践相结合，讲解具有代表性的 83 个例题和 176 道课后练习题，适用于高等院校电气工程、电子信息、化工、机械、物理、仪器仪表、机电一体化、计算机应用、生物医学、精密仪器测量与控制、汽车与机械等专业的教材，也可以作为科研人员、工程技术人员及其他自学人员的参考用书。

本书封面贴有清华大学出版社防伪标签，无标签者不得销售。

版权所有，侵权必究。举报：010-62782989，beiqinquan@tup.tsinghua.edu.cn。

图书在版编目（CIP）数据

电工电子技术与忆阻器应用 / 张洪润，金伟萍著.—北京：清华大学出版社，2022.5
ISBN 978-7-302-60721-2

Ⅰ．①电… Ⅱ．①张… ②金… Ⅲ．①电工技术②电子技术③非线性电阻器 Ⅳ．①TM②TN

中国版本图书馆 CIP 数据核字（2022）第 072912 号

责任编辑：夏毓彦
封面设计：王　翔
责任校对：闫秀华
责任印制：曹婉颖

出版发行：清华大学出版社
  网 址：http://www.tup.com.cn，http://www.wqbook.com
  地 址：北京清华大学学研大厦 A 座   邮 编：100084
  社 总 机：010-83470000   邮 购：010-62786544
  投稿与读者服务：010-62776969，c-service@tup.tsinghua.edu.cn
  质 量 反 馈：010-62772015，zhiliang@tup.tsinghua.edu.cn

印 装 者：三河市铭诚印务有限公司
经 销：全国新华书店
开 本：190mm×260mm   印 张：26.5   字 数：721 千字
版 次：2022 年 7 月第 1 版   印 次：2022 年 7 月第 1 次印刷
定 价：99.00 元

产品编号：094758-01

前　言

当今，人类迈进了信息社会的崭新时代，信息社会的基础是电子技术。电子技术是一门实践性很强的技术学科。

八年前我们通过清华大学出版社组织编写并出版了《电工电子技术》和《电工电子技术实验指导》两本教材，二者在内容上相辅相成，相得益彰。出版后受到全国各地广大师生和科研工作者的青睐，并取得了良好的社会效益和经济效益。关于《电工电子技术》一书，这些年我们收到了不少反馈意见，不少读者也提出一些好建议，为能更好地满足教学与课时安排的需求，我们在原书的基础上做了修订，增加了忆阻器应用。

本次修订的内容侧重在紧跟电子技术和计算机技术发展的最新趋势与前沿技术，紧扣教学、科研实践的需要，并结合我们多年教学经验和科研工作的体验，希望能得到读者的认同。

为此，我们应高等院校师生及广大科研工程技术人员的要求，组织有教学、科研经验的专家、教授，根据国家教委电工电子技术教学大纲的要求，及电工电子技术发展的最新趋势，并结合多年的教学、科研的经验，精简了对分立元件的分析和过多的理论叙述，增加了忆阻器、集成电路应用方面的知识和实例。从实用的角度，编写了这本《电工电子技术与忆阻器应用》教材。

《电工电子技术与忆阻器》，共分 16 章，详细讲解直流电路、交流电路、变压器、电动机、低压控制电路、PC 可编程控制器，供电、输电、配电、安全用电以及半导体二极管、三极管、基本放大电路、集成运算放大器、正弦波振荡电路、直流稳压电源、晶闸管（可控硅）电路；数字逻辑组合电路、触发器时序逻辑电路、模拟量与数字量转换电路、忆阻器典型应用实例等。

本书理论与应用实践相结合，通过讲解具有代表性的 83 个例题和 176 道课后练习题的内容，适合用作高等院校电气工程、电子信息、化工、机械、物理、仪器仪表、机电一体化、计算机应用、生物医学、精密仪器测量与控制、汽车与机械等专业的教材，也可以作为科研人员、工程技术人员及其他自学人员的参考用书。

本书在编写过程中，编者力求做到使本书科学、易懂、实用。每一章最后都有小结和习题，小结是本章知识的提要，习题便于读者对学习效果进行检测。有些内容则是编者特意让读者通过习题来掌握的，以利于对所学知识的理解和深化。另外，附录中还提供了各章习题的参考答案和常用的电路实例。

"电工电子技术与忆阻器应用"是电子类专业的必修课，建议讲授 80～100 学时。

本书在编写过程中，得到了四川大学、中国科技大学、南京大学、清华大学、重庆大学、北京大学、四川师范大学、复旦大学、浙江大学、南开大学、西南交通大学、电子科技大学、成都理工大学、北京科技大学、贵州教育学院等多所院校老师的支持，他们客观地提出了许多宝贵意见；夏非彼老师也给予了大力支持和帮助；在此表示衷心感谢。

本书提供 PPT 课件下载（建议使用 Office 高版本），需要使用微信扫描下面二维码获取，可按扫描后的页面提示，把下载链接转发到自己的邮箱中下载。如果发现问题或疑问，请电子邮件联系 booksaga@126.com，邮件主题为"电工电子技术与忆阻器应用"。

本书由张洪润、金伟萍担任主编，并负责全书的统稿和审校。参加编写的人员还有四川大学电气工程学院李成鑫博士（负责编写第 2 章、第 15 章），黄爱明、邓洪敏、田维北、张乘称等。

限于作者水平，书中难免存在不足之处，恳请广大读者批评指正。

四川大学绵阳全息能源科学研究院

张洪润

2022 年 2 月

目　　录

第1章

直流电路

【学习目的和要求】

通过本章的学习，应了解电路的组成，电路的状态，电路分析计算等常用的几个基本定律以及电感电容在电路中的物理特性；掌握电路的计算和分析方法。

目前使用的电气设备种类繁多，但绝大部分的设备仍是由各式各样的基本电路组成的。因此，掌握电路的分析和计算方法是十分重要的，它是我们进一步学习电机、电器和电子技术的共同基础。

本章通过直流电路介绍电气工程上常用的分析和计算方法，同时对电感和电容这两个基本电路参数也作必要的讨论。值得指出的是，本章虽然讲的是直流电路，但这些基本规律和分析方法只要稍加扩展，对于交流电路也是适用的。

1.1 电路的组成

电路就是电流通过的路径。电路按其用途不同，可分为复杂电路和简单电路。但不管电路有多复杂或有多简单，就其在电路中的作用来说都可归纳为如下三个组成部分，即：电源、负载以及连接电源和负载的中间环节。图 1-1 所示为最常见的手电筒电路，其中干电池即为电源，灯泡为负载，中间环节包括开关和连接导线。

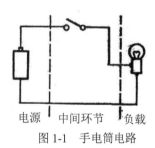

图 1-1　手电筒电路

对于电源来说，由负载和中间环节组成的电路称为外电路，电源内部的电流通路则称为内电路。

1.1.1 电源

电源是一种将非电能转换成电能的装置。常用的电源有干电池、蓄电池和发电机等，它们分别将化学能和机械能转换成电能。此外，还有将某种形式的电能转换成另一种形式电能的装置，通常也称为电源，例如常见的直流稳压电源就是将交流电转换成直流电并在一定范围内保持输出电压稳定的一种装置。

在分析和计算电路时，通常总是将实际电路（例如图 1-1）画成如图 1-2 所示的电路图。在这个电路图中，电动势 E 和内阻 R_0 为电源部分，电路工作时，它将对外输出电压 U，所以也叫作电压源。

从物理学中我们知道：电动势的方向在电源内部为从低电位（负极）指向高电位，即电位升的方向；电源端电压的方向为从高电位指向低电位，即电位降的方向，如图 1-2 所示。当开关 K 闭合时，根据全电路欧姆定律可得电流：

$$I = \frac{E}{R_0 + R} \tag{1-1}$$

其方向在外电路中从高电位通过负载流向低电位，在电源内部则是从低电位流向高电位。由式（1-1）得：

$$IR+IR_0=E$$

上式中 IR 为负载 R 两端的电压，在不考虑连接导线电阻的情况下等于电源的端电压 U，故

$$U=E-IR_0 \tag{1-2}$$

即电源的端电压在带负载的情况下，等于电源电动势减去其内阻压降。显然，如果负载变化（R 值改变），电源的端电压将随之变化。通常将电源的端电压 U 与电流 I 的关系 $U=f(I)$ 叫作电源的外特性或伏安特性。内阻 R_0 一定时的电源外特性如图 1-3 所示。

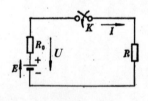

图 1-2　电路图

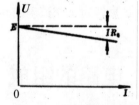

图 1-3　电压源的外特性

当电源不带负载时（$I=0$），输出电压 U 在数值上等于电源电动势 E；随着负载的增加（I 加大），输出电压将随之下降。

由式（1-2）可以看出，当输出电流变化时，电源内阻 R_0 愈小，则输出电压的变化也愈小。在理想情况下，若电源的内阻 $R_0=0$，则不管负载如何变化，电压源将输出恒定电压，其值为：

$$U=E \tag{1-3}$$

这样的电压源称为理想电压源或恒压源。恒压源有两个基本性质：

（1）端电压为恒定值 V 或给定的时间函数 $u(t)$，与流过的电流无关。

（2）输出电流不是电压源本身就能确定的，而必须由与它相连接的外电路一起才能确定。

虽然，恒压源实际上并不存在，但在分析电路时恒压源却是很有用的理想模型。因为所有实际电源都可表示为恒压源 E（或 V）与内阻 R_0 相串联的组合。而当内阻 R_0 较外电路电阻小得多时，即可将这样的电压源近似地看作为恒压源，以利于简化计算。

电压源的极性常用正方向标出。所谓正方向，是人们在计算和分析电路时任意选定的方向，它不一定要与实际方向一致。当电压源的实际极性已知时，常用实际极性作为正方向；当实际极性未知时，则可以任意假定一个正方向。这样，当电动势或电压的实际方向与所标正方向一致时，其值为正；当实际方向与正方向相反时，其值为负。因此，在正方向已规定的情况下，电动势或电压的值可为正，也可为负。

下面讨论电源的功率。若将式（1-2）等号两边同乘以电流 I，则得：

$$UI = EI - I^2 R_0 \tag{1-4}$$

这就是物理学中熟悉的功率表达式，即负载取用的功率（UI）等于电源产生的电功率（EI）减去电源内部的功率消耗（$I^2 R_0$）。

对于电源来说，由图 1-2 可见，电动势 E 的方向和电流 I 的方向是一致的，这时 EI 为正，表示电源发出功率。如果流经电源的电流和电动势的方向相反，如图 1-4 所示，则电源吸收功率，处于负载状态，例如蓄电池时就是这种情况。

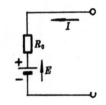

图 1-4　电源处于负载状态

1.1.2　负载

负载即用电设备，它是取用电能的装置，作用是将电能转换为其他形式的能量（如机械能、热能、光能等）为人们所用。常见的电灯、电动机、电炉、扬声器等都是电路中的负载。

负载大小是以单位时间内耗电量的多少来衡量的。由于电路中的负载都表现出一定的电阻，当电源电压一定时，电阻大的负载所用的电流较小，因此消耗的功率也较小；反之，负载的电阻越小，则消耗的功率越大。

1.1.3　中间环节

中间环节起传递、分配和控制电能的作用。最简单的中间环节就是开关和连接导线（见图 1-1），一般还有保护和测量装量；更为复杂的中间环节可能是由各种电路元件组成的网络系统，电源接在它的输入端，负载接在它的输出端。

【例 1-1】在图 1-5（a）所示电路中，方框表示电源或负载。各电压和电流的正方向如图 1-5（a）中所示，今通过测量得知：I_1=2A，I_2=1A，I_3=-1A，U_1=-4V，U_2=8V，U_3=-4V，U_4=7V，U_5=-3V。

（1）试标出各电流和电压的实际方向和极性。

（2）判断哪些是电源？哪些是负载？并计算其功率。

解：①测量结果表明，凡电流和电压为正值，其实际方向和极性同图 1-5（a）中所给出的正方向一致；凡电流和电压为负值，其实际方向和极性同图 1-5（a）所给正方向相反。按照上述原则，得到各电流的实际方向和电压的实际极性如图 1-5（b）所示。不难理解，如按照图 1-5（b）的实际方向和极性去测量，则所有各电流和电压均应为正值；②将图 1-5（b）所示电流的实际方向和电压的实际极性结合起来考察，即可判断电源和负载。例如：在图 1-5（b）中，方框 1 的电压极性为上负下正，电流 I_1 从低电位通过方框内部流向高电位，故方框 1 为电源。同理，方框 3 和方框 4 也为电源。而通过方框 2 的电流 I_1 和通过方框 5 的电流 I_3 都是由高电位经方框内部流向低电位，故方框 2 和方框 5 为负载；③对于电源 1、电源 3、电源 4，它们发出的功率分别为：

$$P_1=E_1I_1=4\times2=8\text{W}; \quad P_3=E_3I_2=4\times1=4\text{W}; \quad P_4=E_4I_3=7\times1=7\text{W}$$

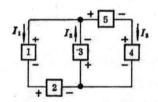

（a）电流与电压的正方向 　　　　　　（b）电流与电压的实际方向

图 1-5　例 1-1 的电路图

对负载 2、负载 5，它们消耗的功率分别为：

$$P_2=U_2I_1=8\times2=16\text{W}; \quad P_5=U_5I_3=3\times1=3\text{W}$$

由上面的计算可得：

$$P_1+P_3+P_4=8+4+7=19\text{W}; \quad P_2+P_5=16+3=19\text{W}$$

可见在一个电路中，电源提供的功率与负载消耗的功率总是平衡的。

1.2 　电路中电位的计算

在分析和计算电路时，特别在电子线路中，较少使用电压而普遍使用电位来讨论问题。

下面以图 1-6 所示电路为例来说明电路中各点电位的计算方法。

图中电动势 E_1 和 E_2，其内阻分别为 R_{01} 和 R_{02}；R_1 和 R_2 为两个电阻元件。设电动势 E_1 大于 E_2，则在这种情况下，根据全电路欧姆定律，求得电路的电流为：

$$I = \frac{E_1 - E_2}{R_1 + R_{01} + R_2 + R_{02}} \tag{1-5}$$

其方向与电动势 E_1 一致，如图 1-6 所示。

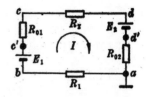

为了确定电路中各点的电位，必须选定一个零电位点作为参考点。现以 a 点作为参考点，即 a 点的电位 $V_a=0$，则其余各点的电位可分别推算如下：

图 1-6　电位计算例图

b 点的电位低于 a 点的电位（因为电流 I 从 a 通过电阻流向 b），其值为：

$$V_b = V_a - IR_1 = -IR_1$$

由于电动势 E_1 的作用，使 c' 点的电位相对于 b 点升高了一个值 E_1，故：

$$V_{c'} = V_b + E_1 = -IR_1 + E_1$$

当电流通过内阻 R_{01} 时，使 c 点的电位低于 c' 点，其值为：

$$V_c = V_{c'} - IR_{01} = -IR_1 + E_1 - IR_{01}$$

d 点的电位应从 c 点的电位减去 IR_2，即：

$$V_d = V_c - IR_2 = -IR_1 + E_1 - IR_{01} - IR_2$$

根据电动势 E_2 的方向，d' 点的电位相对于 d 点下降了 E_2，故：

$$V_{d'} = V_d - E_2 = -IR_1 + E_1 - IR_{01} - IR_2 - E_2$$

a 点的电位比 d' 点的电位低 IR_{02}，故 a 点的电位为：

$$V_a = V_{d'} - IR_{02} = -IR_1 + E_1 - IR_{01} - IR_2 - E_2 - IR_{02}$$

因为 $V_a = 0$，因此有：

$$-IR_1 + E_1 - IR_{01} - IR_2 - E_2 - IR_{02} = 0$$

将上式进行移项整理，即可得到式（1-5）。可见上面的推算是正确的。

【例 1-2】在图 1-7 所示的电路中，电动势 E、电流 I 和外加电压 U 的正方向均标在图中，令 b 点的电位为零，分别求 a 点的电位并导出电流的一般计算式。

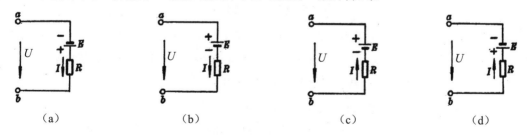

图 1-7　有源支路的欧姆定律

解：对于图 1-7（a），根据电动势和电流的正方向，电动势使 a 点的电位比 b 点低 E，而电流通过电阻使 a 点的电位比 b 点高 IR，故：

$$V_a = -E + IR \tag{1-6}$$

同理，可以写出图 1-7（b）、图 1-7（c）、图 1-7（d）三种情况下 a 点的电位。

图 1-7（b）：
$$V_a = E + IR \tag{1-7}$$

图 1-7（c）：
$$V_a = E - IR \tag{1-8}$$

图 1-7（d）：
$$V_a = -E - IR \tag{1-9}$$

从物理学中我们知道，如果在电路中指定了零电位点，则另一点的电位就是该点对零电位点的电压。在这个例题中，指定了 b 点为零电位点，因此，对于图 1-7（a）、图 1-7（b）、图 1-7（c）、图 1-7（d）均有：

$$V_a = U \tag{1-10}$$

将 $V_a = U$ 分别代入上列各式，则由式（1-6）得 $I = \dfrac{U+E}{R}$；由式（1-7）得 $I = \dfrac{U-E}{R}$；由式（1-8）得 $I = \dfrac{-U+E}{R}$；由式（1-9）得 $I = \dfrac{-U-E}{R}$。

归纳上述 4 种情况，可得电流的一般表达式为：

$$I = \frac{\pm U \pm E}{R} \tag{1-11}$$

式（1-11）即为有源支路欧姆定律的数学表达式，式中电压与电流的正负号对照图可以归纳为电压和电动势的正方向与电流的正方向一致时取正号，相反时取负号。

【例 1-3】分别求图 1-8（a）所示电路中的开关 K 断开和接通时 a 点的电位。

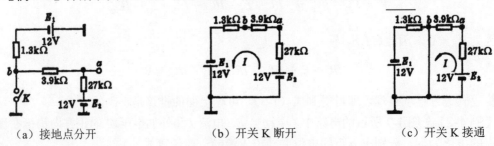

（a）接地点分开 　　　　　（b）开关 K 断开 　　　　　（c）开关 K 接通

图 1-8　例 1-3 中的电路图

解： 电路中接地符号表示零电位点，这些点实际上是互相接在一起的。但在比较复杂的电路中，为了不使图中过多地出现连接线的交叉，接地点常常如图 1-8（a）那样分别表示。

当开关 K 断开和接通时，其电路分别如图 1-8（b）、图 1-8（c）所示。

（1）当 K 断开时，由图 1-8（b）求 a 点的电位。

根据电动势 E_1 和 E_2 的正方向，电流 I 的正方向如图 1-8（b）所示。其值为：

$$I = \frac{12+12}{(27+3.9+1.3)\times 10^3} = 0.745 \times 10^{-3} \, \text{A}$$

沿电动势 E_2 和阻值为 27kΩ 的电阻这条路径求 a 点的电位，得：

$$V_a = 12 - 27 \times 10^3 \times 0.745 \times 10^{-3} = -8.1\text{V}$$

若沿电动势 E_1、阻值为 1.3kΩ 的电阻和阻值为 3.9kΩ 的电阻这条路径求 a 点的电位，同样可得：

$$V_a = -12 + (1.3 + 3.9) \times 10^3 \times 0.745 \times 10^{-3} = -8.1\text{V}$$

可见，对于同一个参考点，电路中任一点的电位都为一定值，而与计算时所选择的路径无关。

（2）当 K 接通时，由图 1-8（c）求 a 点的电位。

这时 b 点变成了零电位点，电路形成了两个彼此无关的回路，a 点的电位只与右边回路的电流有关，这个电流的数值为：

$$I = \frac{12}{(27 + 3.9) \times 10^3} = 0.39 \times 10^{-3}\text{A}$$

由于 b 点的电位为零，故只需算出上述电流在阻值为 3.9kΩ 这个电阻上的压降，可得 a 点的电位：

$$V_a = 3.9 \times 10^3 \times 0.39 \times 10^{-3} = 1.52\text{V}$$

在电子线路中，很多情况是：电源、输入信号和输出信号往往都只有一个公共端，通常把这一公共端作为零电位的参考点，因此画图时习惯上不画出电源及信号源的符号，而只在非公共端标出电压的极性和数值。例如图 1-9 中左边的电路常用与之对应的右边的电路来表示，我们应掌握并熟悉它。

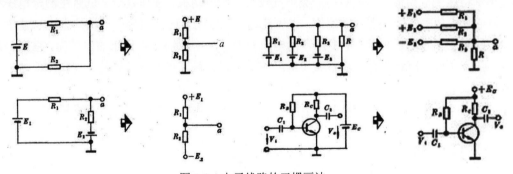

图 1-9 电子线路的习惯画法

1.3 电路的状态

电路在工作中，可能处于下面几种状态：负载状态、空载状态和短路状态。现分别讨论每一种状态的特点。

1.3.1　负载状态

由图 1-10 可知，当 K 闭合时，电路接通，有电流通过负载 R，这种状态称为负载状态，电路中的电流称为负载电流。当电源电动势 E 和内阻 R_0 一定时，电流的大小取决于负载电阻 R。R 减小，电流随之增加。

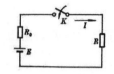

图 1-10　电路的负载和空载状态
注：K 闭合：负载；K 断开：空载。

但需注意，对于一定的电源来说，负载电流不能无限制地增加，否则将会由于电流过大而把电源烧毁；对于用电设备来说，亦有类似的情况。因此，各种电气设备或电路元件的电压、电流、功率等，都有规定的使用数据，这些数据就是该设备或元件的额定值。电气设备工作在额定情况下叫作额定工作状态。

额定值是设计和制造部门对电气产品使用的规定，通常加下标 n 表示，如额定电压 U_n、额定电流 I_n、额定功率 P_n 等。按照额定值使用电气设备才能保证安全可靠，经济合理，同时不至于缩短电气设备的使用寿命。大多数电气设备的使用寿命与绝缘强度有关。当通过电气设备的电流超过额定值较多时，将会由于过热而使绝缘遭到破坏，或因加速了绝缘老化过程，而缩短了使用寿命；当电压超过额定值较多时，一方面会引起电流的增大，另一方面也可能使绝缘材料被高电压击穿。反之，如果电气设备使用时的电压与电流远低于其额定值，往往不能正常工作，或者不能充分地利用设备能力达到预期的工作效果。如接触器的电压太低，衔铁就不能吸合；电动机电压太低就不能起动。

电气设备和电路元件的额定值常标在铭牌上或打印在外壳上，使用时务必核对各额定值的具体数据，并正确理解其意义。

必须指出，对于诸如白炽灯、电阻炉之类的用电设备，只要在额定电压下使用，其电流和功率都将达到额定值。但是对另一类电气设备，如电动机、变压器等，虽然在额定电压下工作，但电流和功率可能达不到额定值，也可能超过额定值。这是因为电动机的电流和输出功率还要取决于它所带的机械负荷，变压器的电流和输出功率取决于它所带的电负荷，它们虽然在额定电压下工作，但还是存在着过载（电流和功率超过额定值）的可能性，这在使用时是应该注意的。

【例 1-4】有一阻值为 100Ω、功率为 1W 的碳膜电阻，在使用时其电流和电压不得超过多大的数值？

解： 由 $P_n = I_n^2 R$

$$\therefore I_n = \sqrt{P_n/R} = \sqrt{1/100} = 0.1\text{A}\ ;\ V_n = I_n R = 0.1 \times 100 = 10\text{V}$$

【例 1-5】某设备的额定电流 $I_n = 0.5\text{A}$，但接在 220V 的电源上，电流为 1.1A，问要串联多大阻值的电阻才能将此设备接在 220V 的电源上？这个电阻的功率至少需要多少瓦？

解： 串联电阻后此电路的电流应满足设备的额定电流，故电路的总电阻为：

$$R = 220/0.5 = 440\Omega$$

该设备的阻值为：

$$R_1 = 220/1.1 = 200\Omega$$

故串联的电阻应为：

$$R_2 = 440 - 200 = 240\Omega$$

这个电阻的功率至少需要：

$$P = I^2 R_2 = 0.5^2 \times 240 = 60\text{W}$$

1.3.2 空载（开路）状态

对于图 1-10 所示的电路，如将开关 K 断开，电路不通，这时电流为零。电路的这种状态叫作空载状态（或开路）。由式（1-2）可知，这时电源端电压的数值上等于电源电动势，叫作开路电压，用 U_{oc} 表示。由于电路的电流为零，故电路不输出功率。

空载状态电路的主要特征可归纳为：

$$\left.\begin{array}{l} I = 0 \\ U = U_{OC} = E \\ P = 0 \end{array}\right\} \qquad (1\text{-}12)$$

1.3.3 短路状态

对于图 1-11 所示由电源向负载供电的电路，当外电路电阻 R 逐渐减小时，电流将不断增大。如果由于某种原因使电源两端直接接通，即外电路电阻等于零，电源则被短路，这时电流仅由内阻 R_0 限制。当 R_0 很小的时候，电流会达到很大的数值，这个电流叫作短路电流，用 I_{sc} 表示。电路的这一状态叫作短路状态。显然：

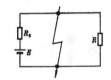

图 1-11 电路的短路状态

$$I_{sc} = E / R_0 \qquad (1\text{-}13)$$

或

$$I_{sc} R_o = E$$

这时电源的端电压：

$$V = E - I_{sc} R_0 = 0 \qquad (1\text{-}14)$$

即电源电动势全部降落在内阻上，对外不输出电压，当然也不输出功率。这时电源的功率为：

$$P = I_{sc}^2 R_0 \qquad (1\text{-}15)$$

全部转换为热能，使电源的温度迅速上升以致烧毁。

电源短路是应该避免的。为了防止短路引起大电流烧毁电源的事故出现，通常在电路中安装熔断器或其他自动保护装置，一旦发生短路时，能迅速切断故障电路，从而防止事故扩大，以保护电气设备和供电线路。

但有时由于某种需要，要人为地将电路的某一部分短路。例如为了防止电动机起动电流对串接在电动机回路中的电流表的冲击，在起动时先将电流表短路，使起动电流旁路通过，待电动机起动后再断开短路线，恢复电流表的作用，如图 1-12 所示。有时为了获得不同的电阻值，可将串联的几个电阻中的一部分短路。这种有用的短路通常称为短接。

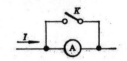

图 1-12　开关 K 的短路作用

【例 1-6】 在图 1-13 所示的电路中，蓄电池的电动势 E 为 6V，内阻 R_0 为 0.1Ω，求开关 K 分别与 R_1=1.1Ω，R_2=0.2Ω 相接，以及断路、短路时的电流与电源的端电压。

解：K 与 R_1 相接：

$$I_{R1} = \frac{E}{R_0 + R_1} = \frac{6}{0.1 + 1.1} = 5\text{A}$$

$$U_{R1} = E - I_{R1}R_0 = 6 - 5 \times 0.1 = 5.5\text{V}$$

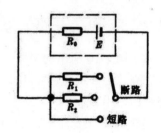

图 1-13　例 1-6 的电路图

K 与 R_2 相接：

$$I_{R1} = \frac{E}{R_0 + R_1} = \frac{6}{0.1 + 0.2} = 20\text{A}$$

$$U_{R2} = E - I_{R2}R_0 = 6 - 20 \times 0.1 = 4\text{V}$$

断路时，电流为零，电源的端电压为：

$$U_{oc} = E = 6\text{V}$$

短路时：

$$I_{sc} = \frac{E}{R_0} = \frac{6}{0.1} = 60\text{A}$$

$$U = E - I_{sc}R_0 = 6 - 60 \times 0.1 = 0\text{V}$$

这时由于输出电压为零，故电源对外电路不做功，其功率为：

$$P = I_{sc}^2 R_0 = 60^2 \times 0.1 = 360\text{W}$$

全部消耗在电源内阻上，转换为了热能。

1.4　克希荷夫定律

无分支电路或有分支但可以利用串并联公式简化成无分支的电路，运用欧姆定律即可求解，这种电路称为简单电路。

例如图 1-14 所示的电路，形式上好像很复杂，但它仍属简单电路。利用串并联化简的方法可以将全部电阻合并为一个等效电阻，然后运用欧姆定律即可求得电源提供的总电流为 8A，再根据分流公式不难求出各支路电流，其值均标注在图 1-14 中，读者可以自己验算。

在生产实践中，常常会遇到一些不能利用串并联公式进行简化的电路，单用欧姆定律就无法求解。例如汽车上通常都有两个电源，一个是电动势为 E_1 的直流发电机，一个是电动势为 E_2 的蓄电池组，两个电源并联向负载供电，其原理图如图 1-15 所示。图中 R_{01} 和 R_{02} 分别为发电机和蓄电池的内阻，R_3 为负载电阻。可见三个电阻既非串联，又非并联，所以不能利用串并联公式化简。要解决这类问题就有赖于克希荷夫定律与欧姆定律配合使用。在叙述克希荷夫定律之前，先介绍与定律有关的几个电路名词。

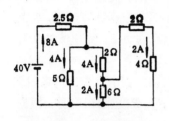

图 1-14　简单电路

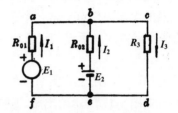

图 1-15　复杂电路举例

- 节点：在分支电路中，会聚三条以上导线的点，称为节点。如图 1-16 中有 b、e 两个节点。
- 支路：任意两个节点之间不分叉的一条电路称为支路。如图 1-16 中有 $bafe$、be、$bcde$ 三条支路。
- 回路：电路中任一闭合路径称为回路。如图 1-16 中的 $abefa$、$bcdeb$、$abcdefa$ 都是回路。此电路共有三个回路，其中 $abefa$、$bcdeb$ 均为单孔回路，也叫作网孔，$abcdefa$ 则不是单孔回路。

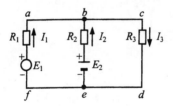

图 1-16　支路电流法例图

1.4.1　克希荷夫电流定律（节点电流定律）

在无分支电路中，电流只有一个流通路径，因此通过电路各部分的电流处处相等。在分支电路中，各支路电流就不一定相等。克希荷夫电流定律就是确立电路中各部分电流之间相互关系的定律。

节点电流定律指出：在任一瞬间，流入一个节点的电流之和等于从这个节点流出的电流之和。对于图 1-16 中的节点 b 来说，可以写出：

$$I_1 + I_2 = I_3$$

或

$$I_1 + I_2 - I_3 = 0$$

如果我们规定流入节点的电流为正，从节点流出的电流为负，则可写成一般式为：

$$\sum I = 0 \qquad\qquad (1\text{-}16)$$

即对于电路中的任一节点，电流的代数和恒等于零。

节点电流定律是建立在电荷不灭（守恒）原理基础之上的。因为，电流是电荷的迁移率，即 $I=Q/t$，如果在一个电路中，流入节点的电流大于从节点流出的电流，则在此节点上就会产生电荷的堆积，从而改变节点的电位，破坏电流的连续性[1]。

在根据节点电流定律列方程时，往往事先不一定能确定各支路电流的实际方向，这时我们可以对每一支路的电流先任意假定一个正方向来进行计算，根据计算结果，如某一支路电流为正值，则电流的实际方向与所设的正方向相同；如果电流为负值，则电流的实际方向与所设正方向相反。

节点电流定律除了适用于实际节点外，还可以将它推广到电路中的任意封闭面。该封闭面叫作广义节点。如图 1-17 所示的电路，封闭面将 R_1、R_2、R_3 包围在里面。根据广义节点电流定律可得：

$$I_1 + I_2 - I_3 = 0$$

又如图 1-18 所示的部分电路，晶体管发射极电流 I_E、集电极电流 I_C 和基极电流 I_B 之间也具有如下关系，即：

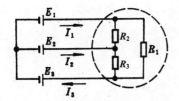

图 1-17　广义节点

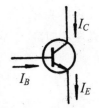

图 1-18　广义节点

$$I_C + I_B - I_E = 0$$

或 $\qquad\qquad\qquad I_E = I_C + I_B \qquad\qquad (1\text{-}17)$

在这里，晶体管即相当于电路中的一个广义节点，可见发射极电流等于集电极电流与基极电流之和。

【例 1-7】图 1-19 所示为某一复杂电路中的一部分，已知流过 R_1 的电流 $I_1=3A$，流过 R_3 的电流 $I_3=-2A$，流过 R_6 的电流 $I_6=7A$，它们的正方向均标在图 1-19 中。问流过 R_7 的电流 I_7 为多少？

解：运用节点电流定律时，首先必须标出所有各电流的正

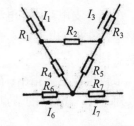

图 1-19　例 1-7 的电路图

---

[1] 电流连续性的证明涉及介质和真空中位移电流的概念，此处从略。

方向，今 I_1、I_3、I_6 是已知电流，其正方向已标于图 1-19 中，对于未知电流 I_7，其正方向可以任意假定，例如假定向右，如图 1-18 所示，则根据广义节点的概念可得：

$$I_1 - I_3 - I_6 - I_7 = 0$$

代入数字得：
$$(3)-(-2)-(7)-I_7 = 0$$

解得 $I_7 = -2\text{A}$，I_7 为负值，说明 I_7 的实际方向与所设正方向相反。

　　通过这个例题，可见在运用节点电流定律时，常需与两套符号打交道。其一是方程中各项前的正负号，它取决于假定正方向对节点的相对关系——流入为正，流出为负；其二是电流本身数值的正负号，如本例中括号内的符号，两者不可混淆。

1.4.2　克希荷夫电压定律（回路电压定律）

　　回路电压定律是说明回路中各部分电压间的相互关系的。

　　定律指出：在任一瞬间，对于电路中任一闭合回路，各部分电压的代数和恒等于零，即：

$$\sum V = 0 \tag{1-18}$$

　　例如对于图 1-20 所示电路中的一个闭合回路 *abcda*，根据回路电压定律可以写出：

$$U_{ab} + U_{bc} + U_{cd} + U_{da}$$
$$= (V_a - V_b) + (V_b - V_c) + (V_c - V_d) + (V_d - V_a) = 0$$

　　回路电压定律是建立在能量不灭（守恒）原理基础之上的。因为电压是电场力推动电荷做功的量度，电场力推动单位电荷从某点出发沿任一闭合回路绕行一周再回到该点时，所做的功必等于零。若不等于零，那么在电路中的同一点便出现了电位差，这与电路中电位的单值性相矛盾，因此是不可能的。

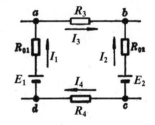

图 1-20　电路中的任一闭合回路

　　在应用回路电压定律计算电路时，常与欧姆定律联合使用，即将电路中各支路两端的电压用电流、电阻和电动势来表示。如图 1-20 所示的电路，根据欧姆定律有：

$$U_{ab} = I_3 R_3$$
$$U_{bc} = E_2 - I_2 R_{02}$$
$$U_{cd} = I_4 R_4$$
$$U_{da} = -E_1 + I_1 R_{01}$$

由于：
$$U_{ab} + U_{bc} + U_{cd} + U_{da} = 0$$

故得：
$$I_3 R_3 + (E_2 - I_2 R_{02}) + I_4 R_4 + (-E_1 + I_1 R_{01}) = 0$$

即
$$E_1 - E_2 = I_1 R_{01} - I_2 R_{02} + I_3 R_3 + I_4 R_4 \tag{1-19}$$

上式可写成一般形式：

$$\sum E = \sum IR \tag{1-20}$$

式（1-20）是回路电压定律的另一表达形式，即在电路的任一闭合回路中，电动势的代数和等于各个电阻上电压降的代数和。

说到代数和，则必须要考虑到正负号，正负号的确定方法如下：

首先任意规定绕行方向（如 $abcda$），凡电动势的正方向与回路绕行方向一致者，该电动势取正值（如 E_1），反之取负值（如 E_2）；凡电流的正方向与回路绕行方向一致者，则它在电阻上的电压降取正值（如 I_1R_{01}、I_3R_3、I_4R_4），反之则取负值（如 I_2R_{02}）。

【例1-8】在图1-21所示电路中各已知量已标出，求 U_{R2}、I_{R2}、R_2、R_1 和电动势 E。

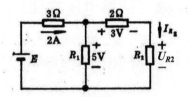

图 1-21　例 1-8 的电路图

解：（1）I_{R2} 为通过 2Ω 电阻的电流，在此电阻上的电压已知为 3V，故：

$$I_{R2} = \frac{3}{2} = 1.5\text{A}$$

（2）R_2、R_1 和 2Ω 电阻为闭合回路，由回路电压定律得：

$$U_{R2} - 5 + 3 = 0$$

$$\therefore U_{R2} = 2\text{V}$$

（3）于是由欧姆定律可求得：

$$R_2 = \frac{U_{R2}}{I_{R2}} = \frac{2}{1.5} = 1.33\Omega$$

（4）设流过 R_1 的电流为 I_{R1}，正方向向下（图中未标出），则根据节点电流定律有：

$$2 - I_{R1} - I_{R2} = 0$$

$$\therefore I_{R1} = 2 - I_{R2} = 2 - 1.5 = 0.5\text{A}$$

于是由欧姆定律可求得：

$$R_1 = \frac{5}{0.5} = 10\Omega$$

（5）电动势 E、R_1 和电阻值为 3Ω 的电阻为一闭合回路，由回路电压定律可得电动势：

$$E=2\times3+5=11V$$

1.5 支路电流法

这里介绍的支路电流法，是解复杂电路的最基本的方法，它是直接应用克希荷夫定律来进行计算的。

由于电路的计算在很多情况下是已知电源和电路参数，而要计算电路中各部分的电流，支路电流法就是直接以支路电流作为未知数来求解的。我们先通过一个具体电路的计算归纳其解题要点。

【例 1-9】 在图 1-16 所示的电路中，$E_1=14V$，$R_1=0.5\Omega$，$E_2=12V$，$R_2=0.4\Omega$，$R_3=80\Omega$，求各支路电流。

解： 假定各支路电流 I_1、I_2 和 I_3 的正方向如图 1-16 所示，未知电流数等于支路数，由克希荷夫电流定律可得：

对 b 点：$\qquad\qquad I_1+I_2-I_3=0$ $\qquad\qquad$（1）

对 e 点：$\qquad\qquad I_3-I_1-I_2=0$

显然第二个方程式可由式（1）得到，所以是不独立的。

根据回路电压定律，设绕行方向为顺时针方向，则对回路 $abefa$ 有：

$$E_1-E_2=I_1R_1-I_2R_2 \qquad\qquad(2)$$

对 $bcdeb$ 回路有：$\qquad\qquad E_2=I_2R_2+I_3R_3 \qquad\qquad(3)$

对 $abcdefa$ 回路有：$\qquad\qquad E_1=I_1R_1+I_3R_3$

不难看出，上面三个回路方程式中的第三式可以从式（2）和式（3）相加得到，因而它是不独立的。

综合上述各独立方程，可得有关电流 I_1、I_2、I_3 的一个方程组，即：

$$I_1+I_2-I_3=0$$
$$E_1-E_2=I_1R_1-I_2R_2$$
$$E_2=I_2R_2+I_3R_3$$

解方程组得：

$$\left.\begin{array}{l} I_1=\dfrac{E_1(R_2+R_3)-E_2R_3}{R_1R_2+R_2R_3+R_3R_1} \\[3mm] I_2=\dfrac{E_2(R_1+R_3)-E_1R_3}{R_1R_2+R_2R_3+R_3R_1} \\[3mm] I_3=\dfrac{E_1R_2+E_2R_1}{R_1R_2+R_2R_3+R_3R_1} \end{array}\right\} \qquad(1\text{-}21)$$

代入数字得 $I_1 = 2.29A$，$I_2 = -2.13A$，$I_3 = 0.16A$，其中电流 I_2 为负值，表示电流的实际方向与假定的正方向相反，说明蓄电池并未输出电能，而是发电机对它充电，处于负载工作状态。

根据上述解题过程，现归纳支路电流法的要点如下：

（1）根据题意绘制电路图；为解题方便，可将电路参数标在电路图上。

（2）由电路的支路数确定待求的电流数。如有 m 条支路，则必有 m 个支路电流，并在图上标出各支路电流的正方向。

（3）根据 $\sum I = 0$ 列节点电流方程。若电路有 n 个节点，则只能列出$(n-1)$个独立的节点方程。

（4）根据 $\sum E = \sum IR$，任意选定绕行方向，列出$[m-(n-1)]$个回路电压方程。这时节点电流方程和回路电压方程的总数为：

$$(n-1)+[m-(n-1)]=m$$

即等于支路电流数，可解出 m 个支路电流。

所要注意的是：在列回路方程式时，为使所列的每一个方程独立，一般要使每次所选的回路至少包含一条新支路，即前面所列方程中未曾用过的支路。

（5）根据解题的结果，确定电流的实际方向。

（6）选择另一回路列方程，将算出的结果代入验算。如本题可选 $abcdefa$ 回路进行校验。

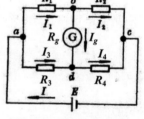

【例 1-10】 图 1-22 所示为惠斯登电桥电路，试求通过检流计的电流 I_g 的数学表达式。

解：题目虽只要求计算电流 I_g，但 I_g 的大小和方向是与整个电路联系在一起的，故仍需列出求解电路的全部方程式，并从中解出 I_g。

首先标出各电流的正方向如图 1-22 所示，于是可列出节点电流方程。

图 1-22 惠斯登电桥电路

a 点：
$$I-I_1-I_3 = 0$$

b 点：
$$I_1-I_2-I_g = 0$$

c 点：
$$I_2 + I_4 -I = 0$$

如再对 d 点列节点方程，一定是一个非独立方程，因为这个电路的节点数 $n=4$，独立的节点方程只有 4−1=3 个。

列回路方程：设取顺时针方向为绕行方向，则

$abda$ 回路：
$$I_1R_1 + I_gR_g - I_3R_3 = 0$$

$bcdb$ 回路：
$$I_2R_2 - I_4R_4 - I_gR_g = 0$$

$adc(E)a$ 回路：
$$I_3R_3 + I_4R_4 = E$$

这个电路共有 6 条支路，应该列回路方程：

$$m -(n-1) = 6-(4-1)= 3 \text{（个）}$$

上面所列回路方程数已满足要求。

由上面 6 个方程式，可以解得：

$$I_g = \frac{E(R_2R_3 - R_1R_4)}{R_g(R_1+R_2)(R_3+R_4) + R_1R_2(R_3+R_4) + R_3R_4(R_1+R_2)} \quad (1-22)$$

从 I_g 的表达式可以看出，当 $R_2R_3 = R_1R_4$ 时，则 $I_g=0$，这时电桥达到平衡。

惠斯登电桥的 4 个桥臂，在使用时有三个采用标准电阻，因此可以根据电桥平衡条件精确地算出第 4 个（被测）电阻的阻值，这就是惠斯登电桥测量电阻的原理。

从上面的例子可以看到，如果电路的支路数较多，用支路电流法解题将会很麻烦，下面将介绍一些简便方法。

1.6 叠加原理

在阐述叠加原理之前，我们先分析一下 1.5 节中例 1-9 的结果。为了方便，将电路重画于图 1-23，并将其结果重抄于下：

$$I_1 = \frac{E_1(R_2+R_3) - E_2R_3}{R_1R_2 + R_2R_3 + R_3R_1}$$

$$I_2 = \frac{E_2(R_1+R_3) - E_1R_3}{R_1R_2 + R_2R_3 + R_3R_1}$$

$$I_3 = \frac{E_1R_2 + E_2R_1}{R_1R_2 + R_2R_3 + R_3R_1}$$

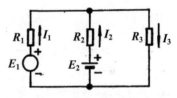

图 1-23 叠加原理例图

以 R_3 支路的电流 I_3 为例。如果取出电动势 E_2（即令 $E_2=0$），但保留其内阻 R_2，则电路如图 1-24（a）所示，这时 R_3 支路的电流用 I_3' 表示。I_3' 可根据电路求得，或直接令 I_3 表达式中的 $E_2=0$ 得到：

$$I_3' = \frac{E_1R_2}{R_1R_2 + R_2R_3 + R_3R_1} \quad (1-23)$$

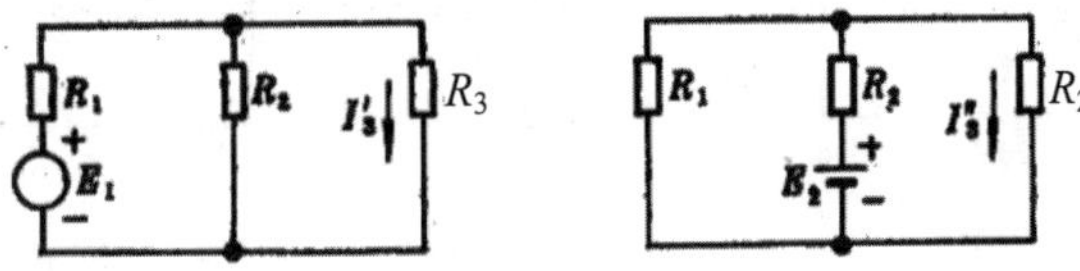

（a）　　　　　　　　（b）

图 1-24 叠加原理

同理，如果令 $E_1=0$，保留其内阻 R_1，则电路如图 1-24（b）所示，这时 R_3 支路的电流用 I_3'' 表示，得：

$$I_3'' = \frac{E_2R_1}{R_1R_2 + R_2R_3 + R_3R_1} \quad (1-24)$$

显然:

$$I_3 = I_3' + I_3''$$

即 E_1 和 E_2 共同作用产生的电流 I_3 等于这两个电动势单独作用时产生的电流 I_3' 和 I_3'' 的代数和。对于 I_1 和 I_2 亦可作出同样的证明，因此可得到如下的结论：在一个含有多个电动势的线性电路[2]中，任一支路的电流等于在电路中所有电阻不变的情况下各电动势单独作用时在该支路中产生的电流的代数和，这个原理叫叠加原理。

叠加原理体现了线性电路的基本性质，用它来分析和计算线性电路时是比较方便的，它将复杂电路变成了简单电路，因为只含一个电动势的电路在多数情况下可以用串并联的方法简化，可直接用欧姆定律来求解，从而避免了解联立方程式的麻烦。

上面我们是以求解电流来说明叠加原理的，对于线性电路各元件上的电压，叠加原理也同样适用。但应当注意，不能用叠加原理来计算功率。为了说明这一点，以 R_3 消耗的功率为例。

通过 R_3 的电流和 R_3 两端的电压可表示为：

$$I_3 = I_3' + I_3''; \quad U_3 = U_3' + U_3''$$

故 R_3 消耗的功率为：

$$P_3 = U_3 I_3 = (U_3' + U_3'')(I_3' + I_3'') = U_3'I_3' + U_3''I_3'' + U_3'I_3'' + U_3''I_3'$$

而

$$P_3' + P_3'' = U_3'I_3' + U_3''I_3''$$

∴

$$P_3 \neq P_3' + P_3''$$

从上面的分析可见，如果用叠加原理来计算功率，将失去"交叉乘积"项，即由一个电源所产生的电压与另一个电源所产生的电流相互作用所产生的功率项($U_3'I_3''$、$U_3''I_3'$)，所以不能用叠加原理来计算功率。

【例 1-11】 用叠加原理求图 1-25（a）所示电路中 R_4 上的电压 U_4。

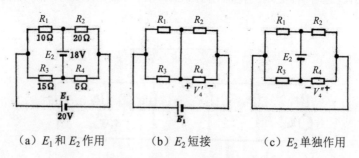

（a）E_1 和 E_2 作用　　　（b）E_2 短接　　　（c）E_2 单独作用

图 1-25　例 1-11 的电路图

解:（1）先计算 E_1 单独作用时在 R_4 上产生的电压 U_4'，这时将 E_2 短接，得电路如图 1-25（b）所示。由图 1-25（b）可见，R_1 和 R_3 并联，R_2 和 R_4 并联，二者再串联组成 E_1 的分压电路。

---

[2] 通过电路的电流正比于作用在该电路两端的电压的电路称为线性电路，线性电路服从欧姆定律。

$$R_{13} = R_1 /\!/ R_3 = \frac{R_1 R_3}{R_1 + R_3} = \frac{10 \times 15}{10 + 15} = 6\Omega$$

$$R_{24} = R_2 /\!/ R_4 = \frac{R_2 R_4}{R_2 + R_4} = \frac{20 \times 5}{20 + 5} = 4\Omega$$

并联电阻 R_{24} 上的电压即 R_4 上的电压 U_4'，其值为：

$$U_4' = \frac{R_{24}}{R_{13} + R_{24}} E_1 = \frac{4}{6 + 4} \times 20 = 8\text{V}$$

其极性标在图 1-25（b）中，为左正右负。

（2）E_2 单独作用时的电路如图 1-25（c）所示，同 E_1 单独作用时的电路结构相类似，此时：

$$R_{12} = R_1 /\!/ R_2 = \frac{R_1 R_2}{R_1 + R_2} = \frac{10 \times 20}{10 + 20} = 6.66\Omega$$

$$R_{34} = R_3 /\!/ R_4 = \frac{R_3 R_4}{R_3 + R_4} = \frac{15 \times 5}{15 + 5} = 3.75\Omega$$

$$U_4'' = \frac{R_{34}}{R_{12} + R_{34}} E_2 = \frac{3.75}{6.66 + 3.75} \times 18 = 6.5\text{V}$$

U_4'' 的极性左负右正，如图 1-25（c）所示。

$$U_4 = U_4' + U_4'' = 8 + (-6.5) = 1.5\text{V}$$

U_4 的极性同 U_4' 上式中 6.5V 前的负号是考虑到 U_4'' 与 U_4' 的极性相反，现设 U_4' 为正，故 U_4'' 为负。

【例 1-12】利用叠加原理求图 1-26（a）所示电路中通过 R_1 支路的电流。

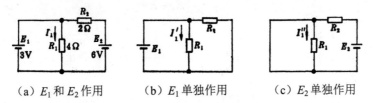

| （a）E_1 和 E_2 作用 | （b）E_1 单独作用 | （c）E_2 单独作用 |

图 1-26　例 1-12 的电路图

解：（1）E_1 单独作用时电路如图 1-26（b）所示，求得：

$$I_1' = E_1 / R_1 = 3/4 = 0.75\text{A}$$

（2）E_2 单独作用时电路如图 1-26（c）所示，由于 R_1 被短接：

$$I_1'' = 0$$

所以：

$$I_1 = I_1' + I_1'' = 0.75\text{A}$$

1.7 等效电压源定理（戴维南定理）

在实际应用中,有时不需要把所有支路的电流都求出来,而只要计算某一特定支路的电流,如例 1-10 只要求计算桥式电路中通过检流计的电流, 在这种情况下, 运用等效电压源定理则较为简便。

在介绍等效电压源定理之前,先解释一个电路名词——二端网络。

任何网络不管它的复杂程度如何,只要它具有两个出线端的都叫作二端网络。二端网络按内部是否含有电源分为有源二端网络和无源二端网络。

图 1-27 所示分别为最简单的有源二端网络和无源二端网络。

戴维南定理：对于任意的线性有源二端网络，就其对外作用来说，可以用一个电动势 E_0 串联内阻 R_0 的电压源来等效，其中 E_0 的值等于该二端网络的开路电压 V_{0c}，内阻 R_0 的值等于把该网络中各电动势短路（但保留其内阻）后该网络的入端电阻。

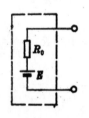 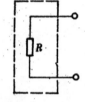

（a）有源二端网络　　（b）无源二端网络

图 1-27　最简单的二端网络

这样，要计算复杂电路中某一支路电流时，先将这一支路移去，使电路断开，留下的部分即为一个有源二端网络，然后按照戴维南定理求出等效电压源的 E_0 和 R_0，则待求的支路电流即为：

$$I = \frac{E_0}{R_0 + R} \tag{1-25}$$

式中 R 为待求支路的电阻。

由于这个等效电压源相当于一个具有内阻的发电机,所以等效电压源定理也叫作等效发电机定理。

所谓等效是对网络以外的电路而言的，就是说，把所要计算的那条支路接在上述的等效电压源两端同接在原电路中一样，流过的电流是相等的。

【例 1-13】用戴维南定理求图 1-28 所示电路中 R_3 支路的电流 I_3。

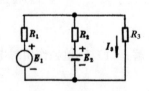

图 1-28　例 1-13 的电路图

解：首先将待求支路 R_3 移去，如图 1-29（a）所示，求出有源二端网络的开路电压 U_{0c}。

由闭合回路的欧姆定律，求得图 1-29（a）中的电流为：

$$I = \frac{E_1 - E_2}{R_1 + R_2}$$

沿 E_2 支路（或沿 E_1 支路）求开路电压 U_{0c}，根据电流 I、电动势 E_2 和 U_{0c} 的正方向求得：

$$U_{0C} = E_2 + IR_2 = E_2 + \frac{E_1 - E_2}{R_1 + R_2}R_2 = \frac{E_1R_2 + E_2R_1}{R_1 + R_2}$$

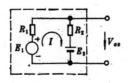
（a）R_3 移去

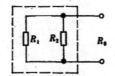
（b）求等效内阻的电路

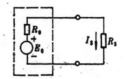
（c）R_3 接在等效源两端

图 1-29 等效电压源与 I_3 的求取

求等效内阻的电路如图 1-29（b）所示，由图得：

$$R_0 = \frac{R_1R_2}{R_1 + R_2}$$

将待求支路 R_3 接在这个等效电压源两端，如图 1-29（c）所示，即可求出未知电流：

$$I_3 = \frac{E_0}{R_0 + R_3} = \frac{\dfrac{E_1R_2 + E_2R_1}{R_1 + R_2}}{\dfrac{R_1R_2}{R_1 + R_2} + R_3} = \frac{E_1R_2 + E_2R_1}{R_1R_2 + R_2R_3 + R_3R_1}$$

其结果与 1.5 节中例 1-9 一致。

【例 1-14】利用戴维南定理求图 1-30 所示电路中通过检流计的电流 I_g。

解：将待求支路 R_g 移去，对开路两端 b、d 求等效电压源，其相应的电路如图 1-31 所示。

由图 1-31（a）得：

$$I_1 = \frac{E}{R_1 + R_2}, \qquad I_2 = \frac{E}{R_3 + R_4}$$

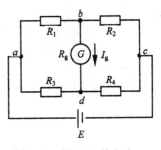

图 1-30 例 1-14 的电路

b、d 间的电压即开路电压 U_{oc}，沿路径 bcd 求得：

$$U_{oc} = I_1R_2 - I_2R_4 = \frac{ER_2}{R_1 + R_2} - \frac{ER_4}{R_3 + R_4}$$

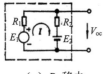
（a）R_g 移去

（b）E 短接

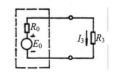
（c）R_g 接在等效源两端

图 1-31 等效电压源及 I_g 的求取

由图 1-31（b）求得：

$$R_0 = \frac{R_1 R_2}{R_1 + R_2} + \frac{R_3 R_4}{R_3 + R_4}$$

将 R_g 接于此等效电压源两端如图 1-31（c）所示，求得：

$$I_g = \frac{E_0}{R_0 + R_g} = \frac{\dfrac{ER_2}{R_1 + R_2} - \dfrac{ER_4}{R_3 + R_4}}{R_g + \dfrac{R_1 R_2}{R_1 + R_2} + \dfrac{R_3 R_4}{R_3 + R_4}}$$

$$= \frac{E(R_2 R_3 - R_1 R_4)}{R_g(R_1 + R_2)(R_3 + R_4) + R_1 R_2(R_3 + R_4) + R_3 R_4(R_1 + R_2)}$$

从上述解题过程可见，利用戴维南定理求解要比用支路电流法解六元一次联立方程简便得多。

【例 1-15】 求图 1-32 所示电路中 R_L 支路中的电流 I_L。

解： 按照戴维南定理，移去 R_L 支路，留下的电路仍不便用一个等效电压源来表示；但如果分别求出了 a、b 和 c、d 间的等效电压源，则整个电路将成为简单的串联电路，可以很方便地求出 I_L。

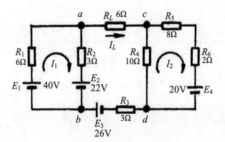

图 1-32　例 1-15 的电路

（1）对 a、b 端左边的电路求等效电压源：

$$I_1 = \frac{E_1 - E_2}{R_1 + R_2} = \frac{40 - 22}{6 + 3} = 2\text{A}$$

$$E_{01} = U_{0c1} = I_1 R_2 + E_2 = 2 \times 3 + 22 = 28\text{V}（上正下负）$$

$$R_{01} = \frac{R_1 R_2}{R_1 + R_2} = \frac{6 \times 3}{6 + 3} = 2\Omega$$

（2）对 c、d 端右边的电路求等效电压源：

$$I_2 = \frac{E_4}{R_4 + R_5 + R_6} = \frac{20}{20} = 1\text{A}$$

$$E_{02} = I_2 R_4 = 1 \times 10 = 10\text{V}（下正上负）$$

$$R_{02} = R_4 //(R_5 + R_6) = \frac{10 \times 10}{10 + 8 + 2} = 5\Omega$$

（3）求 R_L 支路的电流 I_L：

将图 1-32 所示电路左右两边用等效电压源代替，得到图 1-33 所示的电路，从而求得：

$$I_L = \frac{E_{01} + E_{02} + E_3}{R_{01} + R_L + R_{02} + R_3}$$

$$= \frac{28 + 10 + 26}{2 + 6 + 5 + 3} = 4\text{A}$$

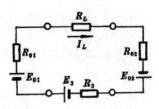

图 1-33　求 I_L 的等效电路图

1.8　电容器的充电与放电

1.8.1　电容的物理性质

电容器是储存电荷的元件。当电容器的两个极板带有等量异性电荷时，它两端就会出现相应的电压。若在电容器的两端施加一定的电压，则其上必有相应的电荷储存。而且，当电容器两端的电压发生变化时，存储的电荷也相应地发生变化，这时在电路中就有电荷移动，形成电流。但需注意的是：当电容器两端的电压不变时，其上的电荷也不会变化，这时虽有电压，但却没有电流。这和前面所讨论过的电阻元件完全不同，电阻两端只要有电压（不论是否变化），就一定有电流。

由 $q = Cu$ 和 $i = \dfrac{\mathrm{d}q}{\mathrm{d}t}$，得：

$$i = \frac{\mathrm{d}q}{\mathrm{d}t} = \frac{\mathrm{d}Cu}{\mathrm{d}t} = C\frac{\mathrm{d}u}{\mathrm{d}t} \tag{1-26}$$

式中 C 为电容器的电容，单位为法拉（F）。

这就是电容器上的电压 u 和电流 I 的一般关系式。

上式表明，在任一瞬间，电容器的电流取决于该瞬间电容器上电压的变化率。如果电压不变，即：

$$\frac{\mathrm{d}u}{\mathrm{d}t} = 0$$

虽有电压，电流也为零；电压变化越快，则电流也越大，但 $\dfrac{\mathrm{d}u}{\mathrm{d}t}$ 必然为有限值，这就意味着电容两端的电压不能突变，只能连续变化。如发生突变，则 $\dfrac{\mathrm{d}u}{\mathrm{d}t} \to \infty$，亦即 $i \to \infty$，这是不可能的。电容电压不能突变是分析电容器充放电现象的一个很有用的概念，通常记作：

$$u_c(t_+) = u_c(t_-) \tag{1-27}$$

式（1-27）称为电容电路的换路定律。意思是：若在某时刻 t 电路发生变化（如电源和电路参数改变）时，则变化之后那一瞬间 (t_+) 电容上的电压 $u_c(t_+)$，等于变化之前那一瞬间 (t_-) 电容上原来的电压 $u_c(t_-)$，即换路前后电容电压不能突变，只能在换路前 $u_c(t_-)$ 的基础上连续变化。

1.8.2 电容器的充电过程

图 1-34 是描述电容器充放电过程的一个实验电路。设在电容器充电之前，即 $t=0$ 之前，电容器 C 上存储的电荷为零，即：

$$u_c(0_-) = 0$$

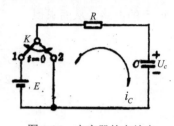

图 1-34 电容器的充放电

在 $t=0$ 时将开关 K 与电源接通，根据换路定律有：

$$u_c(0_+) = u_c(0_-) = 0$$

$u_c(0_+) = 0$ 的实质是电容 C 上还没来得及储存电荷，这时充电电流为：

$$i_c = \frac{E - u_c}{R} = \frac{E}{R}$$

随着电容被充电，电荷逐渐积累，u_c 逐渐升高，充电电流 i_c 将随 u_c 的升高而逐渐下降，当 u_c 上升到与电源 E 相等时，电流 i_c 为零，充电过程结束。

为了求得 u_c 和 i_c 在充电过程中的变化规律，由图 1-34 根据回路电压定律可得：

$$i_c R + u_c = E$$

将 $i_c = C\dfrac{\mathrm{d}u_c}{\mathrm{d}t}$ 代入上式得：

$$RC\frac{\mathrm{d}u_c}{\mathrm{d}t} + u_c = E$$

这是一个一阶微分方程，考虑到初始条件：$t=0$ 时 $u_c = 0$，解方程得：

$$u_c = E(1 - e^{-t/RC}) = E(1 - e^{-t/\tau}) \qquad (1\text{-}28)$$

$$i_c = C\frac{\mathrm{d}u_c}{\mathrm{d}t} = \frac{E}{R}e^{-t/RC} = \frac{E}{R}e^{-t/\tau} \qquad (1\text{-}29)$$

以上结果说明，RC 电路在充电过程中，电压 u_c 按指数规律增长，电流 i_c 则按指数规律衰减，如图 1-35 所示。

$$\tau = RC \qquad (1\text{-}30)$$

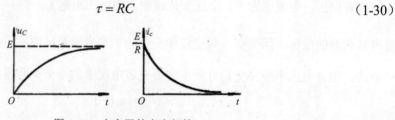

图 1-35 电容器的充电规律

在式（1-28）和式（1-29）中，τ 的大小决定着电容电压和电流随时间增长（或衰减）的快慢。由于 τ 的量纲为：

$$[\tau] = [R][C] = 欧 \frac{库}{伏} = 欧 \frac{安秒}{伏} = 秒$$

所以称 τ 为时间常数。

为了更清楚地说明电容充电时电压和电流按指数规律变化的情况,表 1-1 列出了 u_c 和 i_c 在不同 τ 值时的具体数据。

表 1-1 中的 E 为电源电动势,即电容电压的最终稳态值。从表 1-1 中可以看出,理论上电容充电到 E 所需要的时间为无限大,但当:

$$t = 2.3\tau$$

时,u_c 已上升到争态值的 90%。在工程上计算时,一般取电容的充电时间为:

$$t_c = (3 \sim 5)\tau \tag{1-31}$$

表 1-1 u_c 和 i_c 随时间变化的情况

t	1τ	2τ	2.3τ	3τ	5τ	∞
u_c	0.63E	0.86E	0.90E	0.95E	0.99E	E
i_c	$0.37\dfrac{E}{R}$	$0.14\dfrac{E}{R}$	$0.10\dfrac{E}{R}$	$0.05\dfrac{E}{R}$	$0.01\dfrac{E}{R}$	0

1.8.3 时间常数 τ 的物理意义

将式(1-28)等号两边时间 t 求导,得:

$$\frac{\mathrm{d}u_c}{\mathrm{d}t} = \frac{E}{\tau} e^{-t/\tau}$$

当 $t=0$ 时:

$$\left. \frac{\mathrm{d}u_c}{\mathrm{d}t} \right|_{t=0} = \frac{E}{\tau}$$

于是得:

$$\tau = \frac{E}{\left. \dfrac{\mathrm{d}u_c}{\mathrm{d}t} \right|_{t=0}} \tag{1-32}$$

这里,E 为充电电压的稳态值,$\left. \dfrac{\mathrm{d}u_c}{\mathrm{d}t} \right|_{t=0}$ 为电压 u_c 的起始增长速度,故上式的物理意义是:电路的时间常数 τ 等于 u_c 以起始增长速度等速地由起始值充电到稳态值所需的时间。这在几何图形中,相当于从起点 O 作充电曲线的切线,切线与稳态值 E 的交点为 A,那么 OA 所对应的时间就是时间常数 τ,如图 1-36 所示,当 $t = \tau$ 时:

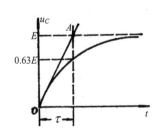

图 1-36 τ 的物理意义

$$u_c = 0.63E$$

与表 1-1 中的数据相符。

1.8.4 放电过程

在电容已充电至 $u_c=E$ 的基础上，如将图 1-34 中的开关投向 2，电容 C 将通过电阻 R 放电，放电电流及电容 C 上的电压将逐渐下降，直至衰减到零为止。与充电过程类似，用同样的方法可以得到下述方程：

$$u_c + iR = 0$$

即：

$$u_c + RC\frac{du_c}{dt} = 0$$

考虑到 t=0 时， u_c=E，可解得：

$$u_c = Ee^{-t/RC} = Ee^{-t/\tau} \qquad （1-33）$$

$$i_c = -\frac{E}{R}e^{-t/\tau} \qquad （1-34）$$

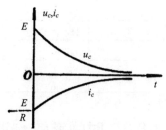

图 1-37　电容器放电曲线

式（1-34）中的负号表示放电电流的实际方向与充电电流方向相反。 u_c 和 i_c 的变化规律如图 1-37 所示。

【例 1-16】在图 1-38 所示电路中，开关 K 在 t=0 时闭合，若这时电流等于 10mA，经过 0.1s 后电流接近于零。试求：

（1）电阻 R 和电容 C 的值。

（2）电流随时间的变化规律 $i(t)$ 。

已知开关 K 闭合前电容电压为零。

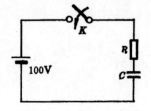

图 1-38　例 1-16 的电路图

解：因 K 闭合前电容电压为零，即 $u_c(0_-)=0$ ，由换路定律得：

$$u_c(0_+) = u_c(0_-) = 0$$

$$\therefore \qquad i(0_+) = \frac{E}{R} = \frac{100}{R}$$

即：

$$R = \frac{100}{i(0_+)}$$

今已知 $i(0_+)$ =10mA，代入得：

$$R = \frac{100}{10 \times 10^{-3}} = 10^4 \Omega = 10k\Omega$$

由于 $t_c = (3\sim5)\tau$ 时电流已基本接近稳态值，现取达到稳态值的时间 $t = 4\tau$，今已知达到稳态值的时间为 0.1s，故得：

$$4\tau = 0.1s$$

$$\tau = \frac{0.1}{4} = 0.025s$$

于是可得：

$$C = \frac{\tau}{R} = \frac{0.025}{10^4} = 2.5 \times 10^{-6} F = 2.5\mu F$$

由分析可知，电流是由初始值 10mA 是按指数规律衰减至零的，根据式（1-29），即可得：

$$i(t) = 10e^{-t/\tau} = 10e^{-t/0.025} = 10e^{-4vt} mA$$

【例 1-17】图 1-39 所示为一个起延时作用的 RC 电路。a、b 两点间的电压为 25V，R=9kΩ，C=20μF，当电容器 C 上电压充到 10V 时，起开关作用的电子器件 T 闭合，继电器 J 将有电流通过而动作。试求：

（1）若初始状态 U_c=0，充电至 10V 所需的时间。

（2）若要将时间延长为原来的 2 倍，电阻 R 应改为何值。

解：

（1）已知 U=25V，U_c=10V，

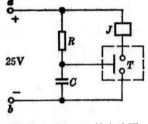

图 1-39　例 1-17 的电路图

$$\tau = RC = 9 \times 10^3 \times 20 \times 10^{-6}$$
$$= 0.18s$$

由式（1-28）可知：

$$u_c = E(1 - e^{-t/\tau})$$

将各已知数代入上式得：

$$10 = 25(1 - e^{-t/0.18})$$

$$e^{t/0.18} = \frac{25}{25 - 10} = 5$$

$$\frac{t}{0.18} = \ln\frac{5}{3}$$

$$t = 0.18\ln\frac{5}{3} = 0.18 \times 0.512 = 0.092s = 92ms$$

即充电至 10V 需要 92ms。

（2）若需延长时间至原来的 2 倍，即 t=0.184s，则：

$$10 = 25(1 - e^{\frac{-0.184}{R \times 20 \times 10^{-6}}})$$

解得：

$$R = 18\text{k}\Omega$$

1.9 RL 电路与直流电压的接通

1.9.1 电感的物理性质

导线中有电流通过时，其周围即有磁场。通常我们把导线绕成线圈的形式，以增强线圈内部的磁场，满足某种实际工作的需要，这样的线圈称为电感线圈。当通过线圈的电流发生变化时，与线圈相交链的磁通（称为磁链，用 ψ 表示）也相应地发生变化，根据电磁感应定律，线圈两端将出现电压。如通过线圈的电流不变，磁链也不变化。如果略去线圈的电阻不计，这时线圈中虽有电流，但没有电压。这和电阻、电容元件也完全不同：电阻是有电压即有电流；电容是有电压变化才有电流；而电感是有电流变化才有电压。

根据电磁感应定律，感应电压等于磁链的变化率，即

$$u = \frac{\mathrm{d}\psi}{\mathrm{d}t} \tag{1-35}$$

当线圈周围的媒介为非铁磁物质时，磁链 ψ 与电流 i 成正比，其比例系数 L 叫作电感，即

$$\psi = Li \tag{1-36}$$

L 的单位为亨利（H）。于是我们可以得到联系电感线圈的电流和电压的关系式：

$$u = \frac{\mathrm{d}\psi}{\mathrm{d}t} = \frac{\mathrm{d}(Li)}{\mathrm{d}t} = L\frac{\mathrm{d}i}{\mathrm{d}t} \tag{1-37}$$

上式表明：在任一瞬间电感两端的电压取决于该瞬间通过线圈电流的变化率。如果电流不变，即 $\frac{\mathrm{d}i}{\mathrm{d}t} = 0$，虽有电流，电压也为零；电流变化越快，即 $\frac{\mathrm{d}i}{\mathrm{d}t}$ 越大，电压也就越高。

式（1-37）还表明：因为实际上电感两端的电压不可能为无限大，故 $\frac{\mathrm{d}i}{\mathrm{d}t}$ 必为有限值，这就意味着通过电感的电流不能突变而只能连续变化。如果发生突变，则 $\frac{\mathrm{d}i}{\mathrm{d}t} \to \infty$，亦即 $u \to \infty$，这是不可能的。和电容两端的电压不能突变相类似，通过电感的电流不能突变也是一个很重要的概念，通常记作：

$$i_L(t_+) = i_L(t_-) \tag{1-38}$$

上式称为电感电路的换路定律。

1.9.2 RL 串联与直流电压的接通

由于线圈本身具有一定的电阻，所以实际情况总是以电阻和电感相串联的形式出现在电路中，图 1-40 所示为研究 RL 串联与直流电压接通以及线圈短路放电的电路图。

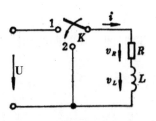

图 1-40　RL 与直流电压接通及短路放电

根据回路电压定律，K 与电源接通后有：

$$U = u_R + u_L = iR + L\frac{\mathrm{d}i}{\mathrm{d}t}$$

考虑到初始条件，t=0 时，i=0（因为 K 未合上时，$i_c(0_-)=0$，合上后的瞬间 i 不能突变，故 $i_c(0_+)=0$）可得到：

$$i = \frac{U}{R}(1 - e^{-\frac{R}{L}t}) = \frac{U}{R}(1 - e^{-t/\tau}) \tag{1-39}$$

$$u_R = iR = U(1 - e^{-t/\tau}) \tag{1-40}$$

$$u_L = L\frac{\mathrm{d}i}{\mathrm{d}t} = Ue^{-t/\tau} \tag{1-41}$$

式中：

$$\tau = L/R \tag{1-42}$$

为 RL 串联电路的时间常数。

i、u_R、u_L 随时间变化的曲线如图 1-41 所示。

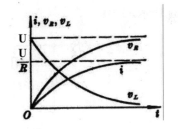

图 1-41　RL 与直流电压接通时 i、u_R、u_L 的变化曲线

1.9.3 短路放电

在图 1-40 所示的电路中，当 RL 接通直流电源、电流达到稳态值以后，将开关 K 由 1 立即投向 2，电感将通过电阻 R 放电，这时电路应满足：

$$iR + L\frac{\mathrm{d}i}{\mathrm{d}t} = 0 \tag{1-43}$$

考虑到初始条件，t=0 时，$i = \frac{U}{R}$，得：

$$i = \frac{U}{R}(1-e^{-\frac{R}{L}t}) = \frac{U}{R}(1-e^{-t/\tau}) \qquad (1\text{-}44)$$

电流随时间变化的曲线如图 1-42 所示。

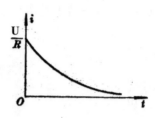

图 1-42　RL 短路放电曲线

1.9.4　突然断开

原来与直流电压接通的线圈（RL 串联）突然断开时，电流由原来的 $\frac{U}{R}$ 突然变为零，其变化率很大，由 $u_L = L\frac{di}{dt}$ 可知，线圈两端将感应产生高电压。例如带负荷拉开刀闸时产生的电弧，就是刀闸断开时气隙被高压击穿的结果。这种过电压有时会破坏绝缘，产生不良后果。为了防止这种危害，可在线圈两端并联高值电阻 R_0（比 R 大几倍以上），使线圈两端电压受到限制；或在线圈两端并联适当的电容，以吸收一部分在突然断开时电感释放的能量；也可用二极管与线圈并联，提供放电回路，使电感所储存的能量消耗在自身的电阻中。以上措施的原理如图 1-43 所示。

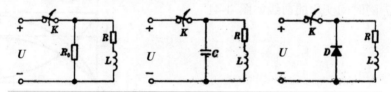

图 1-43　防止 RL 电路突然断开产生高电压

【例 1-18】在图 1-44 所示的电路中，已知 R_1=3Ω，R_2=5Ω，L=200mH，电源电压 U=100V，求开关 K 闭合时的电流表达式。

解：电路的时间常数为：

$$\tau = \frac{L}{R_1+R_2} = \frac{0.2}{3+5} = 0.025\text{s}$$

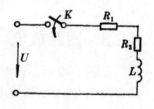

图 1-44　例 1-18 的电路图

故电流表达式为：

$$i = \frac{U}{R}(1-e^{-t/\tau}) = \frac{100}{8}(1-e^{-t/0.025}) = 12.5(1-e^{-40t})\text{A}$$

1.10　忆阻器

忆阻器是电路中的一个元件，前面已经介绍了在电路中的电阻、电容、电感。下面主要介绍近年的热点——忆阻。

1.10.1　物理性质

忆阻是表示磁通与电荷关系的电路器件。忆阻具有电阻的量纲，但与电阻不同的是，忆阻的阻值是由流经它的电荷确定的。因此，通过测定忆阻的阻值，便可知道流经它的电荷量，从而有记忆电荷的作用。所以，被称为忆阻器（Memristor）。

忆阻器是一个基本的无源二端元件，可分为荷控忆阻器和磁控忆阻器两种，如图 1-45 所示。

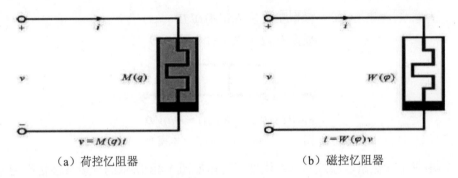

（a）荷控忆阻器　　　　　　　　　（b）磁控忆阻器

图 1-45　忆阻器符号

在图 1-45（a）中的荷控忆阻器，可以用 $q-\varphi$ 平面上一条通过原点的特性曲线 $\varphi=\varphi（q）$ 来表示，其斜率即磁链随电荷的变化率

$$M(q) = \frac{d\varphi(q)}{dq}$$

称为忆阻，流过的电流 $i(t)$ 与两端的电压 $u(t)$ 之间的伏安关系（V_{CR}），可以描述为 $u(t) = M(q)i(t)$。

在图 1-45（b）中的磁控忆阻器，可以用 $\varphi-q$ 平面上一条通过原点的特性曲线 $q=q（\varphi）$ 来表示，其斜率即电荷随磁链的变化率

$$W(\varphi) = \frac{dq(\varphi)}{d\varphi}$$

称为忆导，流过的电流和两端的电压的伏安特性，可以描述为 $i(t) = W(\varphi)u(t)$。这里 $M(q)$ 和 $W(\varphi)$ 均是非线性函数，且取决于忆阻器内部状态变量 q 或 φ。

1.10.2　TiO$_2$ 忆阻器的原理

TiO$_2$ 忆阻器的正、负电极为铂金属（Platinum Electrode，铂电极），在长 3nm（纳米）微

型器件的左半边掺杂（Doped）TiO_2，其掺杂量是可变的（variable），右半边未掺杂 TiO_2。其基本模型，如图 1-46 所示。

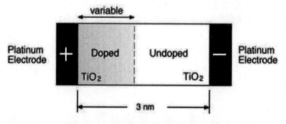

图 1-46　TiO_2 忆阻器的原理图

图 1-47 是惠普实验室给出的纳米级忆阻器的基本模型。该忆阻元件是由未掺杂部分组成的，D 为元件的长度，$W(t)$ 为元件的掺杂区域的宽度，μ_v 为离子在均匀场中的平均迁移率。当 $W(t)=0$ 时，对应的元件电阻为 R_{ON}。忆阻元件上流过的电流 $i(t)$ 与 $W(t)$ 变化率成线性关系，即：

$$模型左边 = R_{ON}W(t)/D$$
$$模型右边 = R_{OFF}(1-W(t))/D$$

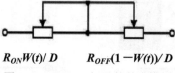

$$R_{ON}W(t)/D \qquad R_{OFF}(1-W(t))/D$$

图 1-47　$HPTiO_2$ 忆阻的基本模型

因此，根据上述忆阻器原理和基本模型，可得如图 1-48 所示的分段线性忆阻特性曲线。其中，图 1-48（a）为荷控忆阻器特性曲线，图 1-48（b）为磁控忆阻器特性曲线。

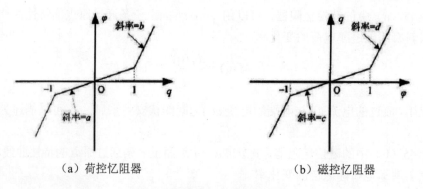

（a）荷控忆阻器　　　　　　　　　　（b）磁控忆阻器

图 1-48 分段线性忆阻特性曲线

1.10.3　伏安特性曲线

忆阻器的伏安特性曲线，如图 1-49 所示。选取参数 $\alpha = M_{off}/M_{on}$ 为控制变量，引入激励电压 $V(t)=1.2\sin(2\pi ft)$，考察系统伏安特性随着相应参数变化的行为和规律。其他相关参数分别固定为 $x = 0.25$，$f = 0.05$ Hz，$M_{on} = 1\Omega$。调节完全无掺杂以及完全掺杂时忆阻器阻值之比 α 的值，选取几个有代表性的 $\alpha = 6$、10、20、40、60、80、100 等，记录系统在不同的完全无掺杂以及完全掺杂时阻值的比值 α 下伏安特性曲线如图 1-49（a）所示。可以看出，当 α 的值较小时，曲线由 "8" 字型退化为一条斜直线；α= 6 时，随着 α 的增大，均呈现出不同的迟滞回线特性。

设置 α= 160，f= 0.05，在 $x \in (0,1)$ 范围内调节 x 的大小，选取几个有代表性的 x = 0.1、0.2、0.4、0.6、0.8、0.9，记录系统在不同的掺杂区和总宽度之比 x 下的伏安特性曲线，如图 1-49（b）所示。可以看出，x 取值不宜过大，否则曲线会退化为斜直线，如图 1-49（b）中 x = 0.9 所示。当 x 取值适当时，忆阻器具有灵活多变的伏安特性和复杂多样的动力学行为。

设置 α= 160，x = 0.25，调节外接电压频率 f 的值，选取几个有代表性的 f= 0.1、0.2、0.3、0.4、0.5、0.6、0.8、1，记录系统在不同的频率下的伏安特性曲线，如图 1-49（c）所示。可以看出，当 f 的值较小时，伏安曲线会退化成一条斜直线，如图（c）中 f = 0.1 所示。而 f 取其他值时均呈现出较好的伏安特性，随频率 f 的增大，曲线逐渐趋向于一条直线。

设置 D=1×10^{-8}，μ_v=1×10^{-14}，调节内置参数 p = 0.5，q = 3，分别可考察 α，x 和 f 三个参数。

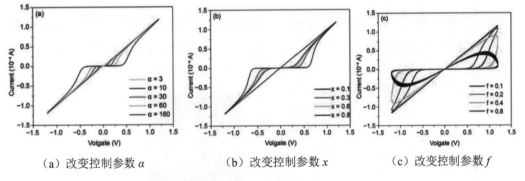

（a）改变控制参数 α　　　　（b）改变控制参数 x　　　　（c）改变控制参数 f

图 1-49　忆阻器伏安特性曲线

忆阻器是一种有记忆功能的非线性电阻，其通过控制电流的变化可改变阻值，如果把高阻值定义为 "1"，低阻值定义为 "0"，则这种电阻就可以实现存储数据的功能。

1.10.4　忆阻器与 RLC 的关系

忆阻器与 RLC（电阻、电感、电容）的关系，如图 1-50 所示。

在电路中，电路的 4 大基本变量是电流 i、电压 u、电荷 q 和磁通量 φ。电阻器 R 表示电压与电流之间的关系，电容器 C 表示电量与电压的关系，电感 L 表示磁通量与电流之间的关系，忆阻器 M 表示磁通量与电荷之间的关系。

表 1-2 中，列出了 R、C、L、M 四种无源电路元件的基本公式，即：

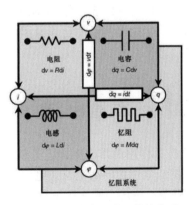

图 1-50　电路中 4 种元件的关系

$$R = dv / di$$

$$C = dq / dv$$
$$L = d\varphi_m / di$$
$$M = d\varphi_m / dq$$

表 1-2　4 种无源电路元件的基本公式

Device	Characteristic property (units)	Differential equation
Resistor	Resistance (V per A, or Ohm, Ω)	R = dV / dI
Capacitor	Capacitance (C per V, or Farads)	C = dq / dV
Inductor	Inductance (Wb per A, or Henrys)	L = dΦ_m / dI
Memristor	Memristance (Wb per C, or Ohm)	M = dΦ_m / dq

1.10.5　忆阻芯

忆阻芯，即忆阻器芯片，如图 1-51 所示（2020 年华为的专利信息）。忆阻器具有体小（纳米级）、功耗低（晶体管的数十分之一）、非易失、高集成、高读写速度、存储运算合一（可同时储存并处理信息）、可多值计算、易于 3D、保密性极强等优势。

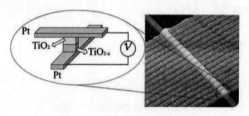

图 1-51　华为的忆阻器芯片

有数据统计称，一个忆阻器的工作量相当于一枚 CPU 芯片中十几个晶体管共同产生的效用。

忆阻器芯片的成本价比同类型芯片降低了 3-4 倍，同时计算效率提升 10 倍，为神经网络、人工智能、芯片设计、图像处理、智能制造、智能家电等领域，开辟了新途径。

目前，制备的是 32×32 忆阻器阵列，量产基于忆阻器的阻变存储器（RRAM）。

总的来说，忆阻器是当前学术界和产业界的研究前沿与重点，前景无限。

1.11　本章小结

1. 电路按其作用通常由电源、负载和中间环节三部分组成。作为电源，其电动势的方向在电源内部由低电位指向高电位（电位升），电流的方向在电源内部与电动势的方向相同；在外电路中，电流在电场力的作用下，从高电位通过负载流向低电位，负载端电压的方向是从高电位指向低电位（电位降）的。

2. 电路有开路、短路、负载三种状态，其特点有以下几点：

- 开路：$I=0$，$U=E$，$P=0$。

- 短路：$I = \dfrac{E}{R_0}$，$U=0$，$P=I^2 R_0$（消耗在电源内部）。

- 负载状态：$I = \dfrac{E}{R+R_0}$，$U=E-IR_0$，$P=UI$。

3. 克希荷夫电流定律阐明了电路中与任一节点有关的各电流之间的关系，即：

$$\Sigma I = 0$$

克希荷夫电流定律阐明了电路中与任一闭合回路有关的各电压之间的关系，即：

$$\Sigma U = 0 \ \text{或} \ \Sigma E = IR$$

4. 凡不能用串联和并联方法简化为无分支的电路，叫作复杂电路。复杂电路要同时用到克希荷夫定律和欧姆定律才能求解。

5. 支路电流法是求解复杂电路的基本方法，它以支路电流为未知数。对于具有 n 个节点和 m 条支路的电路，可列出$(n-1)$个独立的节点电流方程和 $m-(n-1)$个独立的回路方程，联立可解出 m 个支路电流。此法的缺点是方程较多，但它是计算电路的基础。

6. 叠加原理是线性电路的基本属性。在线性电路中，由于通过电路中的任一元件的电流正比于加在该元件两端的电压，所以任一支路电流等于各电源单独作用时在该支路产生的分电流叠加的结果。这一原理同样可以用来计算线性电路中任一元件上的电压但不能用来计算功率。

7. 等效电压源定理（戴维南定理）是将有源二端网络用等效电压源代替的方法，对外的作用不变。等效电压源的电动势为二端网络的开路电压，串联等效内阻为将有源二端网络各电动势短路（保留内阻）后对开路端的等效电阻。在计算复杂电路时，如只需求其中某一支路电流时，用等效电压源定理比较方便。

8. 由于能量的储存与放出不能突变，故电路中有储能元件（电容、电感）时，电路从一种状态过渡到另一状态，都需要一段时间而不能突变。说明电路在换路瞬间能量不能突变的定律叫作换路定律，即：

$$u_c(t_+) = u_c(t_-)$$

表示电容两端的电压不能突变：

$$i_L(t_+) = i_L(t_-)$$

表示通过电感的电流不能突变。

9. 过渡过程的长短，与时间常数有关。时间常数是电压或电流按照起始增长速度或起始衰减速度达到稳态值所需的时间，对于电容和电感分别与电阻串联的电路，其表达式为：

$$\tau = RC \qquad \tau = L/R$$

10. RC 电路、RL 电路的通电放电规律如下。

（1）RC 串联电路

接通直流电压时，电容电压（设初始值为零）为：

$$u_c = U(1 - e^{-t/RC})$$

充电电流为：

$$i = \frac{U}{R} e^{-t/RC}$$

短路放电时，电容电压（设初始值为 V）为：

$$u_c = U e^{-t/RC}$$

放电电流为：

$i = -\dfrac{U}{R} e^{-t/RC}$（负号表示放电电流方向与充电时相反）

（2）RL 串联电路

接通直流电压时，电感电流（设初始值为零）为：

$$i = \frac{U}{R}(1 - e^{\frac{-R}{L}t})$$

短路放电时，电感电流（设初始值为 $\dfrac{U}{R}$）为：

$$i = \frac{U}{R} e^{\frac{R}{-L}t}$$

11. 忆阻是表示磁通与电荷关系的电路器件，其表达式为：

$$M = d\varphi_m \ / dq$$

1.12 习题

1-1 在图 1-45 所示电路中，已知 I_1=2A，R_1=3Ω，R_2=6Ω，R_3=2Ω，R_4=3Ω，R_5=1Ω，求 U_{AB}、U_{AC}。

1-2 求图 1-46 所示电路 a、b 两点的电位。若在 a、b 间接入一个 R=2Ω 的电阻，问通过此电阻的电流是多少？

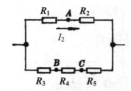

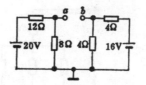

图 1-45　习题 1-1 的电路图　　　　图 1-46　习题 1-2 的电路图

1-3　求图 1-47 所示电路中的 V_a、V_b 和 U_{ab}。

1-4　在图 1-48 所示电路中，已知 $R_2=R_4$，电压 $U_{ad}=150\text{V}$，$U_{cf}=70\text{V}$，求 U_{ab}。

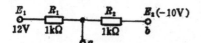

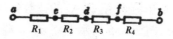

图 1-47　习题 1-3 的电路图　　　　图 1-48　习题 1-4 的电路图

1-5　求图 1-49 所示电路中 a、b、c 三点的电位。

1-6　图 1-50 所示为一分压器电路，电源电压 $U=220\text{V}$，已知分压器的电阻 $R_1=200\Omega$，负载电阻 $R_L=100\Omega$，当分压器的触头滑到 a、b、c（c 是中点）各位置时，求电流表和电压表的读数（流过电压表的电流可略去不计）。

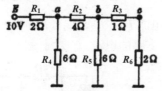

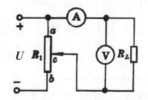

图 1-49　习题 1-5 的电路图　　　　图 1-50　习题 1-6 的电路图

1-7　在电压为 220V 的低压配电屏上，作灯光信号指示的 ZSD-5 型信号灯所使用的白炽灯泡的额定电压为 24V，功率为 2W，使用时需串联一个电阻，求此电阻的阻值和功率。

1-8　在电池两端接一个电阻 $R_1=14\Omega$，电流为 $I_1=0.4\text{A}$，若换接电阻 $R_2=23\Omega$，则电流为 $I_2=0.25\text{A}$，求此电池的电动势及内阻。

1-9　求图 1-51 所示各电路的电阻 R_{ab}。

1-10　图 1-52 为某程序控制部分示意电路，要求当继电器 J_1 吸合时，$U_2=\frac{1}{2}U_1$；J_1、J_2 同时吸合时，$U_2=\frac{1}{3}U_1$；J_1、J_2、J_3 都吸合时，$U_2=\frac{1}{4}U_1$。今已知 $R_0=2\Omega$，求 R_1、R_2 和 R_3。

1-11　求图 1-53 所示电路中 a 点的电位。

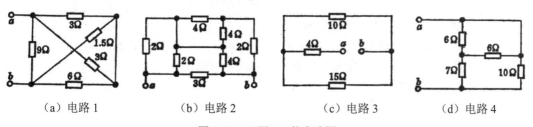

（a）电路 1　　　（b）电路 2　　　（c）电路 3　　　（d）电路 4

图 1-51　习题 1-9 的电路图

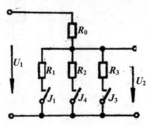

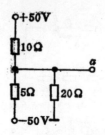

图 1-52　习题 1-10 的电路图　　　　图 1-53　习题 1-11 的电路图

1-12　在图 1-54 所示的部分电路中，电流 I_0=10mA，I_1=6mA，电阻 R_1=3kΩ，R_2=1kΩ，R_3=2kΩ。求电流表 A_4 和 A_5 的读数并标出电流的方向。

1-13　求图 1-55 所示电路 a、b 端的开路电压 U_2。

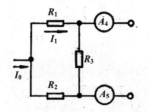
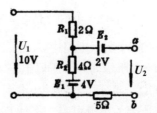

图 1-54　习题 1-12 的电路图　　　　图 1-55　习题 1-13 的电路图

1-14　用叠加原理求图 1-56 所示电路各支路电流 I_{E1}、I_{E2}、I_{R1}、I_{R2}、I_{R3}。

1-15　用戴维南定理求图 1-57 所示电路中 R_5 支路的电流。

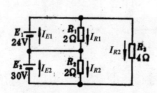
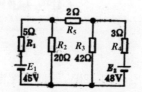

图 1-56　习题 1-14 的电路图　　　　图 1-57　习题 1-15 的电路图

1-16　对图 1-58 所示各电路 a、b 两点求等效电压源。

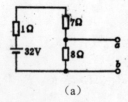
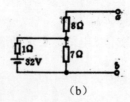
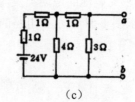

（a）　　　　　　　　（b）　　　　　　　　（c）

图 1-58　习题 1-16 的电路图

1-17　求图 1-59 所示电路中 R_1 支路的电流。

1-18　在图 1-60 所示的电路中，已知 R_1=R_2=300Ω，E=1.4V，开关 K 在 t=0 时接通，试求 $u_c(0_+)$、$u_{R2}(0_+)$、$u_c(\infty)$、$u_{R2}(\infty)$。设 K 未合以前电容中未存储电荷。

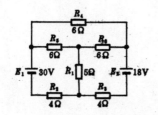

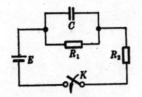

图 1-59　习题 1-17 的电路图　　　　　图 1-60　习题 1-18 的电路图

1-19　在图 1-61 虚线框所示为一晶体管延时继电器输入回路的等效电路。已知 $E=24\text{V}$，$R_1=R_2=20\text{k}\Omega$，$C=200\mu\text{F}$。当 K 断开后，电容两端电压上升到 $u_c=4\text{V}$ 时，继电器开始工作。问 K 断开后，此继电器将延迟多少时间才开始工作？（提示：将虚线框以外的电路化成等效电压源。）

1-20　在图 1-62 所示电路中，已知 $R_1=R_2=10\text{k}\Omega$，$E=2\text{V}$，当开关 K 在 $t=0$ 时闭合，试求 $i_L(0_+)$、$i(0_+)$、$u_L(0_+)$、$i_L(\infty)$、$i(\infty)$、$u_L(\infty)$。

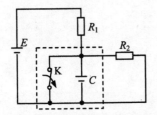

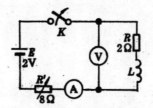

图 1-61　习题 1-19 的电路图　　　　　图 1-62　习题 1-20 的电路图

1-21　图 1-63 为测量线圈电阻的原理图。如果测量结束后，突然打开开关 K，问电压表承受的最大电压是多少？设电压表内阻 $R_u=20\text{k}\Omega$。

1-22　在图 1-64 所示电路中，已知 $E=4\text{V}$，$R_1=R_2=200\Omega$，$R_3=100\Omega$，$C=5\mu\text{F}$，开关 K 在 $t=0$ 时闭合。求 $t=1\text{ms}$ 时 u_c 为多少伏特？（设 K 未合前电容的残存电荷为零。）

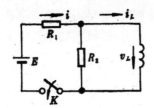

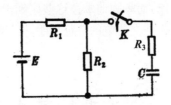

图 1-63　习题 1-21 的电路图　　　　　图 1-64　习题 1-22 的电路图

1-23　什么叫忆阻器，有何特性和用途？

第2章

正弦交流电路

【学习目的和要求】

通过本章的学习，应了解单一参数的交流电路、RLC 串联交流电路、负载并联的交流电路；掌握交流电路的基本概念，功率因数的提高、正弦量的矢量和复数表示法。

正弦交流电路是电工学的重点内容之一，是学习电机、电器和电子技术的理论基础。虽然直流电路中的一些基本定律和分析方法也适用于交流电路，但由于交流电路中的一些物理量（如电动势、电压、电流等）是随时间作周期性变化的，在交流电路中将会产生一些特殊的物理现象和规律。而牢固地掌握这些区别于直流电路的特殊规律，对学习交流电路是至关重要的。

本章从正弦交流电的特征入手，介绍正弦量的几种表示方法，最后归结到交流电路的计算。

2.1 交流电的基本概念

2.1.1 周期电压和周期电流

在第 1 章我们所讨论的各种电路中，由于电源电动势是恒定的（大小和方向不变），除了在换路（接通、断开、短路或电路参数改变）的短暂时间外，当电路处于稳态工作时，电路中各部分的电压和电流都是恒定的，即它的大小和方向不随时间变化。对于这样的电动势、电压和电流可以用图 2-1（以电流为例）来表示。

所谓周期电压和电流，它们是随时间作周期性变化的，即电压或

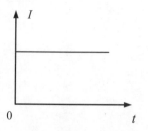

图 2-1　恒定电流（直流）

电流的每个值在经过相等的时间后重复出现。以电流为例，周期性电流应满足：

$$i(t) = i(t + kT) \tag{2-1}$$

式中 k 为任意正整数，T 是电流重复出现所需要的最短时间（称为周期），后面还要详细讨论。上式表明，在时间 t 和 $(t+kT)$ 的时刻其电流值是相等的。

在周期性变化的电压和电流中，一种是大小随时间而变，但方向不变，称为脉动电压和脉动电流，图 2-2 所示为常见的两种脉动电流波形；另一种是大小和方向都随时间变化，且在一个周期内平均值为零的电压和电流，称为交变电流，简称交流电。图 2-3 所示为最常见的交流电的波形，其中按正弦规律变化的交流电，就是本章所要讨论的内容。

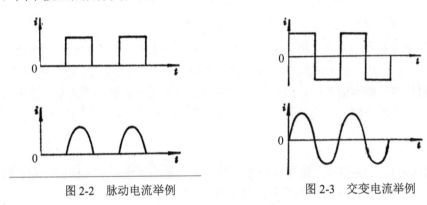

图 2-2　脉动电流举例　　　　图 2-3　交变电流举例

2.1.2　正弦电压和正弦电流

随时间按正弦规律变化的电动势、电压和电流统称为正弦交流电。一般如不特别指出，通常说的交流电就是指正弦交流电。

由于交流电容易变压，便于输送和分配，以及交流电机具有结构简单、运行可靠等一系列优点，所以目前电力系统广泛采用交流电。在某些需要采用直流电的场合，如电解、电镀等，一般也是通过整流装置将交流电变换为直流电。

要获得正弦电压和电流，必须有正弦电动势作用在电路中，这个正弦电动势在工业上是由交流发电机产生的，在实验室也可由正弦信号发生器提供，其解析式可表示为：

$$e(t) = E_m \sin \omega t \tag{2-2}$$

上式在后面的书写中均略去 $e(t)$ 中的 t，直接写为：

$$e = E_m \sin \omega t$$

与之相应的波形图如图 2-4 所示。

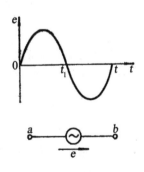

图 2-4　正弦电动势及其正方向

由图 2-4 可见，在 O 到 t_1 这段时间内，电动势从零开始向正方向增大，达到最大值后，又逐渐减小，到 t_1 时为零。如果规定电动势的正方向从 a 到 b（即 b 点电位低于 a 点电位），则在 O 到 t_1 这段时间内，电动势的实际方向与规定的正方向一致。在 t_1 到 t_2 这段时间内，电动势为负值，表示电动势的实际方向与规定的正方向相反，故在这段时间内，电动势的方向是从 b 到 a，与图 2-4 所示的箭头方向相反。以后在电路图上所标电压、电流的方向都是规定正方向。但需注意：电动势、电压和电流的规定正方向在同一电路图上必须统一，关于这一点将在后面联系实际电路时再具体讨论。

2.1.3 正弦量的特征

由于交流电路中的电动势，电压和电流都是按正弦规律变化的，故这些物理量统称为正弦量。任何一个正弦量，都可以通过它的幅值、周期（或频率）和初相位来描述，下面分别讨论。

1. 幅值（最大值）

按正弦规律变化的电动势；电压和电流在任一瞬间的数值，称为它们的瞬时值，常用小写字母 e、u、i 表示。其中最大的瞬时值叫作幅值或最大值，分别用 E_m、U_m、I_m 表示。

当然，幅值也是瞬时值之一，但对于一定的正弦量来说，它是一个常量，并不随时间而变化。图 2-5 表示了两个幅值不同的正弦量，由于 $E_{1m}>E_{2m}$，所以这两个正弦量是有区别的。

2. 周期和频率

图 2-6 所示的两个正弦量，除了幅值不同外，其交变的速度也是不同的，为了衡量正弦量变化得快慢，通常用周期或频率两个物理量来描述。

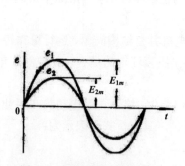

图 2-5 幅值不同的正弦量

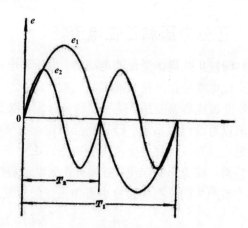

图 2-6 周期不同的正弦量

周期（T）：正弦量既是周期函数，因此经过一定时间必将重复出现。周期 T 就是波形(或函数）重复出现所需要的最短时间间隔，单位为秒（s）。

频率（f）：正弦量每秒经历的周期数，称为频率。频率的单位为赫兹（Hz）。

$$1赫兹(Hz)=\frac{周期数}{1秒}$$

根据上面的定义，即可得到周期和频率的关系。例如 f=50Hz，即每秒经历 50 个周期，则每周期的时间为 T=1/50s，故若频率为 f 时，则周期为 1/f，即：

$$\left.\begin{array}{l} T = \dfrac{1}{f} \\[2mm] f = \dfrac{1}{T} \end{array}\right\} \tag{2-3}$$

周期和频率互为倒数。

我国规定工业用电频率（简称工频）为 50Hz；在电热方面采用的频率一般为 $50\sim10^{6}$Hz，无线电技术方面采用的频率为 $10^{5}\sim3\times10^{6}$Hz。

我们说周期（或频率）是描述正弦量的因素之一，然而在式（2-2）中 $e = E_m \sin\omega t$ 中却看不到周期 T（或频率 f），因为式（2-2）是通过 ω 与 f（或 T）建立联系的。

ω 称为角频率，它是指正弦量每秒所经历的弧度数。由于正弦函数交变一周弧度为 2π，故频率为 f 的正弦量，其角频率为：

$$\left.\begin{array}{l} \omega = 2\pi f \quad (\text{rad/s}) \\[2mm] \omega = \dfrac{2\pi}{T} \quad (\text{rad/s}) \end{array}\right\} \tag{2-4}$$

或

对于 $f=50$Hz 的工频交流电，其角频率为：

$$\omega = 2\pi f = 2\pi\times50 = 314 \text{ rad/s}$$

3. 初相位和相位差

图 2-7 所示的两个正弦量，其对应的函数式分别为：

$$\left.\begin{array}{l} e_1 = E_m \sin(\omega t + \varphi_1) \\[1mm] e_2 = E_m \sin(\omega t - \varphi_2) \end{array}\right\} \tag{2-5}$$

虽然这两个正弦量的幅值和角频率都相同，但二者是有区别的，其区别在于：它们到达零值（或最大值）的时间不同，这可以从波形图上直观地看出。反映在函数式中的差别是 $(\omega t + \varphi_1)$ 和 $(\omega t - \varphi_2)$ 不一样。我们称 $(\omega t + \varphi_1)$、$(\omega t - \varphi_2)$ 等为正弦量的相位角或相位。所以相位是区别正弦量的标志之一。

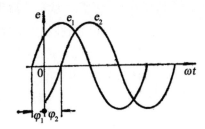

图 2-7　两个相位不同的正弦量

不难看出，当 $t=0$ 时，e_1 和 e_2 的相位分别为 φ_1 和 $-\varphi_2$，通常叫作初相位，简称初相。初相位确定了正弦量初始值的大小，由式（2-5）可得：

$$e_1(0) = E_m \sin\varphi_1$$

$$e_2(0) = E_m \sin(-\varphi_2)$$

上式表明，在 $t=0$ 时，e_1 为正值，e_2 为负值，与图 2-7 所示的波形图一致。

由于角频率的单位为“rad/s”，所以初相位的单位本应以弧度为单位，但在工程上为了方便，常用“度”为单位，必要时再化为弧度。

由上面的分析可见，一个正弦量当它的幅值、频率（或角频率和周期）以及初相位确定以后，这个正弦量便确定了，所以这三个参数通常称为正弦量的三要素。

从正弦量的相位出发，引出一个在分析和计算交流电路时常用到的概念——相位差。

两个同频率正弦量的相位之差，称为相位差。例如有两个同频率的正弦电流：

$$i_1 = I_{1m}\sin(\omega t + \varphi_1) \; ; \quad i_2 = I_{2m}\sin(\omega t + \varphi_2)$$

则它们的相位差为：

$$\varphi = (\omega t + \varphi_1) - (\omega t + \varphi_2) = \varphi_1 - \varphi_2$$

可见，两个同频率的正弦量的相位差等于它们的初相位之差。图 2-7 所示的两个电动势 e_1 和 e_2 的相位差为：

$$\varphi = \varphi_1 - (-\varphi_2) = \varphi_1 + \varphi_2$$

因此在求相位差时要考虑到各正弦量初相位自身的正负号。

不难理解，由于两个正弦量是同频率的，尽管它们的初相位与时间起点有关，但相位差是与时间起点无关的，它始终保持不变。例如将图 2-7 中的纵坐标向左（或向右）移动，则初相位 φ_1 和 φ_2 减小（或增大），但相位差 φ 不变。

下面再介绍几个与相位差有关的名词。

当 $\varphi = \varphi_1 - \varphi_2 = 0$ 时，波形如图 2-8（a）所示，这时 i_1 和 i_2 的相位相同，称为同相。

当 $\varphi = \varphi_1 - \varphi_2 > 0$ 时，波形如图 2-8（b）所示，i_1 总是比 i_2 先经过零值或最大值，即 i_1 的变化总是领先于 i_2 的变化，我们称 i_1 在相位上超前于 i_2 一个 φ 角（或 i_2 滞后于 i_1 一个 φ 角）。

必须指出，两个正弦量在相位上比较，究竟哪一个超前，只是一个相对的概念。例如 i_1 较 i_2 超前 90°，也可以说 i_2 较 i_1 超前 270°，但习惯上以 180° 为分界，即超前或滞后的角度应小于 180°。

当 $\varphi = \varphi_1 - \varphi_2 = 180°$ 时，波形如图 2-8（c）所示，这时 i_1 和 i_2 相位相反，称为反相。

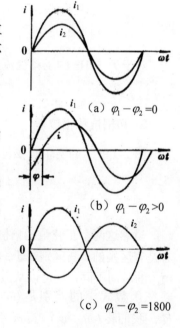

(a) $\varphi_1 - \varphi_2 = 0$

(b) $\varphi_1 - \varphi_2 > 0$

(c) $\varphi_1 - \varphi_2 = 180°$

图 2-8　同相、超前（或滞后）和反相波形图

【例 2-1】已知电流的瞬时值函数式为 $i = \sin(1000t + 30°)$A，试求其最大值、角频率、频率与初相角，并求该电流经多少时间后第一次出现最大值。

解： 根据电流的瞬时值函数式可知：

$$I_m = 1\text{A} \qquad \omega = 1000\text{rad}/\text{s}$$

$$f = \frac{\omega}{2\pi} = \frac{1000}{2\pi} \approx 159\text{Hz} \qquad \varphi = 30°$$

当电流第一次出现最大值时，其相位（$\omega t + \varphi$）应为 90°，即 $1000t + 30° = 90°$，移项后将度

化为弧度，得：

$$1000t = 90° - 30° = 60° = \frac{\pi}{3}$$

解得：

$$t = \frac{\pi}{3}/1000 = 1.05 \times 10^{-3}\text{s} = 1.05\text{ms}$$

【例 2-2】图 2-9 为正弦交流电路中的一个元件，已知在图中所设正方向下通过它的电流为 $i = 100\sin(\omega t - \frac{\pi}{2})\text{mA}$，式中 $\omega = 2\pi$（rad/s），试在下述条件下确定电流的大小和实际方向：（1）$t=0.5$s 时；（2）$\omega t=2.25\pi$（rad）时；（3）$\omega t=90°$ 时。

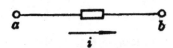

图 2-9　例 2-2 的电路图

解：

（1）$t = 0.5$s 时：

$$i = 100\sin(2\pi \times 0.5 - \frac{\pi}{2}) = 100\sin\frac{\pi}{2} = 100\text{mA}$$

所得电流为正，表示实际方向与假定正方向一致，即从 a 流向 b。

（2）$\omega t = 2.25\pi$ (rad) 时：

$$i = 100\sin(2.25\pi - \frac{\pi}{2}) = 100\sin(1.75\pi) = -70.7\text{mA}$$

电流为负值，其实际方向与图示正方向相反，即从 b 流向 a。

（3）$\omega t = 90°$ 时：

$$i = 100\sin(90° - \frac{\pi}{2}) = 100\sin 0° = 0$$

这一瞬间电流恰好为零。

【例 2-3】用双踪示波器测得两个同频率的正弦电压的波形如图 2-10 所示。若此时示波器面板上的"时间选择"旋钮置于"0.5ms/格"挡，"Y 轴坐标"旋钮置于"10V/格"挡，试写出 $u_1(t)$ 和 $u_2(t)$ 的瞬时值函数式，并求出这两个电压的相位差。

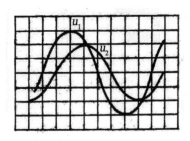

图 2-10　例 2-3 的电压波形图

解：由图 2-10 可见，这两个电压的一个周期在屏幕上各占 8 格，故周期为：

$$T = 8 \times 0.5 = 4\text{ms}$$

$$f = \frac{1}{T} = \frac{1}{4 \times 10^{-3}} = 250\text{Hz}$$

$$\omega = 2\pi f = 2\pi \times 250 = 500\pi(\text{rad/s})$$

又 U_{1m} 在图上占 3 格，U_{2m} 占 2 格，故：

$$U_{1m}=3\times10=30V$$

$$U_{1m}=2\times10=20V$$

在相位上，若以 u_1 为参考量，即令其初相角 $\varphi_1=0$，则 u_2 滞后 u_1 一个方格，得 u_2 的初相角为：

$$\varphi_2=-\frac{1}{8}\times2\pi=-\frac{\pi}{4}$$

u_1 和 u_2 的相位差为：

$$\varphi=\varphi_1-\varphi_2=0-\left(-\frac{\pi}{4}\right)=\frac{\pi}{4}$$

u_1 和 u_2 的瞬时值函数式分别为：

$$u_1=30\sin500\pi t\,V$$

$$u_2=20\sin(500\pi t-\frac{\pi}{4})V$$

2.1.4 正弦量的有效值

交流电的大小和方向是随时间交变的,其幅值的大小在某种意义上虽然可以反映正弦量的大小，但幅值只是一瞬间的数值，从做功的观点来看，它不能反映交流电的实际效果。因此在电工技术中，常用有效值来衡量正弦交流电的大小。电流、电压和电动势的有效值分别用大写字母 I、V、E 表示。

下面以电流来说明正弦交流电有效值的意义。我们将数值相同的两个电阻分别通以直流电 I 和正弦交流电 i，如图 2-11 所示，如果在一个周期的时间内，两个电阻产生的热量相等，则直流电流 I 的数值就称为该交流电的有效值。它们之间的关系可根据焦耳-楞次定律来确定。

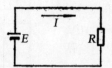 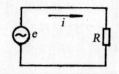

图 2-11 交流电有效值的定义

交流电流在一周期 T 内所产生的热量：

$$Q_+=\int_o^T i^2R\mathrm{d}t\,(\mathrm{J})$$

直流电流在同一时间 T 内所产生的热量：

$$Q_-=I^2RT\,(\mathrm{J})$$

按定义，它们所产生的热量应该相等，即：

$$\int_o^T i^2 R \mathrm{d}t = I^2 RT$$

得：

$$I = \sqrt{\frac{1}{T}\int_o^T i^2 \mathrm{d}t} \tag{2-6}$$

这就是有效值定义的数学表达式。可见，交流电流的有效值等于电流瞬时值的平方在一个周期内的平均值再开方，因此有效值又叫作均方根值。

正弦交流电流 $i = I_m \sin \omega t$ 的有效值为：

$$I = \sqrt{\frac{1}{T}\int_o^T i^2 \mathrm{d}t} = \sqrt{\frac{1}{T}\int_o^T I_m^2 \sin^2 \omega t \mathrm{d}t} = \sqrt{\frac{1}{T}\int_o^T I_m^2 \frac{1-\cos 2\omega t}{2}\mathrm{d}t}$$

$$= \frac{I_m}{\sqrt{2}}\sqrt{\frac{1}{T}\int_o^T (1-\cos 2\omega t)\mathrm{d}t} = \frac{I_m}{\sqrt{2}} \tag{2-7}$$

同理可得：

$$U = \frac{U_m}{\sqrt{2}}; \quad E = \frac{E_m}{\sqrt{2}} \tag{2-8}$$

可见，在正弦交流电的计算中，正弦量的最大值除以 $\sqrt{2}$ 就可得到它的有效值。

在实际工作中，一般所讲交流电的大小，都是指它们的有效值。例如电机的铭牌、仪表的刻度等所标的电流、电压都是有效值。只有在分析电路中各元器件耐压和绝缘的可靠性等具体场合时才用到最大值。

【例 2-4】已知某正弦电流，当 $t=0$ 时其值 $i(0)=0.5A$，并已知其初相角为 30°，试求其有效值为多少？

解：根据题意，可写出该正弦电流的瞬时值函数式为：

$$i = I_m \sin(\omega t + 30^\circ)$$

当 $t=0$ 时，$i(0) = I_m \sin 30^\circ = 0.5A$。

求得：

$$I_m = 0.5 / \sin 30^\circ = 1A$$

故有效值为：

$$I = \frac{I_m}{\sqrt{2}} = 0.707A$$

【例 2-5】有一电容器，耐压为 160V，问能否用在交流电压为 160V 的电源上？

解：交流电压的最大值为：

$$U_m = \sqrt{2} \times 160 = 226V$$

超过了电容器耐压标准，可能会使电容器击穿，所以不能用在 160V 的交流电路中。

2.2 正弦量的矢量和复数表示法

前面所讲的正弦量的瞬时值函数式以及与之对应的波形图,都能完整地表示正弦量。因为它们都反映了正弦量的三要素。但用这种表示方法计算交流电路,很不方便。例如求 $i_1 = I_{1m}\sin(\omega t + \varphi_1)$ 与 $i_2 = I_{2m}\sin(\omega t + \varphi_2)$ 的和,则必须通过三角函数的运算,就不那么简便;如果将 i_1 和 i_2 分别画成正弦曲线,即用波形逐点相加的方法,也是很不方便的,而且准确性也差。因此必须寻找便于计算的表示方法。

由正弦函数的性质可知,两个同频率的正弦量,即上述两个电流(i_1 和 i_2)相加,必具有下面的一般形式:

$$i = i_1 + i_2 = I_m\sin(\omega t + \varphi)$$

在上式中,若能确定 I_m 和 φ,则电流 i 便确定了。下面介绍的旋转矢量表示法和复数表示法就是解决这个问题的有效方法。

2.2.1 正弦量的旋转矢量表示法

为什么旋转矢量可以表示正弦量?以及该旋转矢量应满足什么条件才能表示正弦量?下面我们以正弦量 $e = E_m\sin(\omega t + \varphi)$ 为例说明这个问题。

要用旋转矢量来表示一个正弦量,必须使这个矢量的长度等于正弦量的幅值 E_m,矢量与横坐标之间的夹角等于正弦量的初相角,并以 ω 的角速度逆时针方向旋转,则这个旋转矢量任一时刻在纵坐标上的投影就是该时刻正弦量的瞬时值,如图 2-12 所示。

例如,当 $t=0$ 时,旋转矢量在纵坐标上的投影为 $e_0 = E_m\sin\varphi$,就是正弦量在 $t=0$ 时的瞬时值。到时间 t_1 时,旋转矢量与横坐标的夹角为 $(\omega t + \varphi)$,它在纵坐标上的投影 $e_1 = E_m\sin(\omega t_1 + \varphi)$,即等于正弦量在 t_1 时刻的瞬时值,如此等等。因此满足上述条件的旋转矢量即可完整地表示出它所对应的正弦量;或者说,任何正弦量都可以用相应的旋转矢量来表示。

由于不可能也没有必要将正弦函数每一瞬间的对应矢量都画出来,通常只用起始位置($t = 0$)的矢量来表示一个正弦量。它的长度等于正弦量的幅值,它与横坐标的夹角等于正弦量的初相角,如图 2-13 所示。但我们仍应有这样的概念:即这个矢量是以 ω 的角速度逆时针方向旋转的,它在纵坐标上的投影表示该时刻正弦量的瞬时值。正弦量的矢量是时间矢量,这与力、电场强度等空间矢量是有区别的。

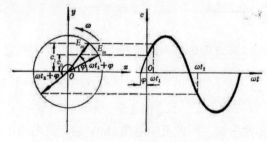

图 2-12　用旋转矢量表示正弦量

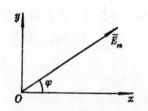

图 2-13　正弦量的矢量表示

　　将若干个同频率的正弦量用相应的旋转矢量画在同一坐标平面上的图,叫作矢量图。利用矢量图即可进行正弦量的加减运算。因而正弦量的运算可以简化为矢量运算,它是分析与计算交流电路的重要方法之一。

　　例如,已知:

$$e_1 = E_{1m} \sin(\omega t + \varphi_1)$$

$$e_2 = E_{2m} \sin(\omega t + \varphi_2)$$

求这两个电动势的合成电动势 $e = e_1 + e_2$。

　　如前所述,两个正弦量的和是一个新的同频率的正弦量,因此只要求得这个新正弦量的幅值和初相角,问题便解决了。

　　为此,作 e_1 和 e_2 的旋转矢量,如图 2-14 所示;然后运用平行四边形法则即可求得合成矢量。合成矢量的长度即为最大值 E_m,它与横坐标的夹角即为初相角 φ 。于是可得:

$$e = E_m \sin(\omega t + \varphi)$$

式中 E_m 和 φ 可直接在图 2-14 上量得,或通过简单的计算求得。其中:

$$E_m = \sqrt{(E_{1m} \cos\varphi_1 + E_{2m} \cos\varphi_2)^2 + (E_{1m} \sin\varphi_1 + E_{2m} \sin\varphi_2)^2}$$

$$\varphi = arctg \frac{E_{1m} \sin\varphi_1 + E_{2m} \sin\varphi_2}{E_{1m} \cos\varphi_1 + E_{2m} \cos\varphi_2}$$

　　在讨论实际问题时,常使用正弦量的有效值,由于有效值与最大值之间有一定的数量关系,故用旋转矢量来表示有效值时,只要将矢量的长度按比例缩小为最大值的 $1/\sqrt{2}$ 就行了,如图 2-15 所示。但需注意,这样表示只是为了计算上的方便,用有效值表示的旋转矢量在纵坐标上的投影就不是正弦量对应的瞬时值了。

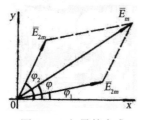

图 2-14　矢量的合成

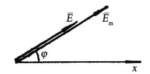

图 2-15　有效值矢量与最大值矢量的关系

　　【例 2-6】试作 U_R、U_L、U_C 的波形图和矢量图,并求这三个电压之和的瞬时值函数式。其中:

$$u_R = 120\sqrt{2} \sin\omega t \, \text{V}$$

$$u_L = 200\sqrt{2} \sin(\omega t + 90^0) \text{V}$$

$$u_C = 130\sqrt{2} \sin(\omega t - 90^0) \text{V}$$

　　解:因正弦量 U_R 的初相位为零,故以它作为参考量。在相位上 U_L 较 U_R 超前 90°,U_C 较

U_R 滞后 90°，可作出图 2-16 所示的波形图和矢量图。

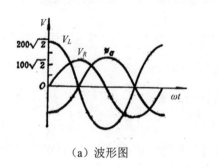

（a）波形图　　　　　　　　　　　　（b）矢量图

图 2-16　例 2-6 的波形图和矢量图

由矢量图得：

$$U = \sqrt{U_R^2 + (U_L - U_C)^2} = \sqrt{120^2 + (200 - 130)^2} = 139\text{V}$$

$$\varphi = arctg\frac{U_L - \text{U}_C}{U_R} = arctg\frac{70}{120} = 30.25^\circ$$

$$\therefore u = 139\sqrt{2}\sin(\omega t + 30.25^\circ)\text{V}$$

【例 2-7】 已知两正弦量分别为 $i_1 = 8\sin(\omega t + 60^\circ)\text{A}$，
$i_2 = 6\sin(\omega t - 30^\circ)\text{A}$，试求 $i(= i_1 + i_2)$。

解： 先作出 i_1 和 i_2 的矢量，然后求矢量和，如图 2-17 所示。

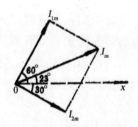

图 2-17　例 2-7 的矢量图

因为 i_1 和 i_2 的相位差为：

$$\varphi = \varphi_1 - \varphi_2 = 60^\circ - (-30^\circ) = 90^\circ$$

所以总电流的幅值为：

$$I_m = \sqrt{I_{1m}^2 + I_{2m}^2} = \sqrt{8^2 + 6^2} = 10\text{A}$$

总电流 i 的初相位为：

$$\varphi = 60^\circ - arctg\frac{6}{8} = 60^\circ - 37^\circ = 23^\circ$$

$$\therefore i = 10\sin(\omega t + 23^\circ)\text{A}$$

2.2.2　正弦量的复数表示法

采用正弦量的旋转矢量表示法虽然可以使运算得到简化,但对某些比较复杂的电路进行运算仍感不便,下面介绍的复数表示法,可以弥补矢量法的不足。

因为正弦量可以用旋转矢量表示,而矢量又可用复数表示,所以正弦量也一定可以用复数表示。为此,我们首先对复数进行简单的回顾。

设 A 为一复数，a 和 b 分别为其实部和虚部，则：

$$\dot{A} = a + jb \tag{2-9}$$

上式称为复数的直角坐标形式，式中 $j = \sqrt{-1}$ 为虚数单位。

复数可以在平面上表示出来，如图 2-18 所示。直角坐标的横坐标是实轴，用来表示复数的实部；纵坐标是虚轴，用来表示复数的虚部。这样，平面上的每一点都唯一对应一个复数，而每一个复数都唯一地对应于平面上的一点，这样的平面叫作复平面。图 2-18 表示了（3+j2）和（-1-j3）这两个复数在平面上的位置。

复数 $\dot{A}$ 不但可以用复平面上相应的点来表示，还可以用有方向的线段来表示。

在图 2-19 所示的复平面上，将原点 O 与 $\dot{A}$ 相连，此直线的长度记作 A，称为复数 $\dot{A}$ 的模，模总是取正值。在此直线的 A 端加上箭头，把它和实轴正方向的夹角记作 φ，称为复数的辐角。这样，复数 $\dot{A}$ 就可以用这线段的模 A 和辐角 φ 来表示了。根据这一表示方式，可以得到复数的另一形式。

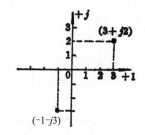

图 2-18　复数的直角坐标形式

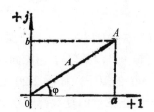

图 2-19　复数的极坐标形式

由图 2-19，根据三角函数可知：

$$a = A\cos\varphi$$
$$b = A\sin\varphi$$

因此有：

$$\dot{A} = a + jb = A\cos\varphi + jA\sin\varphi = A(\cos\varphi + j\sin\varphi) \tag{2-10}$$

根据欧拉公式：

$$e^{j\varphi} = \cos\varphi + j\sin\varphi$$

所以式（2-10）可进一步写作：

$$\dot{A} = Ae^{j\varphi} \tag{2-11}$$

上式称为复数 $\dot{A}$ 的极坐标形式，它是用模 A 和辐角 φ 来表示一个复数的。在工程计算中，常把它简写为：

$$\dot{A} = A/\underline{\varphi} \tag{2-12}$$

运用复数计算交流电路时，常常需要进行直角坐标形式和极坐标形式之间的相互转换，由极坐标形式化为直角坐标形式时，可利用式（2-10），由直角坐标形式化为极坐标形式时，根据图 2-19 可得：

$$\left.\begin{array}{r}A=\sqrt{a^2+b^2}\\[2mm]\varphi=arctg\dfrac{b}{a}\end{array}\right\}$$ （2-13）

即可进行换算。

下面再讨论一下 j 的几何意义。

任意矢量 $\dot{A}=Ae^{j\varphi}$ 乘以 e^{ja} 可得：

$$Ae^{j\varphi}\cdot e^{ja}=Ae^{j(\varphi+a)}$$

即矢量的模仍为 A，但它与横轴正方向的夹角已不是 φ，而是（$\varphi+\alpha$）。可见任一矢量乘以 e^{ja} 则向前（逆时针方向）旋转了 α 角。

同理可得，任一矢量若乘以 e^{-ja}，则该矢量的模亦不变，但向后（顺时针方向）旋转 α 角。

作为特例，当 $\alpha=\pm90°$ 时，由欧拉公式：

$$e^{\pm j90°}=\cos 90°\pm j\sin 90°=0\pm j=\pm j$$

因此，任一矢量乘以 j（相当于乘以 $e^{j90°}$），则该矢量应向前旋转 $90°$，乘以 $-j$ 则应向后旋转 $90°$。所以 j 称为旋转 $90°$ 的算子，如图 2-20 所示。

通常把表示正弦量的复数称为相量。相量在复平面上的几何表示称为相量图。相量不是一般的复数，它是对应于某一正弦时间函数的。在正弦量的极坐标形式中，复数（相量）的模即为正弦量的有效值（或最大值），而复数（相量）的辐角即为正弦量的初相角。

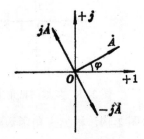

图 2-20 矢量乘以 $\pm j$

至此，我们介绍了正弦量的 4 种不同的表示方法：三角函数式、波形图、旋转矢量、复数。它们的形式虽然不同，但都是用来表示正弦量的，因此它们是相通的，即从某一种表示形式，可求出与之对应的其他三种形式。

【例 2-8】把下列复数化为直角坐标形式：

（1）$\dot{A}=9.5\underline{/73°}$；（2）$\dot{A}=13\underline{/112.6°}$；（3）$\dot{A}=1.2\underline{/-152°}$；（4）$\dot{A}=10\underline{/90°}$

（5）$\dot{A}=10\underline{/180°}$。

解：（1）$\dot{A}=9.5\underline{/73°}=9.5\cos 73°+j9.5\sin 73°=2.78+j9.1$

（2）$\dot{A}=13\underline{/112.6°}=13\cos 112.6°+j13\sin 112.6°=13\cos(180°-67.4°)+j13\sin(180°-67.4°)$
$=-13\cos 67.4°+j13\sin 67.4°=-5+j12$

（3）$\dot{A}=1.2\underline{/-152°}=1.2\cos(-152°)+j1.2\sin(-152°)$
$=1.2\cos 152°-j1.2\sin 152°=-1.2\cos 28°-j1.2\sin 28°=-1.06-j0.563$

（4）$\dot{A}=10\underline{/90°}=10\cos 90°+j10\sin 90°=j10$

（5）$\dot{A}=10\underline{/180°}=10\cos 180°+j10\sin 180°=-10$

【例 2-9】把下列复数化成极坐标形式：

（1）$\dot{A}=4-j3$；（2）$\dot{A}=-2-j4$；（3）$\dot{A}=10$；（4）$\dot{A}=j10$；（5）$\dot{A}=-j10$。

解：用极坐标形式表示，必须求出复数的模和辐角。

（1）$A=\sqrt{4^2+(-3)^2}=5$，$\varphi=arctg\dfrac{-3}{4}=-36.9°$，$\therefore \dot{A}=4-j3=5\underline{/-36.9°}$

必须注意，运用式（2-13）求辐角 φ 时，要把 a 和 b 的符号保留在分子分母内，以便正确判断 φ 角所在象限，从而才能确定 φ 角，如图 2-21 所示。

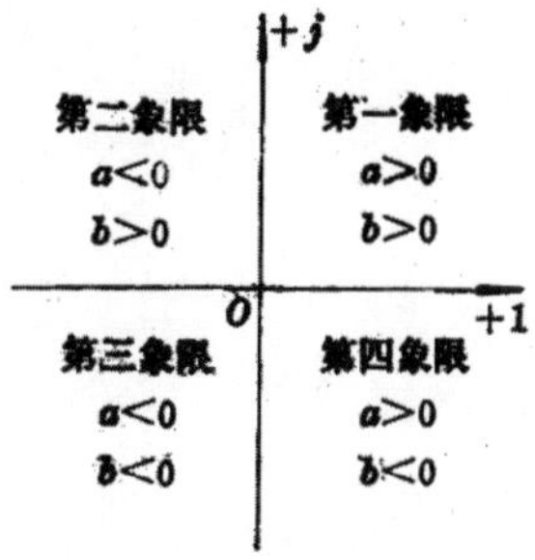

例如本题 φ 角应在第四象限，故由 $arctg\dfrac{3}{4}$ 算得 36.9º 后，即可确定 $\varphi=-36.9°$。

如含混地写作 $\varphi=arctg\left(-\dfrac{3}{4}\right)$，则将得到 -36.9º 和 143.1º 两个角度，显然 143.1º 不是（4-j3）的辐角。

图 2-21 由实部和虚部的正负号判断辐角所在的象限

（2）$A=\sqrt{(-2)^2+(-4)^2}=4.47$；$\varphi=arctg\dfrac{-4}{-2}=63.4°-180°=-116.6°$；

$$\therefore \dot{A}=-2-j4=4.47\underline{/-116.6°}$$

因为 φ 角由（-2-j4）可判断在第三象限，故由 $arctg\dfrac{-4}{-2}$ 算得 63.4º 后，应减去 180º 才是 φ 角（负值）。

（3）$A=\sqrt{10^2+0}=10$；$\varphi=arctg\dfrac{0}{10}=0°$；$\therefore \dot{A}=10=10\underline{/0°}$

或直接由 $\dot{A}=10$ 得知此复数的虚部为零，故 $\dot{A}$ 应在复平面的实轴上，模为 10 而辐角为 0º，从而得 $\dot{A}=10\underline{/0°}$。

同理可得第（4）、第（5）两小题的极坐标形式分别为：

（4）$\dot{A}=+j10=10\underline{/90°}$

（5）$\dot{A}=-j10=10\underline{/-90°}$

【例 2-10】已知 $v_{AB}=v_A-v_B$，其中 $v_A=100\sqrt{2}\sin\omega t$ V，$v_B=100\sqrt{2}\sin(\omega t-120°)$ V，试用符号法求 v_{AB}。（注：用复数表示正弦量，通过代数运算来求解的方法通常称为符号法。）

解：因为 v_A 的有效值 $v_A=100\sqrt{2}/\sqrt{2}=100$V，初相位 $\varphi_A=0°$，故用复数可表示为：

$$\dot{V}_A=V_A\underline{/\varphi_A}=100\underline{/0°}=100\text{V}$$

同样可写出：

$$\dot{V}_B=V_B\underline{/\varphi_B}=100\underline{/-120°}=(-50-j86.6)\text{ V}$$

$$\therefore \dot{V}_{AB}=\dot{V}_A-\dot{V}_B=100-(-50-j86.6)=150+j86.6=173.2\underline{/30°}\text{ V}$$

v_{AB} 的瞬时值函数式为：

$$v_{AB}=173.2\sqrt{2}\sin(\omega t+30°)\text{V}$$

与之相对应的相量图如图 2-22 所示。

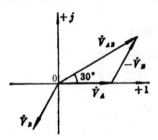

图 2-22 例 2-10 的相量图

2.3 单一参数的交流电路

在第 1 章讨论直流电路的稳态工作时，我们只考虑了电阻 R 这一种电路参数，而电感 L 和电容 C 只在换路时才考虑它们的影响。因为在恒定电压作用下，电感相当于短路，电容相当于开路。

而在交流电路中，即使在稳态工作时，电压、电流也是随时间按正弦规律变化的。因此，当电源电压作用于电路时，电路中的电流不但与电阻 R 有关，而且与这个电路中的电感 L 和电容 C 有关。也就是说，在分析和计算交流电路时，R、L、C 这三个电路参数都必须考虑。

由于同时考虑三个参数分析起来较为复杂，所以我们先分别讨论电路中只有某一参数的情况，然后再研究较复杂的情况，这是研究问题常用的一种方法。另一方面，当具体电路中某一参数起主要作用而其他两个参数的影响在工程上可以略去不计时，这样的电路也可作为单一参数电路来处理。

2.3.1 纯电阻电路

图 2-23 所示为仅有电阻参数的交流电路，图中箭头所指的方向是电压和电流的正方向。

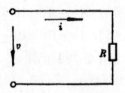

图 2-23 纯电阻电路

1. 电流和电压的关系

根据欧姆定律有：

或

$$\left.\begin{aligned}i&=\frac{v}{R}\\v&=iR\end{aligned}\right\}$$

（2-14）

即任一瞬间通过电阻的电流 i 与这一瞬间的电源电压 v 成正比。

设电源电压为：

$$v = V_m \sin \omega t \qquad\qquad (2\text{-}15)$$

在研究几个正弦量的相互关系时,可任意指定某一正弦量的初相角为零,作为参考正弦量,以便于分析。这里设电压的初相角为零。

将式（2-15）代入式（2-14）得:

$$i = \frac{v}{R} = \frac{V_m \sin \omega t}{R} = I_m \sin \omega t \qquad\qquad (2\text{-}16)$$

比较式（2-15）和式（2-16）不难看出,电流与电压是同频率的正弦量,它们之间有如下关系。

（1）在数值上,由式（2-16）可得 $I_m = \dfrac{V_m}{R}$,将上式等号两边同除以 $\sqrt{2}$,则得有效值之间的关系为:

$$\text{或} \qquad\qquad \left. \begin{array}{l} I = \dfrac{V}{R} \\[2mm] V = IR \end{array} \right\} \qquad\qquad (2\text{-}17)$$

（2）在相位上,设电压的初相角为零,电流的初相角也为零,即电流与电压同相位。其波形图及相量图如图 2-24 所示。

如用复数表示电流和电压的关系,则为:

$$\dot{V} = \dot{I}R \qquad\qquad (2\text{-}18)$$

2. 电路的功率

交流电路的电压和电流是随时间变化的,故电阻所消耗的功率也将随时间变化。在任一瞬间,电压瞬时值 v 与电流瞬时值 i 的乘积称为瞬时功率,用小写字母 p 表示,即:

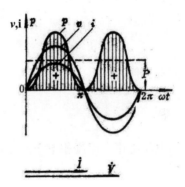

图 2-24　电压、电流和功率的波形图及 $\dot{I}$、$\dot{V}$ 相量图

$$p = vi = U_m \sin \omega t \cdot I_m \sin \omega t = U_m I_m \sin^2 \omega t = \frac{U_m I_m}{2}(1 - \cos 2\omega t)$$
$$= UI(1 - \cos 2\omega t) \qquad\qquad (2\text{-}19)$$

上式表明,瞬时功率 p 由两部分组成,第一部分是常数 UI,第二部分是幅值为 UI,并以 2ω 的角频率随时间变化的交变量 $UI\cos 2\omega t$。p 随时间变化的曲线如图 2-24 中阴影部分所示。

由瞬时功率的曲线可见,除了过零点之外,其余时间均为正值。这是因为在纯电阻电路中 u 与 i 同相,它们或同时为正,或同时为负,故二者相乘（即 p）总为正值,这表示电阻元件在任一瞬间（过零点除外）均从电源吸取能量,并将电能转换为热能。

瞬时功率只能说明功率的变化情况,实用意义不大。通常所说电路的功率是指瞬时功率在一周期内的平均值,称为平均功率,用大写字母 P 表示,即:

$$P = \frac{1}{T} \int_0^T p \, \mathrm{d}t$$

得纯电阻电路的平均功率为：

$$P = \frac{1}{T} \int_0^T p \, \mathrm{d}t = \frac{1}{T} \int_0^T UI(1 - \cos 2\omega t) \mathrm{d}t = UI \qquad （2-20）$$

平均功率的单位用瓦（W）或千瓦（kW）表示，通常各电气设备上所标的功率都是平均功率。由于平均功率反映了电路实际消耗的功率，所以又称为有功功率。

将式（2-17）代入式（2-20），可得平均功率的另外两种表达形式：

$$P = UI = I^2 R = \frac{U^2}{R} \qquad （2-21）$$

综上所述，当正弦电压和电流用有效值表示时，纯电阻电路的平均功率表达式以及电流电压关系式，与直流电路具有相同的形式。

【例 2-11】交流电压 $u = 311\sin 314t$ V，作用在阻值为 10Ω 的电阻两端，试写出电流的瞬时值函数式，其平均功率为多少？

解： 电压的有效值为：

$$U = \frac{U_m}{\sqrt{2}} = \frac{311}{\sqrt{2}} = 220\text{V}$$

电流的有效值为：

$$I = \frac{U}{R} = \frac{220}{10} = 22\text{A}$$

因在纯电阻电路中电流和电压同相位，故得：

$$i = 22\sqrt{2}\sin 314t\,\text{A}$$

其平均功率为：

$$P = UI = 220 \times 22 = 4840\text{W}$$

2.3.2　纯电感电路

图 2-25 为仅有电感参数的交流电路，箭头所指为电压、电流和自感电动势的正方向。

电压的正方向是任意选择的，当电压的正方向选定（见图 2-25）后，电流和自感电动势的正方向便随之而定。

关于电流的正方向，在直流电路中就已经讨论过，下面只对自感电动势的正方向加以说明。

当通过电感线圈的电流发生变化时，线圈中将产生自感电动势，根据楞次定律 $e_L = -L\frac{\mathrm{d}i}{\mathrm{d}t}$，可知自感电动势的方向总是力图阻止电流变化的。

例如某瞬间电流按图 2-25 中所示正方向增长，即 $\dfrac{\mathrm{d}i}{\mathrm{d}t}>0$，

由 $e_L=-L\dfrac{\mathrm{d}i}{\mathrm{d}t}$ 可知，e_L 为负值，即实际方向与 e_L 的正方向相反，

以阻止电流增长；若电流按图 2-25 所示正方向衰减，即 $\dfrac{\mathrm{d}i}{\mathrm{d}t}<0$，

则得 e_L 为正值，即实际方向与 e_L 的方向相同，以阻止电流衰减。
可见图 2-25 所示电流和电动势的正方向是统一的，它们符合楞
次定律所揭示的规律。

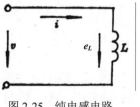

图 2-25　纯电感电路

1．电流和电压的关系

由于所讨论的电路没有电阻压降，故由克希荷夫电压定律可得：

$$u=-e_L \tag{2-22}$$

因：

$$e_L=-L\frac{\mathrm{d}i}{\mathrm{d}t}$$

故：

$$u=L\frac{\mathrm{d}i}{\mathrm{d}t} \tag{2-23}$$

设通过电感的电流为：

$$i=I_m\sin\omega t \tag{2-24}$$

则：

$$u=L\frac{\mathrm{d}i}{\mathrm{d}t}=L\frac{\mathrm{d}(I_m\sin\omega t)}{\mathrm{d}t}=I_m\omega L\cos\omega t$$

$$=I_m\omega L\sin(\omega t+90^0)=U_m\sin(\omega t+90°) \tag{2-25}$$

比较式（2-24）与（2-25），可见电压与电流是同频率的正弦量。它们之间有如下的关系：
在数量上，由式（2-25）可知：

$$U_m=I_m\omega L$$

上式等号两边同除以 $\sqrt{2}$，得电压和电流有效值的关系式为：

或

$$\left.\begin{array}{l}U=I\omega L\\[2mm]I=\dfrac{U}{\omega L}\end{array}\right\} \tag{2-26}$$

可见，当电压一定时，ωL 愈大，电路中的电流则愈小，ωL 具有阻止电流通过的性质，故称之为感抗。感抗用 X_L 表示，即：

$$X_L=\omega L=2\pi fL \tag{2-27}$$

若频率 f 的单位用赫兹（Hz），电感 L 的单位用亨利（H），则感抗 X_L 的单位为欧姆（Ω）。
这样，式（2-26）可表示为：

$$\left.\begin{array}{l} U = IX_L \\ I = \dfrac{U}{X_L} \end{array}\right\}$$

或 （2-28）

式（2-28）反映了电压、电流与感抗之间的关系，在形式上和直流电路中的欧姆定律相同。但必须指出，感抗 X_L 与电阻 R 虽有相同的量纲，但其本质是不同的。X_L 与电流的频率成正比，频率愈高，感抗愈大，因此电感线圈常用来做高频扼流圈，可以有效地阻止高频电流的通过；而对于直流电，由于它的频率 $f = 0$，故 $X_L=0$。正如前面所指出的，电感线圈接在直流电路中在稳态时可视为短路。

在电源电压 U 与电感 L 一定的条件下，电流 I 与感抗 X_L 随频率变化的曲线如图 2-26 所示。

应当注意：感抗 X_L 是电压与电流有效值（或最大值）之比，而不是瞬时值之比，所以不能写成 $\dfrac{u}{i} = X_L$。因为它与电阻电路不一样，在电感电路中电压 v 与电流 i 之间是导数关系（$u = L\dfrac{\mathrm{d}i}{\mathrm{d}t}$），而不是比例关系。

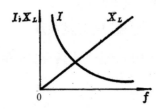

图 2-26　电流、感抗随频率变化的曲线

在相位上，比较式（2-24）和式（2-25）可知：电压超前电流 $90°$；又由于 $u = -e_L$，即自感电动势与电压反相，故自感电动势滞后电流 $90°$，其波形图和相量图如图 2-27 所示。

由波形图可见，在第一个 1/4 周期内，电流从零开始增长，为正值，其实际方向与规定正方向一致；而自感电动势为负值，即实际方向与规定正方向相反，如图 2-27（c）中的第一个图所示，起阻止电流增长的作用。图 2-27（c）还给出了第二、第三、第四个 1/4 周期内电压、电流和自感电势的实际方向，读者可对照波形图进行阅读。

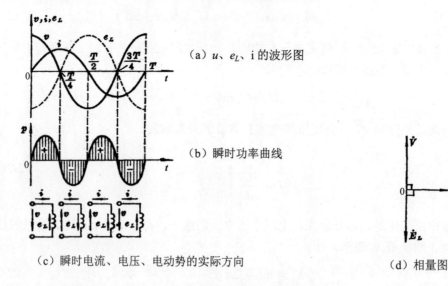

（a）u、e_L、i 的波形图

（b）瞬时功率曲线

（c）瞬时电流、电压、电动势的实际方向

（d）相量图

图 2-27　纯电感电路

考虑到电压、电流的数量与相位关系，其复数表示式为：

$$
\left.
\begin{aligned}
\dot{U} &= j\dot{I}X_L \\
\frac{\dot{U}}{\dot{I}} &= jX_L
\end{aligned}
\right\}
\tag{2-29}
$$

或

2．电路的功率

根据电压 v 与电流 i 的变化规律，即可求得瞬时功率为：

$$
p = ui = U_m\sin(\omega t+90°)I_m\sin\omega t = U_mI_m\cos\omega t \cdot \sin\omega t
$$

$$
= \frac{U_mI_m}{2}\sin 2\omega t = UI\sin 2\omega t
\tag{2-30}
$$

由式 2-30 可见，p 是一个幅值为 UI、并以 2ω 的角频率随时间交变的正弦量，其变化曲线如图 2-27（b）所示。比较图 2-27（a）和 2-27（b）可以看出：在第一个和第三个 1/4 周期内（u、i 同为正或同为负），$p=vi$ 为正值，表明电感从电源吸取能量。在这两个 1/4 周期内电流的绝对值都在增长，即其正在建立磁场，线圈将从电源吸取的电能转换成磁场能储藏起来，其磁场储能的最大值为：

$$
W = \frac{1}{2}LI_m^2 = LI^2
\tag{2-31}
$$

在第二个和第四个 1/4 周期内，u、i 中一个为正，一个为负，故 $p=ui$ 为负值。这时电流的绝对值在减小，磁场在消失、磁场能转换为电能送还给电源。由于我们所讨论的是纯电感电路，电路中电阻为零，故没有能量损耗，也就是说线圈从电源吸取的能量全部归还了电源。这一点不难从平均功率得到验证：

$$
P = \frac{1}{T}\int_0^T p\mathrm{d}t = \frac{1}{T}\int_0^T UI\sin 2\omega t\mathrm{d}t = 0
\tag{2-32}
$$

虽然纯电感电路的平均功率为零，但流过线圈的电流和线圈两端的电压都不为零，其有效值分别为 I 和 U，由于 I 和 U 的乘积不为零且具有功率的量纲，为了与消耗能量的有功功率相区别，把它叫作无功功率。它是线圈与电源之间交换功率的幅值（见式（2-30）），用大写字母 Q 表示，即：

$$
Q = UI = I^2X_L = \frac{U^2}{X_L}
\tag{2-33}
$$

无功功率的量纲与有功功率相同，但为了区别，其单位不用瓦；而用无功伏安，简称乏（var）。

【例 2-12】一个线圈的电感 $L=10\mathrm{mH}$，电阻可以略去不计。把它接到 $u=100\sin\omega t\mathrm{V}$ 的电源上，试分别求出电源频率为 50Hz 与 50kHz 时线圈中通过的电流。

解：当电源频率为 50Hz 时：

$$
X_L = 2\pi fL = 2\pi\times50\times10\times10^{-3} = 3.14\Omega
$$

通过线圈的电流为:

$$I = \frac{U}{X_L} = \frac{100/\sqrt{2}}{3.14} = 22.5\text{A}$$

当电源频率为 50kHz 时:

$$X_L = 2\pi fL = 2\pi \times 50 \times 10^3 \times 10 \times 10^{-3} = 3140\Omega$$

通过线圈的电流为:

$$I = \frac{U}{X_L} = \frac{100/\sqrt{2}}{3140} = 22.5\text{mA}$$

可见,电感线圈能有效地阻止高频电流通过。

2.3.3 纯电容电路

把电容器接在直流电路中,只有在换路瞬间,电容器处于充放电状态时,电路中才有电流通过,而处于稳态工作时,电流便等于零。因此,直流电路中的电容器在稳态时使电路处于断开状态。

如果在电容器两端加上交流电压,则由于电源极性的不断变化,电容器将周期性地充电和放电,因而电路中不断有电流通过。由于电容器的这种通交流、隔直流的作用,在电子线路中常用它来滤波、隔直及隔旁路交流等,此外还可与其他元件配合用来选频;在电力系统中常利用它来改善系统的功率因数,以减少电能的损耗和提高电气设备的利用率等等。有些场合,虽然没有人为接上去的电容器,但却要考虑实际存在的电容对电路工作的影响。例如,绝缘导线之间存在线间电容,晶体管各电极之间存在着极间电容等等,它们的影响在某些情况下是不能忽视的。为了解决这些问题,就必须研究电容器在交流电路中的作用,弄清电容电路中电流、电压之间的关系及其能量的转换和电功率等问题。

1. 电流与电压的关系

图 2-28 所示为仅有电容参数的交流电路。由于电压不断交变,电路中的电流为:

$$i = \frac{\mathrm{d}p}{\mathrm{d}t} = \frac{\mathrm{d}(Cu)}{\mathrm{d}t} = C\frac{\mathrm{d}u}{\mathrm{d}t} \tag{2-34}$$

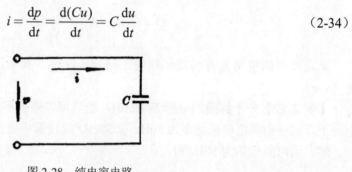

图 2-28 纯电容电路

式(2-34)表明,电路中任一瞬间的电流与外加电压的变化率成正比,这是纯电容电路的基本性质。设外加电压为：

$$u = U_m \sin \omega t \tag{2-35}$$

代入式（2-34）得：

$$i = C\frac{du}{dt} = C\frac{d(U_m \sin \omega t)}{dt} = \omega C U_m \cos \omega t = \omega C U_m \sin(\omega t + 90°) = I_m \sin(\omega t + 90°) \tag{2-36}$$

比较式（2-36）与式（2-35）可知，电压与电流是同频率的正弦量，它们之间存在如下关系。

（1）在数量上，由式（2-36）可得：

$$I_m = \omega C U_m$$

上式等号两边除以 $\sqrt{2}$ 得：

$$I = \omega C U = \frac{U}{\dfrac{1}{\omega C}} \tag{2-37}$$

令：

$$X_C = \frac{1}{\omega C} = \frac{1}{2\pi f C} \tag{2-38}$$

于是式（2-37）便可写成：

或

$$\left. \begin{array}{l} I = \dfrac{U}{X_C} \\ U = I X_C \end{array} \right\} \tag{2-39}$$

式中 X_C 称为容抗。若频率 f 的单位为赫兹（Hz），电容 C 的单位为法拉（F）时，容抗 X_C 的单位则为欧姆（Ω）。

从式（2-39）可以看出：电压、电流的有效值与容抗之间的关系与直流电路的欧姆定律有相同的形式。当电压 U 一定时，容抗 X_C 愈大，电流 I 愈小，而容抗 X_C 的大小与频率 f 和电容 C 的乘积成反比。这是因为电压一定时，电源频率 f 愈高，电路中充放电愈频繁，单位时间内电荷的迁移率也就愈高，所以电流愈大；另一方面，电容 C 愈大，表明电容储存电荷的能力愈大，单位时间内电路中充放电移动的电荷量愈大，所以电流也就愈大。在电压一定的条件下，电流大即意味着容抗小，所以容抗 X_C 与 f 和 C 成反比。作为一种特殊情况，如果电源频率 $f=0$ 则容抗 X_C 为无限大，电路中将没有电流通过，故电容接在直流电源上相当于开路。

（2）在相位上，比较式（2-36）和式（2-35）可知：电流超前电压 90°，其波形和相量如图 2-29 所示。

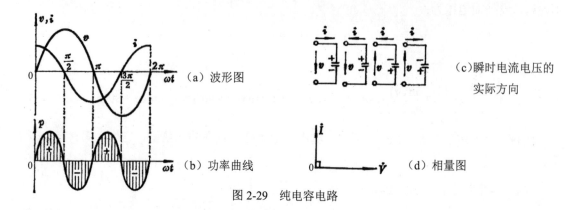

（a）波形图

(c)瞬时电流电压的
实际方向

（b）功率曲线

（d）相量图

图 2-29　纯电容电路

为什么电流会超前电压 90° 呢？因为电流的瞬时值与电压的变化率成正比，当正弦电压经过零值时其变化率最大，这时电容还未积累电荷，电荷增长率最大。随着电容器上电荷的积累，电容两端建立电场，阻止电荷移动，故电流逐渐减小。到 $\omega t = \dfrac{\pi}{2}$ 时，电压达到最大值 U_m，其变化率为零，于是充电停止，电流为零，如图 2-29（a）中所示。在这个 1/4 周期中电压电流均为正值，其实际方向与规定正方向一致，如图 2-29（c）中第一个图所示。

在第二个 1/4 周期内，电压从最大值下降到零，由于电压不断降低，电容放电，所以电流方向改变了，即电压方向为正，电流的实际方向为负，如图 2-29（c）中的第二个图所示。当电压降低到零时，电压变化率最大，电流达到负的最大值。

在第三个和第四个 1/4 周期内，电压和电流的变化规律分别与第一个和第二个 1/4 周期相似，不再赘述。

考虑到电压和电流的数量和相位关系，其复数表示式为：

$$\dot{U} = -j\dot{I}X_c$$

或

$$\dot{I} = \frac{\dot{U}}{-jX_c} \tag{2-40}$$

式中算子——j 表示电流超前电压 90°。

2．电路的功率

根据电压 u 和电流 i 的变化规律，即可求得瞬时功率为：

$$p = ui = U_m \sin \omega t \cdot I_m \sin(\omega t + 90°) = U_m \cdot I_m \sin \omega t \cdot \cos \omega t$$

$$= \frac{U_m I_m}{2} \sin 2\omega t = UI \sin 2\omega t \tag{2-41}$$

由式 2-41 可见，p 是一个幅值为 UI，并以 2ω 的角频率随时间交变的正弦量，其变化曲线如图 2-29（b）所示。比较图 2-29（a）和式 2-29（b）可以看出：在第一个和第三个 1/4 周期内（u、i 同为正或同为负），$p=ui$ 为正值，表明电容从电源吸取功率，并以电场能的形式储存起来，其最大储能为：

$$W = \frac{1}{2}CU_m^2 = CU^2 \tag{2-42}$$

在第二个和第四个 1/4 周期内，p 为负值，电容将储存的电场能全部送还给电源，故平均功率为：

$$P = \frac{1}{T}\int_0^T p\mathrm{d}t = \frac{1}{T}\int_0^T UI\sin 2\omega t\mathrm{d}t = 0 \tag{2-43}$$

与纯电感电路相似，纯电容电路交换功率的最大值称为无功功率，也用 Q 表示，即：

$$Q = UI = I^2 X_C = \frac{U^2}{X_C} \tag{2-44}$$

单位亦为乏（var）。

【例 2-13】设有一纯电容元件 C=20μF，接在 f=50Hz、U=220V 的交流电源上。（1）试求容抗、电流与无功功率；（2）当电源频率 f=50kHz 时，重新计算。

解：（1）当 f=50Hz 时：

$$X_C = \frac{1}{2\pi fC} = \frac{1}{2\times 3.14\times 50\times 20\times 10^{-6}} = 159\Omega$$

$$I = \frac{U}{X_C} = \frac{220}{159} = 1.38\mathrm{A}$$

$$Q = UI = 220\times 1.38 = 304\,\mathrm{var}$$

（2）当 f=50kHz 时：

$$X_C = \frac{1}{2\pi fC} = \frac{1}{2\times 3.14\times 50\times 10^3\times 20\times 10^{-6}} = 0.159\Omega$$

$$I = \frac{U}{X_C} = \frac{220}{0.159} = 1380\mathrm{A}$$

$$Q = UI = 220\times 1380 = 304\mathrm{kvar}$$

计算表明，电容在低频时容抗大，在高频时容抗小，与感抗的特性恰好相反。

纯电阻、纯电感与纯电容电路的一些结论，是分析一般交流电路的基础，为便于对比和复习，将这些结论分别列在章末的表 2-2 中。

2.4　电阻、电感、电容串联交流电路

图 2-30 所示是电阻 R、电感 L 和电容 C（以下简称 R、L、C）串联的交流电路。在讨论这一电路时，我们将直接引用单一参数电路的各个结论。

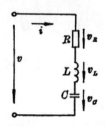

图 2-30　R、L、C 串联交流电路

2.4.1　电流与电压的关系

在 R、L、C 串联电路两端加上正弦电压 u 时，电路中便有电流 i 通过，此电流分别在 R、L 和 C 两端产生电压降 u_R、u_L 和 u_C，其方向如图 2-30 所示。

根据克希荷夫电压定律，任意瞬间各元件上的电压降之和应等于这一瞬间的电源电压，即：

$$u=u_R+u_L+u_C \tag{2-45}$$

由于电源为正弦电压，故电路中的电流也是正弦电流。此电流在各电路元件上产生的电压降自然也是正弦的，而且与电源电压同频率，因此可分别用相量来表示。这样，式（2-45）可写成：

$$\dot{U} = \dot{U}_R + \dot{U}_L + \dot{U}_C \tag{2-46}$$

因为在串联电路中各电路元件内通过同一电流，所以在讨论问题时常选择电流作为参考量，并设它的初相位为零。于是，根据单一参数电路中电流与电压的相位关系（电阻两端的电压和通过它的电流同相，电感电压超前电流 90°，电容电压滞后电流 90°），并设此串联电路中 $X_L>X_C$，即可得到与式（2-46）对应的相量图，如图 2-31 所示。

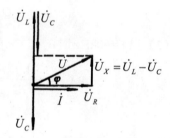

图 2-31　R、L、C 串联电路的相量图

由图 2-31 考虑到 $U_R=IR$，$U_L=IX_L$，$U_C=IX_C$，即可求得：

$$U = \sqrt{U_R^2 + (U_L - U_C)^2} = \sqrt{(IR)^2 + (IX_L - IX_C)^2} = I\sqrt{R^2 + (X_L - X_C)^2}$$

$$= I\sqrt{R^2 + X^2} = Iz \tag{2-47}$$

或

$$I = \frac{U}{z}$$

式（2-47）表明：在交流串联电路中，电流与电压有效值之间的关系，仍具有欧姆定律的形式。式中：

$$z = \sqrt{R^2 + X^2} \tag{2-48}$$

叫作阻抗。显然，当电压一定时，阻抗愈大，电流便愈小。其中 $X=X_L-X_C$ 叫作电抗，电抗是感抗和容抗的差值。

由式（2-48）可见，R、X 和 z 三者在数值上恰好构成直角三角形的三个边的关系，如图 2-32（a）所示。

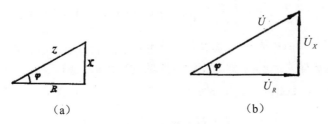

图 2-32　阻抗三角形和电压三角形

这个三角形称为阻抗三角形。同样，在图 2-31 中，电压 $\dot{U}_R$、$\dot{U}_X = (\dot{U}_L - \dot{U}_C)$ 和 $\dot{U}$ 构成的三角形称为电压三角形。从几何关系来看，这是两个相似三角形，因为将阻抗三角形每边乘以电流 I（扩大 I 倍）即得电压三角形，如图 2-32（b）所示。

从电压三角形或阻抗三角形都可以得到 R、L、C 串联电路中电流和电压的相位差，即：

$$\varphi = arctg \frac{U_L - U_C}{U_R} = arctg \frac{X_L - X_C}{R} \tag{2-49}$$

由式（2-49）可见，当电路的 $X_L > X_C$ 时，则 $\varphi > 0$，这时电流滞后电压，这种电路称为感性电路；若 $X_L < X_C$，则 $\varphi < 0$，这时电流超前电压，这种电路称为容性电路；若 $X_L = X_C$，则 $\varphi = 0$，这时电流与电压同相，这种电路称为电阻性电路。

如用复数表示电流与电压的关系，则有：

$$\dot{U} = \dot{U}_R + \dot{U}_L + \dot{U}_C = \dot{I}R + j\dot{I}X_L - j\dot{I}X_C = \dot{I}\left[R + j\left(X_L - X_C\right)\right]$$

$$= \dot{I}(R + jX) = \dot{I}Z \tag{2-50}$$

式中：
$$Z = R + jX = z/\varphi \tag{2-51}$$

称为复数阻抗。其中 z 为复数的模，φ 为复数的辐角。由于复数阻抗不是时间函数，也非正弦量，而仅仅是一个复数，故不是相量，为了与 $\dot{U}$、$\dot{I}$ 等相量区别，用不加点的大写字母 Z 表示。因为它不是相量，故阻抗三角形不是相量图，从图 2-32（a）中可以看到，各线段是不带箭头的。

2.4.2　电路的功率

由图 2-31 中电流和电压的关系已知：

$$i = I_m \sin \omega t$$
$$u = U_m \sin(\omega t + \varphi)$$

当频率一定时，φ 角由 R、L、C 三个参数决定。于是可以得到串联电路的瞬时功率为：

$$p = ui = U_m \sin(\omega t + \varphi)I_m \sin \omega t = UI\left[\cos \varphi - \cos(2\omega t + \varphi)\right] \tag{2-52}$$

其平均功率（即有功功率）为：

$$P = \frac{1}{T}\int_0^T p\mathrm{d}t = \frac{1}{T}\int_0^T UI\left[\cos \varphi - \cos(2\omega t + \varphi)\right]\mathrm{d}t = UI\cos \varphi \tag{2-53}$$

式（2-53）表明，电路中有功功率不仅与电压和电流的有效值乘积有关，而且与电压和电流相位差的余弦 $\cos \varphi$ 有关。$\cos \varphi$ 称为交流电路的功率因数。

由图 2-31 可知，$U\cos \varphi = U_R$，故：

$$P = UI\cos \varphi = U_R I \tag{2-54}$$

可见，电路的有功功率即为电阻 R 上消耗的功率，这与单一参数电路中所说的电抗元件（L、C 元件）不消耗功率（$P=0$）的结论是一致的。

根据同样的分析，电抗上的功率即为无功功率：

$$Q = UI\sin \varphi = U_X I \tag{2-55}$$

无功功率是电感、电容元件与电源之间进行能量互换的功率。因为 $\dot{U}_L$ 与 $\dot{U}_C$ 相位相反，即 $U\sin \varphi = U_L - U_c$，所以由电源供给的无功功率比只有电感时的要小，也就是说，电容补偿了一部分无功功率（因 $\dot{U}_L$ 与 $\dot{U}_C$ 反相，当 p_L 为正时，p_C 恰好为负，即电感吸取功率时，电容恰好放出功率），如图 2-33 所示。

上面是在 $U_L > U_C$ 的情况下讨论的。若 $U_L < U_C$，电源同样要供给无功功率，只不过这时电压 U 滞后于电流 I，电容吸取的无功功率大于电感吸取的无功功率，但总的无功功率同样比只有电容时要小，即电感补偿了一部分无功功率。

只有在 $U_L = U_C$ 情况下，$U\sin \varphi = U_L - U_C = 0$，电源供给的无功功率 $Q = UI\sin \varphi = 0$，这时电感和电容吸取的无功功率相互补偿。

对于电源来说，其输出电压为 U，输出电流为 I，它们的乘积 UI 虽具有功率的量纲，但一般并不表示电路实际消耗的有功功率，也不表示电路进行能量转换的无功功率，通常把它称为视在功率，用 S 表示，即：

$$S = UI \tag{2-56}$$

视在功率 S、有功功率 P 和无功功率 Q 虽然都称为功率，并具有相同的量纲，但三者所代表的意义是不同的，为了区别，视在功率的单位用伏安（VA）表示。

因为：

$$P = UI\cos \varphi = S\cos \varphi$$

$$Q = UI\sin \varphi = S\sin \varphi$$

所以：

$$P^2 + Q^2 = S^2(\cos^2 \varphi + \sin^2 \varphi) = S^2$$

得：

$$S = \sqrt{P^2 + Q^2} \tag{2-57}$$

可见，视在功率 S、有功功率 P 和无功功率 Q 也构成一个直角三角形，叫作功率三角形，它与电压三角形也是相似的，因为将电压三角形每边乘以电流 I 即可得到，如图 2-34 所示。由于 P、Q、S 都不是正弦量，所以也不能用相量表示。

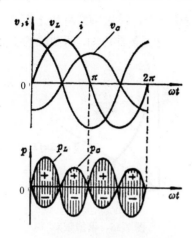
图 2-33　无功功率的相互补偿

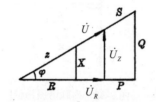
图 2-34　阻抗、电压，功率三角形

由阻抗三角形、电压三角形和功率三角形，我们可以得到 R、L、C 串联电路功率因数的三种表示式，即：

$$cos\varphi = \frac{R}{z} = \frac{U_R}{U} = \frac{P}{S} \tag{2-58}$$

在计算时，可根据不同条件选用。

2.4.3　串联谐振

从上面的分析可知，在 R、L、C 串联电路中，电源的端电压与电路中的电流一般是不同相位的。但适当地调节电路参数和电源频率，就有可能使电流和电压同相位，这时整个电路呈电阻性，功率因数 $cos\varphi = 1$，电路的这种现象称为谐振现象。由于 R、L、C 互相串联，故称串联谐振（或电压谐振）。研究谐振的目的，在于找出产生谐振的条件，并在实际工作中利用谐振的特点，同时避免在某些情况下谐振时可能产生的危害。

在 R、L、C 串联电路中，当 $X_L = X_C$ 时，则有 $U_L = U_C$，由于 U_L 和 U_C 相位相反，互相抵消，所以电阻上的电压等于电源电压，即 $U_R = U$，且电源电压 U 与电流 I 同相，$\varphi = 0$，如图 2-35 所示。

根据谐振条件 $X_L = X_C$ 得：

$$\omega L = \frac{1}{\omega C}$$

或

$$2\pi fL = \frac{1}{2\pi fC}$$

如电路参数 L、C 都是给定的，则串联谐振将发生在一定的角频率 ω_0（或频率 f_0）之下，即或：

$$\omega_0 = \frac{1}{\sqrt{LC}} \quad \text{或} \quad f_0 = \frac{1}{2\pi\sqrt{LC}} \tag{2-59}$$

由式（2-59）可知，改变 L、C 两个参数中的任意一个，谐振频率将随之而变。

图 2-36 给出了 X_L 与 X_C 随频率 f 而变化的曲线，由谐振条件可知，两曲线的交点即为谐振频率 f_0。

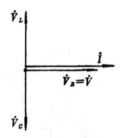

图 2-35　串联谐振相量图

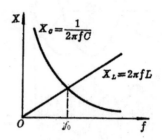

图 2-36　谐振频率

发生串联谐振时，电路具有如下特征：

（1）由于 $X_L = X_C$，故 $z_0 = \sqrt{R^2 + (X_L - X_C)^2} = R$。在电压有效值不变的情况下，电路中的电流为：

$$I_0 = \frac{U}{z_0} = \frac{U}{R}$$

可见，串联谐振时，电路中阻抗最小，在一定的电压下，电路中的电流最大。

（2）由于 $I_0 = \dfrac{U}{R}$，若电路中电阻 R 很小，则 I_0 将会很大。当满足 $X_L = X_C \gg R$ 时，则

$$I_0 X_L = I_0 X_C \gg I_0 R$$

即：
$$U_L = U_C \gg U$$

也就是说，当 $X_L = X_C \gg R$ 时，在电感和电容两端产生的电压将大大超过电源电压，所以串联谐振又称为电压谐振。电路中产生的这种局部电压升高，可能导致线圈和电容器的绝缘击穿，因此在电力工程中应避免串联谐振的发生。

（3）在无线电工程中，当外来信号很微弱时，可以利用串联谐振来获得较高的信号电压。为了衡量电路在这方面的能力，常使用品质因数 Q 这个物理量。Q 定义为在 R、L、C 串联谐振时电感（或电容）上的电压与电源电压之比，即：

$$Q = \frac{U_L}{U} = \frac{IX_L}{Iz} = \frac{IX_L}{IR} = \frac{X_L}{R} \tag{2-60}$$

或
$$U_L = QU$$

可见，Q 值愈高，电感（或电容）两端的电压比电源电压就高得愈多。在实际电路中，R 通常就是线圈本身的电阻，一般很小，故 Q 值可达两位或者三位数。

图 2-37（a）是一个应用实例。在收音机中，常常利用串联谐振现象来选择电台信号的电

路，叫作调谐电路。我们知道，每个电台都有它自己的广播频率，即发射不同频率的电磁波信号，各种频率的信号经过收音机天线时，就会感应产生各自的电动势，由于天线与 LC 电路的互感作用，将在 LC 回路感应出许多频率不同的电动势 e_1、e_2、e_3 等，其示意图如图 2-37（b）所示。如果调节可变电容器 C，使电路对某一频率 f_1 的信号产生谐振，则电路对电动势 e_1 的阻抗最小，电流最大，在电容两端就会得到较高的输出电压，经放大后，扬声器就播出该电台的节目。而对于 e_2、e_3 信号，由于电路对 f_2、f_3 不处于谐振状态，电路呈现较大的阻抗，电流很小，故电容两端的电压也很小，因此极不显著。这样，改变 C 的数值，调谐电路就会对不同的频率发生谐振，从而达到选择电台的目的。

【例 2-14】图 2-38 是测定电感线圈参数的实验电路。若已知 $f=50$Hz，电压表读数为 120V，电流表读数为 0.8A，功率表读数为 20W，试求线圈的电阻 R 和电感 L 为多少？

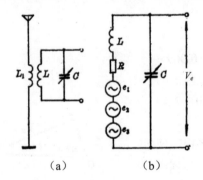 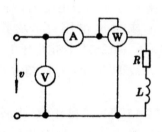

图 2-37　调谐回路及其功能示意图　　　　图 2-38　例 2-14 的电路图

解：功率表所测得的为有功功率，即线圈电阻所消耗的功率。由 $P=I^2R$ 即可求得：

$$R = \frac{P}{I^2} = \frac{20}{0.8^2} = 31.3\Omega$$

线圈的阻抗为：

$$z = \frac{U}{I} = \frac{120}{0.8} = 150\Omega$$

线圈的感抗为：

$$X_L = \sqrt{z^2 - R^2} = \sqrt{150^2 - 31.3^2} = 147\Omega$$

线圈的电感为：

$$L = \frac{X_L}{2\pi f} = \frac{147}{2 \times 3.14 \times 50} = 0.468H$$

【例 2-15】在图 2-39 所示 RC 串联电路中，已知 $C=0.01\mu$F，$R=5.1$kΩ，输入电压 $u_i = \sqrt{2}\sin\omega t$ (V)，$f=1180$Hz。求：

（1）电路中的电流及其与输入电压 U_i 的相位差。

（2）输出电压 U_0 及其与输入电压 U_i 的相位差。

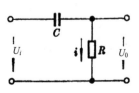

图 2-39　例 2-15 的电路图

解：

（1）求电流 I 及其与输入电压 U_i 的相位差：

$$X_C = \frac{1}{2\pi fC} = \frac{1}{2 \times 3.14 \times 1180 \times 0.01 \times 10^{-6}} = 13.5\text{k}\Omega$$

$$z = \sqrt{R^2 + X_C^2} = \sqrt{5.1^2 + 13.5^2} = 14.4\text{k}\Omega$$

$$I = \frac{U_i}{z} = \frac{1}{14.4} = 0.069\text{mA}$$

电流 I 与输入电压 U_i 之间的相位差为：

$$\varphi = arctg\frac{-X_c}{R} = arctg\frac{-13.5}{5.1} = -69.3°$$

负值表示电压 U_i 较电流 I 滞后 69.3。

（2）求输出电压 U_0 及其相位 $U_0 = IR = 0.069 \times 10^{-3} \times 5.1 \times 10^3 = 0.352\text{V}$ 输出电压 U_0 与 I 同相（为电阻上的电压 U_R），故 U_0 较输入电压超前 69.3°。其相量如图 2-40 所示。

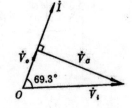

图 2-40 例 2-15 相量图

由例 2-15 可知，利用 RC 串联电路可以实现移相，使得输出电压 U_0 与输入电压 U_i 之间有一定的相位差。当频率一定时，改变参数 R 或 C，即可改变 U_0 与 U_i 之间的相位差。移相电路在电子线路中常常用到。

【例 2-16】中间继电器的线圈电阻为 2kΩ，电感为 43.3H，接于 50Hz、380V 交流电源上，求通过线圈的电流，并计算该继电器的功率因数、有功功率、无功功率和视在功率。

解：这是 R 与 L 串联的交流电路，可作出如图 2-41 所示的电路。其中：

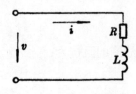

图 2-41 例 2-16 的电路图

$$X_L = 2\pi fL = 2 \times 3.14 \times 50 \times 43.3 = 13600\Omega = 13.6\text{k}\Omega$$

电路的阻抗为：

$$z = \sqrt{R^2 + (X_L - X_c)^2} = \sqrt{R^2 + X_L^2} = \sqrt{2^2 + 13.6^2} = 13.75\text{k}\Omega$$

电路中的电流为：

$$I = \frac{U}{z} = \frac{380}{13.75} = 27.6\text{mA}$$

电流与电压的相位差为：

$$\varphi = arctg\frac{X_L}{R} = arctg\frac{13.6}{2} = 81.63°（电压超前）$$

功率因数：$\cos\varphi = \cos 81.63° = 0.145$

视在功率：$S = UI = 380 \times 0.0276 = 10.5\text{VA}$

有功功率：$P = S\cos\varphi = 10.5 \times 0.145 = 1.52\text{W}$

无功功率：$Q = S\sin\varphi = 10.5 \times 0.989 = 10.4\text{var}$

【例 2-17】有一个线圈（其电阻为 1Ω，电感为 2mH）与一个电容 C 串联，接在电压 $U=10\text{V}$、角频率 $\omega = 2500\text{rad/s}$ 的交流电源上，问 C 为何值时电路发生谐振？并求谐振时的电流 I_0、电容的端电压 U_C、线圈的端电压 U_{RL}，以及品质因数 Q。

解：由谐振条件 $\omega L = \dfrac{1}{\omega C}$ 得：

$$C = \frac{1}{\omega^2 L} = \frac{1}{2500^2 \times 2 \times 10^{-3}} = 8 \times 10^{-5}F = 80\mu F$$

谐振时电流为：

$$I_0 = \frac{U}{R} = \frac{10}{1} = 10\text{A}$$

电容的端电压为：

$$U_C = IX_C = 10 \times \frac{1}{2500 \times 8 \times 10^{-5}} = 50\text{V}$$

线圈两端的电压为：

$$U_{RL} = \sqrt{U_R^2 + U_L^2} = \sqrt{(I_0 R)^2 + U_L^2} = \sqrt{10^2 + 50^2} = 51\text{V}$$

电路的品质因数为：

$$Q = \frac{\omega L}{R} = \frac{2500 \times 2 \times 10^{-3}}{1} = 5$$

2.5　负载并联的交流电路

负载并联是实际工作中最常见的一种电路结构形式。在供电线路上，许多额定电压相同的负载都是并联使用的。下面以图 2-42 所示的感性负载与容性负载并联为例，说明并联交流电路的分析和计算方法。

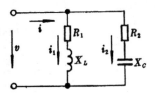

图 2-42　并联交流电路

2.5.1　电路的计算

在并联电路中，每条支路都直接与电源电压相接，因此各支路电流按 R、L、C 串联电路的解法，都可以分别求得，然后按照克希荷夫电流定律即可求得总电流。

对于图 2-42 所示的电路有：

$$I_1 = \frac{U}{\sqrt{R_1^2 + X_L^2}}$$

$$\varphi_1 = arctg\frac{X_L}{R}（电流滞后）$$

$$I_2 = \frac{U}{\sqrt{R_2^2 + (-X_C)^2}}$$

$$\varphi_1 = arctg\frac{-X_C}{R}（电流超前）$$

根据克希荷夫电流定律可得总电流为：

$$\dot{I} = \dot{I}_1 + \dot{I}_2$$

为此，作出如图 2-43 所示电流电压相量图。在作相量图时，根据并联电路中各支路端电压相同的特点，选择电压作为参考相量，令它的初相位为零。

由相量图可见，各支路电流可以分解成两个分量。

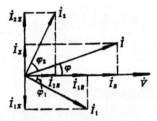

图 2-43　并联电路相量图

● 有功分量：即与电压同相的电流分量，分别用 I_{1R}、I_{2R} 表示，其中：

$$I_{1R} = I_1\cos\varphi_1;\quad I_{2R} = I_2\cos\varphi_2$$

● 无功分量：与电压的相位差为 90° 的电流分量，分别以 I_{1X}、I_{2X} 表示，其中：

$$I_{1X} = I_1\sin\varphi_1;\quad I_{2X} = I_2\sin\varphi_2$$

于是可得总电流的有功分量和无功分量分别为：

$$I_R = I_{1R} + I_{2R};\quad I_X = I_{1X} + I_{2X}$$

利用上式求 I_R 和 I_X 时应当注意：各支路电流的有功分量均为正值；而在无功分量中，感性负载取正值（例如 I_{1X}），容性负载取负值（例如 I_{2X}）。这是因为：根据式（2-49）可知，$\varphi = arctg\dfrac{X_L - X_C}{R}$，对于感性负载，$\varphi > 0$；容性负载 $\varphi < 0$，因此有：

$$I_{1X} = I_1\sin\varphi_1 > 0 \quad（即感性负载取正值）$$
$$I_{2X} = I_2\sin\varphi_2 < 0 \quad（即容性负载取负值）$$

最后求得总电流为：

$$I = \sqrt{I_R^2 + I_X^2} \tag{2-61}$$

总电流与电压之间的相位差为：

$$\varphi = arctg \frac{I_X}{I_R} \qquad (2\text{-}62)$$

电路的总功率为：

$$P = UI\cos\varphi; \qquad Q = UI\sin\varphi; \qquad S = UI \qquad (2\text{-}63)$$

或

$$P = P_1 + P_2$$

$$Q = Q_1 + Q_2 \text{（用此式时需注意 } Q_1 \text{ 和 } Q_2 \text{ 本身的正负号）}$$

但 $S \neq S_1 + S_2$；因 $S = UI$，而 $S_1 + S_2 = UI_1 + UI_2 = U(I_1 + I_2)$。

由于在交流电路中 I_1 和 I_2 不一定同相，一般 $I \neq I_1 + I_2$（即不能代数相加），故 $S \neq S_1 + S_2$。

上述并联电路，如用复数计算则要简洁得多。对图 2-42 所示电路有：

$$\dot{I}_1 = \frac{\dot{U}}{R_1 + jX_L} = \frac{\dot{U}}{z_1 / \underline{\varphi_1}}; \dot{I}_2 = \frac{\dot{U}}{R_2 - jX_C} = \frac{\dot{U}}{z_2 / \underline{\varphi_2}}; \quad \dot{I} = \dot{I}_1 + \dot{I}_2$$

对于多条支路并联的电路，读者可根据上述方法推广运用即可。

2.5.2　并联谐振

在图 2-42 所示的电路中，如果电路的参数恰好使总电流的无功分量 I_X 等于零，则电路的总电流为：

$$I = \sqrt{I_R^2 + I_X^2} = I_R \qquad (2\text{-}64)$$

这时总电流最小，且总电流 I 与电压 U 同相，这种情况称为并联谐振（或电流谐振），其相量图如图 2-44 所示。

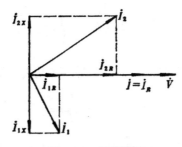

图 2-44　并联谐振

并联谐振时，电路的总电流最小，说明在同一电压下电路表现出的总阻抗最大。

当并联谐振电路中的电阻比感抗和容抗小得多时，即 $X_L \gg R_1$，$X_C \gg R_2$，则：

$$\left. \begin{array}{c} I_{1X} \gg I_{1R} \\ I_{2X} \gg I_{2R} \end{array} \right\} \qquad (2\text{-}65)$$

即各支路电流的无功分量远大于其有功分量，可近似认为：

$$\left.\begin{array}{l} I_1 = I_{1X} \\ I_2 = I_{2X} \end{array}\right\} \tag{2-66}$$

因为谐振时 $I_{1X} = I_{2X}, I = I_R = I_{1R} + I_{2R}$，考虑到式（2-65）和式（2-66）可得：

$$I_1 = I_2 \gg I \tag{2-67}$$

可见，支路电流比总电流大得多，所以，并联谐振也称为电流谐振。这与串联谐振时电感和电容上的电压可能大大超过电源电压相对应。

由并联谐振时 $I_{1X} = I_{2X}$，即可求出并联谐振频率 f_0。

$$I_{1X} = I_1 \sin \varphi_1 = \frac{U}{\sqrt{R_1^2 + (2\pi fL)^2}} \cdot \frac{2\pi fL}{\sqrt{R_1^2 + (2\pi fL)^2}}$$

$$I_{2X} = I_2 \sin \varphi_2 = \frac{U}{\sqrt{R_2^2 + (\frac{1}{2\pi fC})^2}} \cdot \frac{\frac{1}{2\pi fC}}{\sqrt{R_2^2 + \left(\frac{1}{2\pi f_0 C}\right)^2}}$$

由谐振条件可得：

$$\frac{2\pi f_0 L}{R_1^2 + (2\pi f_0 L)^2} = \frac{\frac{1}{2\pi fC}}{R_2^2 + \left(\frac{1}{2\pi f_0 C}\right)^2}$$

整理上式得：

$$f_0 = \frac{1}{2\pi\sqrt{LC}} = \sqrt{\frac{R_1^2 - \frac{L}{C}}{R_2^2 - \frac{L}{C}}} \tag{2-68}$$

若两并联支路的电阻 R_1 和 R_2 比 X_L 和 X_C 小得多可略去不计时，则式（2-68）可简化为：

$$f_0 = \frac{1}{2\pi\sqrt{LC}} \tag{2-69}$$

可见并联谐振频率公式与串联谐振相同，其对应的电路如图 2-45 所示。这时电路中的总电流为零。

为什么各并联电路中电流不为零，而总电流为零呢？

关于这一点我们可以从电路的功率来解释。因为电路中电阻为零，故电路不输送有功功率；而无功功率 Q_L 和 Q_C 恰好相互完全补偿，故电源亦不输送无功功率，因此电

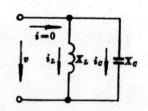

图 2-45　R 为零时的并联谐振图

流为零。

在这种理想情况下，既然电流为零，则电路的阻抗趋近无限大。并联谐振电路的阻抗很高，这一特点在电子技术中常被利用。

【例 2-18】在图 2-46 所示电路中，参数已标在图 2-46 中，设电源电压 U=220V，f=50Hz，试求各支路电流和总电流，并画出电流电压相量图。

解：

$$I_1 = \frac{U}{\sqrt{R_1^2 + X_L^2}} = \frac{220}{\sqrt{30^2 + 40^2}} = 4.4\text{A}$$

$$\varphi_1 = arctg\frac{X_L}{R_1} = arctg\frac{40}{30} = 53.1°$$

$$I_2 = \frac{U}{\sqrt{R_2^2 + X_C^2}} = \frac{220}{\sqrt{80^2 + 60^2}} = 2.2\text{A}$$

$$\varphi_2 = arctg\frac{-X_C}{R_2} = arctg\frac{-60}{80} = -36.9°$$

$$I_3 = \frac{U}{R_3} = \frac{220}{176} = 1.25\text{A}$$

$$\varphi_3 = 0$$

相量图如图 2-47 所示，其总电流的有功分量和无功分量分别为：

$$I_R = I_1\cos\varphi_1 + I_2\cos\varphi_2 + I_3 = 4.4\cos53.1° + 2.2\cos36.9° + 1.25 = 5.65\text{A}$$

$$I_X = I_1\sin\varphi_1 + I_2\sin\varphi_2 = 4.4\sin53.1° + 2.2\sin(-36.9°) = 2.2\text{A}$$

$$I = \sqrt{I_R^2 + I_X^2} = \sqrt{5.65^2 + 2.2^2} = 6.1\text{A}$$

$$\varphi = arctg\frac{I_X}{I_R} = arctg\frac{2.2}{5.65} = 21.3° \text{（电流滞后）}$$

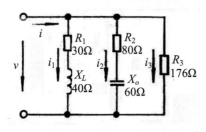

图 2-46　例 2-18 的电路图

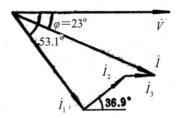

图 2-47　例 2-18 的相量图

【例 2-19】在图 2-48 所示电路中，一个线圈接在电压 U=10V、频率 f=1000Hz 的电源上，其感抗 X_L=8Ω，线圈电阻 R=2Ω，现将一电容器与线圈并联，欲使电路谐振，问并联电容器的电容应为多大？

解：通过线圈的电流为：

$$I_{RL} = \frac{U}{\sqrt{R^2 + X_L^2}} = \frac{10}{\sqrt{2^2 + 8^2}} = 1.21\text{A}$$

$$\varphi_{RL} = arctg\frac{X_L}{R} = arctg\frac{8}{2} = 76°$$

其相量图如图 2-49 所示，电流 I_{RL} 的无功分量为：

$$I_X = I_{RL}\sin\varphi_{RL} = 1.21\sin76° = 1.17A$$

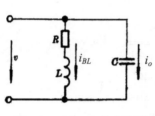

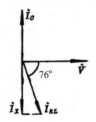

图 2-48　例 2-19 的电路图　　　　　　图 2-49　例 2-19 的相量图

根据并联谐振条件，电容支路电流的无功分量（此题即为 I_C）与电感支路电流的无功分量应相等，故：

$$I_C = I_X = 1.17A$$

得：

$$X_C = \frac{U}{I_C} = \frac{10}{1.17} = 8.55\Omega$$

$$C = \frac{1}{2\pi fX_C} = \frac{1}{2\times3.14\times1000\times8.55} = 1.86\times10^{-5}\text{F} = 18.6\mu\text{F}$$

2.5.3　复数运算举例

对于简单电路，运用相量图和三角函数即可求解。但对于复杂电路，上述方法就不方便了。符号法对于解复杂交流电路具有明显的优点。下面通过几个实例，说明符号法的解题方法。

【例 2-20】 求图 2-50 所示电路的等效电压源。

解： 根据戴维南定理先求出 A、B 端的开路电压，此电压即为等效电压源的电动势 $\dot{E}_0$，即：

$$\dot{E}_0 = \frac{\dot{U}}{R + \dfrac{1}{j\omega C}} \times \frac{1}{j\omega C} = \frac{\dot{U}}{1 + j\omega RC}$$

等效电压源的内阻为将电源短路后 A、B 间的等效电阻，其值为：

$$Z_0 = \frac{R\cdot\dfrac{1}{j\omega C}}{R + \dfrac{1}{j\omega C}} = \frac{R}{1 + j\omega RC}$$

为了画出等效电路图，将阻抗 Z_0 作如下变换：

$$Z_0 = \frac{R}{1 + j\omega RC} = \frac{1}{\dfrac{1}{R} + j\omega C} = \frac{1}{\dfrac{1}{R} + j\dfrac{1}{\dfrac{1}{j\omega C}}} = \frac{1}{\dfrac{1}{R} + j\dfrac{1}{X_C}} = \frac{1}{\dfrac{1}{R} + \dfrac{1}{-jX_C}} = R//(-jX_C)$$

可见等效电源的内阻抗为 R 和 C 并联的结果，于是可得到等效电路如图 2-51 所示。

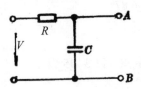

图 2-50　例 2-20 的电路图

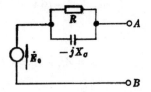

图 2-51　例 2-20 电路的等效电压源

【例 2-21】图 2-52 是 RC 振荡器电路中的一个重要组成部分，试证明：当 $R_1 = R_2 = R$，$C_1 = C_2 = C$ 和 $\omega = \omega_0 = \dfrac{1}{RC}$ 时，$\dot{U}_o$ 与 $\dot{U}_i$ 同相，且 $U_o = \dfrac{1}{3} U_i$。

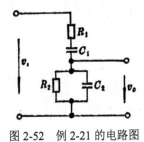

图 2-52　例 2-21 的电路图

解： R_1 与 C_1 的并联阻抗为：

$$Z_1 = R_1 + \frac{1}{j\omega C_1}$$

R_2 与 C_2 的并联阻抗为：

$$Z_2 = \frac{R_2}{1 + j\omega R_2 C_2}$$

由电路可知：

$$\dot{U}_0 = \frac{Z_2}{Z_1 + Z_2}\dot{U}_i = \frac{\dfrac{R_2}{1 + j\omega R_2 C_2}}{R_1 + \dfrac{1}{j\omega C_1} + \dfrac{R_2}{1 + j\omega R_2 C_2}}\dot{U}_i = \frac{1}{\left(1 + \dfrac{R_1}{R_2} + \dfrac{C_2}{C_1}\right) + j\left(\omega R_1 C_2 - \dfrac{1}{\omega R_2 C_1}\right)}\dot{U}_i$$

当 $R_1 = R_2 = R$，$C_1 = C_2 = C$ 和 $\omega = \omega_0 = \dfrac{1}{RC}$ 时，上式分母中的虚数部分为零，故 $\dot{U}_o$ 与 $\dot{U}_i$ 同相，且：

$$\dot{U}_0 = \frac{1}{\left(1 + \dfrac{R_1}{R_2} + \dfrac{C_2}{C_1}\right)}\dot{U}_i = \frac{1}{3}\dot{U}_i$$

【例 2-22】在图 2-53 所示电路中，已知 $R_1 = 2\Omega$，$R_2 = 10\Omega$，$R_3 = 3.33\Omega$，$X_1 = 6\Omega$，$X_2 = 15\Omega$，$X_3 = 2\Omega$，$U_1 = 120V$，求 $\dot{I}_1$、$\dot{I}_2$、$\dot{I}_3$ 和 $\dot{U}_2$ 并作电流电压相量图。

解： 两并联支路的阻抗分别为：

$$Z_1 = 2 + j6 = 6.3\underline{/71.6°}\,\Omega$$

$$Z_2 = 10 - j15 = 18\underline{/-56.3°}\,\Omega$$

并联支路的总阻抗为：

$$Z_{12} = \frac{Z_1 Z_2}{Z_1 + Z_2} = \frac{(2+j6)(10+j15)}{2+j6+10-j15} = \frac{110+j30}{12-j9} = \frac{114\underline{/15.26°}}{15\underline{/-36.87°}} = 7.6\underline{/52.1°} = 4.67 + j6$$

电路的总阻抗为：

$$Z = Z_{12} + Z_3 = 4.67 + j6 + 3.33 + j2 = 8 + j8 = 11.3\underline{/45°}\,\Omega$$

各电流及电压 $\dot{U}_2$ 分别如下：

$$\dot{I}_3 = \frac{\dot{U}_1}{Z} = \frac{120\underline{/0°}}{11.3\underline{/45°}} = 10.6\underline{/-45°}\,\text{A}$$

$$\dot{U}_2 = \dot{I}_3 Z_{12} = 10.6\underline{/-45°} \times 7.6\underline{/52.1°} = 80.56\underline{/7.1°}\,\text{U}$$

$$\dot{I}_1 = \frac{\dot{U}_2}{Z_1} = \frac{80.56\underline{/7.1°}}{6.3\underline{/71.6°}} = 12.8\underline{/-64.5°}\,\text{A}$$

$$\dot{I}_2 = \frac{\dot{U}_2}{Z_2} = \frac{80.56\underline{/7.1°}}{18\underline{/-56.3°}} = 4.48\underline{/63.4°}\,\text{A}$$

各电流电压的相量图如图 2-54 所示。

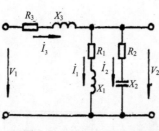

图 2-53 例 2-22 的电路图

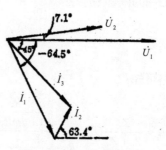

图 2-54 例 2-22 的相量图

【例 2-23】 试利用戴维南定理求图 2-55 所示电路中 CD 支路的电流 $\dot{I}_{CD}$（已知电源电压 u 的有效值为 100V）。

解： 为了利用戴维南定理求 CD 支路的电流，先移去支路 CD，得到图 2-56 所示的电路。

（1）求 C、D 间的电压（即等效电压源的电动势）。

A、B 间的并联阻抗为：

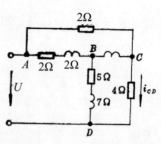

图 2-55 例 2-23 的电路图

$$Z_{AB} = \frac{(2+j2)(2+j2)}{(2+j2)+(2+j2)} = (1+j1)\Omega$$

电路的总阻抗为：

$$Z_{AD} = Z_{AB} + Z_{BD} = (1+j1) + (5+j7) = 6+j8 = 10\underline{/53.1°}\Omega$$

总电流为：

$$\dot{I} = \frac{\dot{U}}{Z_{AD}} = \frac{100}{10\underline{/53.1°}} = 10\underline{/-53.1°}A$$

其中流过 ACB 支路的电流为：

$$\dot{I}_{ACB} = \frac{\dot{I}}{2} = 5\underline{/-53.1°}A$$

C、D 间的开路电压（即等效电压源的电动势 $\dot{E}_0$）为：

$$\dot{U}_{CD} = \dot{U} - \dot{U}_{AC} = 100 - 2 \times 5\underline{/-53.1°} = 100 - 2(3-j4) = 94 + j8V$$

（2）求等效电压源的内阻抗。

为此，将电源短接，对 C、D 两点求出的阻抗即为等效电压源的内阻抗，这时的电路如图 2-57 所示。

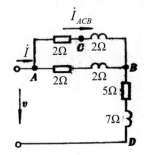

图 2-56　移去 CD 支路后的电路

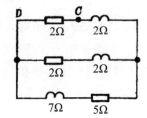

图 2-57　求等效电压源内阻抗的电路

图 2-57 中下面两条支路的并联阻抗为：

$$\frac{(2+j2)(5+j7)}{(2+j2)+(5+j7)} = \frac{2.82\underline{/45°} \times 8.6\underline{/54.5°}}{11.4\underline{/52.1°}} = 2.13\underline{/47.4°} = 1.44 + j1.57$$

该阻抗与 2Ω 的感抗串联，其值为：

$$(1.44+j1.57)+j2=1.44+j3.57$$

再与 2Ω 的电阻并联得 C、D 间的总阻抗为：

$$Z_{CD} = \frac{2(1.44+j3.57)}{2+(1.44+j3.57)} = \frac{7.7\underline{/68°}}{4.95\underline{/46°}} = 1.56\underline{/22°} = 1.44 + j0.58$$

求得 C、D 间的开路电压和等效阻抗以后，将待求支路接在上述电源两端，如图 2-58 所示，即可求得该支路的电流为：

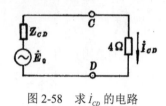

图 2-58 求 $\dot{I}_{CD}$ 的电路

$$\dot{I}_{CD} = \frac{94 + j8}{(1.44 + j0.58) + 4} = \frac{94.34\underline{/4.86°}}{5.47\underline{/6°}} = 17.2\underline{/-1.14°}\text{A}$$

2.6 功率因数的提高

在供电系统的负载中，就其性质来说，多属感性负载。如在厂矿企业中大量使用的异步电动机、控制电路中的交流接触器；以及照明用的日光灯等，都是感性负载。由于感性负载的电流滞后于电压（$\varphi \neq 0$），功率因数 $\cos\varphi$ 总是小于 1。功率因数低将带来一些不良后果，这可从下面两方面来说明。

（1）电源容量不能得到充分利用。

交流电源（发电机或变压器）的容量是根据预先设计的额定电压 U_n 和额定电流 I_n 来确定的，其视在功率 $S_n = U_n I_n$ 就是电源的额定容量。但负载能否得到这样大的有功功率还得取决于负载的性质。

如 S=1000kVA 的发电机，当负载的功率因数 $\cos\varphi$=0.8 时，输出的有功功率为：

$$P = S\cos\varphi = 1000 \times 0.8 = 800\text{kW}$$

当负载的功率因数 $\cos\varphi$=0.6 时，按照同样的计算，其输出的有功功率只有 600kW。可见功率因数降低后，电源输出的有功功率也随之减少，电源利用率降低。

（2）增加了线路的电压损失和功率损失。

在一定的电源电压下，对负载输送一定的有功功率时，由：

$$I = \frac{P}{U\cos\varphi}$$

可知当 U 和 P 一定时，随着功率因数 $\cos\varphi$ 的下降，输电线路的电流将增加。由于输电线路本身是有一定阻抗的，因此电流的增加将增大线路上的电压降，使用户端的电压也随之降低；同时，电流加大，线路上的功率损失 $\Delta P = I^2 R_l$ 也增大了（R_l 为输电线路的电阻）。因此，提高供电线路的功率因数是增产节约的重要途径。

由于供电系统功率因数低的原因通常是由感性负载造成的，其电流滞后于电压，有一个滞后电压 90° 的无功分量电流。因此，提高功率因数的方法是，在感性负载两端并联电容器（或采用同步补偿机），产生一个超前电压 90° 的电流以补偿感性负载的无功分量电流，使总的线路电流减小。

从图 2-59 所示的电路和相量图可见，未并联电容时，线路电流 $\dot{I}$ 等于负载电流 $\dot{I}_1$，其有功分量为 $\dot{I}_R$，无功分量为 $\dot{I}_X$；并联电容后，线路电流 $\dot{I}$ 等于负载电流 $\dot{I}_1$ 和电容电流 $\dot{I}_C$ 之和。

由于 $\dot{I}_C$ 补偿了一部分无功电流 $\dot{I}_{RX}$，故这时线路电流 $\dot{I}$ 在数值上小于 $\dot{I}_1$。从相位上来看，这时 $\varphi < \varphi_1$，即功率因数 $\cos\varphi$ 提高了。

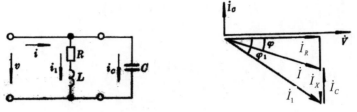

图 2-59　并联电容的电路及其相量图

在理解这个问题时，有两点是必须注意的：

（1）并联电容后，对原负载的工作情况没有任何影响，即通过负载的电流和负载的功率因数均未改变。提高功率因数只意味着负载所需要的无功功率一部分或大部分由并联电容器供给，能量的储放原来只在负载与电源之间进行，现在一部分或大部分改在负载与电容器之间进行，这样就减少了电源的负担，也降低了线路损耗。

（2）线路电流的减小，是由于电流的无功分量 $\dot{I}_X$ 减小的结果，而电流的有功分量 $\dot{I}_R$ 并未改变，这从相量图上可以清楚地看出。下面讨论补偿电容的计算。

在电源电压 U 一定的情况下，输送一定功率 P 的供电系统，若原来的功率因数为某值 $\cos\varphi_1$，现要求提高到另一值 $\cos\varphi$，其所需并联的电容量计算如下：

由图 2-59 所示的相量图可知，通过电容的电流应为：

$$I_C = I_R tg\varphi_1 - I_R tg\varphi = I_R(tg\varphi_1 - tg\varphi) = \frac{P}{U}(tg\varphi_1 - tg\varphi)$$

又从图 2-59 所示的电路可知：

$$I_c = \frac{U}{X_c} = U\omega C$$

$$\therefore U\omega C = \frac{P}{U}(tg\varphi_1 - tg\varphi)$$

得

$$\left.\begin{array}{l} C = \dfrac{P}{\omega U^2}(tg\varphi_1 - tg\varphi)\text{F} \\[3mm] C = \dfrac{P}{\omega U^2}(tg\varphi_1 - tg\varphi) \times 10^6 \mu\text{F} \end{array}\right\} \qquad (2\text{-}70)$$

或

【例 2-24】一台发电机的额定容量 $S_n=10\text{kVA}$，额定电压 $U_n=220\text{V}$，$f=50\text{Hz}$，给一个负载供电，该负载的功率因数 $\cos\varphi_1 = 0.6$，求：

（1）当发电机满载（输出额定电流）运行时，输出的有功功率为多少？线路电流为多少？

（2）在负载不变的情况下，将一组电容器与负载并联，使供电系统的功率因数提高到 0.85，所需电容量为多少？

解：

（1）发电机输出的有功功率为：

$$P = S_n \cos\varphi_1 = 10 \times 0.6 = 6\text{kW}$$

这时的线路电流为：

$$I_1 = \frac{S_n}{U_n} = \frac{10 \times 10^3}{220} = 45.5\text{A}$$

或

$$I_1 = \frac{P}{U_n \cos\varphi} = \frac{6 \times 10^3}{220 \times 0.6} = 45.5\text{A}$$

（2）负载不变，即有功功率仍为 6kW，$\cos\varphi_1$ 由 0.6 提高到 0.85 时，所需的电容量计算如下：
当 $\cos\varphi_1 = 0.6$ 时，$tg\varphi_1 = 1.333$；当 $\cos\varphi_1 = 0.85$ 时，$tg\varphi = 0.62$。

又：

$$\omega = 2\pi f = 2 \times 3.14 \times 50 = 314\text{rad/s}$$

$$\therefore C = \frac{P}{\omega U^2}(tg\varphi_1 - tg\varphi) = \frac{6 \times 10^3}{314 \times 220^2}(1.333 - 0.62) \times 10^6 = 281\mu\text{F}$$

【例 2-25】某感性负载的有功功率 P=10kW，U_n=220V，$\cos\varphi_1 = 0.8$，现采用并联电容的方法使功率因数分别提高到 0.85、0.90、0.95、1.0，试通过计算，求出 $\cos\varphi$ 每提高 0.05，与之对应的电流和需要并联电容器的电容量，并比较之。（电源频率 f=50Hz）

解：$\cos\varphi_1 = 0.8$ 时的线路电流为：

$$I_1 = \frac{P}{U_n \cos\varphi_1} = \frac{10 \times 10^3}{220 \times 0.8} = 56.8\text{A}$$

$\cos\varphi_2 = 0.85$ 时的线路电流为：

$$I_2 = \frac{10 \times 10^3}{220 \times 0.85} = 53.5\text{A}$$

当 $\cos\varphi_1 = 0.8$ 时，$tg\varphi_1 = 0.75$；当 $\cos\varphi_2 = 0.85$ 时，$tg\varphi_2 = 0.62$。
故由 $\cos\varphi_1 = 0.8$ 提高到 $\cos\varphi_2 = 0.85$ 时所需并联的电容量为：

$$C = \frac{P}{\omega U^2}(tg\varphi_1 - tg\varphi_2) = \frac{10 \times 10^5}{314 \times 220^2}(0.75 - 0.62) \times 10^6 = 85.5\mu\text{F}$$

其余计算类似，计算结果如表 2-1 所示。

表 2-1 计算结果表

$\cos\varphi$	0.80	0.85	0.90	0.95	1.0
I(A)	56.8	53.5	50.5	47.8	45.5
C(μF)	0	86	178	276	493

由表 2-1 可见，随着 $\cos\varphi$ 的提高，功率因数每提高 0.05 所需并联的电容器的容量会相应增大，而对线路电流减小的效果会相应减小，特别是当 $\cos\varphi$ 大于 0.90 以后看得更清楚。所以供电系统并不要求用户的功率因数提高到 1，否则电容器的投资太大，从全局来说反而不经济了。

2.7　本章小结

1. 交流电路与直流电路的区别在于：直流电路中的电动势大小和方向恒定不变，而作用在交流电路中的电动势的大小和方向是按正弦规律变化的，其一般表达式为：

$$e = E_m \sin(\omega t + \varphi)$$

式中 E_m（最大值）、ω（角频率）和 φ（初相位）称为正弦量的三要素。

2. 正弦量除了用上述函数式表达外，还可用波形图、旋转矢量和复数表示，这几种表示方法各有特点，在分析和计算电路时可根据具体情况选用。

3. 电阻、电感和电容是交流电路的三个基本参数。这三个单一参数电路中电压和电流的关系和电功率的情况是分析串联、并联和复杂交流电路的基础，为了便于比较和记忆，特用表格列出（见表 2-2）。

表 2-2　交流电路中电流与电压的关系及其功率

电路	R	L	C	RL 串联	RC 串联	RLC 串联
瞬时值关系式	$v_R = iR$	$v_L = L\dfrac{di}{dt}$	$v_C = \dfrac{1}{C}\int i\,dt$	$v = iR + L\dfrac{di}{dt}$	$v = iR + \dfrac{1}{C}\int i\,dt$	$v = iR + L\dfrac{di}{dt} + \dfrac{1}{C}\int i\,dt$
有效值关系式	$I = \dfrac{V}{R}$	$I = \dfrac{V}{X_L}$	$I = \dfrac{V}{X_O}$	$I = \dfrac{V}{\sqrt{R^2 + X_L^2}}$	$I = \dfrac{V}{\sqrt{R^2 + X_C^2}}$	$I = \dfrac{V}{\sqrt{R^2 + (X_L - X_C)^2}}$
相位关系	$\varphi = 0$	$\varphi = 90°$	$\varphi = -90°$	$90° > \varphi > 0$	$-90° < \varphi < 0$	$\varphi \gtrless 0$
电功率	$P = VI = I^2R$ $Q = 0$	$P = 0$ $Q = VI = I^2X_L$	$P = 0$ $Q = VI = I^2X_C$	$P = VI\cos\varphi$ $Q = VI\sin\varphi$ $S = VI$	$P = VI\cos\varphi$ $Q = VI\sin\varphi$ $S = VI$	$P = VI\cos\varphi$ $Q = VI\sin\varphi$ $S = VI$
阻抗	$R = \dfrac{V}{I}$	$X_L = \omega L = 2\pi fL$	$X_C = \dfrac{1}{\omega C} = \dfrac{1}{2\pi fC}$	$z = \sqrt{R^2 + X_L^2}$	$z = \sqrt{R^2 + X_O^2}$	$z = \sqrt{R^2 + (X_L - X_C)^2}$
阻抗角	$\varphi = 0$	$\varphi = 90°$	$\varphi = -90°$	$\varphi = \mathrm{arctg}\dfrac{X_L}{R}$	$\varphi = \mathrm{arctg}\dfrac{-X_C}{R}$	$\varphi = \mathrm{arctg}\dfrac{X_L - X_C}{R}$
复数关系式	$\dot{I} = \dfrac{\dot{V}}{R}$	$\dot{I} = \dfrac{\dot{V}}{jX_L}$	$\dot{I} = \dfrac{\dot{V}}{-jX_C}$	$\dot{I} = \dfrac{\dot{V}}{R + jX_L}$	$\dot{I} = \dfrac{\dot{V}}{R - jX_C}$	$\dot{I} = \dfrac{\dot{V}}{R + j(X_L - X_C)}$

4. 在交流串联电路中，总电压等于各分段电压的矢量和，它和电流之间的关系为：

$$U = Iz$$

其中阻抗：

$$z = \sqrt{\left(\sum R\right)^2 + \left(\sum X_L - \sum X_C\right)^2}$$

电压与电流之间的相位差：

$$\varphi = arctg \frac{\sum X_L - \sum X_C}{\sum R}$$

阻抗三角形形象地说明了电阻、电抗和阻抗之间的关系，与之对应的还有电压三角形和功率三角形，它们都是相似三角形，在计算和分析交流电路时，可以根据已知条件通过三角形求出某些未知量。

5. 并联交流电路的总电流等于各支路电流的矢量和。各支路电流求得后，可用下式计算总电流，即：

$$I = \sqrt{\left(\sum I_R\right)^2 + \left(\sum I_X\right)^2}$$

式中 $\sum I_R$ 为各支路电流有功分量的代数和，$\sum I_X$ 为各支路电流无功分量的代数和。

电压和总电流之间的相位差为：

$$\varphi = arctg \frac{\sum I_X}{\sum I_R}$$

6. 交流电路中负载所消耗的功率为有功功率：

$$P = UI\cos\varphi$$

由上式可求得无功功率 $Q=UI\sin\varphi$ 及视在功率 $S=UI$。式中 $\cos\varphi$ 称为功率因数，由负载参数决定，其值为：

$$\cos\varphi = \frac{R}{z}$$

纯电阻负载（$z=R$）时，$\cos\varphi=1$；纯电感或纯电容负载（$R=0$）时，$\cos\varphi=0$。

提高供电系统的功率因数对国民经济有着重要的意义。由于实际用户多为感性负载，故通常采用并联电容器的方法来提高功率因数。

7. 串联谐振和并联谐振是交流电路中特有的物理现象，谐振的条件为 $X_L = X_C$（或 $\omega L = \frac{1}{\omega C}$），当 L、C 参数一定时，可求得谐振频率：

$$f_0 = \frac{1}{2\pi\sqrt{LC}}$$

谐振时，$\cos\varphi=1$。

8. 符号法是计算复杂交流电路的有效工具，采用符号法后，直流电路的基本定理和计算方法可直接用于交流电路。

2.8　习题

2-1　已知 $u_A = 220\sqrt{2}\sin 314t$ V，$u_B = 220\sqrt{2}\sin(314t - 60°)$ V。

（1）指出各正弦量的幅值、有效值、初相位、角频率、周期、频率以及两个正弦量之间的相位差为多少？

（2）试分别用波形图、相量图及复数表示上述两正弦量。

2-2　两正弦交流电流分别为 $i_1 = 10\sin(\omega t + 30°)$ A，$i_2 = 10\sin(\omega t - 18°)$ A。

试用相量图法求 $i = i_1 + i_2$ 的瞬时值函数式。

2-3　图 2-60 所示为某电路中电压和电流的波形图，试分别写出它们的瞬时值函数式，并求出其相位差。

2-4　图 2-61 为 f=50Hz 的正弦电压和电流的相量图，已知 I_1=20A，I_2=20A，U=220V，试分别写出它们的瞬时值表达式和复数表达式。

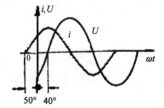
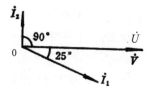

图 2-60　习题 2-3 的波形图　　　　图 2-61　习题 2-4 的相量图

2-5　已知电压 $u = U_m \sin(\omega t + \dfrac{\pi}{4})$，当 $t = \dfrac{1}{1000}$ s 时第一次出现最大值，求此电压的频率。

2-6　设 A=3+j4，B=10$\underline{/60°}$，试计算 $A+B$，AB、A/B。

2-7　有一个 220V、4.2kW 的电炉（纯电阻），接在 220V 的交流电源上，试求通过电炉的电流和正常工作时的电阻。

2-8　某负载只具有 2Ω 的电阻，接在交流电压 $u = 10\sqrt{2}\sin \omega t$ V 的电源上，试写出通过该电阻的电流瞬时值函数式，并计算电阻所消耗的功率。

2-9　把一个线圈接在 48V 的直流电源上，电流为 8A；将它改接于 50Hz、120V 的交流电源上，电流为 12A，求线圈的电阻和电感。

2-10　把一个 100μF 的电容器先后接在 f= 50Hz 与 f = 5000Hz、电压均为 220V 的电源上，试分别计算在上述两种情况下的容抗、通过电容的电流及无功功率。

2-11　当将 30V 的直流电压加到某一线圈上时，消耗的功率为 150W；改用 230V 的交流电压加到同一线圈上时，消耗的功率为 3174W，求此线圈的感抗。

2-12　日光灯的示意电路如图 2-62 所示，已知灯管电阻 R= 530Ω，整流器电感 L=1.9H，整流器电阻 R=120Ω，电源电压为 220V，求电路的电流、整流器两端的电压、灯管的电压和电路的功率因数。

2-13　在图 2-63 所示的 RC 串联电路，试分析输入电压 $\dot{U}_i$ 与输出电压 $\dot{U}_0$ 之间的相位关系。若 R=16Ω，C=0.01μF，试求输入电压 $\dot{U}_i$ 的频率为何值时，才能使 $\dot{U}_0$ 的相位恰好比 $\dot{U}_i$ 超前 45°？

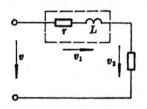

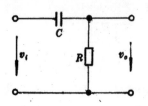

图 2-62　习题 2-12 的电路图　　　　图 2-63　习题 2-13、2-14 的电路图

2-14　图 2-63 所示的 RC 串联电路中，已知电路阻抗 z=2000Ω，电源频率为 1000Hz，$\dot{U}_i$ 与 $\dot{U}_0$ 之间的相位差为 30°，求 R 和 C 各为多少？

2-15　三个负载串联，接在 $u = 220\sqrt{2}\sin(\omega t + 30°)$ V 的电源上，如图 2-64 所示。已知 $R_1 = 3.16Ω$，$X_{L1} = 6Ω$；$R_2 = 2.5Ω$，$X_{C2} = 4Ω$；$R_3 = 3Ω$，$X_{L3} = 3Ω$。试求：

（1）i、u_1、u_2、u_3 的瞬时值函数式。

（2）作电流电压相量图。

（3）P、Q、S 以及 $\cos\varphi$。

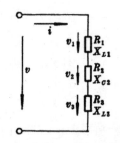

图 2-64　习题 2-15 的电路图

2-16　一个线圈接到 f=50Hz、U=100V 的电源上时，流过的电流为 6A，消耗的功率为 200W。另一个线圈接到同一个电源上，流过的电流为 8A、消耗的功率为 600W。现将两个线圈串联接到 f=50Hz、U=200V 的电源上，试求：

（1）流过的电流 I；（2）消耗的功率 P；（3）电路的功率因数 $\cos\varphi$。

2-17　在图 2-65 所示电路中，已知 R_1=3Ω，X_{L1}=4Ω，R_2=8Ω，X_{C2}=6Ω，$v = 220\sqrt{2}\sin\omega t$，试求 i_1、i_2 和 i，并作电流电压相量图。

2-18　在图 2-66 中，电流表 A_1 和 A_2 的读数分别为 I_1=3A，I_2=4A。

（1）设 Z_1=R，Z_2=$-jX_C$，求 A 表的读数。

（2）设 Z_1=R，问 Z_2 为何种参数时，A 表的读数最大？并求此读数。

（3）设 Z_1=jX_L，问 Z_2 为何种参数时，A 表的读数最小？并求此读数。

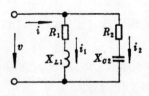

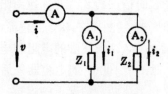

图 2-65　习题 2-17 的电路图　　　　图 2-66　习题 2-18 的电路图

2-19　在图 2-67 所示的电路中，X_L=22Ω，R=22Ω，X_C=11Ω，电源电压 U=220V，试求总电流 I、功率因数 $\cos\varphi$，以及 P、Q、S。

2-20　在图 2-68 所示电路中，已知 $R_1 = 2Ω$，$X_{C1} = 1Ω$；$R_2 = 1Ω$，$X_{L_2} = 2Ω$，$X_{C2} = 3Ω$，求电路的总阻抗及功率因数。此电路是感性的还是容性的？如电源电压 U=220V，求总电流和电容 C_1 上的电压。

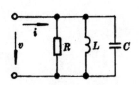
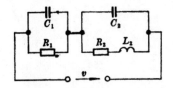

图 2-67　习题 2-19 的电路图　　　　图 2-68　习题 2-20 的电路图

2-21　在图 2-69 所示电路中，$R=5\Omega$，$R_2=X_{L2}$。现已知 $I_1=10\text{A}$，$I_2=10\sqrt{2}\,\text{A}$，$U=220\text{V}$。求 I、R_2、X_{L2}、X_{C1}。

2-22　在可控硅触发电路中，需要一个大小不变而相位能在 $0°{\sim}180°$ 之间可调的电压。较简单的电路如图 2-70 所示，将带中心轴头的变压器接入 RC 串联电路。试证明：当电阻 R 从 ∞ 变化到 0 时，输出电压 $\dot{U}_0$ 与电源电压 $\dot{U}_{AB}$ 之间的相位差 φ 由 0 到 $180°$。

2-23　图 2-71 所示为一个电子线路中的滤波器，已知线圈电感 $L=10\text{mH}$，电阻可以略去不计。现要滤掉 50kHz 的信号，问 C 应调到多大？

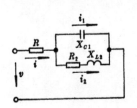
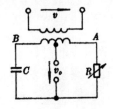
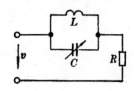

图 2-69　习题 2-21 的电路图　　图 2-70　习题 2-22 的电路图　　图 2-71　习题 2-23 的电路图

2-24　有一交流发电机，其额定容量为 10kW，额定电压为 220V，$f=50\text{Hz}$，与一个感性负载相连，负载的功率因数 $\cos\varphi=0.6$，功率 $P=8\text{kW}$，求：

（1）发电机的电流是否超过它的额定值？

（2）如果将 $\cos\varphi$ 从 0.6 提高到 0.95，应在负载两端并联多大的电容？功率因数提高后，发电机的容量是否有剩余？

2-25　一个线圈与 R、C 串联，接在频率为 500kHz 的恒压源上，电阻 $R=77\Omega$，当调节电容分别为 720pF 和 500pF 时，电流为谐振值的 70.7%，求此线圈的电阻 R 和电感 L。

2-26　根据惠斯登交流电桥的平衡条件 $Z_1Z_4=Z_2Z_3$，求出图 2-72 所示电桥电路中，当电桥平衡时，待测电感 L_x 和电阻 R_x 的计算式。

2-27　在图 2-73 所示电路中，$e_1=141.4\sin\omega t\ \text{V}$，$e_2=169.6\sin(\omega t+30°)\ \text{V}$，$Z_1=(3+\text{j}4)\Omega$，$Z_2=(8.66+\text{j}5)\Omega$，$Z_3=(10-\text{j}10)\Omega$，求电流 $\dot{I}_1$、$\dot{I}_2$ 和 $\dot{I}_3$。

2-28　利用戴维南定理求图 2-74 所示电路中 ab 支路的电流。

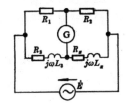
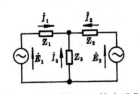
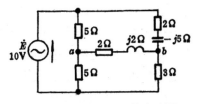

图 2-72　习题 2-26 的电路图　　图 2-73　习题 2-27 的电路图　　图 2-74　习题 2-28 的电路图

第3章

三相交流电路

【学习目的和要求】

通过本章的学习，应了解三相电动势的产生，三相电源及三相负载的 Y、Δ、星形三角形接法；掌握三相电路的功率及其测量方法。

三相交流电路是目前电力工程中普遍采用的一种电路结构。本章主要介绍三相电源的特征及连接方法、三相负载的计算以及三相功率。

从某种意义上说，三相电路也可视为复杂单相电路的一种特殊形式，在对称条件下甚至可以简化为单相电路的计算。因此，第 2 章讲述的单相电路的一些基本规律和计算方法，完全适用于三相电路。

3.1 三相电源

3.1.1 三相交流电的应用

三相电源是由最大值相等、频率相同、彼此具有 120° 相位差的三个正弦电动势按照一定的方式连接而成的。由此产生的三相电压，以及接上负载后形成的三相电流，统称为三相交流电。单相交流电路在电力工程上实为三相电路中的一相。

目前，电能的生产、输送和分配，绝大多数都采用三相制。在用电设备方面，三相交流电动机最为普遍；此外，需要大功率直流电的厂矿企业，也大多采用三相整流。

三相交流电之所以得到广泛应用，是因为以下几点。

（1）三相发电机的铁心和电枢磁场能得到充分利用，与同功率的单相发电机比较，具有体积小、可节约原材料的优点。

（2）三相输电比较经济，如果在相同的距离内以相同的电压输送相同的功率，三相输电线路比单相输电线路所用的材料少。

（3）三相交流电动机具有结构简单和性能较好等优点。

（4）三相交流电经整流以后其输出波形较为平直，比较接近于理想的直流。

3.1.2　三相电动势的产生及表示法

三相电动势是由三相发电机产生的。三相发电机的主要组成部分是电枢和磁极。图 3-1 所示为一对磁极的三相发电机原理图。

电枢是固定的，亦称定子。定子铁心由硅钢片叠成，它的内圆周表面有槽，在槽中安装了三个独立绕组，每个绕组有相同的匝数，但在空间位置上彼此相差 120°，即三个绕组的首端 A、B、C 彼此相差 120°，它的末端 X、Y、Z 也彼此相差 120°，图 3-2 是其中一相绕组的示意图。图 3-1 中 AX、BY、CZ 为三相发电机的三相绕组，对于一相来说，所谓首末端是可以任意规定的。但当这一相规定了以后，其他两相则不能任意规定了。例如 A 相绕组已安放在如图 3-1 中所示的位置，如果规定 A 是首端，X 为末端；则 B 相绕组中与 A 对应的一端要放在图 3-1 中 B 的位置，与 X 对应的一端要放在图 3-1 中 Y 的位置，不能颠倒。这里所谓对应，就是考虑到了绕组的绕向及其工作时所产生的电动势的方向。对于 C 相绕组也是如此。所以，在图 3-1 中，AX、BY 和 CZ 绕组在空间相差 120°而不是 60°。

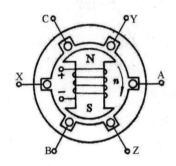

图 3-1　三相发电机原理示意图

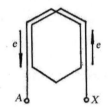

图 3-2　电枢绕组及其电动势

磁极是转动的，亦称转子。转子铁心上绕有励磁绕组，通以直流电励磁。适当选择极面形状和励磁绕组的分布，可以使磁极与电枢空隙中的磁感应强度按正弦规律分布。

这样，当原动机拖动转子按图示方向等速旋转时，每相绕组依次被磁力线切割而产生感应电动势。显然，这三相绕组感应电动势的最大值和频率是相等的，其区别是相位不同，即各相电动势达到最大值（或零值）的时间不一样，它们的这种先后次序叫作相序。如图 3-1 所示发电机，其相序为 A→B→C（或 B→C→A，C→A→B；但不是 A→C→B）。一般电力系统中的发电机，其相序确定以后就不能随便改变，在第 5 章的异步电动机的工作原理中我们将会看到，电源的相序是直接影响交流电动机的旋转方向的。

对于图 3-1 所示磁极对数 p=1（一个 N 极和一个 S 极称为一对磁极）的发电机来说，当转子在空间旋转一周，各相电动势将变化一个周期，即 360°。若以 A 相电动势作为参考量，即

在时间起点 $t=0$ 时，其初相位为零，则三相电动势的瞬时值函数式可表示如下：

$$\left.\begin{aligned} e_A &= E_m \sin \omega t \\ e_B &= E_m \sin(\omega t - 120°) \\ e_C &= E_m \sin(\omega t + 120°) \end{aligned}\right\} \qquad (3\text{-}1)$$

如用复数表示则为：

$$\left.\begin{aligned} \dot{E}_A &= E \angle \underline{0°} = E(1 + j0) \\ \dot{E}_B &= E \angle \underline{-120°} = E(-\frac{1}{2} - j\frac{\sqrt{3}}{2}) \\ \dot{E}_C &= E \angle \underline{120°} = E(-\frac{1}{2} + j\frac{\sqrt{3}}{2}) \end{aligned}\right\}$$

$$(3\text{-}2)$$

其相应的正弦曲线和相量如图 3-3 所示。

这样三个大小相等、频率相同、相位互差 120° 的电动势叫作三相对称电动势。在电力系统中，各发电机产生的电动势，毫无例外都是对称的。

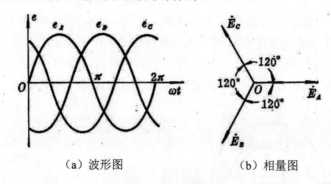

（a）波形图   （b）相量图

图 3-3 三相电动势

由于三相电动势的对称，故它们的瞬时值之和或相量和都等于零，即：

$$e_A + e_B + e_C = 0 \qquad (3\text{-}3)$$

$$\dot{E}_A + \dot{E}_B + \dot{E}_C = 0 \qquad (3\text{-}4)$$

图 3-4 为三相发电机绕组的示意图，一般规定电动势的正方向由绕组的末端指向首端。

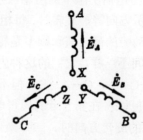

图 3-4 三相绕组示意图

3.1.3 三相电源的星形接法

作为三相电源的三相电机或是三相变压器，都有三个独立绕组，每组绕组都有它相应的电动势。如果将每绕组分别与负载相接，将构成三个互不相关的单相供电系统，如图 3-5 所示。这种输电方式需要 6 根导线，很不经济，实际应用中不被采用。通常总是将三相绕组接成星形；在某些情况下，变压器绕组也有接成三角形的，三相电源的接法如图 3-6 所示。

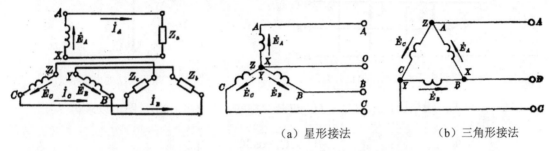

（a）星形接法　　　　（b）三角形接法

图 3-5　互不相关的三相供电系统　　　　图 3-6　三相电源的连接方法

下面讨论三相电源的星形接法。

如图 3-6（a）所表示的，将三相绕组的末端接成一点，用零表示，称为中点或零点，从中点引出的导线称为中线或零线；从绕组的首端 A、B、C 分别引出的导线称为端线或火线。

端线和中线之间的电压称为相电压，其瞬时值用 v_A、v_B、v_C 表示，有效值用 U_A、U_B、U_C 表示。由于一般各相电压总是对称的，如在分析问题时无需指明某相电压时，则其有效值统用 U_P 表示。

端线与端线之间的电压称为线电压，其瞬时值用 v_{AB}、v_{BC}、v_{CA} 表示，有效值用 U_{AB}、U_{BC}、U_{CA} 表示。由于相电压对称，其线电压也将是对称的（后面有具体分析），如无需指明哪个线电压时，其有效值统用 U_L 表示。

根据电动势的正方向，即可标出各相电压的正方向，从而标出各线电压的正方向，如图 3-7 所示。

根据克希荷夫电压定律，线电压和相电压的关系为：

$$\left.\begin{array}{l} \dot{U}_{AB} = \dot{U}_A - \dot{U}_B \\ \dot{U}_{BC} = \dot{U}_B - \dot{U}_C \\ \dot{U}_{CA} = \dot{U}_C - \dot{U}_A \end{array}\right\} \tag{3-5}$$

由于三相电动势是对称的，所以三相电压也是对称的。根据式（3-5），可作出相电压和线电压的相量如图 3-8 所示。

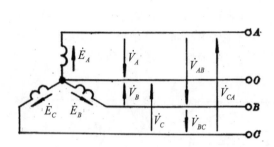

图 3-7　线电压和相电压的正方向

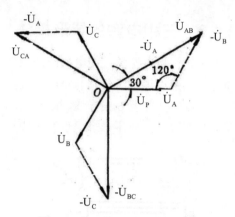

图 3-8　星形接法的电压相量图

由图 3-8 可见，线电压 $\dot{U}_{AB}$、$\dot{U}_{BC}$、$\dot{U}_{CA}$ 也是对称的，其大小由相量图可以求得：

$$\frac{1}{2}U_t = U_P \cos 30^\circ$$

即：

$$U_t = \sqrt{3}U_P \qquad\qquad (3\text{-}6)$$

于是可得到如下结论：当电源的三相绕组连接成星形时，线电压在数值上为相电压的 $\sqrt{3}$ 倍，相位上较对应的相电压超前 30°。

根据需要，作星形连接的电源，可以引出中线（通常用 Y_0 表示）也可以不用中线（用 Y 表示）。对于有中线的电源，加上三根端线，称为三相四线制电源，它可以供给用户两种不同的电压，低压系统中照明与动力混合供电线路通常采用的 220V/380V 电源就是这一种，其中相电压 220V 供给照明，线电压 380V 供三相交流电动机等负载使用。

上述线电压和相电压的大小与相位关系，也可通过复数运算求得。现以 A 相为例，设 $\dot{U}_A$ 的初相位为零，即可求得线电压 $\dot{U}_{AB}$ 为：

$$\dot{U}_{AB} = \dot{U}_A - \dot{U}_B = U_A\underline{/0^\circ} - U_A\underline{/-120^\circ} = U_A - U_A(-\frac{1}{2} - j\frac{\sqrt{3}}{2}) = U_A(1 + \frac{1}{2} + j\frac{\sqrt{3}}{2}) = \sqrt{3}U_A\underline{/30^\circ}U$$

3.1.4　三相电源的三角形接法

电源的三角形接法如图 3-6（b）所示，三相绕组首末端依次相连，构成一闭合回路，然后从三个连接点引出三条供电线，因此，这种接法只有三线制。

由图 3-6（b）可知，电源接成三角形时，线电压就是对应的相电压，即：

$$U_l = U_P \qquad\qquad (3\text{-}7)$$

在生产实际中，发电机的三相绕组很少接成三角形，通常都接成星形；对三相变压器来说，则两种接法都有。

3.2　三相负载

　　使用交流电的电气设备种类繁多，其中有些设备是需要三相电源才能工作的，如三相交流电动机，大功率的三相电炉等，这些都属于三相负载。还有一些电气设备本身只需要单相电源，如各种照明用的电灯，可以接在三相电源的任一相上。但是许多这样的设备也往往按照一定的方式接在三相电源上，所以对电源来说，这些用电设备的总体也可以看成是三相负载，但它与上一类三相负载是有区别的。尽管这些单相负载在设计供电线路时可以接成对称，平均分配在三相电源上，但在实际运行时却无法保证对称，而用电设备本身就需三相电源的三相负载一般都是对称的。

　　在三相供电系统中，三相负载也和三相电源一样，有星形和三角形两种接法，至于以哪种方式接入电源，则要根据负载的额定电压和电源电压的数值来决定。下面分别讨论这两种接法的特点和计算方法。

3.2.1　负载的星形接法

　　负载的星形接法如图 3-9 所示，三个负载 Z_a、Z_b、Z_c 的一端连成一点，接在电源的中线上，另一端分别与三根端线 A、B、C 相接。

　　在三相电路中，流过各相负载的电流叫作相电流，如图中的 $\dot{I}_a$、$\dot{I}_b$、$\dot{I}_c$，其正方向是根据各相电压的正方向确定的；流过端线的电流称为线电流，其正方向规定从电源到负载，如图 3-9 中的 $\dot{I}_A$、$\dot{I}_B$、$\dot{I}_C$。

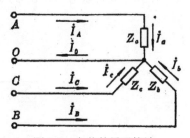

图 3-9　负载的星形接法

　　显然，当负载作星形连接时，各线电流就是相应的相电流，即：

$$\dot{I}_A = \dot{I}_a; \qquad \dot{I}_B = \dot{I}_b; \qquad \dot{I}_C = \dot{I}_c$$

写成一般形式为：

$$V_l = V_P \tag{3-8}$$

中线电流 $\dot{I}_0$ 的正方向规定从负载中点指向电源中点。于是根据克希荷夫电流定律有

$$\dot{I}_0 = \dot{I}_a + \dot{I}_b + \dot{I}_c \tag{3-9}$$

　　在三相四线制电路中，可分别计算每相负载的电流而不必考虑其他两相的影响，因为每相负载所承受的电压分别为对应的相电压。它们的有效值分别为：

$$I_a = \frac{U_A}{Z_a}; \qquad I_b = \frac{U_B}{Z_b}; \qquad I_c = \frac{U_C}{Z_c} \tag{3-10}$$

式中 Z_a、Z_b、Z_c 为各相负载复数阻抗的模。

各相电流与对应的相电压之间的相位差分别为：

$$\left.\begin{array}{l} \varphi_a = arctg\dfrac{X_a}{R_a} \\[3mm] \varphi_b = arctg\dfrac{X_b}{R_b} \\[3mm] \varphi_c = arctg\dfrac{X_c}{R_d} \end{array}\right\} \tag{3-11}$$

式中 R_a、R_b、R_c 为复数阻抗的实部，X_a、X_b、X_c 为复数阻抗的虚部（计算时感抗取正号，容抗取负号）。根据上面求得的各相电流的有效值和相位及式（3-9），即可作出各相电流和中线电流的相量，如图 3-10 所示。

$\dot{I}_0$ 的大小和相位可以直接在图 3-10 中量得，或用解析的方法，将各相电流对直角坐标投影，然后用下面的公式计算。其有效值和相位分别为：

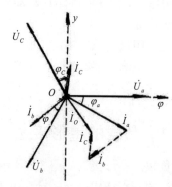

图 3-10 求 $\dot{I}_b$ 的相量图

$$I_0 = \sqrt{\left(\sum I_k \cos\varphi_k\right)^2 + \left(\sum I_k \sin\varphi_k\right)^2} \tag{3-12}$$

$$\varphi_0 = arctg\frac{\sum I_k \sin\varphi_k}{\sum I_k \cos\varphi_k} \tag{3-13}$$

式（3-13）中 I_k 分别为各相电流 I_a、I_b、I_c 的有效值；φ_k 分别为各相电流对统一的直角坐标的相位角，不能用由式(3-11)求得的 φ_a、φ_b、φ_c 直接代入式（3-12）和式（3-13）。因为 φ_a、φ_b、φ_c 是各相电流与相应的相电压之间的相位差，而相电压彼此之间又相差 120°，因此，需要根据 φ_a、φ_b、φ_c 与 V_A、V_B、V_C 的初相位求出各相电流对直角坐标的相位角，才能代入式（3-12）和式（3-13），这是需要特别注意的。

如用复数计算，则各相负载电流为：

$$\dot{I}_a = \frac{\dot{U}_A}{Z_a}; \qquad \dot{I}_b = \frac{\dot{U}_B}{Z_b}; \qquad \dot{I}_c = \frac{\dot{U}_C}{Z_c} \tag{3-14}$$

中线电流可直接由 $\dot{I}_0 = \dot{I}_a + \dot{I}_b + \dot{I}_c$ 通过复数计算求得，较相量图法更为简捷。

1. 对称负载

所谓对称负载是指三相负载的复数阻抗相等，即 $Z_a=Z_b=Z_c$。具体地说，即三相负载的电阻相等（$R_a=R_b=R_c$），同时相负载的电抗也相等（$X_a=X_b=X_c$），并且性质相同（同为感抗或同为容抗）。

由于三相电源的相电压是对称的，所以接上对称负载时，各相电流也是对称的，即：

$$I_a = I_b = I_c = V_P / Z$$

$$\varphi_a = \varphi_b = \varphi_c = \varphi = arctg \frac{X}{R}$$

电流电压相量如图 3-11 所示。这时中线电流：

$$\dot{I}_0 = \dot{I}_a + \dot{I}_b + \dot{I}_c = 0 \tag{3-15}$$

即三相负载对称时，中线电流为零。中线既无电流，因此可以省去，这样就构成了三相三线制电路，如图 3-12 所示。例如常见的三相异步电动机就只需要三根电源线，因为这种电动机的三相绕组是对称的（见第 5 章）。

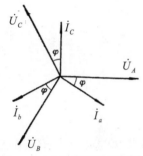

图 3-11　对称负载的相量图

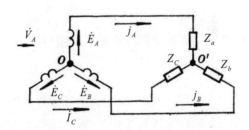

图 3-12　三相三线制电路

三相对称负载只要计算一相就行了，因为其他两相电流大小相等，相位互差 120°。

下面附带说明一个问题：在图 3-12 中，三相电流都流向负载中点，但没有中线，电流从哪里流回去呢？这里有必要再提一下正方向的概念。图 3-12 所示的三个电流都是它们的规定正方向，电流的实际方向如何，则要对不同瞬间的电流加以具体分析。当电流为正值时，它的实际方向就是图 3-12 中所标的方向；当电流为负值时，它的实际方向与图 3-12 中所标的正方向相反。

图 3-13（a）为对称三相电流（线电流等于相电流）随时间变化的波形图，任取两个瞬间 t_1 和 t_2 来进行分析，即可窥见三相电路构思设计的巧妙。

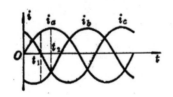

（a）波形图

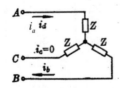

（b）t_1 时刻电流的实际方向

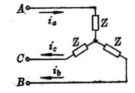

（c）t_2 时刻电流的实际方向

图 3-13　三相对称电流随时间变化的情况

在 t_1 瞬间，$i_c = 0$，$i_a = \frac{\sqrt{3}}{2} I_m$，$i_b = -\frac{\sqrt{3}}{2} I_m$，这时，电流的实际方向如图 3-13（b）所示。

在 t_2 瞬间，$i_a = I_m$，$i_b = i_c = -\frac{1}{2} I_m$，这里电流的实际方向如图 3-13（c）所示。

可见，三根端线互为三相电流的回路，并不是三个电流同时流向中点。正因为如此，所以三相输电比单相输电节省电源线。

【例 3-1】一组星形负载，每相阻抗均为电阻 8Ω 与感抗 6Ω 串联，接于线电压为 380V 的对称三相电源上，设线电压 V_{AB} 的初相角为 60°，求各相电流。

解： 今已知 $U_{AB} = 380\underline{/60°}$ V，根据对称星形负载线电压和相电压的关系，即线电压为相电压的 $\sqrt{3}$ 倍，相位上较对应的相电压超前 30°，故可得 A 相的电压为：

$$\dot{U}_A = \frac{U_{AB}}{\sqrt{3}}\underline{/-30°} = \frac{380\underline{/60°}}{\sqrt{3}}\underline{/-30°} = 220\underline{/30°} \text{ V}$$

于是可求得 A 相电流为：

$$\dot{U}_A = \frac{\dot{U}_A}{Z} = \frac{220\underline{/30°}}{8+j6} = \frac{220\underline{/30°}}{10\underline{/36.9°}} = 22\underline{/-6.9°} \text{ A}$$

B、C 两相电流可根据对称关系直接写出：

$$I_B = 22\underline{/-126.9°} \text{ A}$$

$$I_C = 22\underline{/113.1°} \text{ A}$$

【例 3-2】额定电压为 220V、额定功率为 100W 的白炽灯共 90 盏，平均安装在三相电网上，电源电压为 220/380V，试求电灯全接通时各相电流和线电流，画出电路图，并回答是否需要中线。

解： 由于三相负载的额定电压为 220V，电源的相电压也是 220V，故三组灯光应接成 Y_0 形，使负载承受额定电压，电路如图 3-14 所示。

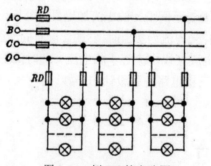

图 3-14　例 3-2 的电路图

90 个灯泡平均安装在三相电源上，每相灯泡数为：

$$N = \frac{90}{3} = 30$$

每盏灯泡的电阻为：

$$R = \frac{U^2}{P} = \frac{220^2}{100} = 484Ω$$

电灯全接通时，每相负载的电阻（30 盏并联）为：

$$R_P = \frac{R}{N} = \frac{484}{30} = 16.1\Omega$$

各相电流的有效值为：

$$I_P = \frac{U_P}{R_P} = 220/16.1 = 13.66\text{A}$$

因为负载作星形连接，故：

$$I_l = I_P = 13.66\text{A}$$

由于白炽灯是纯电阻负载，故相电流与相电压同相，相位互差 120°，此时中线电流为零。中线电流等于零是每相电灯全接通时得到的结果，但三相照明用户不一定任何时候都全接通，在这种情况下，各相负载则不再对称，中线电流就不为零了，所以在电路中加上中线是必须的。

2. 不对称负载

对称负载只是一种特殊情况，不对称负载则是一般情况。当负载不对称时，只要有中线存在，负载端的相电压总是对称的，因此各相负载都能正常工作，只是这时各相电流不再对称，中线电流也不为零了。

【例 3-3】在三相四线 220/380 线伏的电网中接入星形连接的负载，如图 3-15 所示。已知 $R_1=4\Omega$，$X_{L1}=3\Omega$，$R_2=5\Omega$，$R_3=6\Omega$，$X_{C3}=8\Omega$，求各线电流及中线电流（设 $\dot{U}_A = 220\underline{/0^\circ}$ V）。

解：

$$Z_a = R_1 + jX_{L1} = 4 + j3 = 5\underline{/36.9^\circ}\ \Omega$$
$$Z_b = R_2 = 5\underline{/0^\circ}\ (\Omega)$$
$$Z_c = R_3 - jX_{C3} = 6 - j3 = 10\underline{/-53.1^\circ}\ \Omega$$

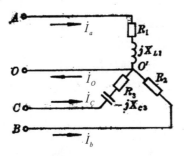

图 3-15 例 3-3 的电路图

各线电流等于相应的相电流，分别为：

$$\dot{I}_A = \frac{\dot{U}_A}{Z_a} = \frac{220\underline{/0^\circ}}{5\underline{/36.9^\circ}} = 44\underline{/-36.9^\circ} \text{ A}$$

$$\dot{I}_B = \frac{\dot{U}_B}{Z_b} = \frac{220\underline{/-120^\circ}}{5\underline{/0^\circ}} = 44\underline{/-120^\circ} \text{ A}$$

$$\dot{I}_C = \frac{\dot{U}_C}{Z_c} = \frac{220\underline{/120^\circ}}{10\underline{/-53.1^\circ}} = 22\underline{/173.1^\circ} \text{ A}$$

中线电流为:

$$\begin{aligned}
\dot{I}_0 &= \dot{I}_a + \dot{I}_b + \dot{I}_c = 44\underline{/-36.9^\circ} + 44\underline{/-120^\circ} + 22\underline{/173.1^\circ} \\
&= 35.2 - j26.4 - 22 - j38.1 - 21.84 + j2.64 \\
&= -8.64 - j61.86 \\
&= 62.46\underline{/-98^\circ} \text{ A}
\end{aligned}$$

相量图如图 3-16 所示。

如果负载不对称,而中线又因故断开了,则中线电流无法通过,将迫使电路改变原来的工作状态。通过定量计算可以得到,这时负载端的相电压不再对称,必然会产生一相(或两相)电压升高,其他两相(或一相)电压降低的现象,使负载不能正常工作。因此,在三相四线制电路的运行中,中线在任何时候都不能断开。故中线上不要装开关,也不允许安装熔断器。

关于不对称负载缺中线的定量分析,本教材不予讨论,读者可参阅其他书籍。

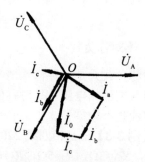

图 3-16 例 3-3 的相量图

3.2.2 负载的三角形接法

图 3-17 所示电路为负载的三角形接法,每相负载分别接在电源的两根端线之间,所以负载的相电压即是电源的线电压。由于电源的线电压通常总是对称的,并不因负载的对称与否而受影响,所以负载接成三角形时,不论对称与不对称,都是可以正常工作的。

计算电路时,首先应规定电流的正方向。设三个相电流的正方向按相序分别从 a 到 b,b 到 c,c 到 a;线电流的正方向从电源到负载,如图 3-18 所示。根据克希荷夫电流定律得:

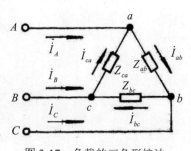

图 3-17 负载的三角形接法

$$\left.\begin{array}{ll}
\text{a点} & \dot{I}_A = \dot{I}_{ab} - \dot{I}_{ca} \\
\text{b点} & \dot{I}_B = \dot{I}_{bc} - \dot{I}_{ab} \\
\text{c点} & \dot{I}_C = \dot{I}_{ca} - \dot{I}_{bc}
\end{array}\right\} \tag{3-16}$$

各相电流的有效值分别为：

$$I_{ab} = \frac{U_{AB}}{Z_{ab}}; \quad I_{bc} = \frac{U_{BC}}{Z_{bc}}; \quad I_{ca} = \frac{U_{CA}}{Z_{ca}} \tag{3-17}$$

相电流与对应的相电压之间的相位差分别为：

$$\left. \begin{aligned} \varphi_a &= arctg \frac{X_{ab}}{R_{ab}} \\ \varphi_b &= arctg \frac{X_{bc}}{R_{bc}} \\ \varphi_c &= arctg \frac{X_{ca}}{R_{dc}} \end{aligned} \right\} \tag{3-18}$$

如用复数计算，则为：

$$\dot{I}_{ab} = \frac{\dot{U}_{AB}}{Z_{ab}}; \quad \dot{I}_{bc} = \frac{\dot{U}_{BC}}{Z_{bc}}; \quad \dot{I}_{ca} = \frac{\dot{U}_{CA}}{Z_{ca}} \tag{3-19}$$

如果负载对称，则各相电流在数量上相等，且各相电流与相应的相电压（即电源的线电压）之间有相同的相位差 φ，其相量图如图 3-18 所示，可见三个相电流也是对称的。

根据式（3-16）可作出线电流的相量，由相量图得

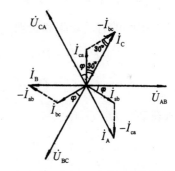

$$I_A = 2I_{ab}\cos 30^\circ = \sqrt{3}I_{ab}$$
$$I_B = 2I_{bc}\cos 30^\circ = \sqrt{3}I_{ab}$$
$$I_C = 2I_{ca}\cos 30^\circ = \sqrt{3}I_{ab}$$

图 3-18　三角形对称负载相量图

由此可见，当负载作三角形接法并对称时，线电流的有效值为相电流有效值的 $\sqrt{3}$ 倍，即：

$$I_l = \sqrt{3}I_P \tag{3-20}$$

相位上，各线电流滞后于相应的相电流 30°。

三相负载如何连接，要视电源电压和负载额定电压的情况来决定。例如对于线电压为 380V 的三相电源，当三相电动机每相绕组的额定电压为 220V 时，应接成星形；若其额定电压为 380V 时，则应接成三角形。

【例 3-4】有一对称三相负载，每相的电阻 $R=4\Omega$，$X_L=3\Omega$，联成三角形接于线电压为 380V 的电源上，试求其相电流和线电流。

解：因负载接成三角形，故负载的相电压等于电源的线电压，即：

$$U_P = U_l = 380V$$

由于负载对称，所以各相电流相等，其有效值为：

$$I_P = U_P / Z = 380 / \sqrt{4^2 + 3^2} = 76A$$

相电流与相电压的相位差为 U_P/Z：

$$\varphi = arctg \frac{X_L}{R} = arctg \frac{3}{4} = 36.9^{\circ} \text{（电流滞后）}$$

各线电流的有效值为：

$$I_l = \sqrt{3} I_P = 1.73 \times 76 = 131.5A$$

各线电流滞后于相应的相电流 30°。

3.3 三相电流的功率及其测量

3.3.1 三相电路的功率

三相电路的有功功率和无功功率分别等于各相有功功率和无功功率之和，即：

$$P = P_a + P_b + P_c = U_a I_a \cos \varphi_a + U_b I_b \cos \varphi_b + U_c I_c \cos \varphi_c \tag{3-21}$$

$$Q = Q_a + Q_b + Q_c = U_a I_a \sin \varphi_a + U_b I_b \sin \varphi_b + U_c I_c \sin \varphi_c \tag{3-22}$$

视在功率为：

$$S = \sqrt{P^2 + Q^2} \tag{3-23}$$

式（3-21）和式（3-22）中的 U_a、U_b、U_c 及 I_a、I_b、I_c 均为相电压和相电流，$\cos \varphi_a$、$\cos \varphi_b$、$\cos \varphi_c$ 分别为各相负载的功率因数。

当负载对称时，三相电路中每相的功率相等，则有：

$$P = 3U_P I_P \cos \varphi_P \tag{3-24}$$

$$Q = 3U_P I_P \sin \varphi_p \tag{3-25}$$

$$S = \sqrt{P^2 + Q^2} = \sqrt{(3U_P I_P \cos \varphi_P)^2 + (3U_P I_P \sin \varphi_P)^2} = 3U_P I_P \tag{3-26}$$

以上是用相电压和相电流表示的三相功率计算式，如果用线电压和线电流表示，在负载对称的情况下，有下述关系。

对于星形接法的负载：

$$U_P = U_l / \sqrt{3} ; \quad I_P = I_l \tag{3-27}$$

对于三角形接法的负载：

$$I_P = I_l; \qquad U_P = U_l / \sqrt{3} \qquad\qquad (3\text{-}28)$$

对这两种情况均有：

$$3U_P I_P = 3\frac{U_l I_l}{\sqrt{3}} = \sqrt{3}U_l I_l$$

于是得：

$$P = \sqrt{3}U_l I_l \cos\varphi_P; \qquad Q = \sqrt{3}U_l I_l \sin\varphi_P; \qquad S = \sqrt{3}U_l I_l \qquad (3\text{-}29)$$

式（3-29）即为用线电压和线电流表示的三相对称负载功率的计算式，注意式中的 φ_P，仍为相电流和相电压的相位差。

必须指出：上面的计算式虽然对星形和三角形接法的负载都适用，但决不能认为在线电压相同的情况下将负载由星形改接成三角形后它们所取用的功率相等，请看下面例题。

【例 3-5】图 3-19 所示的三相对称负载，每相电阻 $R=6\Omega$，感抗 $X_L=8\Omega$，电源电压为 380V，试计算负载分别作星形和三角形接法时所取用的功率。

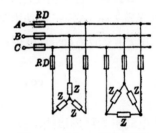

图 3-19　例 3-5 的电路图

解：每相负载的阻抗为：

$$z = \sqrt{R^2 + X_L^2} = \sqrt{6^2 + 8^2} = 10\Omega$$

负载的功率因数为：

$$\cos\varphi_P = \frac{R}{z} = \frac{6}{10} = 0.6$$

（1）按着星形连接时，其相电压为：

$$U_P = \frac{U_l}{\sqrt{3}} = \frac{380}{\sqrt{3}} = 220\text{V}$$

线电流等于相电流，其值为：

$$I_l = I_P = \frac{U_P}{z} = \frac{220}{10} = 20\text{A}$$

三相功率为：

$$P_Y = \sqrt{3}U_l I_l \cos\varphi_P = \sqrt{3} \times 380 \times 22 \times 0.6 = 8.67\text{kW}$$

（2）按着三角形连接时，其相电压为：

$$U_p = U_l = 380\text{V}$$

相电流为：

$$I_P = \frac{U_p}{z} = \frac{380}{10} = 38\text{A}$$

线电流为：

$$I_t = \sqrt{3}I_p = \sqrt{3} \times 38 = 66\text{A}$$

三相功率为：

$$P_\Delta = \sqrt{3}U_t I_t \cos\varphi_p = \sqrt{3} \times 380 \times 66 \times 0.6 = 26\text{kW}$$

可见在相同的线电压下，负载作三角形连接时取用的有功功率是星形连接时的 3 倍。这一点不难从功率与电压平方成正比得到解释（$P = \dfrac{U^2}{R}$）；因为三角形联接时每相负载所受的电压是星形联接时的 $\sqrt{3}$ 倍，故取用的功率为星形的 $(\sqrt{3})^2 = 3$ 倍。对于无功功率和视在功率，亦有同样的结论。

【例 3-6】 有一台三相交流电动机，其绕组接成星形，接在线电压为 380V 的电源上，已测得线电流为 I_c=6.1A，三相功率 P=3.3kW，试确定电动机每相绕组的参数。

解：由 $P = \sqrt{3}U_l I_t \cos\varphi_p$ 可得：

$$\cos\varphi_p = \frac{P}{\sqrt{3}U_t I_t} = \frac{3.3 \times 10^3}{\sqrt{3} \times 380 \times 6.1} = 0.823$$

因为电动机为星形接法，故：

$$U_p = \frac{U_t}{\sqrt{3}} = \frac{380}{\sqrt{3}} = 220\text{V}$$

$$I_p = I_t = 6.1A$$

每相绕组的阻抗为：

$$z = \frac{U_p}{I_p} = \frac{220}{6.1} = 36\Omega$$

其中电阻为：

$$R = z\cos\varphi_p = 36 \times 0.823 = 29.6\Omega$$

感抗为：

$$X_L = \sqrt{z^2 - R^2} = \sqrt{36^2 - 29.6^2} = 20.5\Omega$$

3.3.2 三相有功功率的测量

交流电路中功率的测量，通常使用瓦特表（其工作原理参见 9.2.3 节），瓦特表的接线方法如图 3-20 所示，如果将瓦特表的两个线圈中的一个反接，指针就会反转而读不出功率的数值。因此，为保证瓦特表的正确连接，在这两个线圈的首端常标以"±"或"*"号，测量时这两端应联

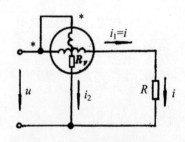

图 3-20 电动式瓦特表接线方法

在一起。

三相交流电路有功功率的测量，根据负载的连接方式和对称与否，可用如下几种方法。

1. 对称负载

当负载对称时，每相的平均功率相等，所以，只要用一个瓦特表测出一相的功率后乘以 3，即得三相总功率，这叫作"一瓦特表法"。

$$P = 3P_p = 3V_p I_p \cos \varphi_p \qquad (3\text{-}30)$$

用一个瓦特表来测量一相功率时,瓦特表的电流线圈和电压线圈应分别反映相电流和相电压。对于星形接法的负载，相电流等于线电流，故瓦特表接法如图 3-21 所示；对于三角形接法的负载，则要将三角形拆开，将瓦特表的电流线圈接进去以反映相电流，如图 3-22 所示。

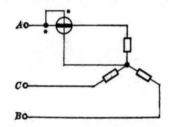

图 3-21　星形负载时瓦特表的接法

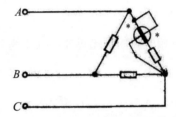

图 3-22　三角形负载时瓦特表的接法

图中"*"表示电流线圈和电压线圈的同名端，同名端在测量时应接在一起，并接在电源端，以保证测量时指针不会反转。

由于一瓦特表法需要测量相电流和相电压，对于星形接法中点不外露（在机箱里面）的设备，其电压线圈接线不太方便，往往需要制造人为中点；对于不便拆开的三角形接法的三相负载来说，瓦特表的电流线圈接线也是不方便的。

2. 不对称负载

当负载不对称时，一般总可以用三个瓦特表分别测量每相的功率，然后相加即得三相总功率，这叫作"三瓦特表法"，这时：

$$P = P_a + P_b + P_c$$

每个瓦特表的接法与一瓦特表法相同。

在实际应用上，常采用三相四线三元瓦特表。三元瓦特表实际上是三个瓦特表的组合，它有三个电流线圈和电压线圈，其动圈刚性地连接，转动和指示部分共用一个接线头，其接线如图 3-23 所示。

在实际测量中，有时会遇到三相三线制不对称负载，这时可以只用两个瓦特表测量三相功率（对称负载亦可），因为这种方法测量的是线电流和线电压，所以接线比较方便。

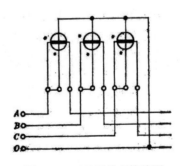

图 3-23　三元瓦特表接线图

下面以三角形接法的不对称负载为例,说明两瓦特表为什么可以测量三相功率以及如何接线。

对于三角形接法的负载,不论负载对称与否,其三个相电压就是电源的线电压,它总是对称的, 故瞬时值之和为零, 即:

$$u_{ab} + u_{bc} + u_{ca} = 0$$

将上式左边任两项移到等号右边,例如, 等式左边保留 u_{ca}, 则:

$$u_{ca} = -(u_{ab} + u_{bc})$$

三相负载的瞬时功率为:

$$
\begin{aligned}
p = p_a + p_b + p_c &= u_{ab}i_{ab} + u_{bc}i_{bc} + u_{ca}i_{ca} = u_{ab}i_{ab} + u_{bc}i_{bc} - (u_{ab} + u_{bc})i_{ca} \\
&= u_{ab}(i_{ab} - i_{ca}) + \upsilon_{bc}(i_{bc} - i_{ca}) = u_{ab}(i_{ab} - i_{ca}) + \upsilon_{bc}[-(i_{ca} - i_{bc})] = u_{ab}i_A + i_{ab}(-i_{ca}) = u_{ab}i_A + u_{cb}i_C \\
&= p_1 + p_2
\end{aligned}
$$

由单相电路的理论可知, 其平均功率为:

$$P = P_1 + P_2 = U_{ab}I_A\cos\varphi_1 + U_{cb}I_C\cos\varphi_2 \tag{3-31}$$

式中: φ_1——I_A 与 U_{ab} 的相位差;

φ_2——I_C 与 U_{cb} 的相位差。

从上面的推导可知, 三相功率共为两项, 可分别各用一个瓦特表去测量, 然后将测量结果相加, 即得三相功率。根据上述表达式, 两个瓦特表应如图 3-24 那样接入电路。

图 3-24 中瓦特表的电流线圈分别串联在端线 A、C 上, 电压线圈分别连接在电流线圈所在的端线与第三端线 (这里是指没有接瓦特表电流线圈的端线 B) 之间。至于瓦特表的电流线圈串在哪两根端线上则是任意的。

应当指出:两个瓦特表各自的读数是毫无意义的, 因为一个瓦特表的读数并不代表电路中哪一部分的功率。

对于星形连接的负载, 只要是三相三线制电路, 总有 $\dot{I}_a + \dot{I}_b + \dot{I}_c = \dot{I}_0 = 0$ (因无中线, 即使负载不对称, 也无中线电流), 利用这一关系也可得到同样的结论。但是我们知道, 如果星形接法的负载不对称, 是不允许没有中线的, 而这时中线电流不为零, 上述测量方法就不适用了。所以二瓦特表法只适用于星形对称负载的情况。

下面进一步分析不同性质 (电阻、感性或容性) 的负载, 对两个瓦特表的读数有何影响。为此作如图 3-25 所示的相量图, 为分析简便, 设三相负载 (感性) 对称, 则相电流 $\dot{I}_{ab}$, $\dot{I}_{bc}$, $\dot{I}_{ca}$ 分别滞后对应的相电压一个 φ 角, 并由相电流作出线电流 $\dot{I}_A$ 和 $\dot{I}_C$ 的相量。由图 3-25 可知, $\dot{I}_A$ 和 $\dot{U}_{ab}$ 的相位差为 $(30° + \varphi)$, $\dot{I}_C$ 和 $\dot{I}_{cb}$ 的相位差为 $(30° - \varphi)$, 于是得:

$$P = P_1 + P_2 = U_{ab}I_A\cos(30° + \varphi) + U_{cb}I_C\cos(30° - \varphi) \tag{3-32}$$

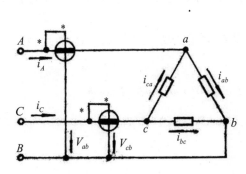

图 3-24　两瓦特表测量三相功率接线图

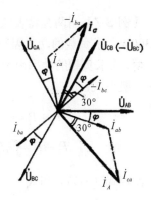

图 3-25　两瓦特表测量三相功率时的电流

下面分几种情况讨论：

（1）当 $\varphi = 0$ 时（纯电阻负载）：

$$P_1 = P_2$$

这时两个瓦特表的读数相等，总功率为一个瓦特表读数的两倍。对于这种纯电阻对称负载，可以只用一个瓦特表去测量，将其读数乘以 2 即为总功率。需要注意的是：这个瓦特表的电流和电压线圈应分别测量线电流和线电压。

（2）当 $0 < \varphi < 60°$ 时：

$$P_1 \neq P_2$$

但二者均为正数，其总功率为：

$$P = P_1 + P_2$$

（3）当 $\varphi = 60°$ 时：

$$P_1 = 0$$

总功率为：

$$P = P_1 + P_2 = P_2$$

（4）当 $60° < \varphi \leq 90°$ 时（纯电感负载时 $\varphi = 90°$），P_1 为负值，P_2 为正值，总功率为：

$$P = P_1 - P_2$$

由于瓦特表不能读出小于零的数，故需将 P_1 的电流线圈反接，读出正数，然后接 $P = P_2 - P_1$ 计算三相总功率。

在实际应用上，常用二元瓦特表代替两个瓦特表测三相功率。二元瓦特表具有两组独立的固定电流线圈和两个可动电压线圈，装在同一支架上又互相隔离，相当于两个单相瓦特表。但两个可动线圈刚性地连接在一起，并带动同一指针。两个系统之间具有隔离屏蔽，使相互之间的影响极小，其测量原理与上述两瓦特表法相同，接线如图 3-26 所示。

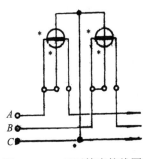

图 3-26　二元瓦特表接线图

【**例 3-7**】用两瓦特表法测量三相对称负载的功率，已知瓦特表的读数分别为 P_1=80W，P_2=300W，求负载的功率因数为多少？

解： 欲求负载的功率因数，先要推算用 P_1 和 P_2 表示的功率因数表达式，为此，将式（3-32）写成一般形式：

$$P_2 + P_1 = U_l I_l \cos(30° - \varphi) + U_l I_l \cos(30° + \varphi) = \sqrt{3} U_l I_l \cos\varphi \qquad (3\text{-}33)$$

$$P_2 - P_1 = U_l I_l \cos(30° - \varphi) + U_l I_l \cos(30° + \varphi) = U_l I_l \sin\varphi \qquad (3\text{-}34)$$

比较式（3-33）和式（3-34）得：

$$\frac{P_2 - P_1}{P_2 + P_1} = \frac{U_l I_{ll} \sin\varphi}{\sqrt{3} V_l I_l \cos\varphi} = \frac{1}{\sqrt{3}} tg\varphi$$

即：

$$tg\varphi = \frac{\sqrt{3}(P_2 - P_1)}{P_2 + P_1} \qquad (3\text{-}35)$$

代入数字得：

$$tg\varphi = \frac{\sqrt{3}(300 - 80)}{300 + 80} = \frac{380}{380} = 1$$

$$\therefore \quad \varphi = 45°$$

于是求得功率因数为：$\cos\varphi = \cos 45° = 0.707$。

或由式（3-35）作出功率三角形如图 3-27 所示，求得三角形的斜边为 $2\sqrt{P_2^2 - P_1 P_2 + P_1^2}$，由此直接写出功率因数的表达式：

$$\cos\varphi = \frac{P_2 + P_1}{2\sqrt{P_2^2 - P_1 P_2 + P_1^2}} \qquad (3\text{-}36)$$

代入数字得：

$$\cos\varphi = \frac{300 + 80}{2\sqrt{300^2 - 300 \times 80 + 80^2}} = 0.707$$

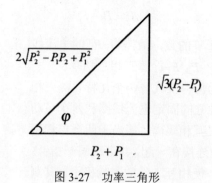

图 3-27　功率三角形

3.4　本章小结

1. 目前电力系统普遍采用三相电路。在正常情况下，三相电源的电压是对称的，即各相电压的最大值相等，频率相同，相位互差 120°。

2. 三相电源的连接方式有星形和三角形之分。用星形方式连接时，其线电压的有效值为相电压有效值的 $\sqrt{3}$ 倍。根据需要，星形连接的电源可采用三相三线制或三相四线制供电。电源作三角形方式连接时，线电压等于相电压。

3. 三相负载亦有星形和三角形两种接法，至于以哪种方式连接，则应根据负载的额定电压和电源电压的数值而定，应使加于每相负载的电压等于其额定电压。

4. 当负载接成星形时，其线电流等于相电流。若负载对称，则中线电流为零，故可取消中线，构成三相三线制电路，例如三相交流电动机的供电线路即属于这一种。若负载不对称时，则中线电流不为零，应采用三相四线制电路，例如三相照明供电线路。为确保中线在任何情况下不断开，中线上不装开关，也不安装熔断器。

当对称负载接成三角形时，其线电流在数值上等于相电流的 $\sqrt{3}$ 倍。

5. 三相负载的有功功率和无功功率分别等于每相负载的有功功率和无功功率之和，若负载对称时，则有如下计算公式：

$$P = 3U_p I_p \cos\varphi_p = \sqrt{3}U_l I_l \cos\varphi_p$$
$$Q = 3U_p I_p \sin\varphi_p = \sqrt{3}U_l I_l \sin\varphi_p$$
$$S = \sqrt{P^2 + Q^2} = \sqrt{3}U_l I_l$$

上式对星形接法和三角形接法的负载均适用。应当注意：式中 U_l、I_l 分别为线电压和线电流，而 φ_p 角则是相电压与相电流的相位差。

6. 计算三相电路时，通常的步骤是，首先根据电源电压和负载连接方式确定每相负载的电压，从而求出各个相电流，再由相电流求出线电流，最后计算三相功率。

3.5　习题

3-1　在线电压为 380V 的电网上，接上三相对称负载，每相的阻抗为 $Z=(10+j0)\Omega$，试分别计算负载作星形和三角形连接时的线电流和三相总功率。

3-2　额定电压为 220V 的三个单相负载，其阻抗均为 $Z=(8.67+j5)\Omega$，接于线电压为 380V 的三相交流电源上。

（1）负载应采用什么接法接入电源？

（2）求各相电流及线电流。

（3）作电流电压相量图。

3-3 三相对称负载作星形连接，每相阻抗 $z=40\Omega$，$\cos\varphi=0.9$，电源的线电压 U_l=380V，求线电流及三相总功率。

3-4 三相交流电动机绕组作三角形连接，线电压 U_l=380V，线电流 I_l=17.3A，三相总功率 P=4.5kW，求此三相交流电动机每相的等效电阻和感抗。

3-5 某大楼为日光灯和白炽灯混合照明，需安装 40W 日灯 210 盏（功率因数 $\cos\varphi=0.5$），60W 白炽灯 90 盏（功率因数为 $\cos\varphi_2=1$）。它们的额定电压都是 220V，由 220/380V 的电网供电。试分配其负载并指出应如何接入电网。在这种情况下，线路电流为多少？

3-6 在三相线四制电路中，电源电压为 220/380V，A、B、C 三相负载的阻抗如图 3-28 所示，试分别用相量图和复数求中线电流。

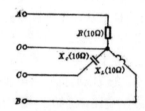

图 3-28 习题 3-6 的电路图

3-7 某星形连接的三相异步电动机，接入线电压为 380V 的电网中，当电动机满载运行时，其额定输出功率为 P_2=10kW，效率 η=0.9，线电流 I_l=20A；但该电动机轻载运行，例如 P=2kW 时，其效率 η=0.6，I_l=10.5A。试求上述两种情况下的功率因数，并对此结果加以讨论。

（说明：输出机械功率 P_2 小于输入电功率 P_1，两者之比即为电动机的效率，即 $\eta=\dfrac{P_2}{P_1}$）

3-8 线电压为 380V、频率为 50Hz、作星形连接的三相交流电动机，在 $\cos\varphi=0.8$ 时，所取的线电流为 50A。为了使 $\cos\varphi$ 提高到 0.95，采用一组星形连接的电容器进行补偿。

（1）试确定每相电容器的电容量 C。这组电容器的耐压能力需要多少伏特？

（2）试证明：如果将补偿电容改成三角形连接，则每相电容器的电容量 C 为星形连接时的 1/3。这时电容器的耐压能力又需要多少伏特？

第4章

磁路与变压器

【学习目的和要求】

通过本章的学习，应了解磁路及分析方法、变压器的基本结构与类型特点；掌握变压器的工作原理和绕组的接线方法。

变压器是将某一电压值的交流电变换为同频率的另一电压值的电气设备。变压器的应用非常广泛。在电力系统中，输送一定的电功率，如果输送时电压愈高，线路中的电流就愈小，线路上的损耗也愈小，同时也减少了导线的金属用量。因此需要用变压器将交流发电机发出的电压升高到 110kV、220kV、330kV 等进行远距离输电。在用电时，又需要用变压器将高压降低到 380V、220V。在一些工作条件比较恶劣的场所，还要求采用 36V、24V、12V 等安全电压。因此变压器是电力系统中非常重要的电气设备。这种变压器通常称为电力变压器。在实际工作中，除用变压器变换交流电压外，还可以用它来变换交流电流（例如变流器），变换阻抗（例如电子线路中的输入变压器，输出变压器）。

变压器的种类很多。根据其不同的用途，除上述的电力变压器外，还有冶炼用的电炉变压器、电解用的整流变压器、焊接用的电焊变压器、实验用的调压器、仪表上用的互感器，以及电子设备用的电源变压器、匹配变压器等。虽然变压器的种类很多，但其基本结构和基本原理是相同的。

由于工农业生产中常用的电器设备，如变压器、电动机都是利用电磁相互作用进行工作的。因此，本章首先介绍有关磁路的基本知识，然后再介绍变压器。

4.1 磁路概述

电器设备的磁场一般集中分布于导磁材料构成的闭合路径内，这样的路径称为磁路。下面所要介绍的变压器和交流异步机都要用到有关磁路的知识。

4.1.1 磁场的基本物理量

1. 磁感应强度 B

磁感应强度 B 是表示磁场内某点的磁场强弱及方向的物理量。它是一个矢量，其单位是特斯拉（T）。

2. 磁通 Φ

在均匀磁场中，磁感应强度 B 与垂直于磁场方向的面积 S 的乘积，称为通过该面积的磁通 Φ，即：

$$\Phi = BS \text{ 或 } B = \frac{\Phi}{S} \tag{4-1}$$

如果不是均匀磁场，则 B 取平均值。

由式（4-1）可见，磁感应强度 B 在数值上可以看成与磁场方向相垂直的单位面积所通过的磁通，故 B 又称为"磁通密度"。磁通 Φ 的单位是韦伯（Wb），简称韦。

3. 磁导率 μ

磁导率 μ 是表示物质导磁性能的物理量，其单位是亨/米（H/m）。真空的磁导率用 μ_0 表示。$\mu_0 = 4\pi \times 10^{-7} \text{H/m}$。

4. 磁场强度 H

磁场强度是进行磁路计算时引用的一个物理量，也是矢量，它与磁感应强度的关系是：

$$H = \frac{B}{\mu} \text{ 或 } B = \mu H \tag{4-2}$$

磁场强度的单位是安/米（A/m），它与全电流定律有关。

4.1.2 磁路的基本定律

1. 全电流定律

全电流定律又叫安培环路定律，其含义是：在磁场中沿任一闭合回线，磁场强度向量的线积分等于穿过该闭合回线所包围面积电流的代数和，用数学表示：

$$\oint H \cdot dl = \sum I \tag{4-3}$$

其中，当电流的方向与所选路径的方向符合右手螺旋关系时，电流前面取正号，相反时取负号。在磁场均匀的磁路中沿中心路径 l 上各点的磁场强度 H 相等，且磁场方向与路径上各对应点的切线方向相同（即 H 与 l 方向相同）时，式（4-3）可化简为：

$$Hl = \sum I \tag{4-4}$$

该式的含义是：等式左边 Hl 是磁压降，右边是磁动势。与电路的基尔霍夫回路电压定律相似。

2. 磁路的欧姆定律

图 4-1 所示为闭合磁路，其截面积 S 处处相同，平均长度为 l，励磁线圈的匝数为 N 匝，励磁电流为 I。因为磁路的平均长度比截面的尺寸大得多，可以认为截面内磁通密度是均匀的。由式（4-4）有：

$$Hl = \sum I = NI \tag{4-5}$$

将式（4-1）、式（4-2）代入并整理得：

$$\Phi = \frac{NI}{\dfrac{l}{\mu S}} \tag{4-6}$$

令 $F_m = NI$，$R_m = \dfrac{l}{\mu S}$，则有：

$$\Phi = \frac{F_m}{R_m} \tag{4-7}$$

式（4-7）是磁路欧姆定律，与电路欧姆定律相似。磁路中的磁通 Φ 与电路中的电流 I 对应；磁动势 F_m 与电动势 E 对应；磁阻 R_m 与电阻 R 对应。磁动势 F_m 的单位为安（A），磁阻 R_m 单位可以由式（4-6）推得：

$$R_m = \frac{F_m}{\Phi} = \frac{F_m}{Bs} = \frac{F_m}{\mu HS} \tag{4-8}$$

$$R_m\text{的单位} = \frac{\text{安}}{\text{亨}/\text{米}\cdot\text{安}/\text{米}\cdot\text{米}^2} = \frac{1}{\text{亨}}\left(H^{-1}\right)$$

ΦR_m 是磁压降，单位为安（A）。

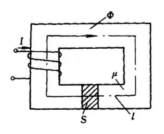

图 4-1　闭合磁路

4.1.3 直流磁路的工作特点

如果图 4-1 中的励磁电流 I 是直流电流，则其工作特点为：励磁电流是由励磁线圈的外加电压 U 和线圈电阻 R 决定，$I=U/R$。励磁电流是恒定的直流，稳态时磁路中的磁通也是恒定的，因此不会在励磁线圈中产生自感电动势。

4.1.4 交流磁路的工作特点

1. 磁通与电压的关系

在图 4-2 所示的交流铁心线圈上加交变电压 u，便有交变电流 i 流过线圈，并在线圈中产生交变的磁通，绝大部分磁通经铁心构成闭合磁路称为主磁通 Φ。还有很少的一部分要通过空气后闭合，这部分称作漏磁通 Φ_{σ}，产生磁通的线圈称为励磁线圈（或励磁绕组），其电流称为励磁电流。

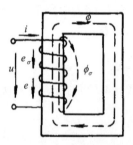

图 4-2 交流铁心线圈

Φ 和 Φ_{σ} 均为交变磁通，在线圈中分别产生感应电动势 e 和 e_{σ}，规定 e 和 e_{σ} 的参考方向与 Φ 和 Φ_{σ} 的参考方向符合右手螺旋关系，因此 e、e_{σ} 与电流 i 的参考方向一致（图 4-2 中已标明），在此参考方向下：

$$e = -N\frac{d\Phi}{dt} \tag{4-9}$$

根据基尔霍夫定律，铁心线圈电路的电压方程式为：

$$u = ri + (-e_{\sigma}) + (-e) \tag{4-10}$$

式中 r 为线圈电阻。

一般铁心线圈的主磁通 Φ 远大于漏磁通 Φ_{σ}，故 e 远大于 e_{σ} 且远大于线圈电阻电压降 ri，因此：

$$u \approx -e = N\frac{d\Phi}{dt} \tag{4-11}$$

u 正弦交变，Φ 将正弦交变，设：

$$\Phi = \Phi_m \sin\omega t \tag{4-12}$$

则：

$$e = -N\frac{d\Phi}{dt} = -\omega N\Phi_m \cos\omega t = E_m \sin(\omega t - 90°)$$

式中 $E_m = \omega N\Phi_m$ 为 e 的最大值，其有效值为：

$$E = \frac{E_m}{\sqrt{2}} = \frac{2\pi f N\Phi_m}{\sqrt{2}} = 4.44 f N\Phi_m \tag{4-13}$$

式（4-13）表明，当线圈匝数 N 及电源频率 f 一定时，主磁通的幅值 Φ_m 基本决定于励磁线圈外加电压的有效值，而与电流无关，与铁心的材料及尺寸无关。也就是说：当外加电压 U 和频率 f 一定时，主磁通的最大值 Φ_m 几乎是不变的，与输入电流和磁路的磁阻 R_m 无关，该结论称为恒磁通原理。

2. 功率损耗

交流铁心线圈的功率损耗主要有两大部分。其一是线圈有电阻，电流流过后有功率损耗 rI^2，通常称为铜损，写作 P_{Cu}。其二铁心通过交变磁通时所产生的磁滞损耗和涡流损耗，两者合称铁损写作 P_{Fe}。为了减小铁损，铁心通常用磁滞回线较窄的硅钢片叠成。铁心线圈的频率 f 一定时，铁损近似地与 U^2 成正比。这个关系也普遍适用于交流电机和电器。

4.2　变压器的基本结构

变压器的种类繁多，应用甚广，但基本结构都是一样的。主要可分为心式和壳式两种，其结构和符号如图 4-3 所示，心式的特点是线圈包围铁心，壳式的特点是铁心包围线圈。变压器的主要组成部分有三部分：铁心、原绕组和副绕组。

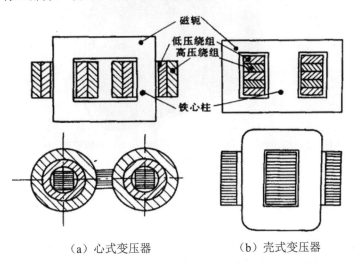

（a）心式变压器　　　　　　　　（b）壳式变压器

图 4-3　单相变压器的结构

4.2.1　铁心

变压器铁心的作用是构成磁路。为减少涡流损耗，铁心用厚为 0.35~0.5mm 的硅钢片交错叠装而成。硅钢片的表层涂有绝缘漆，用来限制涡流。

4.2.2　绕组

绕组就是线圈。原绕组指接电源的绕组（又称初级绕组），副绕组指接负载的绕组（又称次级绕组）。

图 4-4 所示为三相心式变压器的结构图，高压和低压三相绕组分别套在截面相等的三个铁心上，上下两磁轭和铁心构成三相闭合铁心。大容量电力变压器，为了散去运行时由铁损和铜损产生的热量，铁心和绕组都浸在盛有绝缘油的油箱中，油箱外面还装有散热油管，其附属设备和外形如图 4-5 所示。

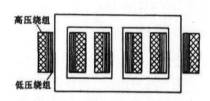

图 4-4　三相心式变压器的结构

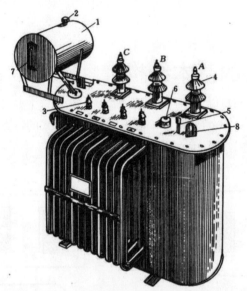

1—油枕；2—加油栓；3—低压套管和出线杆；4—高压套管和出线杆；
5—温度计；6—无载调压开关；7—油位表；8—吊环

图 4-5　三相油冷变压器

4.3　变压器工作原理

图 4-6 所示为单相变压器的工作原理图，其中原绕组一边（简称原边）各电量均注有 1 下标。副绕组一边（简称副边）均注有 2 下标。电流和感应电动势和参考方向如前所述，与磁通参考方向符合右手螺旋关系。

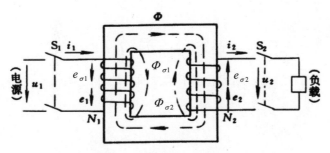

图 4-6　变压器工作原理图

4.3.1　空载运行

所谓空载运行，是指变压器原绕组接通电源，而副绕组开路，不接负载时的工作状态（如图 4-6 所示电路 S_1 闭合，S_2 打开）。此时副边 $i_2=0$，原边电流 $i_1=i_{10}$，称为空载电流。i_{10} 经 N_1 匝原绕组后形成磁动势 $N_1 i_{10}$，在铁心中产生正弦交变的主磁通 Φ，它既通过原绕组也通过副绕组，故将分别在原、副绕组中产生感应电势 e_1 和 e_2。此外，在原绕组周围还存在少量的漏磁通 $\Phi_{\sigma 1}$，它将在原绕组中产生漏感电势 $e_{\sigma 1}$。u_1 呈正弦变化，在磁路中 Φ 也呈正弦变化，设 $\Phi = \Phi_m \sin \omega t$。

根据前面的分析有：

$$\begin{cases} e_1 = -N_1 \dfrac{d\Phi}{dt} = -N_1 \omega \Phi_m \cos \omega t = E_{1m} \sin(\omega t - 90^\circ) \\ e_2 = -N_2 \dfrac{d\Phi}{dt} = -N_2 \omega \Phi_m \cos \omega t = E_{2m} \sin(\omega t - 90^\circ) \end{cases} \tag{4-14}$$

N_1、N_2 为原、副绕组匝数，ω 为电源电压角频率，E_{1m} 和 E_{2m} 分别为 e_1 和 e_2 的最大值：

$$\begin{cases} E_{1m} = N_1 \omega \Phi_m = 2\pi f N_1 \Phi_m \\ E_{2m} = N_2 \omega \Phi_m = 2\pi f N_2 \Phi_m \end{cases} \tag{4-15}$$

e_1、e_2 有效值分别为：

$$\begin{cases} E_1 = \dfrac{E_{1m}}{\sqrt{2}} = 4.44 f N_1 \Phi_m \\ E_2 = \dfrac{E_{2m}}{\sqrt{2}} = 4.44 f N_2 \Phi_m \end{cases} \tag{4-16}$$

对原绕组来说，除感应电势 e_1 外，因绕组存在一定的电阻 R_1，故有一部分压降，此外还有漏感电势 $e_{\sigma 1}$，$e_{\sigma 1}$ 为漏磁通 $\Phi_{\sigma 1}$ 产生的，由于漏磁通的磁路主要是空气，所以它的作用相当于一个电感恒定的线圈。因此，变压器空载的等效电路如图 4-7 所示，图 4-7 中 R_1 为原绕组电阻，X_{L1} 为原绕组漏磁通所

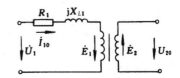

图 4-7　变压器空载时的等效电路路

引起的感抗，称为漏感抗。此处并没有考虑变压器的铁心损耗，根据图 4-7 可写出原边电压方

程为：

$$\dot{U} = (R_1 + jX_{L1})\dot{I}_{10} + (-\dot{E}_1)$$

由于 R_1、I_{10} 均很小，式右边第一项远远小于第二项，故可认为：

$$\dot{U}_1 \approx -\dot{E}_1 \tag{4-17}$$

副边电压为：

$$\dot{U}_{20} = \dot{E}_2$$

变压器原、副绕组电压比为：

$$\frac{U_{10}}{U_{20}} \approx \frac{E_1}{E_2} = \frac{4.44fN_1\Phi_m}{4.44fN_2\Phi_m} = \frac{N_1}{N_2} = K \tag{4-18}$$

比值 K 称为变压器的变换比，亦即原、副绕组的匝数比。

原绕组加额定电压（$U_1=U_{1N}$）时的副绕组空载电压 U_{20} 规定为副绕组的额定电压 U_{2N}。变压器铭牌上标有 U_{1N}/U_{2N}，既标明了额定电压，也标明了变换比。

4.3.2 负载运行

1. 磁动势平衡

当图 4-6 中 S_2 闭合后，副绕组接通负载，在感应电动式 e_2 的作用下产生副边电流 i_2，原绕组电流从 i_0 增加到 i_1。i_2 流经 N_2 匝副绕组后形成磁动势 N_2i_2，所以在负载运行下磁路中的主磁通 Φ 是由原绕组磁动势 N_1i_1 和副绕组磁动势 N_2i_2 共同产生的，即（$N_1i_1+N_2i_2$）。由恒磁通原理可知 Φ_m 基本取决于 U_1，输入电压 U_1 不变时，主磁通最大值 Φ_m 基本不变。因此，加负载后原、副绕组合成的磁动势应与空载时原绕组的磁动势基本相等，即：

$$N_1i_1 + N_2i_2 = N_1i_{10}$$

写成相量形式为：

$$N_1\dot{I}_1 + N_2\dot{I}_2 = N_1\dot{I}_{10}$$

空载电流 I_{10} 很小，它只有 I_{1N} 的 3%~8%，可忽略，于是：

$$N_1\dot{I}_1 + N_2\dot{I}_2 \approx 0 \text{ 或 } N_1\dot{I}_1 \approx -N_2\dot{I}_2 \tag{4-19}$$

式（4-19）表明：事实上，在负载运行时相量 I_1 的相位与相量 I_2 的相位近似相反。也就是说，$N_1\dot{I}_1$ 和 $N_2\dot{I}_2$ 产生的磁动势是反相的，因此原绕组磁动势 $N_1\dot{I}_1$ 的增大实际上抵消了 $N_2\dot{I}_2$ 的去磁作用，可保持合成磁动势 $N_1\dot{I}_{10}$ 不变。

2. 电流关系

由式（4-19）可得：

$$\frac{I_1}{I_2} \approx \frac{N_2}{N_1} = \frac{1}{K} \tag{4-20}$$

即负载运行时，原副绕组电流比与其变比 K 成反比关系。注意式（4-20）不适用于空载和轻载状态。

3. 等效电路

负载运行时，副绕组电流 i_2 还要在副绕组边产生漏磁通 $\Phi_{\sigma 2}$（见图 4-6）。漏磁通的磁路主要是空气或变压器油，所以它相当于一个电感量恒定的线圈。变压器负载运行时的等效电路如图 4-8 所示，其中 R_2 为副绕组的电阻，X_{L2} 为副绕组的漏感抗。

根据图 4-8 列出原副边的电压方程为：

$$\dot{U}_1 = (R_1 + jX_{L1})\dot{I}_1 - \dot{E}_1 \tag{4-21}$$

$$\dot{U}_2 = \dot{E}_2 - (R_2 + jX_{L2})\dot{I}_2 \tag{4-22}$$

4. 变压器的外特性

由式（4-22）可知，随着负载电流 I_2 的变化，输出电压 U_2 也相应地发生变化。负载电流为零时，$U_2 = U_{20} = E_2$，在常见的感性负载情况下，U_2 随负载电流 I_2 的增加而逐渐下降，通常用图 4-9 所示变压器的外特性曲线表示。它可由实验测得，从空载到满载（$I_2 = I_{2N}$），U_2 从 U_{20} 约下降 2%~3%。

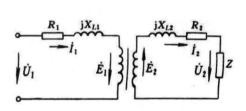

图 4-8　变压器负载的等效电路

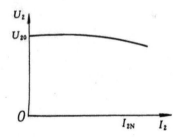

图 4-9　变压器感性负载时的外特性

5. 变压器的损耗和效率

变压器负载运行时输出功率为：

$$P_2 = U_2 I_2 \cos\varphi_2 \tag{4-23}$$

原边输入的功率为：

$$P_1 = U_1 I_1 \cos\varphi_1 = P_2 + P_{Fe} + P_{Cu} \tag{4-24}$$

P_{Fe} 为变压器的铁损，与输入电压 U_1^2 成正比，U_1 一定时，P_{Fe} 保持恒定。P_{Cu} 为变压器的铜损，和负载大小有关。

$$P_{Cu} = R_1 I_1^2 + R_2 I_2^2$$

由于 P_{Fe}、P_{Cu} 在功率中所占比例甚微，所以变压器的效率较高，可达 96%~99%。

$$\eta = \frac{P_2}{P_1} \times 100\% = \frac{P_2}{P_2 + P_{Fe} + P_{Cu}} \times 100\%$$

【例 4-1】 某单相变压器额定电压为 3300/220V，今欲在副边接上额定功率为 60W、额定电压为 220V 的白炽灯 166 盏，若不考虑原、副绕组阻抗，求原、副绕组电流各是多少？

解： 166 盏灯并联于变压器副边，其副边电流为：

$$I_2 = 166 \times \frac{60}{220} = 45.27\text{A}$$

$$I_1 = I_2 \frac{N_2}{N_1} = I_2 \frac{U_2}{U_1} = 45.27 \times \frac{220}{3300} = 3.02\text{A}$$

4.3.3 阻抗变换

因为 $\dot{E}_1$、$\dot{E}_2$ 同相位，$\dot{E}_1 / \dot{E}_2 = K$。如忽略变压器原、副绕组中电阻和漏感抗的电压降，则：

$$\dot{U}_1 = -\dot{E}_1 = -K\dot{E}_2 = -K\dot{U}_2$$

由式（4-19）可得：

$$\dot{I}_1 = -\frac{N_2}{N_1}\dot{I}_2 = -\frac{\dot{I}_2}{k}$$

$$\frac{\dot{U}_1}{\dot{I}_1} = \frac{-K\dot{U}_2}{-\frac{\dot{I}_2}{K}} = K^2 \frac{\dot{U}_2}{\dot{I}_2} = K^2 Z$$

设 $Z' = U_1 / I_1$，则：

$$Z' = K^2 Z \tag{4-25}$$

Z' 为从变压器原绕组端口看进去的等效负载阻抗，或称为折算到变压器原边电路的等效负载阻抗，如图 4-10 所示。它说明变压器在交流供电或传递信息的电路中能起阻抗变换作用，故在电子线路中常用于前后环节之间的阻抗匹配。

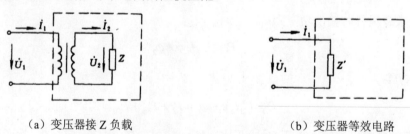

（a）变压器接 Z 负载　　　　　　（b）变压器等效电路

图 4-10　等效负载阻抗

【例 4-2】 某电阻为 8Ω 的扬声器，接于输出变压器的副边，输出变压器的原边接电动势 E_s=10V，内阻 R_s=200Ω 的信号源。设输出变压器为理想变压器，其原、副绕组的匝数为 500/100（见图 4-11），试求：（1）扬声器的等效电阻 R' 和获得的功率；（2）扬声器直接接信号源所获得的功率。

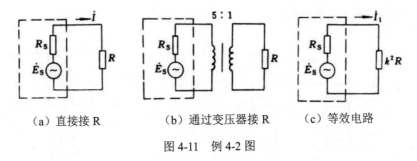

（a）直接接 R　　　　（b）通过变压器接 R　　　　（c）等效电路

图 4-11　例 4-2 图

解：（1）8Ω 电阻接变压器的等效电阻 R' 为：

$$R' = K^2 R = (\frac{N_1}{N_2})^2 R = (\frac{500}{100})^2 \times 8 = 200\Omega$$

获得的功率，如图 4-11（c）所示：

$$P = R'I_1^2 = R' \cdot (\frac{E_s}{R_s + R'})^2 = 200 \times (\frac{10}{200 + 200})^2 = 125\text{mW}$$

（2）若 8Ω 扬声器直接接信号源，如图 4-11（a）所示，所获得的功率为：

$$P = RI^2 = 8 \times (\frac{10}{200 + 8})^2 = 18\text{mW}$$

4.4　变压器绕组的极性

　　在使用变压器之前，需正确判断绕组的同极性端（或称同名端），如接法不当，变压器不能正常工作，甚至会损坏变压器。

4.4.1　绕组的极性与正确接线

　　图 4-12（a）为一个多绕组变压器，图 4-12（b）为其符号画法。图 4-12 中原边有两个绕组，其抽头端子为 1-2 和 3-4，副边也为两个绕组，其抽头端子为 5-6 和 7-8，并已将额定电压标于图 4-12（a）中。

　　为了正确接线，首先必须明确各绕组线圈端子的同极性端，又称同端，并用记号 "." 或 "*" 表示。所谓同名端即铁心中磁通所感应的电动势在各绕组端有相同的瞬时极性，这样电流同时从同极性端流入（或流出）时在铁心中产生的磁通方向相同，相互加强，如图 4-12 中标有 "." 端。

　　在图 4-12 中，如电源电压为 220V 时，需将 2、3 端接一起，电源加到 1、4 两端；如电源电压为 110V 时，需将 1、3 两端接一起，2、4 两端接一起（即两绕组并联），将电源加到 1、3 端和 2、4 端。副边欲得到 12V 时，将 6 和 8 端（或 5 和 7 端）接一起，从 5、7 端（或 6、

8 端）两端输出，相当 3V 加 9V，欲得到 6V，把 6 和 7 端（或 5 和 8 端）接在一起，从 5、8 或 6、7 两端输出，相当于 9V 减去 3V。

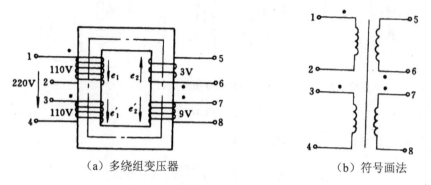

（a）多绕组变压器　　　　　　　　　　（b）符号画法

图 4-12　多绕组变压器极性的测定

4.4.2　同名端的测定方法

同极性端可由下述方法确定：通过开关把直流电压源（如干电池）接在任一绕组上，譬如接在 1-2 绕组上。如果电源的正极和 1 端相联，那么，当开关突然闭合时，在其副绕组上感应电压为正的那一端就和 1 端为同极性端。

4.5　三相变压器

三相变压器用于变换三相电压。应用最广泛的是三相心式变压器，其结构示意图如图 4-13 所示。它的铁心有三个心柱，每个心柱上各套有一个相的原、副绕组，心柱和上下磁轭构成三相闭合铁心，变压器运行时，三个相的原绕组所加电压是对称的，因此三个相的心柱上的磁通 Φ_U、Φ_V、Φ_W 也是对称的。由于每个相的原、副绕组绕在同一心柱上，由同一磁通联系起来，其工作情况和单相变压器相同。三个单相变压器也可以把绕组连接起来变换成三相电压，但三相变压器比总容量相等的三个单相变压器省料、省工、造价低、所占空间小，因此电力变压器一般都采用三相变压器。

三相变压器绕组最常见的连接方式是 Y，Y_n 连接，如图 4-14（a）所示，用于把 6kV、10kV、35kV 高压变换为 400/230V 4 线制低电压的场合。U_1、V_1、W_1 是输入端，接高压输出电线，u_1、v_1、w_1、N 是输出端，引出低压供电线的火线和地线（零线）。它的线电压比等于相电压比，即：

$$\frac{U_{l1}}{U_{l2}} = \frac{\sqrt{3}U_{P1}}{\sqrt{3}U_{P2}} = \frac{N_1}{N_2} = K$$

其次常见的连接方式是 Y，d 连接（d 代表 △），如图 4-14（b）所示，用于把 35kV 电压变换为 3.15kV、6.3kV、10.5kV 电压和其他场合。它的线电压比等于相电压比的 $\sqrt{3}$ 倍，即：

$$\frac{U_{l1}}{U_{l2}} = \frac{\sqrt{3}U_{p1}}{U_{p2}} = \sqrt{3}\,\frac{N_1}{N_2} = \sqrt{3}K$$

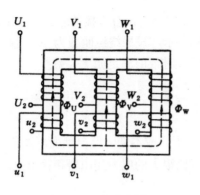

图 4-13 三相变压器

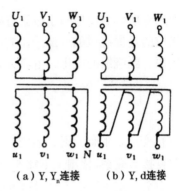

（a）Y, Y$_n$连接   （b）Y, d连接

图 4-14 三相变压器绕组的连接方式

4.6 变压器的额定值

为了保证变压器的正常运行和使用寿命，制造厂将变压器的主要技术条件（额定值）注明在变压器的铭牌上。

1. 额定电压 U_{1N} 和 U_{2N}

额定电压是根据变压器的绝缘强度和允许温升而规定的电压值。原边额定电压 U_{1N} 指原边应加的电源电压。U_{2N} 指原边加上 U_{1N} 时，副绕组的空载电压。在三相变压器中，原、副边的额定电压都是指线电压。

2. 额定电流 I_{1N} 和 I_{2N}

额定电流是根据变压器允许温升而规定的电流值。变压器的额定电流有原边额定电流 I_{1N} 和副边额定电流 I_{2N}。在三相变压器中 I_{1N} 和 I_{2N} 都是指线电流。

3. 额定容量 S_N

变压器的额定容量是指其副边的额定视在功率 S_N，额定容量反映了变压器传递功率的能力。
单相变压器为：

$$S_N = U_{2n}I_{2N} \tag{4-26}$$

三相变压器为：

$$S_N = \sqrt{3}U_{2n}I_{2N} \tag{4-27}$$

4. 额定频率

变压器额定运行时的频率称为额定频率，我国规定标准工频频率为 50Hz。

4.7 自耦变压器

普通变压器的原边和副边只有磁路上的耦合，在电路上没有直接的联系，而自耦变压器的副绕组取的是原绕组的一部分，其原理如图 4-15 所示。设原绕组匝数为 N_1，副绕组匝数为 N_2，则原、副绕组的电压、电流关系在额定值下运行时依旧满足如下关系：

$$\frac{U_1}{U_2} = \frac{I_2}{I_1} = \frac{N_1}{N_2} = K$$

自耦变压器的优点是：省材料、效率高、体积小、成本低，但自耦变压器低压电路和高压电路直接有联系，使用上不够安全，因此一般变压比很大的电力变压器和输出电压力为 12V，36V 的安全灯变压器都不采用自耦变压器。

实验室中常用的自耦调压器是一种副绕组匝数可调的自耦变压器，如图 4-16 所示，因副绕组匝数可调，其输出电压 U_2 可调，使用起来很方便。

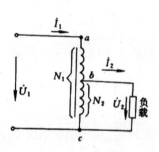

图 4-15 自耦变压器电原理图

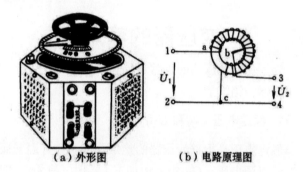

（a）外形图　　　　（b）电路原理图

图 4-16 自耦变压器实物外形及电路

4.8 仪用互感器

仪用互感器是供测量、控制及保护电路用的一种特殊变压器。

4.8.1 电压互感器

电压互感器是用于测量交流高电压的仪用变压器（见图 4-17）。当被测线路电压值很高时接入变比 K 较大的电压互感器，将电压降低后再进行测量。这样测量端便可与高电压隔离，且测量用的电压表不需要很大的量程，测出的电压值乘以变比 K 后，便是原边高压侧的电压值 U_1。通常电压互感器副边电压的额定值都设计成标准值 100V，而其原边的额定电压值应选得

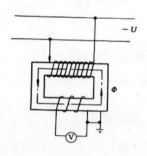

图 4-17 电压互感器

与被测线路的电压等级相一致。

为安全起见，使用电压互感器时，其铁心、金属外壳及副绕组的一端都必须可靠接地，以防绕组间绝缘损坏时，副绕组上有高压出现。此外，电压互感器副边严禁短路，否则将产生比额定电流大几百倍，甚至几千倍的短路电流，烧坏互感器。电压互感器的原、副边一般都装有熔断器作短路保护。

4.8.2　电流互感器

电流互感器是用来扩大交流电流量程的仪用变压器。原绕组匝数 N_1 小于副绕组匝数 N_2，即 $N_1/N_2=K<1$，而 $I_2=KI_1$，当 $K\ll1$ 时，$I_2\ll I_1$，电路如图 4-18 所示。电流互感器的原绕组常用粗导线绕成，匝数很少。工作时原绕组两端电压很小，所以副绕组两端电压也很低。制造厂一般将副绕组额定电流设计为 5A，故常接 5A 量程表指示。为了工作安全，电流互感器的副绕组、铁心和外壳应接地。

钳形电流表是电流互感器和电流表组成的测量仪表，用它来测量电流时不必断开被测电路，使用十分方便。图 4-19 是一种钳形电流表的外形及结构原理图。测量时先按下压块使可动的钳形铁心张开，把通有被测电流的导线套进铁心内，然后放开压块使铁心闭合，这样，被套进的载流导体就成为电流互感器的原绕组（即 $N_1=1$），而绕在铁心上的副绕组与电流表构成闭合回路，从电流表上可直接读出被测电流的大小。

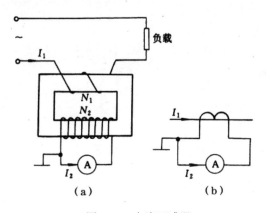

图 4-18　电流互感器

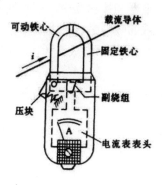

图 4-19　钳形电流表

4.9　电磁铁

电磁铁是利用通电的铁心线圈吸引衔铁或保持某种机械零件、工件于固定位置的一种电器。衔铁的动作可使其他机械装置发生联动。当电源断开时，电磁铁的磁性随之消失，衔铁或其他零件即被释放。电磁铁可分为线圈、铁心及衔铁三部分。它的结构型式通常有图 4-20 所示的几种。

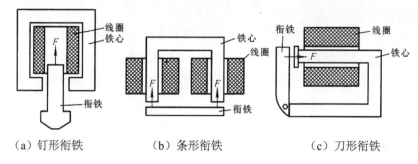

（a）钉形衔铁　　　　（b）条形衔铁　　　　（c）刀形衔铁

图 4-20　电磁铁的几种型式

电磁铁在生产中的应用极为普遍，图 4-21 所示的例子是用它来制动机床和起重机的电动机。当接通电源时，电磁铁动作而拉开弹簧，把抱闸提起，于是放开了装在电动机轴上的制动轮，这时电动机便可自由转动。当电源断开时，电磁铁的衔铁落下，弹簧便把抱闸压在制动轮上，于是电动机就被制动。在起重机中采用这种制动方法，还可避免由于工作过程中突然断电而使重物滑下所造成的事故。

在机床中也常用电磁铁操纵气动或液压传动机构的阀门和控制变速机构。电磁吸盘和电磁离合器也都是电磁铁具体应用的例子。此外，还可应用电磁铁起重提放钢材。在各种电磁继电器和接触器中，电磁铁的任务是开闭电路。

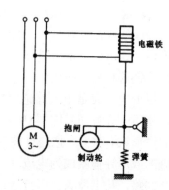

图 4-21　电磁铁应用

电磁铁的吸力是它的主要参数之一。直流电磁铁吸力的大小与气隙的截面积 S_0 及气隙中磁感应强度 B_0 的平方成正比，计算吸力的基本公式为：

$$F = \frac{10^7}{8\pi} B_0^2 S_0 \tag{4-28}$$

式中，B_0 的单位是特斯拉（T），S_0 的单位是平方米（m^2），F 的单位是牛顿（N）。

交流电磁铁中磁场是交变的，吸力的最大值为：

$$F_m = \frac{10^7}{8\pi} B_m^2 S_0 \tag{4-29}$$

计算时只考虑吸力的平均值：

$$F = \frac{10^7}{16\pi} B_m^2 S_0 \tag{4-30}$$

交流电磁铁的吸力如图 4-22 所示，吸力在零与最大值 F_m 之间脉动。因而衔铁以两倍电源频率在颤动，引起噪音，同时触点容易损坏。为了消除这种现象，可在磁极的部分端面上套一个分磁环，如图 4-23 所示。于是在分磁环（或称短路环）中便产生感应电流，以阻碍磁通的变化，使在磁极两部分中的磁通 Φ_1 与 Φ_2 之间产生相位差，因而磁极各部分的吸力也就不会同时降为零，就消除了衔铁的颤动，当然也就除去了噪音。

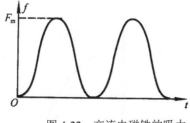

图 4-22　交流电磁铁的吸力

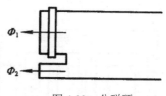

图 4-23　分磁环

在交流电磁铁中，为了减小铁损，铁心由钢片叠成。而在直流电磁铁中，铁心是用整块软钢制成的。

交直流电磁铁除有上述的不同外，在使用时还应该知道，它们在吸合过程中电流和吸力的变化情况也是不一样的。

在直流电磁铁中，励磁电流仅与线圈电阻有关，不因气隙的大小而变。在吸合过程中，随着气隙的减小，磁阻减小，磁通增大，吸力也就随之增大。但在交流电磁铁的吸合过程中，线圈中电流(有效值)变化很大。因为其中电流不仅与线圈电阻有关，主要还与线圈感抗有关。在吸合过程中，随着气隙的减小，磁阻减小，线圈的电感和感抗增大，因而电流逐渐减小。因此，如果由于某种机械障碍使衔铁或机械可动部分被卡住，通电后衔铁吸合不上，线圈中就会流过较大电流而使线圈严重发热，甚至烧毁，这点必须注意。

4.10　电焊变压器

交流电焊机（交流弧焊机）在生产上应用很广，它主要由变压器和可变电抗器组成，如图 4-24 所示。

交流电焊机中的电焊变压器应具有如下特点：空载时有足够的电弧点火电压，其值约为60V～70V，有负载后，副方的电压随输出电流下降较快，即变压器应具有陡降的外部特性；在副方短路时，短路电流不致剧烈地增大，电焊变压器的外部特性如图 4-25 所示。

开始焊接时，先把焊条和焊件接触在一起，这时交流电焊机的输出端短路、由于电焊变压器的原、副绕组分别装在两个铁心柱上，两个绕组的漏感抗较大，再加上可变电抗器的电抗，因此短路电流虽然较大但并不剧烈地增大。这个短路电流在焊条和焊件的接触处产生较大的热量，温度较高。然后迅速把焊条提起，于是在电压的作用下，焊条和焊件之间产生电弧，对焊件进行焊接。

焊接时，焊条和焊件之间的电弧性质相当于一个电阻，电弧上的电压约为 30V 左右，在焊接过程中，当焊条和焊件之间的距离发生变化时，即电弧的弧柱发生变化时，由于电弧的电阻比电路中的感抗小得多，因此焊接电流的变化并不明显，这对焊接来说是非常有利的。

当焊接不同的焊件和使用不同规格的焊条时，要求调节焊接电流的大小，可通过调节可变电抗器的空气隙或改变电抗器线圈匝数来实现，空气隙大或匝数少，则焊接电流大，反之，则焊接电流减小。

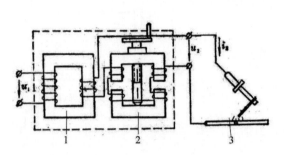

1—电焊变压器；2—可变电抗器；3—焊头及焊件

图 4-24　交流电焊机的示意图

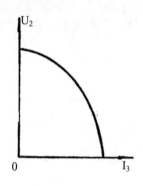

图 4-25　电焊变压器外部特性曲线

4.11　本章小结

1. 学习本章应着重掌握下述三个基本关系。

电压变换，在空载运行时，原、副边电压之间有如下的关系：

$$\frac{U_{10}}{U} \approx \frac{E_1}{E_2} = \frac{N_1}{N_2} = K \qquad （K 称为变比）$$

电流变换，在负载运行时，原、副边电流之间有如下的关系：

$$\frac{I_1}{I_2} \approx \frac{N_2}{N_1} = \frac{1}{K}$$

阻抗变换：在副边接有负载 z，对电源来讲相当于接入一个 $z' = K^2 z$ 的等效阻抗。

2. 变压器的特性主要有外特性（电压调整率）和效率。外特性是 $U_2 = f(I_2)$ 的关系曲线，也可以用电压调整率 $\Delta U\% = \dfrac{U_{20} - U_2}{U_{20}} \times 100\%$ 来表示，效率是输出的有功功率和输入的有功功率之比，即：

$$\eta = \frac{P_2}{P_1} \times 100\% = \frac{P_2}{P_2 + P_{Fe} + P_{Cu}} \times 100\%$$

3. 三相变压器原、副绕组可以接成 Y 形或△形。我国有 Y / Y_0、$Y / \triangle$、$Y_0 / \triangle$、Y_0 / Y、Y / Y 等 5 种标准联接组别。连接组别不同，原、副边的电压关系也不同。

4. 在电子线路中，要注意变压器的极性。为保证变压器连续、安全地运行，在使用要注意变压器的铭牌数据。

4.12　习题

4-1　为了求出铁心线圈的铁损，先将它接在直流电源上，从而测得线圈的电阻为 1.75Ω；然后接在交流电源上，测得电压 $U=120V$，功率 $P=70W$，电流 $I=2A$，试求铁损和线圈的功率因数。

4-2　有一个交流铁心线圈，接在 $f=50Hz$ 的正弦电源上，在铁心中得到磁通的最大值为 $\Phi_m = 2.25\times10^{-3} Wb$。现在在此铁心上再绕一个线圈，匝数为 200。当此线圈开路时，求其两端电压。

4-3　变压器的容量为 1kW，电压为 220/36V，每匝线圈的感应电动势为 0.2V，变压器工作在额定状态。（1）原、副绕组的匝数各为多少？（2）变比为多少？（3）原、副组电流各为多少？

4-4　有一台单相变压器电压比为 3000/220V，接一组 200V、100W 的白炽灯共 200 只，试求变压器原、副绕组的电流各为多少？

4-5　有一台额定容量为 50kW，额定电压 3300/220V 的变压器，高压绕组为 6000 匝。试求：（1）低压绕组匝数；（2）高压侧和低压侧的额定电流各为多少？

4-6　一台 $S_N=2kW$，$U_{1N}/U_{2N}=220/110V$ 变压器，原级接到 220V 电源上，副级对 $Z_L=6+j8\Omega$ 负载供电。求（1）原、副级电流 $I_1=?$ $I_2=?$ （2）原级输入的有功功率 $P_1=?$ 无功功率 $Q_1=?$ 视在功率 $S_1=?$ 功率因数 $\cos\varphi_1 =?$ （忽略变压器绕组电压降、励磁电流和各种损耗）

4-7　一单相变压器 $S_N=10kW$，$K = \dfrac{U_1}{U_2} = 3000 / 230V$ 副边接 220V、60W 的白炽灯。如变压器在额定状态下运行，问（1）可接多少盏白炽灯？（2）原、副绕组的额定电流各是多少？（3）如果副边接的是 220V、40W，$\cos\varphi = 0.45$ 的日光灯，问可以接多少盏？

4-8　某三相变压器，$S_N=5000kW$，Y/△ 接法，额定电压为 35/10.5kV，求高、低压绕组的相电压、相电流和线电流的额定值？

4-9　某三相变压器原、副绕组每相匝数比 $K = \dfrac{N_1}{N_2} = 10$，试分别求该变压器在 Y/Y 和 Y/△ 接法时，原、副线电压之比。

第5章

电动机

【学习目的和要求】

　　通过本章的学习，应了解电动机的结构、转动原理、机械特性、铭牌数据（技术参数）；掌握电动机的选择使用方法。

　　利用电磁现象进行电能和机械能相互转换的机械称为电机。其中将机械能转换成电能的称为发电机，而将电能转换成机械能的称为电动机。按照电流的种类，电动机可分为直流电动机和交流电动机两大类，交流电动机又分为同步电动机和异步电动机。

　　异步电动机主要有三相异步电动机和单相异步电动机两种，其原理都是利用电磁现象进行能量传递和转换，因此它与变压器有许多相似的地方，变压器的某些规律以及分析方法，在讨论异步电动机时同样适用。但变压器是静止的，而异步电动机的转子是运动（旋转）的，这是异步电动机区别于变压器的本质所在，可与变压器相对照，以便加深理解。

5.1 三相异步电动机

5.1.1 三相异步电动机结构

　　三相异步电动机由两个基本部分构成：定子（部分）和转子（部分）。图 5-1 是鼠笼式三相异步电动机的结构。

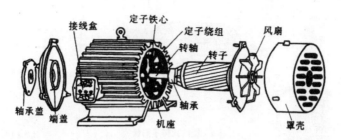

图 5-1 鼠笼式三相异步电动机的构造

1. 定子

三相异步电动机的定子部分包括机座内的定子铁心和定子绕组。机座一般是用铸铁或铸钢制成，用于固定和支撑定子铁心。定子铁心是由相互绝缘的硅钢片叠成，定子铁心的内圆周表面有均匀分布的槽，用来放置定子三相绕组，如图 5-2 所示。定子三相绕组对称均匀地嵌放在定子铁心槽中，对外每相绕组有两个抽头，分别和接线盒中的 6 个端子相连，如图 5-3（a）。定子绕组有的接成星形，有的接成三角形，如图 5-3（b）、图 5-3（c）所示。

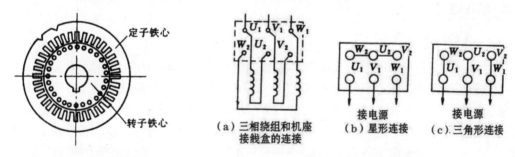

图 5-2 定子 / 转子铁心   图 5-3 定子绕组的接法

2. 转子

三相异步电动机的转子包括转轴、转子铁心和转子绕组等部件。转子铁心装在转轴上，转子转动，输出机械转矩。转子铁心也由硅钢片叠成，呈圆柱状，外表面上有槽，槽内放置转子绕组。

根据三相异步电动机转子绕组的构造不同，异步电动机又分为鼠笼和绕线式两种。鼠笼式转子绕组组成过程是在转子铁心的每槽中放一根铜条，两端焊上铜环，再把所有铜条短接成一个回路。在中小型鼠笼式异步电动机中将转子绕组和风扇用铝铸为一体。如果去掉铁心，转子绕组的形状似鼠笼，如图 5-4 所示为鼠笼式转子。

绕线式转子的绕组与定子绕组类似，用绝缘导线按一定规律放在转子槽中，组成三相对称绕组并且接成星形，它的三根端线接到装在转轴上的三个滑环上，通过一组电刷引出来与外部设备（如三相变阻器）连接起来，如图 5-5 所示。

鼠笼式与绕线式异步电动机的构造不同，但它们的工作原理是相同的。

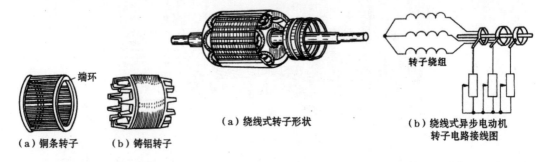

（a）铜条转子　（b）铸铝转子

图 5-4　鼠笼式转子

（a）绕线式转子形状

转子绕组

（b）绕线式异步电动机
转子电路接线图

图 5-5　绕线式异步电动机转子

5.1.2　三相异步电动机的转动原理

三相异步电动机是如何转动起来的呢？为了说明这个问题，先来分析定子三相绕组通以三相正弦交流电流所产生的旋转磁场。

1. 旋转磁场

（1）旋转磁场的产生

下面以三相定子绕组在空间互成 120° 放置为例来说明旋转磁场的产生原理。

为方便说明问题，将定子三相绕组用三个单匝线圈代替，如图 5-6（a）所示，其中 U_1、V_1、W_1 为三个线圈的首端，U_2、V_2、W_2 是三个线圈的末端，接成星形，首端接到电源上。设电流的参考方向如图 5-6（b）所示，从首端流入，末端流出，流入纸面用"⊗"符号表示，流出纸面用"⊙"表示。电流相序为 1→2→3，下面分析不同时刻由三相电流所产生的磁场情况。

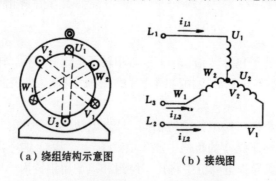

（a）绕组结构示意图　　　（b）接线图

图 5-6　两极定子三相对称绕组

$\omega t = 0$ 时，定子绕组中电流的方向如图 5-7（a）所示，$i_{L1}=0$，$i_{L2}<0$，其方向与参考方向相反，即从 $V_2 \rightarrow V_1$，$i_{L3}>0$，其方向与参考方向相同，即从 $W_1 \rightarrow W_2$。将每相电流所产生的磁场相加，便得出三相电流的合成磁场。据右手螺旋定则，磁力线方向由上向下，相当于定子上方是 N 极，下方为 S 极，产生两极磁场，磁极对数 $p=1$。

$\omega t = 60°$ 时，定子绕组中的电流方向和三相电流所产生的合成磁场的方向如图 5-7（b）所示，此时合成磁场已在空间上顺时针转过了 60°，同理可得在 $\omega t = 90°$ 时三相电流形成的合成磁场，比 $\omega t = 60°$ 时的合成磁场在空间上又转过了 30°，如图 5-7（c）所示，在 $\omega t = 180°$ 时，合成磁场在空间再旋转90°。

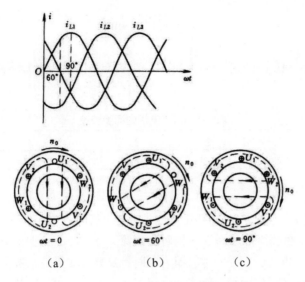

图 5-7 三相电流产生的旋转磁场（p=1）

综上所述，对于图 5-6 所示 $p=1$ 的旋转磁场，当三相电流的相位从 0 变到180°时，合成磁场在空间旋转了180°。所以，当电流完成一个周期的变化时，所产生的合成磁场在空间上也旋转了一周。三相电流随时间周期性变化。所产生的合成磁场也就在空间不停旋转，形成了旋转磁场。

（2）旋转磁场的转速

当旋转磁场的磁极对数 $p=1$ 时，电流每变化一周，旋转磁场在空间转一圈，若电流频率为 f_1，则旋转磁场的转速为 $n_0 = 60 f_1 (r/\min)$，它与 f_1、p 有关。

如果适当安排三相定子绕组，可产生 4 极旋转磁场，即产生的旋转磁场的磁极对数为 $p=2$，定子绕组的分布如图 5-8 所示，其每相绕组由两个线圈串联而成。可以证明电流若变化一周，合成磁场在空间旋转180°，其转速为 $n_0 = 60 f_1 / 2 (r/\min)$。

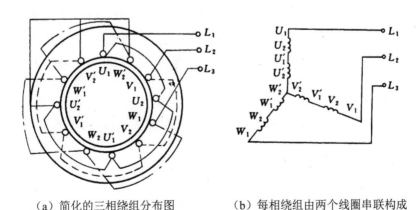

（a）简化的三相绕组分布图　　　（b）每相绕组由两个线圈串联构成

图 5-8 产生四级旋转磁场的定子绕组

同理对于且有 P 对磁极的旋转磁场，其转速 n_0 可表示为：

$$n_0 = \frac{60 f_1}{p} (r/\min)$$ （5-1）

在我国，工频 f_1=50Hz，由式（5-1）可知，对应于不同磁极对数 p 的旋转磁场转速 n_0 如表 5-1 所示。

表 5-1　交流电机的同步转速

p	1	2	3	4	5	6
n_0/(r/min)	3000	1500	1000	750	600	500

（3）旋转磁场的方向

旋转磁场的旋转方向与定子三相绕组中通过的电流相序有关，在图 5-6 中，顺时针排列的 U_1U_2、V_1V_2、W_1W_2 三相绕组顺序通过三相对称电流 i_{L1}、i_{L2}、i_{L3}，且相序为 1→2→3，则产生的旋转磁场方向与通过电流的相序一致，即为顺时针旋转。如果绕组的排列顺序不变，而将通过定子绕组的电源线任意对调两根，使三相绕组 U_1U_2、V_1V_2、W_1W_2 中通过电流的顺序变为 1→3→2，则旋转磁场将反转，即为逆时针旋转。总之，旋转磁场总是从电流相序在前的绕组转向电流相序在后的绕组。

2. 三相异步电动机的转动原理

三相异步电动机的定子绕组接通三相交流电源后，在电动机内部产生旋转磁场，转子在旋转磁场的作用会转动起来。图 5-9 所示为以 p=1 旋转磁场为例的三相异步电动机的转动原理。

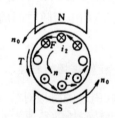

图 5-9　三相异步电动机的转动原理

设磁场按逆时针方向以恒速转动，而转子最初是静止的。旋转磁场转动时，转子导体切割磁力线，产生感应电动势 e_2，其方向根据右手定则判断，如图所示，⊙表示流出，⊗ 表示流入。由于转子导体自成回路，在 e_2 的作用下产生感应电流 i_2，暂不考虑转子导体的电感效应，则 i_2 的方向与 e_2 同。载流导体在磁场中要受到电磁力 F 的作用，其方向用左手定则判定。转子导体所受电磁力对转轴形成电磁转矩 T，转子在电磁转矩的作用下转动起来。显然转子的转动方向与旋转磁场的方向一致，但转子转速 n 低于旋转磁场转速 n_0。如果 $n=n_0$。则转子导体与磁场之间无相对运动，转子导体不再切割磁力线，无感应电动势 e_2 和感应电流 i_2 产生，电磁转矩 T 便消失，电动机不可能旋转。因此始终有 $n<n_0$，存在差异，故称这种电动机为异步电动机。

异步电动机旋转磁场的转速 n_0 又称为同步转速，n 与 n_0 之间相差的程度用转差率 s 表示。

$$s = \frac{n_0 - n}{n_0}$$ （5-2）

转差率是异步电动机的一个重要参数。在电动机起动瞬间 n=0，s=1，正常运行时，转差率很小，约在 0.02~0.08。

5.1.3 三相异步电动机的电磁转矩与机械特性

1. 电磁转矩

电磁转矩是三相异步电动机的重要物理量，为进一步了解异步电动机的性能和使用方法，必须了解电磁转矩同电动机内部主要电磁量及转速的关系。

由电机学原理可知，电磁转矩的表达式为：

$$T = K_T \Phi I_2 \cos\varphi_2 \tag{5-3}$$

式中：K_T——与电动机结构有关的常数；

Φ——旋转磁场每极磁通量；

$I_2 \cos\varphi_2$——转子电流和同转子感应电动势的相位差。

下面就电磁转矩 T 与一些外部条件（如电源电压 U_1、转子转差率 s 等）的关系作进一步说明。

三相异步电动机的电磁关系与变压器类似，定子绕组相当于变压器的原边绕组，转子绕组（一般是短接的）相当于变压器的副边绕组。旋转磁场交链于定子和转子绕组，分别在定子和转子每相绕组中产生感应电动势，旋转磁场是定子电流和转子电流共同作用产生的。

在异步电动机中，只要定子绕组安排得当，旋转磁场的强度沿定子与转子之间的空气隙接近于按正弦规律分布，它穿过定子绕组的磁通量将是正弦交变的，通过每相定子绕组，磁通量最大值 Φ_m 就等于旋转磁场的每极磁通量 Φ。

（1）每极磁通量 Φ 与定子每相电压 U_1 的关系

与分析变压器的电磁关系类似，定子一相绕组中与所加电压平衡的感应电动势的有效值为 $U_1 \approx E_1 = 4.44 K_1 f_1 N_1 \Phi_m$，即每极磁通为：

$$\Phi = \frac{U_1}{4.44 K_1 f_1 N_1} \tag{5-4}$$

式中 f_1 为定子绕组中感应电动势的频率，等于电源频率；K_1 是定子绕组系数，与定子绕组结构有关，其值小于 1；N_1 是定子每相绕组的匝数。式 5-4 表明，当电源电压 U_1 和频率 f_1 一定时，异步电动机旋转磁场的每极磁通量 Φ 基本不变。

（2）转子电路各量（I_2、$\cos\varphi_2$、E_2）同转差率 s 的关系

旋转磁场与转子之间存在着速度差 $n_0 - n$，转子导体切割磁力线产生感应电动势 e_2。e_2 的频率 f_2 不同于定子电流的频率 f_1，它与转差率有关。电动机刚转动时，转子仍处于静止状态，$n=0$，$s=1$，此时旋转磁场的磁通以同步转速 n_0 切割转子导体，$f_2 = f_1 = pn_0/60$。当转速 n 升高后，旋转磁场与转子之间相对转速为 $n_0 - n$，故 $f_2 = \frac{p(n_0-n)}{60} = \frac{n_0-n}{n_0} \cdot \frac{pn_0}{60} = sf_1$，当达到额定转速时 s 下降 0.02~0.08，则 f_2 只有几 Hz。E_2 与转差率 s 有关，s 越大，E_2 也越大。电动机

刚起动时，产生的感应电动势 $E_2 = E_{20} = 4.44K_2f_1N_2\Phi$，这时转子的感应电动势最大。在任意转差率时，$E_2 = 4.44K_2f_2N_2\Phi = sE_{20}$。

转子电流和定子电流一样，要产生漏磁通 $\Phi_{\sigma 2}$，它只与转子绕组铰链，则转子绕组的每相漏感抗 $x_2 = 2\pi f_2L_{\sigma 2}$，$L_{\sigma 2}$ 为转子绕组的漏磁电感。转子静止时刻 $x_2 = x_{20} = 2\pi f_1L_{\sigma 2}$，转子转动起来之后，$x_2 = sx_{20}$。按照交流电路理论有：

$$I_2 = \frac{E_2}{\sqrt{R_2^2 + x_2^2}} = \frac{sE_{20}}{\sqrt{R_2^2 + (sx_{20})^2}} \tag{5-5}$$

其中 R_2 为转子一相绕组电阻，对于绕线式异步电动机，R_2 包含该相外接电阻。由式（5-5）可知，在电动机刚起动时，$s=1$，I_2 此时最大，和变压器原理一样，此时定子电流必然也最大，称为电动机的起动电流。一般中小型鼠笼式电动机的起动电流约为额定电流的 5~7 倍。

转子每相绕组的功率因数：

$$\cos\varphi_2 = \frac{R_2}{\sqrt{R_2^2 + x_2^2}} = \frac{R_2}{\sqrt{R_2^2 + (sx_{20})^2}} \tag{5-6}$$

由式（5-6）可知，$s=1$ 时，$\cos\varphi_2$ 最小，随着转速的增加，s 减小，$\cos\varphi_2$ 增大。

（3）异步电动机的电磁转矩 T

将式（5-5）、式（5-6）代入式（5-3）得：

$$T = K_T\Phi \cdot \frac{sE_{20}}{\sqrt{R_2^2 + (sx_{20})^2}} \cdot \frac{R_2}{\sqrt{R_2^2 + (sx_{20})^2}} = K_T\Phi\frac{sR_2E_{20}}{R_2^2 + (sx_{20})^2}$$

又因为 $\varphi\infty U_1$，$E_{20}\infty\varphi\infty U_1$，因此上式可写成：

$$T = K\frac{sR_2U_1^2}{R_2^2 + (sx_{20})^2} \tag{5-7}$$

其中 K 是与电动机结构有关的常数。

由此可知，电磁转矩 T 是转差率 s 的函数，在某一 s 值下，又与定子每相电压 U_1 的平方成正比。因此电源电压的波动对电动机的电磁转矩影响很大。

2. 机械特性

机械特性是指在电源 U_1 不变的条件下，电动机的转速 n 与电磁转矩 T 之间的关系，$n=f(T)$，如图 5-10 所示（此曲线可由式（5-7）表示的 $T=f(s)$ 关系曲线得到）。

在图 5-10 中，n_m 称为临界转速，n_0 为同步转速，n_N 为额定转速，T_N 为额定转矩，T_{st} 对应 $n=0$ 时的电磁转矩，称为起动转矩，T_m 为最大转矩。

当异步电动机轴上加有负载 T_N 时，根据运动学原理，$T_N<T_{st}$ 时，电动机能够起动并沿着 db 段曲线加速，当转

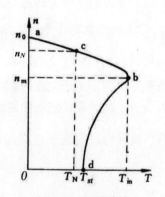

图 5-10　机械特性

速 $n>n_m$ 后，T 随 n 的增加而减小，当 $T=T_N$ 时，电动机就进入稳定运行，即稳定于 c 点。在特性 bd 段电动机不能稳定工作，在 ab 段，由于转速的降低使电磁转矩增大，而电磁转矩的增大又制止了转速的继续下降，因此 ab 段为稳定工作区。在 ab 段，较大的转矩变化对应较小的转速变化，这种特性称为异步电动机具有硬的机械特性。

机械特性是异步电动机的主要特性，为能够正确使用电动机，现介绍电磁转矩的三个特征值。

（1）额定转矩 T_N

额定转矩 T_N 表示电动机的额定工作状态时的转矩，如果忽略电动机本身的风阻摩擦损耗，可近似地认为额定转矩 T_N 等于额定输出转矩 T_{2N}，可用下式计算：

$$T_N \approx T_{2N} = \frac{P_{2N}}{\omega} = \frac{P_{2N}}{2\pi n_N / 60} = 9550 \frac{P_N}{n_N} (N/m) \qquad (5\text{-}8)$$

式中：n_N——电动机的转速，单位是转/分（r/min）；

$\quad\ P_N$——电动机轴上输出功率，单位是千瓦（kW）。

（2）最大转矩 T_m

T_m 表示电动机可能产生的最大转矩，又称临界转矩，对应于 T_m 的转差率 s_m 称为临界转差率。s_m 和 T_m 可由 $\dfrac{\mathrm{d}T}{\mathrm{d}s}=0$ 求得：

$$s_m = \frac{R_2}{x_{20}} \qquad (5\text{-}9)$$

将式（5-9）代入式（5-7）中：

$$T_m = K \frac{U_1^2}{2x_{20}} \qquad (5\text{-}10)$$

由此可见，在电动机转子参数一定的情况下，T_m 与 R_2 无关，而与 U_1^2 成正比，但 s_m 与 U_1 无关，而与转子的电阻 R_2 有关。

- 电源电压 U_1 对机械特性的影响：当 U_1 下降，而其他参数不发生变化时，s_m 不变，T_m 与 U_1^2 成正比，U_1 对机械特性的影响如图 5-11 所示。电源电压下降，使得起动转矩 T_{st} 和最大转矩 T_m 都减小。当负载转矩超过最大转矩时，电动机就带不动了，经 db 段滑至 $n=0$，即发生堵转（或闷车）。这时电动机的电流马上升高到额定电流的 5~7 倍，会电机严重过热以致损坏。
- 转子电路电阻 R_2 对机械特性的影响：当电源电压 U_1 一定时，T_m 一定，R_2 对机械特性的影响如图 5-12 所示。R_2 越大，s_m 越大，n_m 越小，机械特性变得越软。

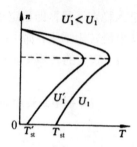

图 5-11　U_1 对机械特性的影响

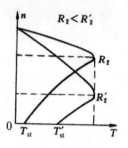

图 5-12　R_2 对机械特性的影响

对于绕线式异步电动机，转子电路的电阻可以改变，因此选择合适的外接电阻，就可以改变机械特性，提高起动转矩。

在短时间内电动机的负载转矩可以超过额定转矩，接近最大转矩，使电机不至于立即过热。因此最大转矩反映了电动机可允许短时过载的能力，常用过载系数 λ_m 表示。

$$\lambda_m = \frac{T_M}{T_N} \tag{5-11}$$

一般电动机的过载系数为 1.8~2.2。

（3）起动转矩 T_{st}

电动机起动时，$n=0$，$s=1$，由式（5-7）可知，此时电磁转矩为：

$$T_{St} = K \frac{R_2 U_1^2}{R_2^2 + x_{20}^2}$$

可见 T_{st} 与转子电路电阻 R_2、电抗 X_{20} 和定子绕组每相电压 U_1 等有关。当 U_1 减小时，T_{st} 减小，如图 5-11 所示，适当增大转子电阻，可提高起动转矩 T_{st}，如图 5-12 所示。需要注意，当转子电阻过大，即 $R_2 > x_{20}$ 时，$s_m > 1$，T_{st} 开始减小。

5.1.4　三相异步电动机铭牌和技术数据

每台异步电动机的机座上都有一块铭牌，上面标有该电动机的主要技术数据。为了正确使用电动机，必然要了解铭牌。下面以 Y100L-2 型电动机的铭牌为例说明，其铭牌和技术数据如表 5-2 所示。

表 5-2　电机的铭牌和技术数据

三相异步电动机					
型号	Y100L-2	功率	3.0kW	频率	50Hz
电压	380V	电流	6.4A	接法	Y
转速	2880r/min	绝缘等级	B	工作方式	连续
年　　月　　编号			电机厂		

1. 型号

电机型号是电机类型、规格等的代号。例如：

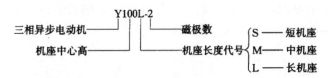

目前我国生产的异步电动机产品代号和名称有：Y 代表异步电动机，YR 代表绕线式异步电动机，YB 代表隔爆型异步电动机，YZ 为起重冶金用异步电动机，YZR 代表起重冶金用绕线式异步电动机，YQ 代表高起动转矩异步电动机。

2. 额定功率 P_N

额定功率是电动机在正常状态下运行时，其轴上输出的机械功率，又称额定容量。Y100L-2 型电动机的额定功率为 $P_N=3.0$kW。

3. 额定电压 U_N

额定电压是指电动机在正常状态下运行时定子绕组线的电压，它同定子绕组接法相对应。例如某电动机的铭牌上标有电压 220/380V，接法 △/Y，表明电源电压为 220V 时定子绕组接成三角形，电源电压为 380V 时接成星形。在 Y 系列电动机中，U_{1N} 均为 380V，容量在 3.0kW 以下的接成星形，4.0kW 以上的接成三角形。

4. 额定电流 I_N

额定电流是电动机在正常状态下运行时定子绕组的线电流。Y100L-2 电动机的铭牌表明其额定电流 $I_N=6.4$A。额定电压为 380V 的三相异步电动机的额定电流值约为其额定功率值（单位为千瓦）的二倍，即"一千瓦两倍"，可用于估算电流。

5. 额定转速 n_N

在额定电压下，输出额定功率时的转速称为额定转速。

6. 绝缘等级

绝缘等级是按电动机绕组所用的绝缘材料在使用时允许的极限温度来划分的，如表 5-3 所示。

表 5-3　绝缘材料的绝缘等级

绝缘等级	A	E	B	F	H
极限温度（℃）	105	120	130	155	180

7. 工作方式

工作方式是对电动机按铭牌上等额定功率持续运行时间的限制，分为"连续"、"短时"和"断续"等。

8. 功率因数

技术手册中给出的功率因数，是电动机在正常状态下运行时定子电路的功率因数。异步电动机空载运行时定子电路的功率因数很低，只有 0.2~0.3，随着负载增加，功率因数增加，额定负载时一般为 0.7~0.9，因此要避免空载运行。

9. 效率

效率是指电动机在额定状态下运行时输出功率 P_N 对定子输入功率 P_1 的比值。即：

$$\eta = \frac{P_N}{P_1} \times 100\%$$

其中：

$$P_1 = \sqrt{3} U_N I_N \cos \varphi N$$

除铭牌上的数据外，在电动机的产品目录中还列有其他一些技术数据如 $\frac{T_m}{T_N}$，$\frac{I_{st}}{I_N}$，$\frac{T_{st}}{T_N}$ 等。

【例 5-1】已知 Y132M-4 型异步电动机的某些技术数据为 $P_N = 7.5\text{kW}$，$U_N = 380\text{V}$，$\triangle$接法，$n_N = 1440 r/\min$，$\eta = 87\%$，$\cos \varphi N = 0.85$，$I_{ST}/I_N = 7.0$，$T_{st}/T_N = 2.2$。求异步电动机的额定电流、起动电流、额定转矩、起动转矩。

解：
$$P_1 = \frac{P_N}{\eta} = \frac{7.5}{0.87} = 8.62\text{kW}$$

由 $P_1 = \sqrt{3} U_N I_N \cos \varphi N$ 得额定电流：

$$I_N = \frac{P_1}{\sqrt{3} U_N \cos \varphi N} = \frac{8.62}{\sqrt{3} \times 380 \times 0.85} = 15.4\text{A}$$

$$T_N = 9550 \frac{P_N}{n_N} = 9550 \times \frac{7.5}{1440} = 49.74\text{N} \cdot \text{m}$$

$$T_{st} = 2.2 \cdot T_N = 109.42\text{N} \cdot \text{m}$$

$$I_{st} = 7.0 \cdot I_N = 107.8\text{A}$$

5.1.5   三相异步电动机的选择

在生产上，三相异步电动机用得最为广泛，正确地选择它的功率、种类、型式以及正确地选择它的保护电器和控制电器，是极为重要的。

1. 功率的选择

要为某一生产机械选配一台电动机，首先要考虑电动机的功率需要多大。合理选择电动机的功率具有重大的经济意义。

如果电动机的功率选大了，虽然能保证正常运行，但是不经济。因为这不仅使设备投资增加和电动机未被充分利用，而且由于电动机经常不是在满载下运行，它的效率和功率因数也都不高。如果电动机的功率选小了，就不能保证电动机和生产机械的正常运行，不能充分发挥生产机械的效能，并使电动机由于过载而过早地损坏。所以所选电动机的功率是由生产机械所需的功率确定的。

对连续运行的电动机，先算出生产机械的功率，所选电动机的额定功率等于或稍大于生产机械的功率即可。

例如，车床的切削功率为：

$$P_1 = \frac{Fv}{1000 \times 60} (kW)$$

式中：F 为切削力(N)，它与切削速度、走刀量、吃刀量、工件及刀具的材料有关，可从切削用量手册中查取或经计算得出；v 为切削速度(m/min)。

电动机的功率则为：

$$P = \frac{P_1}{\eta_1} = \frac{Fv}{1000 \times 60 \times \eta_1} (kW) \tag{5-12}$$

式中 η_1 为传动机构的效率。

而后根据上式计算出的功率 P，在产品目录上选择一台合适的电动机，其额定功率为：

$$P_N \geqslant P$$

又如拖动水泵的电动机的功率为：

$$P = \frac{PQH}{102\eta_1\eta_2} (kW) \tag{5-13}$$

式中：Q——流量（m^3/s）；

H——扬程，即液体被压送的高度（m）；

ρ——液体的密度（kg/m^3）；

η_1——传动机构的效率；

η_2——泵的效率。

【例 5-2】有一离心式水泵，其数据如下：Q=0.03m^3/s，H=20m，n=1460r/min，η_2=0.55。今用一笼型电动机拖动作长期运行，电动机与水泵直接连接（$\eta_1 \approx 1$）。试选择电动机的功率。

解：$P = \frac{PQH}{102\eta_1\eta_2} = \frac{1000 \times 0.03 \times 20}{102 \times 1 \times 0.55} kW = 10.7kW$

选用 Y160M-4 型电动机，其额定功率 P_N=11 kW（$P_N > P$），额定转速 n_N=1460（r/min）。

2. 种类和型式的选择

（1）种类的选择

选择电动机的种类是从交流或直流、机械特性、调速与起动性能、维护及价格等方面来考虑的。

因为通常生产场所用的都是三相交流电源，如果没有特殊要求，一般都应采用交流电动机。在交流电动机中，三相笼型异步电动机结构简单，坚固耐用，工作可靠，价格低廉，维护方便；

其主要缺点是调速困难，功率因数较低，起动性能较差。因此，要求机械特性较硬而无特殊调速要求的一般生产机械的拖动应尽可能采用笼型电动机。在功率不大的水泵和通风机、运输机、传送带上，在机床的辅助运动机构（如刀架快速移动、横梁升降和夹紧等）上，差不多都是采用的笼型电动机。一些小型机床上也采用它作为主轴电动机。

绕线型电动机的基本性能与笼型相同。其特点是起动性能较好，并可在不大的范围内平滑调速。但是它的价格较笼型电动机高，维护比较不方便。因此，对某些起重机、卷扬机、锻压机及重型机床的横梁移动等不能采用笼型电动机的场合，才采用绕线型电动机。

（2）结构型式的选择

生产机械的种类繁多，它们的工作环境也不尽相同。如果电动机在潮湿或含有酸性气体的环境中工作，则绕组的绝缘很快就会受到侵蚀。如果在灰尘很多的环境中工作，则电动机很容易脏污，致使散热条件恶化。因此，有必要生产各种结构型式的电动机，以保证在不同的工作环境中能安全可靠地运行。

按照上述要求，电动机常制成下列几种结构型式。

- 开启式：在构造上无特殊防护装置，用于干燥无灰尘的场所，通风非常良好。
- 防护式：在机壳或端盖下面有通风罩，以防止铁屑等杂物掉入。有时也将外壳做成挡板状，以防止在一定角度内有雨水溅入其中。
- 封闭式：封闭式电动机的外壳严密封闭。电动机靠自身风扇或外部风扇冷却，并在外壳带有散热片。在灰尘多、潮湿或含有酸性气体的场所，可采用这种电动机。
- 防爆式：整个电机严密封闭，用于有爆炸性气体的场所，例如在矿井中。此外，也要根据安装要求，采用不同的安装结构型式，如图 5-13（a）结构为机座带底脚，端盖无凸缘；图 5-13（b）结构为机座不带底脚，端盖有凸缘；图 5-13（c）结构为机座带底脚，端盖有凸缘。

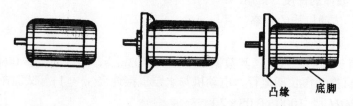

（a）机座带底脚　　　　（b）机座不带底脚　　　（c）机座带底脚且端盖凸缘

图 5-13　电动机的三种基本安装结构型式

3. 电压和转速的选择

（1）电压的选择

电动机电压等级的选择，要根据电动机类型、功率以及使用地点的电源电压来决定。Y 系列笼型电动机的额定电压只有 380V 一个等级。只有大功率异步电动机才采用 3000V 和 6000V 的电压。

（2）转速的选择

电动机的额定转速是根据生产机械的要求选定的，但是通常转速不低于 500r/min。因为当功率一定时，电动机的转速愈低，则其尺寸愈大，价格愈贵，而且效率也较低，因此不如购买一台高速电动机，再另配一台减速器来得合算。

异步电动机通常采用 4 个极的，即同步转速 n_0=1500r/min 的。

5.1.6　三相异步电动机的起动

电动机接通电源后开始转动起来，直到转速稳定，这一过程称为起动过程。如 5.1.3 节所述，$I_{st} = 5 \sim 7 I_N$，起动电流很大。由于起动时间很短，对非频繁起动的电动机本身工作没有什么不良影响。但如果电动机要频繁起动，也可能使电动机过热，寿命缩短甚至损坏，因此在使用时要特别注意。起动电流对供电线路会产生影响，使供电线路的电压突然降低，影响接在同一线路上的其他用电设备的正常工作，例如可能使正在运行的电动机停车等。

一般情况下，几千瓦以下的小型异步电动机，在其容量小于独立供电变压器容量的 20% 时，允许直接起动。否则，就要在起动时采取降压措施，减小起动电流。

另外，电机在起动时起动转矩 T_{st} 不大，一般为 T_N 的 2 倍左右。

1. 鼠笼式异步电动机的降压起动

定子串电阻（或电抗）起动：在起动时，定子电路中串接电阻或电抗器，以限制起动电流，待转速升高后，再将电阻或电抗器短接，从而使电动机工作在额定电压下。

星形三角形换接起动：若电动机正常工作时定子绕组接成三角形，则可以采用 Y-△ 起动。即起动时接成星形，待电动机的转速接近额定转速时，再将定子绕组换接成三角形，如图 5-14 所示。

当直接起动时，电源电压为 U_1，则定子每相绕组所加电压为 U_l，起动电流可表示成：

$$I_{st\triangle} = \sqrt{3}\,\frac{U_l}{|z|}$$

其中 $|z|$ 为起动时每相绕组的组抗模。

当接成 Y 形起动时，定子每相绕组所加电压为 $U_l / \sqrt{3}$，起动电流可表示成：

$$I_{st Y} = \frac{U_1}{\sqrt{3}\,|z|}, \quad I_{st Y} = \frac{1}{3} I_{st\triangle}$$

即采用 Y-△ 接法起动时起动电流降为直接起动时的 1/3。由于电磁转矩与定子每相绕组所加电压的平方成正比，因此采用 Y-△ 起动时起动转矩也降为直接起动时的 1/3。

自耦变压器降压起动，自耦变压器降压起动是利用三相自耦变压器降低电动机的起动电压，以减小起动电流。如图 5-15 所示，起动时先合上电压开关 Q_1，然后把起动开关 Q_2 打到起动位置，使定子绕组接通自耦变压器的副边而降压起动，待电动机转速升高后再将 Q_2 从起动位置迅速换到运行位置，使电动机工作在额定电压下。

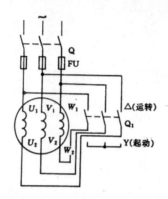

图 5-14　Y-Δ 降压起动

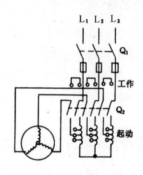

图 5-15　自耦变压器降压起动

为满足不同要求，自耦变压器一般备有几个抽头，使输出电压分别为电源电压的 40%，60%，80%或 55%，64%，73%。设自耦变压器的变换比为 K，则采用自耦变压器起动时起动电流和起动转矩均下降为直接起动时的 $1/K^2$。

自耦变压器降压起动适合于容量较大且正常运行时定子绕组接成 Y 而不能采用 Y-Δ 降压起动的鼠笼式异步电动机。

自耦变压器降压起动和 Y-Δ 降压起动一样，由于降低起动电流的同时也减小了起动转矩，因此只适于轻载或空载起动。

2. 绕线式异步电动机的起动

如图 5-12 所示，只要在转子电路中串接适当的电阻就可以改善绕线式异步电动机的起动性能，同时也可以提高起动转矩。图 5-16 所示是绕线式异步电动机用起动电阻器起动的电路原理图。起动后随着转速的提高将起动电阻逐段切除，当转速接近额定转速时，起动电阻全部短接，电动机工作在正常状态。

绕线式异步电动机串接电阻的起动方法，主要应用于要求起动转矩较大而对起动性能要求不高的场合，如起重机、卷扬机等。

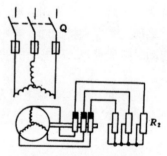

图 5-16　绕线式异步电动

5.1.7　三相异步电动机的调速

调速就是通过改变电动机的某些运行条件，使得在同一负载下得到不同的稳定转速，以满足工作机械的需要。例如造纸机、切削机床等要求电动机有不同的转速。

由异步电动机转速的表达式：

$$n = n_0(1-s) = (l-s)\frac{60f_1}{p}$$

可知，改变异步电动机转速可能的方法有：改变磁极对数、改变电源频率、改变电动机的转差率等。

1. 变极调速

变极调速只应用于鼠笼式异步电动机，它是通过改变定子绕组的连接方法来改装旋转磁场的极对数。以图 5-8 中 U 相绕组的情况为例，U 绕组由 U_1U_2 和 $U_1'U_2'$ 串联组成，产生 4 极磁场，即 $p=2$，若将 U_1U_2 和 $U_1'U_2'$ 并联，则产生 2 极磁场，即 $p=1$。这样同步转速由 $n_0 = 1500r/\min$ 变化为 $n_0 = 3000r/\min$。变极调速将使转速成倍变化，不能平滑调速，是有级调速。

2. 变频调速

变频调速是通过变频设备使电源频率连续可调，从而使电动机的转速连续可调，这是一种无级调速。变频设备如图 5-17 所示，它由整流器和逆变器组成，交流电源经过整流器后变为直流电源，再经过逆变器变换为频率和电压可调的三相交流电，然后供给电动机。变频调速的调速范围，且具有硬的机械特性。随着晶闸管变流技术的发展，变频技术发展迅速，变频调速成为当今调速技术的发展方向。

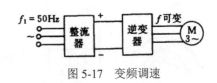

图 5-17　变频调速

3. 变转差率调速

对于绕线式异步电动机，可以通过改变转差率 s 进行调速。转子电路中外接电阻阻值不同时，对同一负载可以得到不同转速，如图 5-12 所示。这种调速方法调速范围不大，且调速电阻能耗较大，机械特性变软，但这种方法简单易行，目前仍广泛应用于起重机、提升机等。

5.2　单相异步电动机

单相异步电动机主要为小型电动机，在生产生活中应用很广泛，如电钻、压缩机、电风扇、洗衣机、电冰箱等所用电机。

单相异步电动机是在单相电源电压的作用下运行，其转子多为鼠笼式。单相异步电动机只有一相定子绕组，当通过正弦交流电后，定子绕组产生脉动磁场可以看成是由两个旋转方向相反的旋转磁场合成的，显而易见，在起动瞬间 $n=0$ 时，这两个旋转磁场对转子的作用转矩是方向相反大小相等的，因此如果不在内部做些结构上的变动，单相异步电动机不能自行起动。与三相异步电动机的转动原理类似，要转动起来，在起动时应产生旋转磁场。常用的方法是电容式和罩极式两种。

1. 电容分相式异步电动机

电容分相式异步电动机的结构如图 5-18 所示。电动机定子有两相绕组 U_1U_2 和 V_1V_2，它们在空间上相差 90°，并联于单相电源，且 V 绕组电路中串联有电容器 C，使两个绕组中的电流在相位上相差近 90°，即分相，此时 i_2 超前于 i_1 接近 90°。这样在电动机内部，两相电流所产生的合成磁场即为一旋转磁场。如图 5-18 所示。在旋转磁场的作用下，电动机的转子就在起动转矩的作用下转动起来。

电容分相式异步电动机可以反转，是靠换接电容器 C 的位置来实现的。当电容器与 U 绕组串联时，i_2 滞后于 i_1 近 $90°$，合成磁场的旋转方向由图 5-19 所示的顺时针旋转，变为逆时针旋转，从而实行了电动机的反转。

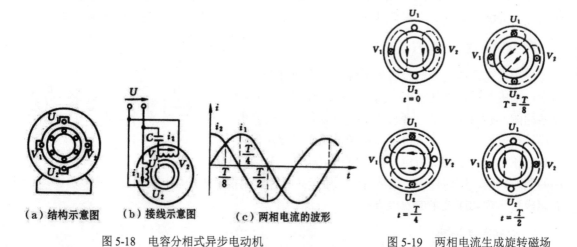

（a）结构示意图　（b）接线示意图　（c）两相电流的波形

图 5-18　电容分相式异步电动机

图 5-19　两相电流生成旋转磁场

2. 罩极式异步电动机

罩极式异步电动机的结构如图 5-20 所示。它的定子做成凸极式，定子绕组就套装在这个磁极上，并且在每个磁极表面开有一个凹槽，将磁极表面分成大小两部分，较小的部分（俗称罩极）套着一个短路铜环。当定子绕组通过交流电流而产生脉动磁场时，由于短路铜环中感应电流的作用，使通过磁极表面的磁通分为两部分，这两部分在大小和相位上均不相同，被短路环罩着的部分磁通滞后于另外一部分磁通。这两部分在空间位置上不同，时间上又有相位差的磁通，在通电瞬间合成了移动磁场，使单相异步电动机起动。旋转方向是从磁极不罩铜环的部分转向罩有铜环的部分。

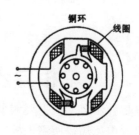

图 5-20　罩极式单相异步电动机的结构图

一般风扇和小型鼓风机上的电动机就是罩极式单相异步电动机。

单相异步电动机的效率和功率因数都较低，过载能力差，因此容量都较小，一般小于 1kW。

5.3　直流电动机

图 5-21 是直流电动机的基本工作原理图。在不动的磁极 N、S 中间放置电枢线圈，线圈两端分别连在两个换向片上，换向片上压着电刷 A 和 B。将直流电源接在两电刷之间而使电流通入电枢线圈。电流方向应该是这样：N 极下的有效边中的电流总是一个方向，而 S 极下

的有效边中的电流总是另一个方向。这样才能使两个边上受到的电磁力的方向一致，电枢因而转动。因此，当线圈的有效边从 N(S)极下转到 S(N)极下时，其中电流方向必须同时改变，以使电磁力的方向不变，而这也必须通过换向片才得以实现，电磁力的方向由左手定则确定。

电枢电流 I_a 与每极磁通 Φ 相互作用，产生的电磁转矩为：

$$T = K_T \Phi I_a \qquad (5\text{-}14)$$

其中 K_T 是与电机结构有关的常数。

另外，当电枢在磁场中转动（转速为 n）时，线圈中要产生感应电动势：

$$E = K_E \Phi_n \qquad (5\text{-}15)$$

其中 K_E 也是与电机结构有关的常数。

由右手定则可知，这个电动势的方向与电流或电源电压的方向相反，故为反电动势，如图 5-21 所示。

图 5-22 是直流电机的组成部分。磁极上绕有励磁绕组，通入励磁电流 I_f 产生磁通。就励磁绕组和电枢绕组的连接方式而言，图 5-23 中的并励电动机和他励电动机是最常用的，两者特性一样，只是连接上不同，运行时电压与电流间的关系都可用下列各式表示（R_a 为电枢电阻）：

$$I_a = \frac{U - E}{R_a}, \quad I_a \gg I_f \qquad (5\text{-}16)$$

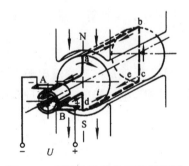

图 5-21　直流电动机的工作原理图

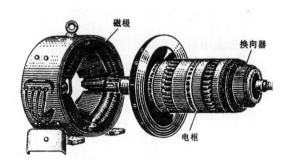

图 5-22　直流电机的组成部分

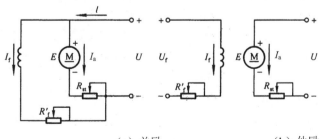

（a）并励　　　　　　　（b）他励

图 5-23　直流电动机的接线图

电动机刚起动时 $n=0$，$E=0$，这时电枢电流很大。图 5-23 中的电阻 R 用来限制起动电流，起动后将它逐段切除。

如果要电动机反转，必须改变电枢电流或励磁电流的方向。

在调速性能上直流电动机有其独特的优点。由式（5-15）和式（5-16）得出：

$$n = \frac{U - R_a I_a}{K_E \Phi} \tag{5-17}$$

由上式可见，改变磁通 Φ（即调节图 4-23 中的电阻 R'_f，以改变励磁电流 I_f），或对他励电动机改变电枢电压 U，都可达到调速的目的。

必须注意，直流电动机在起动或工作时，励磁电路一定要接通。不能让它断开（起动时要满励磁）。否则，由于磁路中只有很小的剩磁，就可能发生电枢电流剧增，或转速迅速增大现象，都会使电机遭受严重损坏。

5.4 交直流通用电动机

交直流通用电动机是一种交流电或直流电都可以用的电动机，但是在实际应用中，这种电动机还是以用交流电为主。通用电动机的特点是转速可以做得很高，大家知道，在频率为 50Hz 的交流电源上，交流电动机的同步转速最高不超过 3000r/min。但是，交直流通用电动机的转速可以做到 4000r/min 以上，甚至达到 20000r/min。另外，这种电动机的起动转矩大，过载能力强，特别适用于电动工具、食品搅拌机、真空吸尘器、电吹风机、电钻等电器中。

1. 交直流通用电动机的工作原理

交直流通用电动机的工作原理与直流串励式电动机相似，实质上就是接在交流电源上的串励式电动机，所以也可称为交流串励式电动机或交流换向式电动机。电动机的工作原理可用图 5-24 来说明。

励磁绕组与电枢绕组通过换向器和电刷串联后接在电源上，是串励式电动机的接法，区别主要是电源电压 u 的极性不同，因此励磁电流（这里是电枢电流）的方向和磁场的极性在图 5-24（a）和图 5-24（b）中都不一样。但是可以看出，电枢电流在磁场中产生的电磁转矩 T 的方向在两种情况下是相同的。因而电枢旋转的方向不变。

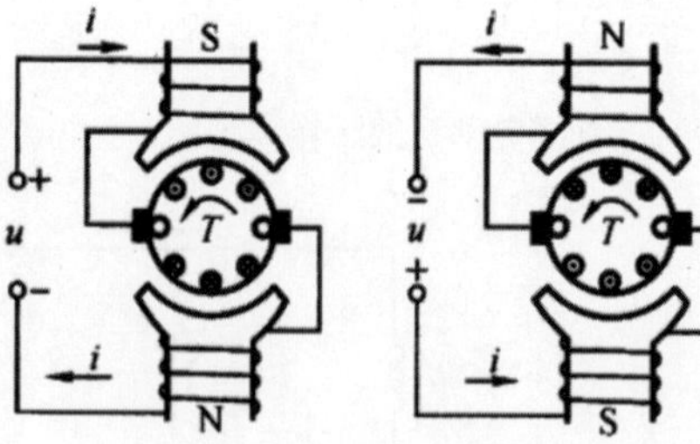

由此可见，如果把图 5-24 中的直流电源换成交流电源，电枢旋转的方向也不变。这是串励式电动机的情况。

u 的极性上+ u 的极性上—

图 5-24　交直流通用电动机原理图

必须指出的是，并非任何一台直流电动机都可接在交流电源上使用。因为铁心励磁绕组有较大的阻抗，在相同的电压值下，难以建立必需的磁场。其次磁极铁心在交变磁场中会发热。在交流电工作时，换向器上的火花也要大得多。因此，交直通用电动机是一种专门设计的串励式电动机。例如，上海微型电机厂生产的 SU 型和 UQ 型电动机在交流或直流电源上都可用，U 型则只能用于直流电源。

2. 交直流通用电动机的使用

交直流通用电动机具有与直流串励电动机相似的软特性，空载或轻载时转速甚高，重载时转速自动降低。这对于要求恒速运转的机械是不相宜的。但是像电钻、搅拌机、粉碎机等机械采用软特性的电动机就较合适。

5.5 步进电动机

步进电动机是一种把脉冲信号变换成角位移的电动机。步进电动机每接收一个脉冲，就能旋转一个角度，所以又称为脉冲电动机。步进电动机的转速与脉冲频率成正比。改变脉冲频率就可以在很宽广的范围内改变转速。这种电动机在数控技术、自动记录设备、电子计时设备中应用甚广。

1. 步进电动机的工作原理

步进电动机按其工作原理有反应式、永磁式和永磁感应式等。本节以反应式为例介绍其工作原理。

图 5-25 为三相反应式步进电动机，定子和转子都由硅钢片叠成的。定子有 6 个磁极，每个磁极上都有励磁绕组，每两个相对磁极组成一相。转子有 4 个磁极，没有绕组。绕组的通电方式不同，步进电动机每次接收脉冲时的旋转角度也不同。以下介绍单三拍和六拍两种通电方式。

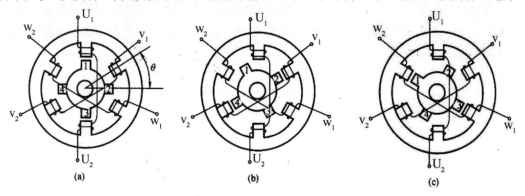

图 5-25　三相反应式步进电动机

（1）单三拍

U_1、V_1、W_1 三相绕组的接法如图 5-25 中所示。当 U_1 相绕组单独通过直流电以后，转子磁极被磁化。根据磁力线力图通过磁阻最小路径的性质，转子磁极 1，3 便与定子磁极 U_1、U_2 对齐，如图 5-25（a）所示。当 U_1 相断电，V_1 相通电时，转子便逆时针转过一个角度 θ（此处 $\theta = 30°$），使转子 2，4 极与定子 V_1、V_2 极对齐，如图 5-25（b）。同理，当 V_1 相断电，

W_1 相通电时，转子又逆时针转过角度 θ，使其 1，3 极与定子 W_1、W_2 对齐，如图 5-25（c）所示。这样，若按 $U_1 \rightarrow V_1 \rightarrow W_1 \rightarrow U_1$ 顺序不断接通绕组电源时，转子便一步一步地按逆时针方向旋转。转子每一步的转角称为步距角，从定子一相绕组到另一相绕组通电称为一拍。所以上述的通电方式称为"单三拍"，所谓"单"指的是每次只有一个绕组单独通电。

（2）六拍

如果在 U_1 相不断电的情况下又接通 V_1 相。此时定子 V_1、V_2 极对转子 2，4 极有拉力，而 U_1、U_2 极仍拉住转子 1，3 极，所以转子不能逆时针旋转 θ 角（30°），而只能转 $\theta/2$ 角（15°），故步距角将减小一半。此后如果按 $U_1 \rightarrow U_1V_1 \rightarrow V_1 \rightarrow V_1W_1 \rightarrow W_1 \rightarrow W_1U_1$ 方式顺序通电断电，则转子将按 $\theta/2$ 步距角按逆时针方向旋转。这种通电方式称为六拍。

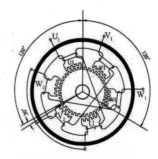

目前常见的三相反应式步进电动机的定子有 6 个磁极，每个磁极上有 5 个齿，转子的磁极呈齿状，共有 40 个齿，如图 5-26 所示。此种电动机如按单三拍通电，步距角为 3°；若按六拍通电，步距角为 1.5°，其原理不再分析。

图 5-26　三相步进电动机结构图

2. 步进电动机的驱动电源

步进电动机的驱动电源方框图如图 5-27 所示。脉冲信号源的作用是将控制信号变为脉冲数，然后送至脉冲分配器。后者按步进电动机的运行方式（如三相单三拍、三相六拍等）输出脉冲信号至脉冲放大器。经过放大后的脉冲电流将被输入相应的定子绕组，使电动机产生一定的角位移。电动机转子的旋转速度取决于输入电脉冲的频率，其旋转方向则取决于定子绕组轮流通电的顺序。

图 5-27　驱动电源方框图

5.6　本章小结

1. 异步电动机应用非常广泛，根据其转子结构的不同，可分为鼠笼式和绕线式两种。鼠笼式结构简单，维护方便。绕线式在转子电路中可接入电阻，起动和调速性能比鼠笼式好。

2. 当定子绕组通以三相电流，就会在定子空间形成旋转磁场。旋转磁场的转速与电源频率及磁极对数有关，$n_0 = \dfrac{60 f_1}{p}$。旋转磁场的旋转方向取决于电源的相序。转子转速 n 与磁场

转速 n_0 之差可用转差率 $s = \dfrac{n_o - n}{n_0} \times 100\%$ 来表示，s 是描述异步电动机运行情况的一个重要物理量。

3. 异步电动机的电磁转矩可用公式 $T = K \dfrac{sR_2U_1^2}{R_2^2 + (sx_{20})^2}$ 表示。在 U_1、f 恒定条件下，可以得到 $T=f(s)$ 特性曲线及机械特性，并可求得最大转矩为 $T_m = K \dfrac{U_1^2}{2x_{20}}$，起动转矩为 $T_{st} = K \dfrac{U_1^2}{R_2^2 + x_{20}^2}$。从以上两式可见，电源电压 U_1 的波动将严重影响 T_m 和 T_{st}。在电机铭牌上常给出额定输出功率 P_N（kW）及额定转速 n_N（r/min），可根据公式 $T_n = 9550 \dfrac{P_n}{n_N}$ 求出额定转矩。

4. 异步电动机只能在 $0 < U_1' < U_1$ 情况下稳定运行，并具有比较硬的特性。转子电路接入电阻后，特性可变软。可根据生产机械的需要进行选择使用。

5. 异步电动机起动电流很大，直接起动时将使电网电压下降，影响其他设备的正常工作。因此，有时需要采用起动设备。鼠笼式电机常采用 Y-Δ、自耦补偿等降压起动方式，在降低起动电流的同时，起动转矩也下降了，因此，此方式只适合轻载起动。绕线式常采用转子电路串联电阻起动，起动转矩较大。

6. 选择电动机时，应根据工作环境适当选择电动机的类型，尽可能使电动机额定转速接近生产机械的转速，并根据生产机械的需要适当选择电动机的容量，应使 $P_n \geqslant P$。

5.7 习题

5-1 三相异步电动机的额定数据为 3kW，2970r/min，50Hz。求（1）旋转磁场转速；（2）额定转差率；（3）磁极对数；（4）额定转矩。

5-2 三相异步电动机的技术数据如下：功率为 5kW，电压为 380V，三角形接法，转速为 1440r/min，功率因数为 $\cos\varphi = 0.28$，$\eta = 84.5\%$，$T_s/T_N = 1.8$，$I_S/T_N = 7.0$，$T_m/T_N = 2.2$。求（1）额定转差率；（2）额定电流；（3）起动电流；（4）额定转矩；（5）起动转矩；（6）最大转矩。

5-3 三相异步电动机的额定电压为 380V，三角形连接。当额定转矩为 58N·m 时转速为 740r/min，效率为 80%，功率因数为 0.8。求（1）输出功率；（2）输入功率；（3）线电流和相电流。

5-4 三相异步电动机的数据如下：功率为 4.5kW，电压为 220/380V，$\eta = 85\%$，功率因数为 $\cos\varphi = 0.85$。求电源电压为 380V 和 220V 两种情况下定子绕组的接法和绕组中电流的数值。

5-5 三相异步电动机在正常运行时定子作 Y 形连接。如果外加电压不变，将定子绕组改为三角形连接，下列各值将发生什么变化：（1）线电压；（2）相电压；（3）线电流；（4）相电流；（5）每相功率；（6）总功率。

在实际应用中是否可以这样做？

5-6　设异步电动机在起动时定子电路的阻抗为常数，证明当采用星形接法降压起动时的起动电流和起动转矩均为接成三角形直接起动时的 1/3。

5-7　并励式直流电动机的电枢电阻为 0.2Ω，励磁绕组电阻为 55Ω，额定电压为 220V，输入电流为 15A，求输入功率及反电动势。

5-8　并励式直流电动机的技术数据如下：功率为 2.2kW，电压为 220V，电流为 13A，转速为 750r/min，电枢电阻为 0.2Ω，励磁绕组电阻为 220Ω。求（1）输入功率；（2）电枢电流；（3）反电动势；（4）电磁转矩；（5）效率。

第6章

继电接触器控制

【学习目的和要求】

通过本章的学习，应了解继电接触器等，常用电器元件的原理和特性，掌握继电接触器控制电路的方法。

对电动机的控制（包括起动、停止、正反转、调速及制动等），目前较多地采用继电器、接触器及按钮等控制元件来实现，这种控制称为继电接触器控制。

本章从实用角度出发，介绍一些常用的低压控制电器（含闸刀开关、自动空气断路器、交流接触器、按钮、热继电器、时间继电器、行程开关、熔断器等）和三相异步电动机的继电接触控制电路（含直接起动控制电路、正反转控制电路、Y-Δ起动控制电路、顺序控制电路、行程控制电路等）。

6.1 常用低压控制电器

6.1.1 闸刀开关

闸刀开关在继电接触器控制系统中只在检修时做隔离开关，不在带负载时切断电源，但对小功率电动机可以作电源开关。

图 6-1 是闸刀开关外形和符号，它由瓷质底板、刀片和刀座及胶盖等部分组成。胶盖用于熄灭切断电阻时产生的电弧，保护人身安全。闸刀开关主要分为单刀、双刀和三刀三种，每种又有单掷和双掷之分。图 6-1（a）是三刀单掷开关。闸刀开关的额定电压通常是 250V 和 500V，

额定电流为 10~500A。

（a）结构　　　　　　　　（b）符号

图 6-1　胶盖瓷底闸刀开关

注意闸刀开关在安装时，电源线和静止刀座连接，位置在上方，负载线接在可动闸刀的下侧，这样可以保证切断电源后裸在外面的闸刀不带电，同时避免了闸刀位置在上方可能引起的误接通。

6.1.2　自动空气断路器

自动空气断路器又叫自动开关，是常用的低压保护电器，可实现断路保护，过载保护和失压保护，它的结构形式很多，图 6-2 所示是原理图。

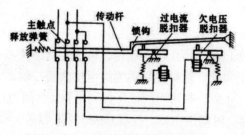

图 6-2　自动空气断路器的原理图

主触点通常是通过手动操作机构闭合的，闭合后通过锁钩锁住，当电路中任一相发生故障时，在脱扣器（均为电磁铁）的作用下，锁钩脱开，主触点在释放弹簧的作用下迅速断开电路。当电路中发生过载或短路故障时，与主电路串联的线圈就产生较强的电磁吸力，吸引过电流脱扣器的电磁铁右端向下动作，从而使左端顶开锁钩，使主触点分断。当电路中电压严重下降或断电时，欠电压脱扣器的电磁铁就被释放，锁钩被打开，同样使主触点分断。当电源电压恢复正常后，只有重新手动闭合后才能工作，实现失压保护。

6.1.3　交流接触器

交流接触器常用来接通和断开带有负荷的主电路。其结构和符号如图 6-3 所示。

交流接触器主要由电磁铁和触点部分组成。电磁铁分为可动部分和固定部分。当套在固定电磁铁上的吸引线圈通电后，铁心吸合使得触点动作（常开触点闭合，常闭触点断开）。当吸引线圈断电时，电磁铁和触点均恢复到原状。

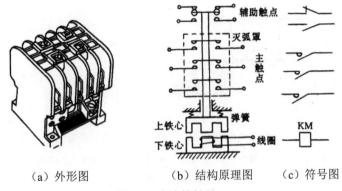

（a）外形图　　　　（b）结构原理图　　（c）符号图

图 6-3　交流接触器

根据不同的用途，触点又分为主触点（通常为三对）和辅助触点。主触点常接于控制系统的主回路中，辅助触点通过的电流较小，常接在控制回路中。

在使用交流接触器时一定要看清铭牌上标示的数据。铭牌上标示的额定电压和额定电流均指的是主触点的额定电压和额定电流，在选择交流接触器时，应与用电设备（如电动机）的额定电压和额定电流相符。吸引线圈的额定电流一般标在线圈上，选择时应与控制电路的电源相符。

目前我国生产的交流接触器有 CJ0 和 CJ10 系列，吸引线圈的额定电压有 36V、127V、220V 和 380V 这 4 个等级，接触器主触点的额定电流分别为 10A、20A、40A、60A、100A 和 150A 这 6 个等级。

6.1.4　按钮

按钮常用于接通和断开控制电路。按钮的结构和符号如图 6-4 所示。当按下按钮时，一对原来闭合的触头（称为常闭触头或动断触头）被断开，一对原来断开的触头（称为常开触点或动合触头）闭合。当松开手时，在弹簧的作用下，触点又恢复到原来的状态。

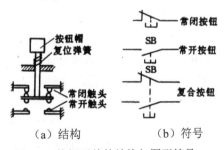

（a）结构　　　　（b）符号

图 6-4　按钮开关的结构与图形符号

6.1.5　热继电器

热继电器用于电动机的过载保护，是利用电流的热效应工作的。图 6-5 是热继电器的结构原理图和符号图。

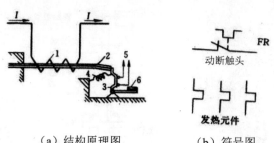

（a）结构原理图　　　　　（b）符号图

1—热元件；2—双金属片；3—扣板；4—弹簧；5—常闭触头；6—复位按钮

图 6-5　热继电器

图 6-5 中双金属片的端是固定的，另一端是自由端。由于膨胀系数不同，下层金属膨胀系数大，上层金属的膨胀系数小，当发热元件通电发热时，双金属片的温度上升，双金属片就向上发生弯曲动作，弯曲程度与通过发热元件的电流大小有关。当电动机起动时，由于起动时间短，双金属片弯曲程度很小，不到引起热继电器动作；当电动机过载时间较长，双金属片温度升高到一定程度时，双金属片弯曲程度增加而脱扣，扣板在弹簧的作用下左移，使动断触点断开。动断触点常接在控制回路中，动断触点断开时，使得控制电动机的接触器断电，则电动机脱离电源而起到过载保护作用。

热继电器动作以后，经过一段时间冷却，即可按下复位按钮使继电器复位。

热继电器一般有两个或三个发热元件。现在常用的热继电器型号有 JR0、JR5、JR15 和 JR16 等。热继电器的主要技术数据是额定电流。但由于被保护对象的额定电流很多，热继电器的额定电流等级又是有限的，为此，热继电器具有整定电流调节装置，它的调节范围是 66%~100%。例如额定电流为 16A 的热继电器，最小可以调节整定为 10A。

6.1.6　时间继电器

时间继电器是从得到输入信号（线圈得电或失电）起，经过一定时间延时后触点才动作的继电器。

时间继电器有通电延时和断电延时两种，图 6-6 是通电延时时间继电器。当线圈 1 通电后，衔铁 2 和与之固定的托板被吸引下来，使铁心与活塞杆 3 之间有一定距离，在释放弹簧 4 的作用下，活塞杆开始下移。但是活塞杆和杠杆 8 不能迅速动作，因为活塞 5 下落过程中受到气室中的阻尼作用。随着空气缓慢进入气孔 7，活塞才逐渐下移。经过一定时间后，活塞杆推动杠杆使延时触点 9 动作，常闭触点断开，常开触点闭合。从线圈通电到延时触点动作这段时间即为继电器的延时时间。通过调节螺钉 10 调节进气孔的大小可以调节延时时间。当线圈断电时，依靠恢复弹簧 11 的作用，衔铁立即复位，空气由排气孔 12 排出，触点瞬时复位。

此外，时间继电器还有瞬时动作的触点。

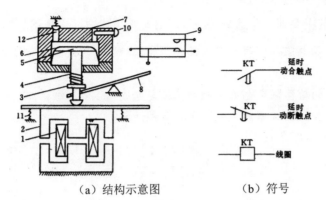

（a）结构示意图　　　　　（b）符号

1—线图；2—衔接；3—活塞杆；4—弹簧；5—活塞；6—橡皮膜；7—气孔；
8—杠杆；9—延时触点；10—调节螺钉；11—恢复弹簧；12—排气孔

图 6-6　空气阻尼式时间继电器

6.1.7　行程开关

行程开关又叫限位开关，它的种类较多，图 6-7 是一种组合按钮式的行程开关，它由压头、一对常开触点和一对常闭触点组成。行程开关一般装在某一固定位置上，被它控制的生产机械上装有"撞块"，当撞块压下行程开关的压头，便产生触点通、断的动作。

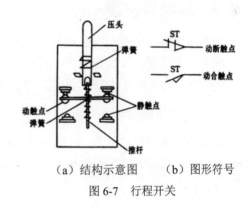

（a）结构示意图　　（b）图形符号

图 6-7　行程开关

6.1.8　熔断器

熔断器是电路中的短路保护装置。熔断器中装有一个低熔点的熔体，串接在被保护的电路中。在电流小于或等于熔断器的额定电流时熔体不会熔断，当发生短路时，短路电流使熔体迅速熔断，从而保护了线路和设备。

常用的熔断器有插入式熔断器、螺旋式熔断器、管式熔断器和有填料式熔断器。如图 6-8 所示。

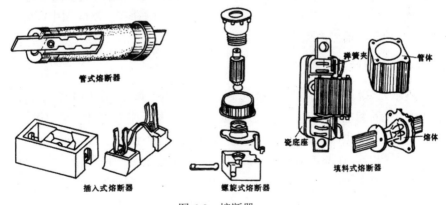

图 6-8　熔断器

熔体是熔断器的主要部分，选择熔断器时必须按下述方法选择熔体的额定电流：

- 电炉、电灯等电阻性负载的用电设备，其保护熔断器的熔体额定电流要略大于实际负载电流。
- 单台电动机的熔体额定电流是电动机额定电流的 1.5~3 倍。
- 多台电动机合用的熔体额定电流应按下式计算：

$$I_{fu} \geq \frac{I_{stm} + \sum_{1}^{n-1} I_N}{2.5}$$

其中：I_{fu} 为熔体额定电流；I_{stm} 为最大容量电动机的起动电流；$\sum_{1}^{n-1} I_N$ 为其余电动机的额定电流之和。

6.1.9　漏电保护器

当电气设备不应带电的金属部分出现对地电压时就会出现漏电的现象。设备一旦漏电，就有可能造成人员伤亡、设备损坏，甚至会酿成火灾。漏电保护器一般用于 1000V 以下的低压系统中，主要用来防止因漏电而引起的上述事故，此外也用来监视或消除一相接地故障。

1. 电流动作型漏电保护器

漏电保护器的型式很多，这里介绍一种比较常用的电流动作型漏电保护器。这种漏电保护器常用在中性线接地的三相供电系统中，保护器的关键部件为零序电流互感器，如图 6-9 所示。

（1）零序电流互感器

这里所谓"零序电流"指的就是通过设备部件的漏电点经过大地而流入电源零线的电流。

零序电流互感器的结构与变压器相似，其工作原理亦相当于变压器，它的一次绕组就是穿过环形铁心的单相或三相导线，二次绕组为一个多匝线圈。从图 6-9 可以看出，在正常情况下，零序电流（即漏电电流）I_0 等于零，两根导线中的电流数值相等，方向（相位）相反，它们在铁心中的磁通互相抵消，二次线圈中不会产生感应电动势。然而当设备漏电时，由于电流 I_0 产生，电流 I 和 I' 不再相等，铁心中就有磁通产生。这个磁通在二次线圈中产生的感应电动势 e_2 就可以作为一种漏电信号而被检出。

（2）漏电保护器的工作原理

图 6-10 所示为单相和三相电路中的电流动作型漏电保护器，其中 LH 为零序电流互感器，由其二次线圈产生的漏电信号输入电子放大器 A，后者操纵脱扣器 TQ 使电源开关 QS 断开，从而防止触电事故的发生。在较简单的漏电开关中，也有不设电子放大器，采用由永久磁铁构成很灵敏的电磁脱扣器，让漏电信号电动势所产生的电流直接产生脱扣动作，以此来切断电源。

电流动作型漏电保护器用于三相电路时的原理相似于单相电路。在三相电路中，正常情况下三相电流的相量和等于零，LH 铁心中不产生磁通，当然没有漏电电动势。一旦设备漏电，就有零序电流产生，此时通过环形铁心的三根导线中的电流的相量和不再等于零

（$\dot{I}_1 + \dot{I}_2 + \dot{I}_3 \neq 0$），从而在铁心中产生磁通。这个磁通感应出来的电动势就会推动脱扣器动作。

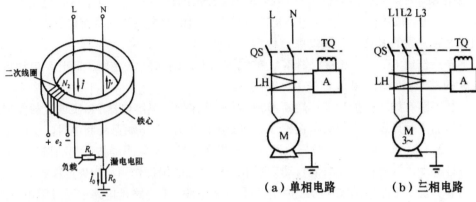

图 6-9　零序电流互感器的工作原理　　　　图 6-10　电流动作型漏电保护器

2. 漏电保护器的设置

除了使用安全电压，或者具有双重绝缘或加强绝缘的用电设备以外，对于手持式或移动式的机电设备，以及触电危险性大的用电设备，必须安装漏电保护器。在一般工厂企业、医院、学校、服务行业和家庭等用电场所，也都应该在供电线路中安装漏电保护器。

对于不能停电的工厂车间、医疗单位、公共场所等用电负荷，在安装漏电保护器时不宜采用立即切断电源的方式，漏电时可使其发出警报，以便让值班人员进行检查和修理。

3. 漏电保护器的选用

漏电保护器的种类很多，按检测信号可分为电压动作型和电流动作型，按动作灵敏度可分为高、中、低三种，按动作时间可分为快速、延时和反时限，按用途可分为配电用、电动机用、电焊机用等，按保护功能可分为漏电断路器（兼短路保护）、漏电开关、漏电继电器（仅发信号，不带开关）等等。

如果是用于防止人身触电事故，则根据人体安全电流的界限，保护装置的触电动作电流可选择 30mA 左右，动作时间必须小于 1s。

6.2　三相异步电动机的继电接触器控制

6.2.1　三相异步电动机的直接起动控制电路

笼式异步电动机直接起动控制电路接线图如图 6-11 所示，它主要由隔离开关 Q、熔断器 FU、交流接触器 KM、热继电器 FR、起动按钮 SB_2 和停止按钮 SB_1 及电动机构成。

该控制电路的动作过程如下。

闭合刀开关，按下起动按钮 SB_2，此时交流接触 KM 的线圈中有电流，动铁心被吸合，带动它的三对 KM 主触点闭合，电动机接通电源转动；同时交流接触器 KM 常开辅助点也闭合，当松开按钮 SB_2 时，交流接触器 KM 的线圈通过 KM 的辅助触点继续保持带电状态，电动机继续运行。当起动按钮松开后控制电路仍能自动保持通电的电路称为具有自锁的控制电路，与起动按钮 SB_2 并联的 KM 常开辅助触点称为自锁触点。

按下停止按钮 SB_1，交流接触器 KM 的线圈断电，则 KM 的主触点断开，电动机停转，同时 KM 的常开辅助触点断开，失去自锁作用。

该控制电路有如下保护功能：熔断器 FU 起短路保护；热继电器 FR 实现过载保护。另外交流接触器的主触点还能实现失压保护（或称零压保护），即电源意外断电时，交流接触器线圈断电，主触点断开，使电动机脱离电源；当电源恢复时，必须手动按下起动按钮，否则电动机不能自行起动。这种在断电时能自动切断电动机电源的保护作用称为失压保护。

如图 6-11 所示的控制电路可分为主电路和控制电路。主电路是电路中通过强电流的部分，通常由电动机、熔断器、交流接触器的主触点和热继电器的发热元件组成。控制电路中通过的电流较小，通常由按钮、交流接触器的线圈及其辅助触点、热继电器的辅助触点构成。主电路和控制电路可以共用一个电源，控制电路也可以采用低电压电源（220V 或 127V）。

图 6-11 为控制接线图，较为直观，但线路复杂时绘制和分析接线图很不方便，为此常用原理图来代替，如图 6-12 所示。原理图分为主电路和控制电路两部分，主电路一般画在原理图的左边，控制图一般画面右边，电器的可动部分均以没通电或没受外力作用时的状态画出。同一接触的触点、线圈按照它们在电路中的作用和实际连线分别画在主电路和控制电路中，但为说明属于同一器件，要用同一文字符号标明，与电路无直接联系的部件如铁心、支架等均不画出。

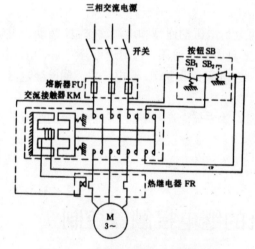
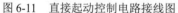
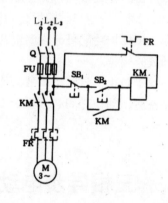

图 6-11 直接起动控制电路接线图　　图 6-12 直接起动控制电路原理图

6.2.2 三相异步电动机的正反转控制

有些生产机械常要求电动机可以正反两个方向旋转，在 5.1.2 节中已经讲过，只要把电动机电源线中的任意两根对调，电动机便反转。

图 6-13 为电动机正反转控制的原理图。在主电路中，交流接触器 KM_1 的主触点闭合时电

动机正转，交流接触器 KM₂ 的主触点闭合时，由于调换了两根电源线，电动机反转。控制电路中交流接触器 KM₁ 和 KM₂ 的线圈不能同时带电，KM₁ 和 KM₂ 的主触点同时闭合，会导致电源短路。为保证 KM₁ 和 KM₂ 的线圈不同时得电，在 KM₁ 线圈的控制回路中串联了 KM₂ 的常闭触点，在 KM₂ 线圈的控制回路中串接有 KM₁ 的常闭触点。

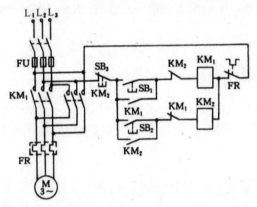

图 6-13　三相异步电动机正反转控制的原理图

　　按下按钮 SB₁，KM₁ 线圈通电，KM₁ 主触点闭合，电动机正转。同时 KM₁ 的常开辅助触点闭合，实现自锁，KM₁ 的常闭触点打开，将线圈 KM₂ 的控制回路断开。这时再按下按钮 SB₂，交流接触器 KM₂ 也不动作。同理先按下按钮 SB₂ 时，KM₂ 动作，电动机反转，再按下按钮 SB₁，KM₁ 不动作。KM₁ 常闭触点和 KM₂ 的常闭触点保证了两个交流接触器中只有一个动作，这种作用称为互锁。要改变电动机的转向，必须先按停止按钮 SB₃。

6.2.3　三相异步电动机的 Y-△ 起动控制电路

　　鼠笼式异步电动机经常采用 Y-△ 降压起动。如图 6-14 是 Y-△ 起动控制的原理图，交流接触器 KMᵧ 和 KM△ 分别用于电动机绕组的 Y 连接和 △ 连接，时间继电器 KT 用于延时控制。其工作过程如下。

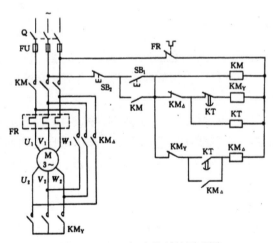

图 6-14　Y-△ 起动控制的原理图

闭合刀开关 Q，当按下按钮 SB₁ 时，交流接触器 KM、KM_Y 线圈和时间继电器 KT 线圈均带电。KM 的主触点闭合，KM_Y 主触点闭合，电动机 Y 连接降压起动。KM_Y 常闭辅助触点断开，交流接触器 KM_△ 不动作，实现互锁。经过一段延时，时间继电器 KT 各触点动作，延时动断触点断开，KM_Y 线圈断电；KM_Y 常闭触点闭合，同时 KT 的延时闭合触点闭合，KM_△ 线圈带电，KM_△ 的主触点动作，电动机 △ 连接全压运行；KM_△ 的常闭触点断开，KT 线圈和 KM_Y 线圈断电，实现互锁。

6.2.4　顺序控制电路

在实际生产中，常需要几台电机按一定的顺序运行，以便相互配合。例如，要求电机 M₁ 起动后 M₂ 才能起动，且 M₁ 和 M₂ 可同时停车，其控制电路如图 6-15 所示。

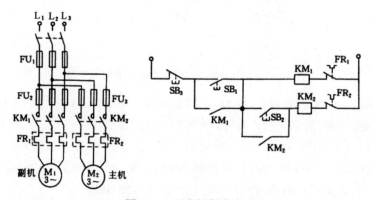

图 6-15　顺序控制电路

为满足控制要求，在图 6-15 的控制电路中，控制电机 M₂ 的接触器线圈 KM₂ 和控制 M₁ 的交流接触器 KM₁ 的常开触点串联。从图 6-15 中可以看出，当按下 SB₁ 时，交流接触器 KM₁ 线圈带电，M₁ 转动，这时再按下按钮 SB₂，KM₂ 线圈才能带电，M₂ 转动，从而保证 M₁ 起动后 M₂ 才能起动。按下 SB₃，M₁ 和 M₂ 同时停车。

6.2.5　行程控制电路

行程控制是根据生产机械的位置信息去控制电动机运行的。例如在一些机床上，常要求它的工作台应能在一定范围内自动往返；行车到达终点位置时，要求自动停车等。行程控制主要是利用行程开关来实现的。

图 6-16（a）是应用行程开关进行限位的示意图。图 6-16（b）是利用行程开关 ST_a 和 ST_b 自动控制电动机正反转电路，用以实现电动机带动工作机械自动往返运动的原理图。

主电路是由接触器 KM₁ 和 KM₂ 控制的电动机正、反转电路。行程开关 ST_a 是前行限位开关，ST_b 是回程限位开关，分别串联在控制电路中。

其工作过程如下。

按正转按钮 SB₁，使接触器线圈 KM₁ 通电，电动机正转，机械前行，同时自锁触点 KM₁ 闭合，互锁触点 KM₁ 断开。当机械运行到 ST_a 位置时，机械撞块压下行程开关 ST_a 的压头，

使 ST_a 的动断触点断开，动合触点闭合，致使接触器线圈 KM_1 断电，电动机停止正转，机械停止前行。同时接触器线圈 KM_2 带电，自锁触点 KM_2 闭合，电动机开始反转，机械开始返回。当撞块离开行程开关 ST_a 后，ST_a 的触点自动复位。当机械上的撞块压下行程开关 ST_b 的压头时，ST_b 的触点动作，从而切断 KM_2 线圈，电机停止反转。KM_1 线圈带电，电动机又开始正转。实现了机械自动往返运动。

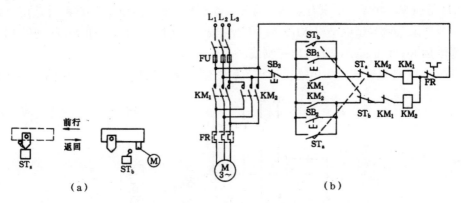

图 6-16　行程控制电路

6.3　本章小结

1. 常用低压控制电器用得很广，应了解它的原理和特性，掌握它的选用方法。

（1）闸刀开关有单刀、双刀、三刀，额定电流为 10~500A，额定电压为 250V 和 500V。

（2）交流接触器吸引线圈额定电压有 36V、127V、220V 和 380V 等 4 个等级；主触点额定电流有 10A、20A、40A、60A、100A 和 150A 等 6 个等级。

（3）熔断器选择方法有以下几种。

- 电灯支路为熔丝定额电流≥支路上所有电灯的工作电流。
- 单台电机为熔丝定额电流为电机额定电流的 1.5~3 倍。
- 多台电机为 $I_{fu} \geqslant \dfrac{I_{stm} + \sum\limits_{1}^{n-1} I_N}{2.5}$，其中 I_{fu} 为熔丝额定电流，I_{stm} 为最大容量电动机的起动电流，$\sum\limits_{1}^{n-1} I_N$ 为其余电动机的额定电流之和。
- 熔丝额定电流有 4A、6A、10A、100~600A 等多种。

2. 继电接触器控制线路在生产中应用很广。学习本章掌握阅读控制电路的方法，并能自行拟定简单的控制电路。

6.4 习题

6-1 试画出三相异步电动机既能连续工作、又能点动工作的继电接触器控制线路。

6-2 某机床的主电动机（三相异步）为 7.5kW，380V，15.4A，1 440r/min，不需正反转。工作照明灯是 36V，40W。要求有短路、零压及过载保护，试绘出控制线路并选用电器元件。

6-3 今要求三台笼型电动机 M_1、M_2 和 M_3 按照一定顺序起动，即 M_1 起动后 M_2 才可起动，M_2 起动后 M_3 才可起动，试绘出控制线路。

6-4 图 6-17 是鼠笼式异步电动机的正反转控制电路，试指出图 6-17 中的错误并改正。

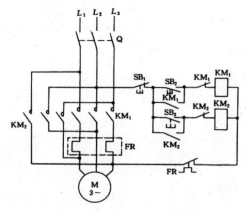

图 6-17 鼠笼式控制电路

6-5 某机床主轴由一台笼型电动机带动，润滑油泵由另一台笼型电动机带动。要求：（1）主轴必须在油泵开动后，才能开动；（2）主轴要求能用电器实现正反转，并能单独停车；（3）有短路、零压及过载保护。试绘出控制线路。

6-6 在图 6-13 所示的控制电路中，如果动断触点 KM_1 闭合不上，其后果如何？如何用验电笔、万用表电阻挡和万用表交流电压挡来查出这一故障。

6-7 图 6-18 是电动葫芦（一种小型起重设备）的控制线路，试分析其工作过程。

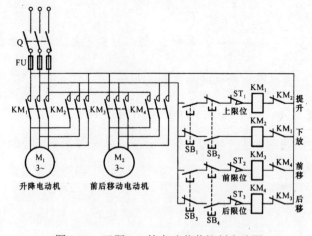

图 6-18 习题 6-7 的电动葫芦控制电路图

第7章

可编程序控制器

【学习目的和要求】

通过本章的学习，应了解 PC 可编程控制器的结构、特点及工作原理，掌握可编程序控制器的编程及使用方法。

众所周知，继电接触器控制系统在生产上得到广泛应用，但由于它的机械触点多、接线复杂、可靠性低、功耗高、通用性和灵活性也较差，因此满足不了现代化生产过程复杂多变的控制要求。

故在 20 世纪 60 年代，产生了一种比继电接触器更可靠、功能更齐全、响应速度更快的新型工业控制器——可编程控制器 PC。

可编程序控制器（Programmable Controller）简称 PC，是以微处理器为基础的工业通用自动控制装置。PC 是微机技术和继电器常规控制概念相结合的产物，它不仅具有继电器控制的简单和操作方便等优点，还把计算机的编程方法加以简化，使用人们易接受的编程方法实现其控制功能，是实现机电一体化的重要手段。早期的 PC 在功能上只能进行逻辑控制，因而又被称为 PLC（Programmable Logic Controller），逻辑控制也是 PC 的最基本功能，可用来代替继电器控制装置。PC 技术发展至今，其功能大大增强，完全可以用来完成逻辑控制。实现计时控制、计数控制、数据处理 A/D 和 D/A 转换，以及通信联网等功能。它以功能强、通用灵活、可靠性高、体积小等一系列优点成为生产过程控制的重要手段，在工业上的应用越来越广泛。

本章将介绍 PC 的结构、工作原理和编程方法。

7.1 PC 的特点与基本结构

7.1.1 PC 的特点

PC 应用以用户需要为主，采用先进的微机技术，它具有以下主要特点。

1. 可靠性高

在硬件方面，PC 采用了高可靠性元件（如大量的开关动作由无触点的半导体电路来完成），并采用了一系列隔离和抗干扰措施，以及对电源的掉电保护，以适应工作环境。同时，各类 PC 均采用了模块型或积木式的构成形式，便于在整机出现故障时能很快更换模块，保障修复时间。在软件方面，PC 采用软件滤波、软件自行诊断及故障报警等措施，进一步提高了 PC 运行的可靠性。PC 控制系统平均无故障工作时间可达 20000 小时以上。

2. 编程简单，使用灵活方便

PC 的编程有多种设计语言可以使用，其中梯形图法与继电控制中的电气原理图较为接近，用串联、并联、定时、计数等人们熟知的概念，易于理解和掌握。

PC 接线简单，只需将输入设备（如开关、按钮等）与 PC 输出端子相连，将执行输出控制的设备与 PC 输出端子相连即可。另外，同一台 PC 只需改变软件及少量的硬件就可以实现不同的控制要求，使用灵活方便。

7.1.2 PC 控制系统的组成

PC 的控制系统由主机、输入设备、输出设备和外围设备构成，如图 7-1 所示。输入输出设备用于完成 PC 与生产机械间的信息传递。外部输入设备的各种开关信号或模拟信号均为输入变量，它们经输入单元寄存到 PC 内部的数据存储区，而后经中央处理机处理后以输出变量的形式送到输出单元，以控制输出设备。外围设备用于完成 PC 与人之间的信息交换。

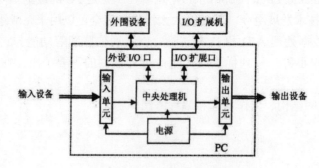

图 7-1　PC 控制系统的组成

1. 输入设备

输入设备的作用是产生输入控制信号输入 PC 主机。常用的输入设备有控制开关（包括按钮开关、限位开关、行程开关、接触器的触点等）和传感器。

2. 输出设备

PC 的输出控制信号直接驱动输出设备。常用的输出设备有电动机、继电器线圈、电磁阀等。

3. 可编程序控制器 PC

可编程序控制器是控制系统的核心。它读入输入设备产生的输入信号，将其按照预先设置的控制规律进行处理，然后产生输出控制信号，用输出信号驱动输出设备工作。

4. 外围设备

外围设备包括编程器、打印机、显示器等。其中编程器是 PC 不可缺少的外围设备，用户用它实现程序的输入、编辑、调式和监视等。编程器与 PC 主机间采用插接线，当完成程序编制，并输入 PC 内部后，编程器就可以拔掉，以便给其他 PC 编程用。

7.1.3　可编程序控制器的组成

可编程序控制器由输入输出单元、中央处理单元、电源等构成。

1. 输入单元

输入信号经输入单元电路处理后，转换成中央处理单元所能接受的信号。由于输入输出单元直接与现场信号相连，因此输入单元中要配有电平转换、光电隔离和滤波等电路，以使 PC 有很强的抗干扰能力。

根据不同现场需求，PC 配置了各种类型的输入单元，其中常用的有开关量输入单元。开关量输入单元可分为直流输入型和交流输入型。

图 7-2 所示电路是对应一个输入点的直流输入型输入电路，各输入点的输入电路均相同，它们有公共端子 COM。

在直流输入单元中，电阻 R_1 和 R_2 构成分压器，R_2 与电容 C 构成滤波电路，发光二极管 LED 用于指示输入开关状态，二极管 D 禁止反极性的直流输入。当现场开关闭合时，LED 亮，外部信号加到光电耦合器的发光二极管上，光电耦合导通，光电三极管接收光信号，送给内部电路一个接通信号。

光电耦合输入电路隔离输入信号，防止现场强电干扰。输入端直流电源一般由 PC 内部电源供给，也有的 PC 要由用户提供。每个输入单元电路都可以等效成一个如图 7-3 所示的输入继电器，它可以提供任意多个常开触点和常闭触点供 PC 内部控制电路编程使用。输入继电器的触点通断状态保存在 PC 内部寄存器中，当现场开关闭合时，输入继电器接通，常开触点闭合，常闭触点断开。为了与继电接触器控制系统中真正的继电器相区分，把 PC 的继电器称为软继电器。

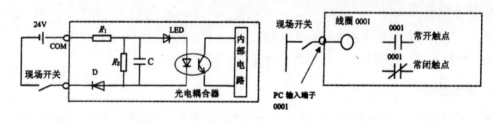

图 7-2　直流输入型输入电路　　　　　　　　图 7-3　输入继电器

2. 输出单元

输出单元的作用是将 PC 输出信号转换为外部负载需要的信号。有继电器输出、晶体管输出和双向可控硅输出等三种输出模式。

图 7-4 是以一个输出点为例的继电器输出方式。

在继电器输出方式中，电阻 R 和发光二极管 LED 构成输出状态显示。当内部电路输出一个接通信号时，LED 被点亮，输出继电器线圈通电，继电器触点闭合，使负载回路接通。负载所需的电源由用户提供，视负载需要，可选直流电源，也可选交流电源。从该电路可以看出，继电器既是开关器件又是隔离器件，以防止干扰和保证不受意外强电的侵袭。

继电器输出方式的特点是：既可以控制交流负载，又可以控制直流负载。但机械触点寿命较短，触点断开时易产生电弧。

晶体管输出方式可用于驱动直流负载，是无触点输出，使用寿命长，可靠性高，通断速度高，但过载能力差。可控硅输出方式可用于驱动交流负载，是无触点输出，使用寿命长，可靠性高，通断速度高，但过载能力差。

每个输出单元都可以等效成如图 7-5 所示的输出继电器，继电器的常开触点、常闭触点和线圈的状态保存在 PC 内部寄存器中。为内部控制电路提供编程使用的常开触点和常闭触点可以有无数个，但只有一个常开触点与输出接线端子相连，用于驱动外部元件。

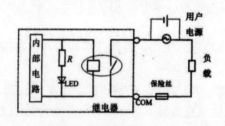

图 7-4　继电器输出方式

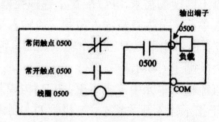

图 7-5　输出继电器

3. 中央处理机

中央处理机包括微处理器（CPU）和存储器等。

微处理器简称 CPU，是 PC 的运算和控制核心，协调控制系统内部各部分的工作。它按照系统程序所赋予的功能，接收并存储由编程器键入的用户程序和数据，监视和接收现场输入信号，从存储器中逐条读取执行用户程序，并根据运行结果实现输出控制，同时诊断电源、PC 内部电路工作状态和编程过程中出现的语法错误等。存储器是 PC 存放系统程序、用户程序和运行数据的单元。它包括只读存储器 ROM 和随机存储器 RAM。ROM 存储系统程序，存储的内容是在其制造过程中确定的，是不能改变的。RAM 存储用户程序，用户程序在 RAM 中经过调试、修改达到设计要求。由于 RAM 中的内容在电源关掉后消失，所以 PC 一般要用锂电池为 RAM 提供备用电源，使 RAM 中的信息在掉电后仍能保存。锂电池的使用寿命为 3~5 年。若长期使用，可将调试好的用户程序固化到 EPROM 中，替代 RAM 工作。

为了便于程序执行，PC 中还设置了一些内部存储区用来存放程序运行时需要读写的逻辑变量。这些内部存储区可分为 I/O 区、内部辅助寄存器区、特殊功能寄存器区和数据区。PC 给每个区配有一定数量的寄存器，每个寄存器通常有 16 个可存放数据的单元（称为寄存器的"位"），寄存器的"位"就是一个软继电器。I/O 区（输入状态表寄存区和输出状态表寄存区），用来保存程序执行前各输入端的状态和程序执行中及程序执行结果的状态。其中输入继电器、输出继电器的状态，以寄存器"位"的 0 和 1 分别代表"断"和"通"。内部辅助寄存器区用来存放中间变量。特殊功能寄存器区为户提供特殊信号，如定时器/计数器等。为了对这些软继电器进行编程，PC 按照不同的区进行了编号。不同的 PC 其编号也不同，表 7-1 给出 C 系列 P 型 PC 继电器编号。

表 7-1 寄存器编号

器件名称	数量	编号及范围		
输入继电器	80	0000~0015 0100~0115	0200~0215 0300~0315	0400~0415
输出继电器	60/80	0500~0515 0600~0615	0700~0715 0800~0815	0900~0915
内部辅助继电器	136	1000~1015 1100~1115 1200~1215	1300~1315 1400~1415 1500~1515	1600~1615 1700~1715 1800~1815
定时器/计数器	48	TIM/CNT00~TIM/CNT47		
数据存储区	64	DM00~DM63		

PC 内部寄存器的种类越多，PC 的硬件功能也越强。

4. I/O 扩展口

当用户所需要的输入输出点数超过 PC 的输入输出点数时，可以通过 I/O 扩展口来扩展输入输出点数。

5. 电源

PC 配有开关式稳压电源的电源模块，用来给 PC 内部电路供电。

7.2 可编程序控制器工作原理

用户编制好程序后，将其输入到 PC 的存储器中寄存，PC 是靠执行用户的程序来实现控制要求的。PC 以扫描方式工作，其工作过程可分为三个阶段：输入采样阶段、程序执行阶段和输出刷新阶段，如图 7-6 所示。

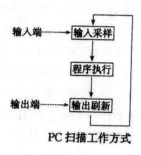

图 7-6　PC 程序执行过程

7.2.1　输入采样阶段

输入采样阶段是 PC 工作的第一阶段，PC 以扫描方式按顺序读取所有输入端（不论输入端是否接线）的状态，并将其保存在存储器的输入状态寄存区中，然后进入程序执行阶段。

7.2.2　程序执行阶段

在此阶段，PC 对程序顺序扫描，并根据输入状态及其他参数执行程序。前面执行的结果马上就可以被后面要执行的任务所使用。PC 将执行的结果写入存储器的输出状态表寄存区中保存。

7.2.3　输出刷新阶段

当执行完程序后，PC 将输出状态表寄存区中的所有输出状态送到输出锁存电路，以驱动输出单元把数字信号转换成现场信号输出给执行机构。

PC 重复地执行上述三个阶段，每重复一次，即从读入输入端状态到发出输出信号所用的时间就是一个扫描周期（或工作周期）。

顺序扫描的工作方式简化了程序设计，并为 PC 可靠运行提供了保证。一方面，在同一个扫描周期内，前面指令执行的结果马上就可以被后面要执行的指令所使用；另一方面，PC 内部设有扫描周期监视定时器，监视每次扫描时间是否超过规定的时间，若超过的话，PC 将停止工作并给出报警信号。

这种工作方式的显著不足是输入输出响应滞后。由于输入状态只在输入采样阶段读入，在程序执行阶段，即使输入状态变化，输入状态表寄存区中的数据也不会改变。输入状态的变化只能在下一个扫描周期才能得到响应，这就是 PC 输入输出响应滞后现象。一般来说，最大滞后时间为 2~3 个扫描周期，这与编程方法有关。

7.3　PC 编程语言

PC 可以采用多种编程语言，有梯形图、指令语句表、逻辑代数和高级语言等。不同的 PC 产品可能拥有其中一种、两种或全部的编程方式。

7.3.1　两种常用的编程语言

1. 梯形图

梯形图在形式上类似于继电器控制电路，是 PC 的主要编程语言。它沿用了继电器、触点、串联、并联等图形符号，图 7-7 给出了梯形图与继电器原理中几种元件的比较。梯形图如图 7-8 所示（图 7-9 是相应的接线图），其中每一触点和线圈都对应一个编号。梯形图每一个继电器线圈为一个逻辑行，每一行起始于左母线，然后从左到右是各触点的连接，最后终止于继电器输出线圈，有的还加上一条右母线。图 7-9 实现的功能为：当按下 SB_1 按钮，常开触点 0001 闭合，输出继电器线圈 0500 接通，继电器 KM_1 线圈带电。

图 7-7　梯形图与继电器原理图元件比较

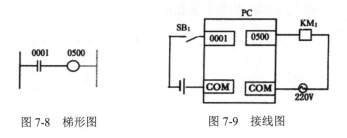

图 7-8　梯形图　　　　　图 7-9　接线图

必须指出，梯形图与继电器控制电路有着严格的区别。

（1）梯形图中的继电器不同于继电器控制电路中的物理继电器，如前所述，它是 PC 内部的一个存储单元，以存储单元的状态 0 和 1 分别表示继电器线圈的"断"和"通"。故称为"软继电器"。由于触发器的状态可读取任意次，软继电器的触点可以认为有无数个，而实际继电器的触点是有限的。

（2）梯形图中只出现输入继电器的触点（如图 7-8 中 0001 输入触点），而不出现其线圈。因为输入继电器是由外部输入驱动的，而不能由内部其他继电器的触点驱动，输入继电器的触点只受相应的输入信号控制。

（3）PC 工作时，按梯形图从左到右，从上到下逐一扫描处理，而不存在几条并联支路同时动作的因素。而继电器控制电路中各继电器均受通电状态的制约，可以同时动作。

2. 指令语句表

指令语句表是用特定的指令书写的编程语言，也是应用得很多的一种 PC 编程语言。PC 指令语句的表达形式为：

地址   指令   数据

地址是指令在内存中存放的顺序代号。指令用助记符表示，它表明 PC 要完成的某种操作功能，又称编程指令或编程命令。数据为执行某种操作所必需的信息，某些指令也可能不需要数据。

各种型号的 PC 由于功能不同，其编程指令的数目、数据也不同。PC 具有的指令种类越多其软件功能越强。

7.3.2　PC 的基本指令

PC 的指令系统可分为基本指令和功能指令两部分，基本指令是进一步学习和开发 PC 的基础。以日本立石公司（OMRON）的 C 系列 P 型 PC 的部分基本指令为例说明。

1. 逻辑取（LD）、逻辑取反（LD NOT）和输出指令（OUT）

- LD：逻辑操作开始指令，用于常开触点与左母线连接。
- LD NOT：负逻辑操作开始指令，用于常闭触点与左母线连接。
- OUT：输出指令，将逻辑行的运行结果输出。

【例 7-1】将梯形图 7-10（a）用指令表表示。

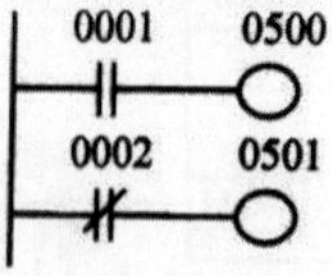

地址	指令	数据
0	LD	0001
1	OUT	0500
2	LD NOT	0002
3	OUT	0501

（a）梯形图   （b）指令表

图 7-10　LD、LD NOT、OUT 的用法

2. 与（AND）、与非（AND NOT）、或（OR）、或非（OR NOT）

- AND：与指令，用于常开触点的串联，完成逻辑与运算。
- AND NOT：与非指令，用于常闭触点的串联，完成逻辑与非运算。
- OR：或指令，用于并联一个常开触点。
- OR NOT：或非指令，用于并联一个常闭触点。

【例 7-2】写出图 7-11（a）的指令表。

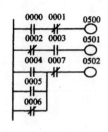

地址	指令	数据	地址	指令	数据
0	LD	0000	6	LD	0004
1	AND NOT	0001	7	OR	0005
2	OUT	0500	8	OR NOT	0006
3	LD NOT	0002	9	AND NOT	0007
4	AND	0003	10	OUT	0502
5	OUT	0501			

　　　　（a）梯形图　　　　　　　　　　　（b）指令表

图 7-11　AND、AND NOT、OR、OR NOT 的用法

3. 定时器指令（TIM）

TIM 指令用于计时器的延时操作，包括定时器号和延时设定值。

下面举例说明定时器指令 TIM 的用法。图 7-12 中定时器的编号为 TIM00，延时设定值为 0120。其功能为：当输入条件满足，即 0001 常开触点闭合、0002 常闭触点闭合时，定时器 TIM00 开始减 1 定时，每经过 0.1s，定时器的当前值减 1。经过 12s 后，定时器的数值从 0120 减为 0000。定时器常开触点接通并保持，输出继电器线圈 0500 接通。当输入条件不满足时，不管定时器当前处于什么状态都复位，当前值恢复到定值。在电源掉电时，定时器复位，定时器相当于时间继电器。

【例 7-3】将图 7-12（a）梯形图用指令表表示。

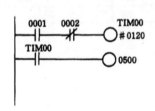

地址	指令	数据
0	LD	0001
1	AND NOT	0002
2	TIM	00
		0120
3	LD	TIM00
4	OUT	0500

　　　　（a）梯形图　　　　　　　　　　（b）指令表

图 7-12　TIM 指令的用法

4. 计数器指令（CNT）

计数器指令 CNT 用于提供计数操作，其操作数包括计数器号和计数设定值。计数器有一个脉冲输入端 CP，一个复位端 R，计数器的设定值是指要计的脉冲个数。

下面以图 7-13 为例说明计数器指令 CNT 的用法。当 0002 输入触点闭合，计数脉冲 CP 端从断到通，输入 CNT 一个计数脉冲，计数器计数一次，其设定值减 1，当设定值减为 0 时，计数器的常开触点闭合，0500 输出继电器接通。当复位端输入条件满足时（即 0004 触点闭合），计数器复位，当前值恢复到设定值，计数器的常开触点断开。当 CP 和 R 信号同时到来时，R 优先。

当 PC 断电时，计数器的计数值保持当前值。

【例7-4】将图7-13（a）梯形图用指令表表示。

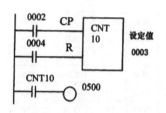

地址	指令	数据
0	LD	0002
1	LD	0004
2	CNT	10
		0003
3	LD	CNT10
4	OUT	0500

（a）梯形图 　　　　　　　　　（b）指令表

图7-13　CNT指令的用法

5. 互锁指令（IL（02））和清除互锁指令（ILC（03））

互锁指令IL（02）在分支开始处用，分支结束用清除互锁指令ILC（03），如图7-14（a）所示。IL（02）和ILC（03）总是配合使用，当IL（02）指令前的互锁条件满足时，IL（02）与ILC（03）之间的编程语句正常工作，如同没有IL（02）和ILC（03）指令一样，当互锁条件不满足时，IL（02）和ILC（03）之间的所有输出线圈均为断开状态，定时器复位，计数器的状态保持不变。

【例7-5】将图7-14（a）梯形图用指令表表示。

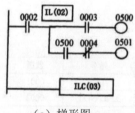

地址	指令	数据	地址	指令	数据
0	LD	0002	4	LD	0500
1	IL（02）		5	AND NOT	0004
2	LD	0003	6	OUT	0501
3	OUT	0500	7	ILC（03）	

（a）梯形图 　　　　　　　　　（b）指令表

图7-14　IL和ILC的用法

6. 空操作指令NOP（00）和结束指令END（01）

- NOP（00）：CPU执行该指令不做任何逻辑操作，该指令只占一程序行和时间。
- END（01）：程序结束指令，当PC执行至该指令时停止程序执行阶段，进入输出刷新阶段。

7.4　可编程序控制器应用举例

7.4.1　三相异步电动机直接起动控制

直接起动控制电路中要用到起动按钮 SB_1 和停止按钮 SB_2，这两个按钮须接到PC的输入端子上，可分配输入继电器 0001 和 0002 来接收输入信号，图 7-15 是异步电动机直接起动控制电路的外部接线图，图 7-16 是梯形图。

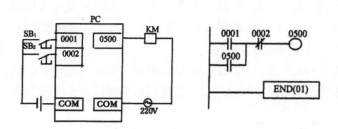

地址	指令	数据
0	LD	0001
1	OR	0500
2	AND NOT	0002
3	OUT	0500
4	END (01)	

（a）梯形图 　　　　　（b）指令表

图 7-15　外部接线图　　　　　图 7-16　梯形图和指令表

在图 7-15 中将停止按钮 SB$_2$ 接成常开按钮，相应梯形图中用的是常闭触点 0002。因为 SB$_2$ 断开时，对应的输入继电器 0002 断开，其常闭触点 0002 依旧闭合，按下 SB$_2$ 时，才接通输入继电器 0002，其常闭触点 0002 断开。若将接线图中 SB$_2$ 换成常闭按钮，则梯形图中相应改用 0002 常开触点。

控制过程分析：起动时按下 SB$_1$ 按钮，PC 输入继电器 0001 的常开触点闭合，输出继电器 0500 接通交流接触器 KM 接通，电动机开始运行，同时常开触点 0500 闭合实现自锁。停止时按下 SB$_2$ 按钮，PC 输入继电器 0002 的常闭触点断开，输出继电器 0500 断开，交流接触器 KM 断电，电动机停止转动。

7.4.2　异步电动机的正反转控制

如图 7-17 所示是正反转控制的 PC 接线图，梯形图及相应的指令语句表。

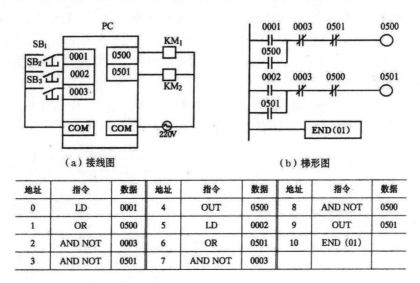

（a）接线图　　　　　　　　　（b）梯形图

地址	指令	数据	地址	指令	数据	地址	指令	数据
0	LD	0001	4	OUT	0500	8	AND NOT	0500
1	OR	0500	5	LD	0002	9	OUT	0501
2	AND NOT	0003	6	OR	0501	10	END (01)	
3	AND NOT	0501	7	AND NOT	0003			

图 7-17　用 PC 实现电动机正反转控制的接线图、梯形图、指令表

接线图表明输入继电器 0001、0002 和 0003 分别反应外接输入按钮 SB_1、SB_2 和 SB_3 的状态，继电器线圈 KM_1 和 KM_2 的通断分别由输出继电器 0500 和 0501 的状态决定。

当输入按钮 SB_1 闭合时，输入继电器 0001 置 1，0001 常开触点闭合，则输出继电器线圈 0500 被置 1，0500 常开触点闭合，实现自锁。由于 0500 常闭触点断开，输出继电器线圈 0501 不能被置 1，因此只有继电器线圈 KM_1 带电，电动机正转。

当输入按钮 SB_3 闭合时，输入继电器 0003 置 1，0003 常闭触点断开，则输出继电器线圈 0500 和 0501 均不能被置 1，输出继电器线圈 KM_1 和 KM_2 均不带电，电动机停转。同理当再按下 SB_2 按钮时，电动机反转。

下面用时序图 7-18 来表示正反转控制电路。

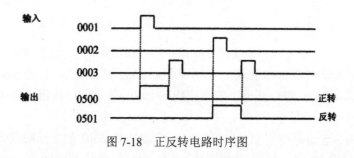

图 7-18　正反转电路时序图

7.4.3　异步电动机的 Y-△ 起动控制

电动机的主电路图同第 6 章图 6-14，控制电路的 PC 接线图如图 7-19。PC 接线图表明输入继电器 0001 和 0003 分别反应外接输入起动按钮 SB_1 和停止按钮 SB_2 的状态，继电器线圈 KM、KM_Y 和 $KM_\triangle$ 的通断分别由输出继电器 0500、0520 和 0503 的状态决定。

由梯形图 7-20 可知，当起动按钮 SB_1 闭合时，输入继电器 0001 置 1，0001 常开触点闭合，则输出继电器线圈 0500 被置 1，0500 常开触点闭合，实现自锁。同时输出继电器线圈 0502 被置 1，线圈 KM 和 KM_Y 带电，输出继电器线圈 0503 不带电，因此电动机星形起动。定时器 YIM00 开始计时。经过 4s 后，定时器 TIM00 常开触点接通、常闭触点断开并保持，输出继电器线圈 0502 被置 0，KM_Y 线圈断电，电机脱离星形运行。定时器 TIM01 开始计时，再经过 1s 后，定时器 TIM01 常开触点接通，输出继电器线圈 0503 被置 1，$KM_\triangle$ 通电，电动机开始三角形运行。定时器 TIM00 和定时 TIM01 均复位，图 7-21 为图 7-20 梯形图的对应的指令表。

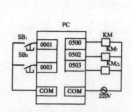

图 7-19　Y-△ 起动接线图

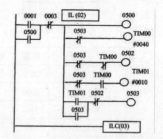

图 7-20　Y-△ 起动控制的梯形图

地址	指令	数据	地址	指令	数据	地址	指令	数据
1	LD	0001			0040			0010
2	OR	0500	8	LD NOT	0503	14	LD	TIM01
3	AND NOT	0003	9	AND NOT	TIM00	15	OR	0503
4	IL (02)		10	OUT	0502	16	AND NOT	0502
5	OUT	0500	11	LD NOT	0503	17	OUT	0503
6	LD NOT	0503	12	AND	TIM00	18	ILC (03)	
7	TIM	00	13	TIM	01			

图 7-21　图 7-20 梯形图的对应的指令表

7.5　本章小结

1. 继电接触器控制电路由于机械触点多、接线复杂、功耗大、寿命低和可靠性差，因此逐渐被 PC 可编程控制器所取代。

2. PC 控制系统平均无故障工作时间可达 2 万小时。

3. 目前国内引进国外的设备及自动化生产线，一般都采用 PC 控制系统，学习本章后应了解 PC 的基本结构，PC 内存的分配及 I/O 的点数。

4. 总结 PC 与继电接触器的异同以及 PC 已有的编程语言的类型；掌握 PC 的工作方式和特点，并能用梯形图和指令编程。

7.6　习题

7-1　PC 的用途是什么？它有什么特点？

7-2　PC 的基本组成主要包括哪些？

7-3　PC 的内部存储器 RAM 和 ROM 各用于存放什么？

7-4　PC 的工作方式是什么？该工作方式有哪些特点？

7-5　PC 的扫描周期主要由哪些因素决定？

7-6　画出下列指令语句表对应的梯形图。

地址	指令	数据	地址	指令	数据
0	LD	0001	5	LD NOT	0001
1	AND NOT	0501	6	AND NOT	0503
2	OUT	0500	7	OUT	0502
3	LD	0001	8	LD NOT	0001
4	OUT	0501	9	OUT	0503

7-7 写出图7-22梯形图对应的指令语句表。

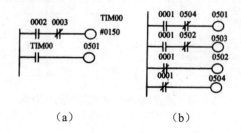

（a）　　　　　　　（b）

图7-22　习题图

7-8　试用PC实现下述控制要求：两台电动机M_1和M_2，要求M_1起动10s后M_2自行起动，M_2起动5s后M_1停机，画出PC接线图、梯形图并写出相应的指令语句表。

7-9　用PC实现定时20min的控制（注意每个定时器最大定时时间为999.9s）。

第8章

供电、输电、配电与安全用电

【学习目的和要求】

通过本章的学习，应了解发电、输电、配电和安全用电的基本原理；掌握发电、输电、配电和安全用电的基本方法。

本章主要介绍工业企业供配电的基本知识，以及保护接地与保护接零的意义。

8.1 供电

8.1.1 供电过程

图 8-1 是从发电到最终用户的供电过程示意图。火力发电、核电和水力发电是目前三大电力来源，估计在未来几十年，核能发电将有较大的发展。

在图 8-1 中，发电厂中交流发电机产生的电力（电压一般为 6~10kV）通过电站附近的变电站（图 8-1 未画出）将电压升高到 110~500kV 超高压进入输电线。在电力需求地设有超高压变电站，在那里经第一次降压后，送到高压变电站第二次降压，然后以 6kV 以上的电压送到配电用变电所。从这里出来的 220/380V 电压送至用户。

图 8-1 中右上角的抽水蓄能电站是用来储存用电低谷时的"剩余"电力。例如在夜间电力多余时，利用抽水泵将水输入水库，然后在负荷高峰期放水发电，以此来平均电力负荷。

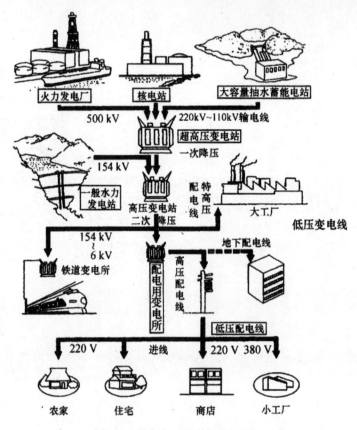

图 8-1　从发电到用户的供电过程

8.1.2　供电质量

供电质量的主要指标为交流电的电压、波形、频率和可靠性。

（1）电压

我国在 1983 年 8 月颁布的《全国供用电规则》规定用户受电端的电压变动幅度不超过 35kV 及以上和对电压质量有特殊要求的用户为额定电压的±5％；10kV 及以下高压供电和低压电力用户为额定电压的±7％；低压照明用户为额定电压的+5％~-10％。

（2）波形

交流电的波形畸变也是电能质量不佳的表现。高次谐波电流会使电动机发热量增加，也会影响电子设备的正常工作，高次谐波最大允许值电力部门另有规定。

（3）频率

频率降低时交流电动机的转速下降，频率升高时转速上升，铁损耗也增大。《规则》规定，供电局供电频率的允许偏差：

- 电网容量在 3000000kVA 及以上者，为 ±0.2Hz。
- 电网容量在 3000000kVA 以下者，为 ±0.5Hz。

按照国家标准，供电局交流供电频率为 50Hz。

（4）可靠性

供电可靠性也是供电质量的一个重要指标。对于不能停电的工厂、医院、大型商场等重要用电场所应由两个独立电源或两条线路供电。

8.2 输电

8.2.1 输电电压

我国交流电网中规定的电压等级如下：

- 电网和用电设备额定电压（kV）：0.23，0.38，3，6，10，35，6，110，154，220，3350，500。
- 交流发电机额定线电压（kV）：0.23，0.40，3.15，6.3，10.5，10.75。

我国大中城市已基本建成 220kV 超高压外环电网及 220/110(66)/10/0.38kV 或 220/35/10/0.38kV 四级电压输配电网。一般称 220kV 以上为输电电压，110kV、66kV、35kV 为高压配电电压，10kV 为中压配电电压，380/220V 为低压。

8.2.2 输电功率

为了提高输电效率必须提高输电电压，输电功率和输电电压的关系可用下列方法推导出来。

设三相线电压为 U_1，线路电流为 I_1，输电功率为 P，功率因数为 $\cos\varphi$，导线电阻为 R，线路电阻损耗为 P_1，线路损耗率为 P，则有以下关系式：

$$P = \frac{P_1}{P} = \frac{3RI_1^2}{\sqrt{3}U_1 I_1 \cos\varphi} = \frac{\sqrt{3}RI_1}{U_1 \cos\varphi}$$

再以 $I_1 = P/(\sqrt{3}U_1\cos\varphi)$ 代入上式可得：

$$P = pU_1^2 \cos^2\varphi / R$$

可见，在一定距离内，当输电线的电阻 R 和线路损耗 P 为定值时，输电功率与输电电压的平方成比例。目前我国交流输电电压已高达 500kV。如果从 500kV 再升高到 1000kV，输送功率还可提高约 3 倍。

8.3 配电

配电线路的作用是将电力分配到用户。与输电设备相比，配电设备的电压较低，容量较小，但因靠近用户，所以安全、美观、交通、环保、火灾等因素比较突出。

8.3.1 工厂供配电系统

工厂内部的供配电系统由变配电所、高低压供配电线路及用电设备等组成，如图 8-2 所示。大型工厂的总降压变电所设有若干台电力变压器，将电压降到 6～10kV 后供配给各车间变电所和高压用电设备，也可将 35kV 线路深入厂区直接降压到 380/220V 供配给车间。为了绘图方便，图 8-2 采用单线表示法。

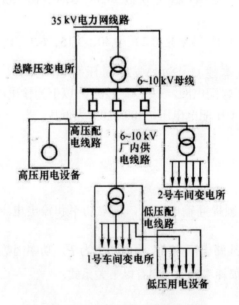

图 8-2　工厂企业供配电系统示意图

8.3.2 配电方式

配电方式有单相双线、单相三线、三相三线、三相四线等多种。单相双线是照明用户最基本的送电方式。对于公寓大楼、工厂企事业等用电量大的场所，都采用三相四线方式供电。

8.3.3 户内配电

图 8-3 为住宅或办公室的配电盘示例。220V 电压的绝缘导线在户外经过电度表后从房屋的入口处引进到配电盘。在配电盘上装有总开关、支路开关、漏电保护器等设备。

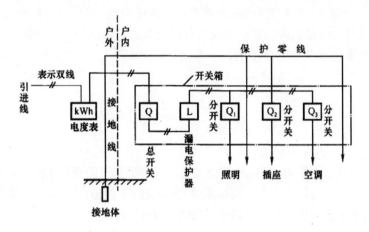

图 8-3 住宅配电盘的构成

（1）电度表

为了抄表方便，电度表安装在户外或公寓楼道内。现在推广一种两部制计价的电度表，该表能将白天和夜间的用电量分别计数，用以分时段计价。这就有利于降低高峰时的电力负荷，推广利用夜间剩余电力。

（2）开关

旧式的配电盘安装刀开关和熔断器，新建的住宅已废弃这些装置，取而代之的是空气开关。它具有过载保护和短路保护功能而且将总开关、多路支路开关及漏电保护器组合成一个成套装置，安装和使用都很方便。

为了平均用电负荷以及便于分别控制和保护，一般将照明、插座、电流较大的空调器等电器用不同的支路进行供电。

（3）保护零线

新建房屋规定要有单独的保护零线，以供用电设备的金属部件接地。插座中的接地端子也接在该线上。保护零线不经过开关和熔断器，在用户室外就近接地，并接到电源的中性点。

（4）漏电保护器

当电气设备漏电电流超过允许值，或者有人触电时漏电保护器能自动切断电源，故有防火灾和防触电的功能。关于漏电保护器的原理见本书第 6 章。

图 8-3 是配电盘构成的成示意图，实际上所有开关和漏电保护器都是包容在一个开关盒内。

8.4 安全用电

电能可以为人类服务，为人类造福，但若不正确使用电路，违反电器操作规程或疏忽大意，则可能造成设备损坏，引起火灾，甚至造成人身伤亡等严重事故。因此，懂得一些安全用电的常识和防触电的安全技术是非常必要的。

8.4.1 触电

人体受到电流的伤害称为触电。触电事故是由于电流的能量侵入人体而造成的。电流通过人体时不仅造成人体表面伤害，而且会破坏心、肺及神经系统的正常工作，研究表明，触电时人体受到伤害的程度与许多因素有关，但电流的大小和通电时间的长短是最主要的因素。这是因为大的电流和长时间的通电就有较多的局外能量输入身体，在生理方面造成的损坏就越加明显。

对于工频交流电，实验资料表明，人体对触电电流的反应可划分为三级：

- 引起人的感觉的最小电流称为感知电流，约 1mA 左右。
- 触电后人体能主动摆脱的电流称为摆脱电流，约 10mA 左右。
- 在较短时间内危及生命的电流称为致命电流，一般认为是 50mA 以上。

当人体的皮肤潮湿时，人体电阻大致为 1000Ω，故 50V 以下的电压认为是较安全的。我国有关部门规定工频交流电的安全电压有效值为 42、36V、24V、12V 和 6V。凡手提照明灯等携带式电动工具，如无特殊安全措施时应采用 42V 或 36V 安全电压，在特殊危险场所要采用 12V 或 6V。

常见的触电方式有单相触电和两相触电两种，如图 8-4 和图 8-5 所示。大部分的触电事故属于单相触电。

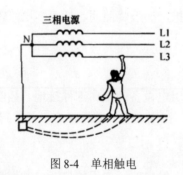

图 8-4 单相触电

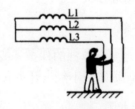

图 8-5 两相触电

8.4.2 接地和接地电阻

接地有工作接地和保护接地之分。工作接地是将电气设备的某一部分通过接地线与埋在地下的接地体连接起来。三相发电机或变压器的中性点接地是属于工作接地，如图 8-6 所示中的 R_N。保护接地是将可能出现对地危险电压的设备外壳与地下的接地体相连，如图 8-6 所示中的 R_b。

　　电流自地下接地体向大地流散过程中的全部电阻叫作流散电阻。接地电阻是流散电阻与接地体连接导线电阻的总和，但主要是流散电阻。一般要求接地电阻为 $4\sim10\Omega$。

8.4.3　保护接地

　　保护接地只适用于中性点不接地的供电系统。对于中性点接地的三相四线制供电的线路，电气设备的金属外壳若采用保护接地，不能保证安全，其原因可用图 8-7 来说明。

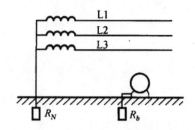

图 8-6　工作接地和保护接地

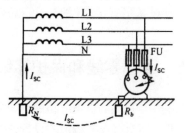

图 8-7　中性点接地系统不应采用保护接地

　　电气设备如电动机、台风扇等若因内部绝缘损坏而使金属外壳意外接触阳线（称为碰壳短路）时，会出现短路电流，如图 8-7 所示。设接地电阻 R_N 和 R_b 均为 4Ω，电源相电压为 220V，则短路电流为：

$$I_{sc} = \frac{220}{4+4}\,\mathrm{A} = 27.5\mathrm{A}$$

　　对于功率较大的电气设备来说，此电流或许不足以使熔丝 FU 烧断，从而使设备外壳带电。若 R_b 与 R_N 相等，按照分压原理，熔丝不断时设备外壳对地的电压为相电压的一半，即 110V，显然这是不安全的。

8.4.4　保护接零

　　对于中性点接地、线电压为 380V 的三相四线制供电线路应采用保护接零，也就是将电气设备的金属外壳与电源的零线（即中性线）相连接，如图 8-8 所示。

　　如果由于绝缘损坏而使相线与设备的金属部分发生碰壳短路时，因为相线与零线组成的回路阻抗甚小，在一般情况下，短路电流远远超过熔断器和自动保护装置所需要的动作电流，从而使设备迅速停电。

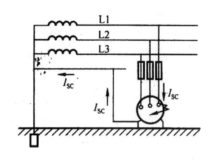

图 8-8　中性点接地系统应采用保护接零

8.4.5 重复接地

在中性点接地系统中，除了采用保护接零以外，还要采用重复接地。重复接地是将零线相隔一定距离多处进行接地，如图8-9所示。

如果没有重复接地，当发生碰壳短路时，在熔丝烧断或自动保护装置动作以前，设备外壳对地仍有危险电压，使操作人员有触电危险。采用重复接地可以降低漏电设备的对地电压。此外，如果零线因故在图中"×"处断开时设备仍有接地保护，可以减轻触电的危险性。

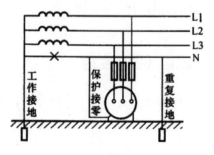

图 8-9　工作接地、保护接零和重复接地

8.4.6 工作零线和保护零线

在中性点接地的供电线路中，如果设备外壳采用接零保护，则零线必须连续可靠。因为一旦零线断开，所有接在零线上的设备外壳，都有可能通过设备的内部线路而与相线接通。这样，设备外壳的对地电压就是相电压，这是十分危险的。所以零线上不设熔断器和开关，如图8-10所示。

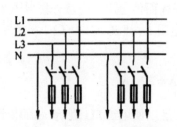 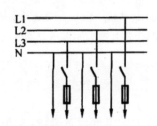

图 8-10　中性点接地系统中双线制照明线路图

对于住宅和办公场所的照明支线，一般都装有双极开关，往往在相线和零线上都有熔断器，以有利于发生短路时增加熔丝烧断的机会。在这种情况下，除了工作零线以外，必须另行设置保护零线，如图8-11所示。保护零线一端接电源变压器的中点，另一端接各个用电器的金属外壳，同时还应有多处重复接地。

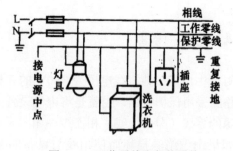

图 8-11　工作零线和保护零线

金属灯具和洗衣机、电冰箱等电器的外壳，以及单相三眼插座中的接零端都要接在保护零线上。与三眼插座相配的插头中，应有一个加粗或加长的插脚与用电设备（如台扇）的金属外壳相连。

对于三相供电的线路，另设保护零线以后就成为三相五线制。所有的接零设备都要接在保护零线上。在正常运行时，工作零线中有电流，保护零线中不应有电流。如果保护零线中出现电流时，则必定有设备漏电情况发生。

8.5 节约用电

能源问题是我国四化建设中的一个重要问题，也是一个世界性的问题。我国当前对能源问题的方针是："开发和节约并重，近期把节能放在优先地位"。目前节约用电的措施主要是改革电网体制，电力供应由国家统一分配、统一调度，严格执行计划用电制度，采用新技术，改造耗电大的落后设备和工艺，采用经济手段推动调整负荷和节约用电。

对工厂来说，目前主要采取以下几项措施来提高电能的利用。

- 合理使用电能，要求机电设备的配套合理，改变用大电动机拖动小功率设备（即"大马拉小车"）的现象。尽量减少设备上不必要的电能消耗，使有限的电力发挥更大的效益。此外，还可以采用各种技术改造措施。例如，机床空载时自动停机，电焊机空载时自动断电，设备轻载时电动机自动进行 Δ–Y 换接，交流接触器起动后改为直流无声运行等。
- 改进功率因数，用户变电站和用电设备尽可能加装无功补偿设备。例如，加装电容器，同步补偿器等，以提高用户的功率因数，补偿电网无功功率，从而提高电网的供电能力，降低线路损耗。国家要求高压系统工业用户的电功率（功率因数）应达到 0.95，其他用户应达到 0.9，农业用户应达到 0.8，并实行按电功率调整电价的制度，以鼓励用户改进功率因数。
- 推广和运用各种新技术，降低产品电耗定额。例如，在电热设备中，推广远红外加热技术；采用硅酸铝耐热保温材料等新技术，节电效能可达 30%以上；运用电子技术实现自动控制；用可控硅整流装置等均可使电耗大幅度下降。此外，推广使用高效能的风机、水泵，不使用电弧炉冶炼普通钢；不推广霓虹灯等。这些都是当前重要的节电措施。
- 尽量利用电网系统供电的低谷时间（供电系统处于低负荷时）和水电的丰水季节进行生产，目前正准备采用高峰和低谷电价不同的办法，鼓励工业用户尽量避开高峰负荷用电，以使负荷调整得更平衡，从而充分发挥电源的效能。

8.6 本章小结

1. 发电厂发电电压一般为 6~10kV，输电电压为 110~500kV，用户配电电压为 220/380V。
2. 通常人体感知电流约 1mA、摆脱电流约 10mA、致命（死亡）电流为 50mA 以上。
3. 我国有关部门规定工频（50Hz）交流的安全电压有效值为 42V、36V、24V、12V 和

6V。凡手提照明灯或电动工具应采用 42V 或 36V，特殊危险场合用 12V 或 6V。

4. 防触电的安全措施通常有：（1）接零保护（设备的金属外壳与电源的零线连接）；（2）接地保护（设备的金属外壳与接地线连接）；（3）三孔插座和三极插座；（4）漏电保护器。

8.7　习题

8-1　为什么远距离输电要采用高电压？

8-2　图 8-12 中零线上的熔丝烧断时，接零设备外壳的对地电压为多少伏特？

8-3　图 8-13 为接地和接零混用的情况，即设备 A 和 B 的外壳接零，设备 C 的外壳接地，这是十分危险的。试问若 R_N 与 R_b 相等，当 C 的外壳与相线间的绝缘损坏引起漏电时，A 与 B 的外壳对地电压为多少？

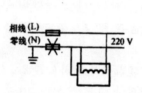
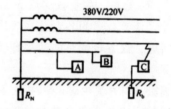

图 8-12　习题 8-1 的图　　　　图 8-13　习题 8-2 的图

8-4　图 8-14 所示为单相三眼插座的三种接法，有哪两种接法是错误的？

　　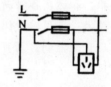

（a）插座两眼零线一点接地　　（b）插座两眼零线两点接地　　（c）插座两眼零线不同点接地

图 8-14　习题 8-4 的图

第**9**章

电工测量

【学习目的和要求】

本章是选学课（可结合实验进行教学，不计入学时间）。通过本章的学习，应了解常用的几种电工测量仪表的基本结构、工作原理；掌握几种常用电工测量仪表的正确使用方法，并学会常见的几种电路物理量的测量方法。

9.1 电工测量仪表分类

通常用的直读式测量仪表，常按照下列几个方面来分类。

1. 按照被测量的种类分类

电工测量仪表若按照被测量的种类来分，则如表 9-1 所示。

2. 按照工作原理分类

电工测量仪表若按照工作原理来分类，主要的几种则如表 9-2 所示。

3. 按照电流的种类分类

电工测量仪表若按电流的种类分类，可分为直流仪表、交流仪表和交直流两用仪表。

4. 按照准确度分类

准确度是电工测量仪表的主要特性之一。仪表的准确度与其误差有关。不管仪表制造得如何精确，仪表的读数和被测量的实际值之间总是有误差的。一种是基本误差，它是由于仪表本身结构的不精确所产生的，如刻度的不准确、弹簧的永久变形、轴和轴承之间的摩擦、零件位置安装不正确等。另外一种是附加误差，它是由于外界因素对仪表读数的影响所产生的，例如没有在正常工作条件[1]下进行测量，测量方法不完善，读数不准确等。

表 9-1　电工测量仪表按被测量的种类分类

次序	被测量的种类	仪表名称	符号
1	电流	电流表	Ⓐ
		毫安表	ⓜⒶ
2	电压	电压表	Ⓥ
		千伏表	ⓚⓋ
3	电功率	功率表	Ⓦ
		千瓦表	ⓚⓌ
4	电能	电度表	kWh
5	相位差	相位表	ⓥ
6	频率	频率表	ⓕ
7	电阻	欧姆表	Ω
		兆欧表	MΩ

表 9-2　电工测量仪表按工作原理分类

型式	符号	被测量的种类	电流的种类与频率
磁电式		电流、电压、电阻	直流
整流式		电流、电压	工频及较高频率的交流
电磁式		电流、电压	直流及工频交流
电动式		电流、电压、电功率、功率因数、电能量	直流及工频与较高频率的交流

仪表的准确度是根据仪表的相对额定误差来分级的。所谓相对额定误差，就是指仪表在正常工作条件下进行测量可能产生的最大基本误差 ΔA 与仪表的最大量程（满标值）A_m 之比，如以百分数表示，则为：

$$\gamma = \frac{\Delta A}{A_m} \times 100\% \tag{9-1}$$

目前我国直读式电工测量仪表按照准确度分为 0.1，0.2，0.5，1.0，1.5，2.5 和 5.0 这 7 个等级。这些数字表示仪表的相对额定误差的百分数。

例如有一准确度为 2.5 级的电压表，其最大量程为 50V，则可能产生的最大基本误差为：

---

[1]正常工作条件是指仪表的位置正常，周围温度为 20℃，无外界电场和磁场（地磁除外）的影响，如果是用于工频的仪表，则电源应该是频率为 50Hz 的正弦波。

$$\Delta U = \gamma \times U_m = \pm 2.5\% \times 50 = \pm 1.25\text{V}$$

在正常工作条件下，可以认为最大基本误差是不变的，所以被测量较满标值越小，则相对测量误差就越大。例如用上述电压表来测量实际值为 10V 的电压时，则相对测量误差为：

$$\gamma_{10} = \frac{\pm 1.25}{10} \times 100\% = \pm 12.5\%$$

而用它来测量实际值为 40V 的电压时，则相对测量误差为：

$$\gamma_{40} = \frac{\pm 1.25}{40} \times 100\% = \pm 3.1\%$$

因此，在选用仪表的量程时，应使被测量的值愈接近满标值愈好。一般应使被测量的值超过仪表满标值的一半。

准确度等级较高（0.1，0.2，0.5 级）的仪表常用来进行精密测量或校正其他仪表。

在仪表上，通常都标有仪表的型式、准确度的等级、电流的种类以及仪表的绝缘耐压强度和放置位置等符号（见表 9-3）。

表 9-3　电工测量仪表上的几种符号

符号	意义
—	直流
～	交流
≃	交直流
3～或≈	三相交流
и2kV	仪表绝缘试验电压 2000V
↑	仪表直立放置
→	仪表水平放置
∠60°	仪表倾斜 60°放置

9.2　电工测量仪表类型

按照工作原理可将常用的直读式仪表主要分为磁电式、电磁式和电动式等几种。

直读式仪表之所以能测量各种电量的根本原理，主要是利用仪表中通入电流后产生电磁作用，使可动部分受到转矩而发生转动。转动转矩与通入的电流之间存在着一定的关系。

$$T = f(I)$$

为了使仪表可动部分的偏转角 α 与被测量成一定比例，必须有一个与偏转角成比例的阻转矩 T_c 来与转动转矩 T 相平衡，即：

$$T = T_c$$

这样才能使仪表的可动部分平衡在一定位置，从而反映出被测量的大小。

此外，仪表的可动部分由于惯性的关系，当仪表开始通电或被测量发生变化时，不能马上达到平衡，而要在平衡位置附近经过一定时间的振荡才能静止下来。为了使仪表的可动部分迅速静止在平衡位置，以缩短测量时间，还需要有一个能产生制动力（阻尼力）的装置，它称为阻尼器。阻尼器只在指针转动过程中才起作用。

在通常的直读式仪表中主要是由上述三个部分——产生转动转矩的部分、产生阻转矩的部分和阻尼器组成的。

下面对磁电式（永磁式）、电磁式和电动式三种仪表的基本构造、工作原理及主要用途加以讨论。

9.2.1 磁电式仪表

磁电式仪表的构造如图 9-1 所示。它的固定部分包括马蹄形永久磁铁、极掌 NS 及圆柱形铁心等。极掌与铁心之间的空气隙的长度是均匀的，其中产生的辐射方向的磁场，如图 9-2 所示。仪表的可动部分包括铝框及线圈，前后两根半轴 O 和 O'，螺旋弹簧（或用张丝[2]）及指针等。铝框套在铁心上，铝框上绕有线圈，线圈的两头与联在半轴 O 上的两个螺旋弹簧的一端相接，弹簧的另一端固定，以便将电流通入线圈。指针也固定在半轴 O 上。

当线圈通有电流 I 时，由于与空气隙中磁场的相互作用，线圈的两有效边受到大小相等、方向相反的力，其方向（见图 9-2）由左手定则确定，其大小为：

$$F=BlNI$$

式中：B 为空气隙中的磁感应强度，l 为线圈在磁场内的有效长度，N 为线圈的匝数。

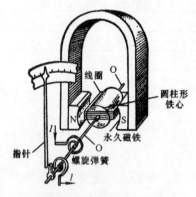

图 9-1　磁电式仪表

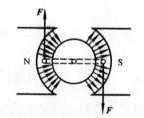

图 9-2　磁电式仪表的转矩

如果线圈的宽度为 b，则线圈所受的转矩为：

$$T=Fb=BlbNI=k_1I \qquad\qquad (9\text{-}2)$$

---

[2] 张丝是由铍青铜或锡锌制成的弹性带。

式中：$k_1=BlbN$，是一个比例常数。

在这个转矩的作用下，线圈和指针便转动起来，同时螺旋弹簧被扭紧而产生阻转矩。弹簧的阻转矩与指针的偏转角 α 成正比，即：

$$T_c=k_2\alpha \tag{9-3}$$

当弹簧的阻转矩与转动转矩达到平衡时，可动部分便停止转动。这时：

$$T=T_c \tag{9-4}$$

即：

$$\alpha = \frac{k_1}{k_2}I = kI \tag{9-5}$$

由式（9-5）可知，指针偏转的角度是与流经线圈的电流成正比的，按此即可在标度尺上作均匀刻度。当线圈中无电流时，指针应指在零的位置。如果指针不在零的位置，可用校正器进行调整。

磁电式仪表的阻尼作用是这样产生的：当线圈通有电流而发生偏转时，铝框切割永久磁铁的磁通，在框内感应出电流，这电流再与永久磁铁的磁场作用，产生与转动方向相反的制动力，于是仪表的可动部分就受到阻尼作用，迅速静止在平衡位置。

这种仪表只能用来测量直流[3]，如通入交流电流，则可动部分由于惯性较大，将赶不上电流和转矩的迅速交变而静止不动。也就是说，可动部分的偏转是决定于平均转矩的，而并不决定于瞬时转矩。在交流的情况下，这种仪表的转动转矩的平均值为零。

磁电式仪表的优点是：刻度均匀、灵敏度和准确度高、阻尼强、消耗电能量少；由于仪表本身的磁场强，所以受外界磁场的影响很小。这种仪表的缺点是：只能测量直流、价格较高；由于电流须流经螺旋弹簧，因此不能承受较大过载，否则将引起弹簧过热，使弹性减弱，甚至被烧毁。

磁电式仪表常用来测量直流电压、直流电流及电阻等。

9.2.2　电磁式仪表

电磁式仪表常采用推斥式的构造，如图 9-3 所示。它的主要部分是固定的圆形线圈、线圈内部的固定铁片和固定在转轴上的可动铁片。当线圈中通有电流时，产生磁场，两铁片均被磁化，同一端的极性是相同的，因而互相推斥，可动铁片因受斥力而带动指针偏转。在线圈通有交流电

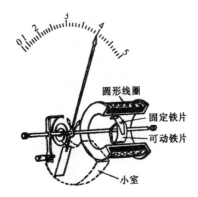

图 9-3　推斥式电磁式仪表

---

[3] 如用磁电式仪表测量交流，则须附变换器，如整流式仪表。

流的情况下，由于两铁片的极性同时改变，所以仍然产生推斥力。

可以近似地认为，作用在铁片上的吸力或仪表的转动转矩是和通入线圈的电流的平方成正比的。在通入直流电流 i 的情况下，仪表的转动转矩为

$$T = k_1 I^2 \qquad (9\text{-}6)$$

在通入交流电流 i 时，仪表可动部分的偏转决定于平均转矩，它和交流电流有效值 I 的平方成正比，即：

$$T = k_1 I^2 \qquad (9\text{-}7)$$

和磁电式仪表一样，阻转矩也是由连接在转轴上的螺旋弹簧产生的。和式（9-3）相同：

$$T_c = k_2 \alpha$$

当阻转矩与转动转矩达到平衡时，可动部分即停止转动。这时：

$$T = T_c$$

即：

$$\alpha = \frac{k_1}{k_2} I^2 = k I^2 \qquad (9\text{-}8)$$

由式（9-8）可知，指针的偏转角与直流电流或交流电流有效值的平方成正比，所以刻度是不均匀的。

在这种仪表中产生阻尼力的是空气阻尼器。其阻尼作用是由与转轴相连接的活塞在小室中移动而产生的。

电磁式仪表的优点是：构造简单、价格低廉、可用于交直流、能测量较大电流和允许较大的过载[4]。其缺点是：刻度不均匀、易受外界磁场（本身磁场很弱）及铁片中磁滞和涡流（测量交流时）的影响，因此准确度不高。

这种仪表常用来测量交流电压和电流。

9.2.3 电动式仪表

电动式仪表的构造如图 9-4 所示。它有两个线圈：固定线圈和可动线圈。后者与指针及空气阻尼器的活塞都固定在转轴上。和磁电式仪表一样，可动线圈中的电流也是通过螺旋弹簧引

---

[4] 因为电流只经过固定线圈，不像磁电式仪表那样要经过螺旋弹簧，线圈导线的截面可以较大。

入的。

当固定线圈通有电流 I_1 时，在其内部产生磁场（磁感应强度为 B_1），可动线圈中的电流 I_2 与此磁场相互作用，产生大小相等、方向相反的两个力（见图 9-5），其大小则与磁感应强度 B_1 和电流 I_2 的乘积成正比。而 B_1 可以认为是与电流 I_1 成正比的，所以作用在可动线圈上的力或仪表的转动转矩与两线圈中的电流 I_1 和 I_2 的乘积成正比，即：

$$T = k_1 I_1 I_2 \tag{9-9}$$

在这个转矩的作用下，可动线圈和指针便发生偏转。任何一个线圈中的电流的方向改变，指针偏转的方向就随着改变。两个线圈中的电流的方向同时改变，偏转的方向不变。因此，电动式仪表也可用于交流电路。

图 9-4　电动式仪表

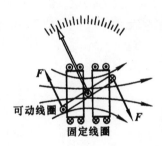

图 9-5　电动式仪表的转矩

当线圈中通入交流电流时 $i_1 = I_1 \sin\omega t$ 和 $i_2 = I_2 \sin(\omega t + \varphi)$ 时，转动转矩的瞬时值即与两个电流的瞬时值的乘积成正比。但仪表可动部分的偏转是决定于平均转矩的，即：

$$T = k_1' I_1 I_2 \cos\varphi \tag{9-10}$$

式中：I_1 和 I_2 是交流电流 i_1 和 i_2 的有效值；φ 是 i_1 和 i_2 之间的相位差。

当螺旋弹簧产生的阻转矩 $T_c = k_2 \alpha$ 与转动转矩达到平衡时，可动部分便停止转动。这时：

$$T = T_c$$

即：

$$\alpha = k I_1 I_2 \quad （直流） \tag{9-11}$$

或

$$\alpha = k I_1 I_2 \cos\varphi \quad （交流） \tag{9-12}$$

电动式仪表的优点是适用于交直流，同时由于没有铁心[5]，所以准确度较高。其缺点是受外界磁场的影响大（本身的磁场很弱），不能承受较大过载（理由见磁电式仪表）。

电动式仪表可用在交流或直流电路中测量电流、电压及功率等。

9.3 测量电流

测量直流电流通常都用磁电式电流表，测量交流电流主要采用电磁式电流表。电流表应串联在电路中，如图 9-6（a）所示。为了使电路的工作不因接入电流表而受影响，电流表的内阻必须很小。因此，如果不慎将电流表并联在电路的两端，则电流表将被烧毁，在使用时务须特别注意。

采用磁电式电流表测量直流电流时，因其测量机构（即表头）所允许通过的电流很小，不能直接测量较大电流。为了扩大它的量程，应该在测量机构上并联一个称为分流器的低值电阻 R_A，如图 9-6（b）所示。这样，通过磁电式电流表的测量机构的电流 I_0 只是被测电流 I 的一部分，但两者有如下关系：

$$I_0 = \frac{R_A}{R_0 + R_A} I$$

即：

$$R_A = \frac{R_0}{\dfrac{I}{I_0} - 1} \tag{9-13}$$

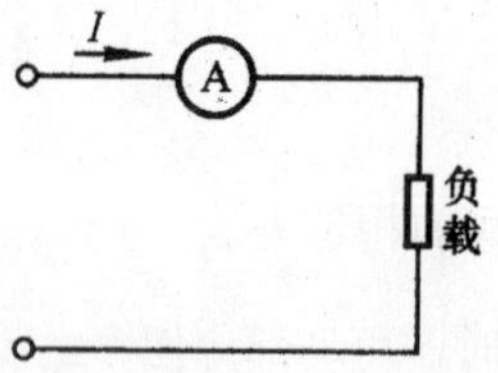

（a）电流表串在电路中 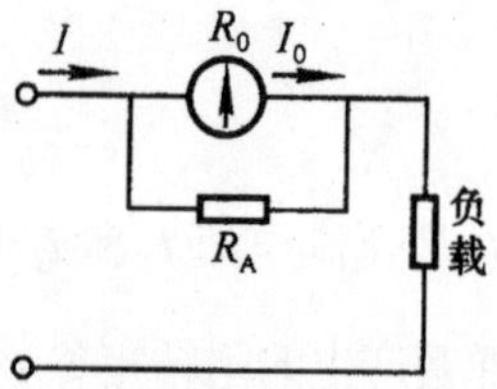　　　　　　　　（b）在测量机构上并联分流器 R_A

图9-6　电流表和分流器

式中 R_0 是测量机构的电阻。由式（9-13）可知，需要扩大的量程越大，则分流器的电阻应越小。多量程电流表具有几个标有不同量程的接头，这些接头可分别与相应阻值的分流器并联。分流器一般放在仪表的内部，成为仪表的一部分，但较大电流的分流器常放在仪表的外部。

【例 9-1】有一磁电式电流表，当无分流器时，表头的满标值电流为 5mA。表头电阻为 20Ω。今欲使其量程（满标值）为 1A，问分流器的电阻应为多大？

---

[5] 在线圈中也有置以铁心的，以增强仪表本身的磁场，这称为铁磁电动式仪表。

解：

$$R_A = \frac{R_0}{\dfrac{I}{I_0} - 1} = \frac{20}{\dfrac{1}{0.005} - 1}\,\Omega = 0.1005\,\Omega$$

用电磁式电流表测量交流电流时，不用分流器来扩大量程。这是因为一方面电磁式电流表的线圈是固定的，可以允许通过较大电流；另一方面在测量交流电流时，由于电流的分配不仅与电阻有关，而且也与电感有关，因此分流器很难制得精确。如果要测量几百安培以上的交流电流时，则利用电流互感器来扩大量程。

9.4 测量电压

测量直流电压常用磁电式电压表，测量交流电压常用电磁式电压表。电压表是用来测量电源、负载或某段电路两端的电压的，所以必须和它们并联，如图 9-7（a）所示，为了使电路工作不因接入电压表而受影响，电压表的内阻必须很高；而测量机构的电阻 R_0 是不大的，所以必须和它串联一个称为倍压器的高值电阻 R_V，如图 9-7（b）所示，这样就使电压表的量程扩大了。

（a）电压表和负载并联　　　　（b）串联高值电阻 R_V

图 9-7　电压表和倍压器

由图 9-7（b）可得：

$$\frac{U}{U_0} = \frac{R_0 + R_V}{R_0}$$

即：

$$R_V = R_0\left(\frac{U}{U_0} - 1\right) \tag{9-14}$$

由式（9-14）可知，需要扩大的量程越大，则倍压器的电阻应越高。多量程电压表具有几个标有不同量程的接头，这些接头可分别与相应阻值的倍压器串联。电磁式电压表和磁电式电压表都须串联倍压器。

【例 9-2】有一电压表，其量程为 50V，内阻为 2000Ω。今欲使其量程扩大到 300V，问还需串联多大电阻的倍压器？

解：

$$R_V = 2000 \times \left(\frac{300}{50} - 1\right)\Omega = 10000\Omega$$

9.5 万用表

万用表可测量多种电量，虽然准确度不高，但是使用简单，携带方便，特别适用于检查线路和修理电气设备。万用表有磁电式和数字式两种。

9.5.1 磁电式万用表

磁电式万用表由磁电式微安表、若干分流器和倍压器、半导体二极管及转换开关等组成，可以用来测量直流电流、直流电压、交流电压和电阻等。图 9-8 是常用的 MF-30 型万用表的面板图。现将各项测量电路分述如下：

图 9-8　MF-30 型万用表的面板图

1. 直流电流的测量

测量直流电流的原理电路如图 9-9 所示。被测电流从"+""−"两端进出。$R_{A1} \sim R_{A5}$ 是分流器电阻，它们和微安表联成一闭合电路。改变转换开关的位置，就改变了分流器的电阻，从而也就改变了电流的量程。例如，放在 50mA 档时，分流器电阻为 $R_{A1}+R_{A2}$，其余则与微安表串联。量程愈大，分流器电阻愈小。图 9-9 中的 R 为直流调整电位器。

2. 直流电压的测量

测量直流电压的原理电路如图 9-10 所示。被测电压加在"+""−"两端。$R_1 \sim R_3$ 是倍压器电阻。量程愈大，倍压器电阻也愈大。

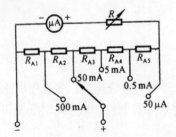

图 9-9　测量直流电流的原理电路

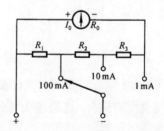

图 9-10　测量直流电压的原理电路

电压表的内阻愈高，从被测电路取用的电流愈小，被测电路受到的影响也就愈小。我们用仪表的灵敏度，也就是用仪表的总内阻除以电压量程来表明这一特征。MF-30 型万用表在直流电压 25V 档上仪表的总内阻为 500kΩ，则这档的灵敏度为 $\dfrac{500\mathrm{k}\Omega}{25\mathrm{V}} = 20\mathrm{k}\Omega/\mathrm{V}$。

3. 交流电压的测量

测量交流电压的原理电路如图 9-11 所示。磁电式仪表只能测量直流，如果要测量交流，则必须附有整流元件，即图中的半导体二极管 D_1 和 D_2。二极管只允许一个方向的电流通过，反方向的电流不能通过。被测交流电压也是加在"+""−"两端。在正半周时，设电流从"+"端流进，经二极管 D_1，部分电流经微安表流出。在负半周时，电流直接经 D_2 从"+"端流出。可见，通过微安表的是半波电流，读数应为该电流的平均值。为此，表中有一个交流调整电位器（图中的 600Ω 电阻），用来改变表盘刻度。于是，指示读数便被折换为正弦电压的有效值。至于量程的改变，则和测量直流电压时相同。R'_{v1}，R'_{v2} 是倍压器电阻。

万用表交流电压档的灵敏度一般比直流电压档的低。MF-30 型万用表交流电压档的灵敏度为 5kΩ/V。

普通万用表只适于测量频率为 45～1000Hz 的交流电压。

4. 电阻的测量

测量电阻的原理电路如图如 9-12 所示。测量电阻时要接入电池，被测电阻也是接在"+""−"两端。被测电阻愈小，即电流愈大，因此指针的偏转角愈大。测量前应先将"+""−"两端短接，看指针是否偏转最大而指在零（刻度的最右处），否则应转动零欧姆调节电位器（图 9-12 中的 1.7kΩ 电阻）进行校正。

使用万用表时应注意转换开关的位置和量程，绝对不能在带电线路上测量电阻，用毕应将转换开关转到高电压档。

此外，从图 9-12 中还可看出，面板上的"+"端接在电池的负极，而"−"端是接向电池的正极的。

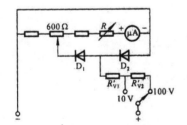

图 9-11　测量交流电压的原理电路

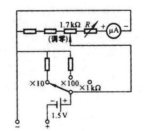

图 9-12　测量电阻的原理电路

9.5.2　数字式万用表

今以 DT-830 型数字万用表为例来说明它的测量范围和使用方法。

1．测量范围

（1）直流电压分五档：200mV，2V，20V，200V，1 000V。输入电阻为10MΩ。

（2）交流电压分五档：200mV，2V，20V，200V，750V。输入阻抗为10MΩ。频率范围为40Hz～500Hz。

（3）直流电流分五档：200μA，2mA，20mA，200mA，10A。

（4）交流电流分五档：200μA，2mA，20mA，200mA，10A。

（5）电阻分六档：200Ω，2 kΩ，20kΩ，200kΩ，2MΩ，20MΩ。

此外，还可检查半导体二极管的导电性能，并能测量晶体管的电流放大系数 h_{FE} 和检查线路通断。

2．面板说明

图 9-13 是 DT-830 型数字万用表的面板图。

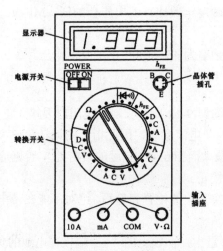

图 9-13　830 型万用表的面板图等

（1）显示器

显示 4 位数字，最高位只能显示 1 或不显示数字，算半位，故称三位半 $\left(3\dfrac{1}{2}位\right)$。最大指示值为 1999 或 –1999。当被测量超过最大指示值时，显示 1 或 –1。

（2）电源开关

使用时将电源开关置于 ON 位置；使用完毕置于 OFF 位置。

（3）转换开关

用以选择功能和量程。根据被测的电量（电压、电流、电阻）选择相应的功能位；按被测量的大小选择适当的量程。

（4）输入插座

将黑色测试笔插入 COM 插座。红色测试笔有如下三种插法：测量电压和电阻时插入 V·Ω 插座；测量小于 200mA 的电流时插入 mA 插座；测量大于 200mA 的电流时插入 10A 插座。

DT-830 型数字万用表的采样时间为 0.4s，电源为直流 9V。

9.6 测量功率

电路中的功率与电压和电流的乘积有关，因此用来测量功率的仪表必须具有两个线圈：一个用来反映负载电压，与负载并联，称为并联线圈或电压线圈；另一个用来反映负载电流，与负载串联，称为串联线圈或电流线圈。这样，电动式仪表可以用来测量功率，通常用的就是电动式功率表。

9.6.1 单相交流和直流功率的测量

图 9-14 是功率表的接线图。固定线圈的匝数较少，导线较粗，与负载串联，作为电流线圈。可动线圈的匝数较多，导线较细，与负载并联，作为电压线圈。

由于并联线圈串有高阻值的倍压器，它的感抗与其电阻相比可以忽略不计，所以可以认为其中电流 i_2 与两端的电压 u 同相。这样，在式（9-12）中，I_1 即为负载电流的有效值 I，I_2 与负载电压的有效值 U 成正比，φ 即为负载电流与电压之间的相位差，而 $\cos\varphi$ 即为电路的功率因数。因此，式（9-12）也可写成：

$$a = k'UI\cos\varphi = k'P \qquad (9\text{-}15)$$

可见电动式功率表中指针的偏转角 α 与电路的平均功率 P 成正比。

如果将电动式功率表的两个线圈中的一个反接，指针就反向偏转，这样便不能读出功率的数值。因此，为了保证功率表正确连接，在两个线圈的始端标以"±"或"*"号，这两端均应连在电源的同一端，如图 9-14 所示。

功率表的电压线圈和电流线圈各有其量程。改变电压量程的方法和电压表一样，即改变倍压器的电阻

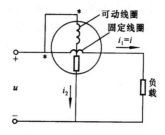

图 9-14 功率表的接线图

值。电流线圈常常是由两个相同的线圈组成，当两个线圈并联时，电流量程要比串联时大一倍。

同理，电动式功率表也可测量直流功率。

9.6.2　三相功率的测量

在三相三线制电路中，不论负载联成星形或三角形，也不论负载对称与否，都广泛采用两功率表法来测量三相功率。

9.7　兆欧表

检查电机、电器及线路的绝缘情况和测量高值电阻，常应用兆欧表。兆欧表是一种利用磁电式流比计的线路来测量高电阻的仪表，其构造如图 9-15 所示。在永久磁铁的磁极间放置着固定在同一轴上而相互垂直的两个线圈。一个线圈与电阻 R 串联，另一个线圈与被测电阻 R_x 串联，然后将两者并联于直流电源。电源安置在仪表内，是一手摇直流发电机，其端电压为 U。

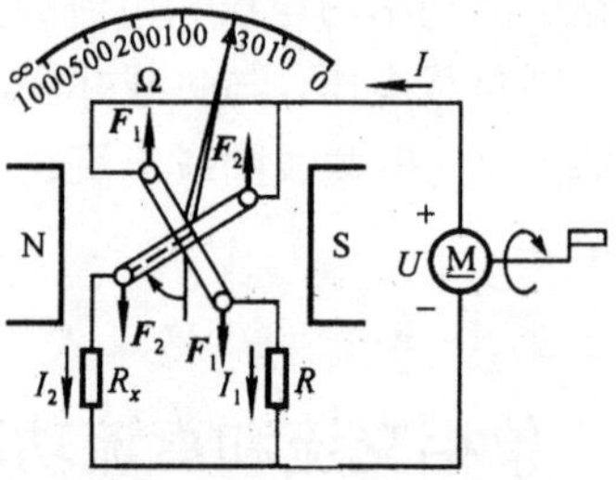

图 9-15　兆欧表的构造

在测量时两个线圈中通过的电流分别为：

$$I_1 = \frac{U}{R_1 + R} \quad 和 \quad I_2 = \frac{U}{R_2 + R_x}$$

式中 R_1 和 R_2 分别为两个线圈的电阻。两个通电线圈因受磁场的作用，产生两个方向相反的转矩：

$$T_1 = k_1 I_1 f_1(\alpha) \quad 和 \quad T_2 = k_2 I_2 f_2(\alpha)$$

式中 $f_1(\alpha)$ 和 $f_2(\alpha)$ 分别为两个线圈所在处的磁感应强度与偏转角 α 之间的函数关系。因为磁场是不均匀的（图 9-15 只是示意图），所以这两函数关系并不相等。

仪表的可动部分在转矩的作用下发生偏转，直到两个线圈产生的转矩相平衡为止。这时

$$T_1 = T_2$$

即

$$\frac{I_1}{I_2} = \frac{k_2 f_2(\alpha)}{k_1 f_1(\alpha)} = f_3(\alpha)$$

或

$$a = f\left(\frac{I_1}{I_2}\right) \tag{9-16}$$

式（9-16）表明，偏转角 α 与两线圈中电流之比有关，故称为流比计。由于：

$$\frac{I_1}{I_2}=\frac{R_2+R_x}{R_1+R}$$

所以：
$$a=f\left(\frac{R_2+R_x}{R_1+R}\right)=f'(R_x) \tag{9-17}$$

可见偏转角 α 与被测电阻 R_x 有一定的函数关系，因此，仪表的刻度尺就可以直接按电阻来分度。这种仪表的读数与电源电压 U 无关，所以手摇发电机转动的快慢不影响读数。

线圈中的电流是经由不会产生阻转矩的柔韧的金属带引入的，所以当线圈中无电流时，指针将处于随遇平衡状态。

9.8　本章小结

1. 电工测量仪表按工作原理可分为：①磁电式：用于测电流、电压、电理；②整流式：用于测量电流、电压；③电磁式：用于测电流、电压；④电动式：用于测电流、电压、电功率、功率因数、电能量。

2. 仪表的准确度是根据仪表的相对额定误差 γ 来确是的，相对额定误差是指测量产生的最大误差，ΔA 与仪表的最大重程（满标值）A_m 之比，如经百分数表示，则为：

$$\gamma\approx\frac{\Delta A}{A_m}\times100\%$$

按上述相对额定误差的百分数（即准确度）可将电工仪表分为：0.1，0.2，0.5，1.0，1.5，2.5 和 5.0 这 7 个等级。

3. 万用表有两种：①磁电式：mA 数量级，采用 50μA 表头，该表的总内阻为500kΩ；②数字式：μA 数量级，采用 200mV 表头，该表输入阻抗为 10MΩ，频率范围为 40～500Hz。

4. 测量电流时，电流表串在电路中；测大电流时，测量机构上要并联分流器。

5. 测量电压时，电压表和负载并联；扩大量程时，测量机构上要串联一个高值电阻 R_V。

6. 测量功率时，常采用功率表，功率表的正确连接：表的两个线圈的始端标有"±"成"*"号，这两端均应连在电源的同一端（见图 9-14）。

9.9　习题

9-1　电源电压的实际值为 220V，今用准确度为 1.5 级、满标值为 250V 和准确度为 1.0 级、满标值为 500V 的两个电压表去测量，试问哪个读数比较准确？

9-2　用准确度为 2.5 级、满标值为 250V 的电压表去测量 110V 的电压，试问相对测量误差为若干？如果允许的相对测量误差不应超过 5%，试确定这只电压表适宜于测量的最小电压值。

9-3　一毫安表的内阻为 20Ω，满标值为 12.5mA。如果把它改装成满标值为 250V 的电压表，问必须串联多大的电阻？

9-4　图 9-16 是一电阻分压电路，用内阻 R_V 分别为 25kΩ、50kΩ、500kΩ 的电压表测量时，其读数各为多少？由此得出什么结论？

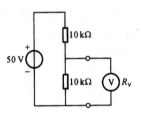

图 9-16　习题 9-4 的图

9-5　图 9-17 是用伏安法测量电阻 R 的两种电路。因为电流表有内阻 R_A，电压表有内阻 R_V，所以两种测量方法都将引入误差。试分析它们的误差，并讨论这两种方法的适用条件。（即适用于测量阻值大一点的还是小一点的电阻，可以减小误差？）

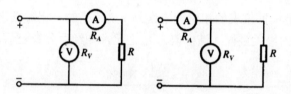

图 9-17　习题 9-5 的图

9-6　图 9-18 所示的是测量电压的电位计电路，其中 $R_1 + R_2 = 50Ω$，$R_3 = 44Ω$，E=3V。当调节滑动触点使 $R_2 = 30Ω$ 时，电流表中无电流通过。试求被测电压 U_x 之值。

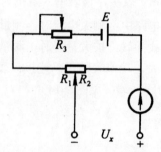

图 9-18　习题 9-6 的图

9-7　图 9-19 是万用表中直流毫安档的电路。表头内阻 R_0=280Ω，满标值电流 I_0=0.6mA。今欲使其量程扩大为 1mA、10mA 及 100mA，试求分流器电阻 R_1、R_2 及 R_3。

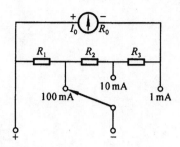

图 9-19 习题 9-7 的图

9-8 如用上述万用电表测量直流电压，共有三档量程，即 10V、100V 及 250V，试计算倍压器电阻 R_4、R_5 及 R_6（见图 9-20）。

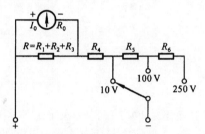

图 9-20 习题 9-8 的图

9-9 某车间有一三相异步电动机，电压为 380V，电流为 6.8A，功率为 3kW，星形连接。试选择测量电动机的线电压，线电流及三相功率（用两功率表法）用的仪表（包括型式、量程、个数、准确度等），并画出测量接线图。

9-10 用两功率表法测量对称三相负载（负载阻抗为 Z）的功率，设电源线电压为 380V，负载联成星形。在下列几种负载情况下，试求每个功率表的读数和三相功率：（1）Z=10Ω；（2）Z=8+j6Ω；（3）Z=5+j5$\sqrt{3}$ Ω；（4）Z=5+j10Ω；（5）Z=-j10Ω。

第 10章

常用半导体元件

【学习目的和要求】

通过本章的学习，应了解半导体及 PN 结的基本知识；掌握电子电路中常用的半导体元件二极管、稳压管、光电管、三极管、而效应晶体管等的结构原理、特性参数及使用注意事项。

电子电路中常用的半导体器件的共同基础是 PN 结。因此，本章从讨论半导体的导电特性和 PN 结的基本原理（特别是它的单向导向性）开始，然后介绍二极管、稳压管、光电管、三极管和场效应管，为以后的学习打下基础。

10.1 半导体二极管

10.1.1 N 型和 P 型半导体

绝大多数半导体的原子排列十分整齐，呈晶体结构，所以由半导体构成的管件也称晶体管。在晶体结构中，外层价电子与原子核之间有很强的束缚力，因此纯半导体的导电能力不强，电阻率介于导体和绝缘体之间。

常用的半导体材料是硅和锗，它们都是四价元素，原子外层有 4 个电子，且在相邻原子之间组成共价键结构。当受到外界能量（热、光等）激发时，少量的价电子能够挣脱原子核的束缚而成为自由电子，同时在共价键上留出了空位，称为空穴。电子带负电，失去电子的空穴带正电，但作为一个整体，晶体仍是中性的。

在电场作用下,自由电子可以定向移动,形成电流。空穴虽不移动,但因为带正电,故能吸收相邻原子中的价电子来填补。相邻原子一旦失去电子,便产生了新的空穴。一部分空穴被填补,另一部分空穴相继产生的现象也可以理解为空穴在移动。电子移动时是负电荷的移动,空穴移动时是正电荷的移动,电子和空穴都能运载电荷,所以它们都称为载流子。

在纯净的半导体中,价电子受到较大的束缚力,只能产生少量的载流子,所以电阻率很大。但若掺入微量的某种元素(称为"掺杂")以后,导电能力可以增加很多倍。例如在四价的硅中掺入少量的五价元素磷。磷原子的外层有 5 个电子,其中 4 个与硅的外层电子组成共价键,多余的一个电子便成为自由电子。原子中自由电子的数量增加以后,导电能力就大为增强。由于参与导电的主要是带负电的电子,故把这类半导体称为 N 型半导体。

另一种情况是在四价的硅中加入三价的硼。硼原子的外层只有三个电子, 在与硅原子的外层电子结合共价键的过程中多出一个空位,即多了一个空穴。这样,带正电的空穴就成为主要载流子。所以这类半导体称为 P 型半导体。

10.1.2　PN 结及其单向导电性

通过一定的工艺,可以使一块完整的半导体一部分是 P 型的,而另一部分是 N 型的,这时在 P 型半导体与 N 型半导体的交界面上就形成一个特殊的薄层,称为 PN 结。

当 P 型区接电源正极,N 型区接电源负极时,半导体内便有电流通过 PN 结呈现低电阻。这种接法称为正向偏置,通过的电流称为正向电流,其数值由外电路决定。如图 10-1(a)所示。

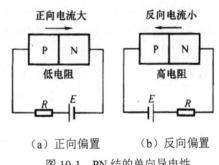

（a）正向偏置　　（b）反向偏置

图 10-1　PN 结的单向导电性

当 P 型区接电源负极,N 型区接电源正极时,半导体内通过的电流极小,PN 结呈现高电阻。这种接法称为反向偏置,如图 10-1(b)所示。反向电流一般为微安级。

PN 结在正向偏置时有正向电流,称为导通,在反向偏置时有极小的反向电流,称为截止。这种特性,称为单向导电性。

10.1.3　二极管的结构和符号

半导体二极管是由一个 PN 结加上相应的引出线和管壳构成的。由 P 型区引出的是正极,由 N 型区引出的是负极。

按照半导体二极管的内部结构,可分为点接触型和面接触型两种。点接触型由于结面积小,因而结电容也小,适用于高频,常用在检波、脉冲技术中,但允许通过的电流很小。国产 2AP 系列和 2AK 系列都属于点接触型二极管。

面接触型由于结面积大,可以通过较大的电流,适用于整流,但结电容大,不适用于高频场合。国产 2CP 系列和 2CZ 系列属于面接触型二极管。

普通型二极管的外形、结构和符号如图 10-2 所示。

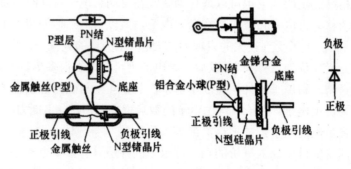

（a）点接触型　　　　　（b）面接触型　　（c）符号

图 10-2　二极管的外形、结构和符号

10.1.4　二极管的伏安特性

二极管的伏安特性是表示二极管电流与二极管端电压之间的关系,伏安特性可以用曲线来表示。不同二极管的伏安特性是有差异的，但曲线的基本形状是相似的。图 10-3 所示为锗材料和硅材料制成的二极管伏安特性曲线，它们都是非线性的。

当二极管正向偏置时，就产生正向电流。然而当正向电压低于某一数值时，正向电流非常小，这一电压称为死区电压，锗管约为 0.1 V，硅管约为 0.5 V（图 10-3 中的 A、B 点）。从特性曲线可以看出，二极管导通后，正向电流在相当大的范围内变化时，二极管端电压的变化却不大，锗管约为 0.2～0.3V,硅管约为 0.6～0.7V。

当二极管反向偏置时，反向电流非常小。小功率硅管的反向电流约在 $1\mu A$ 以下，锗管也只有几十微安。此时，二极管在电路中相当于一个开关关断的状态。如果把反向电压加大至某数值时，反向电流会突然加大，并急剧增长，这种现象称为击穿。此时二极管已失去单向导电性。大的反向电流流过 PN 结会产生大量热量，将二极管

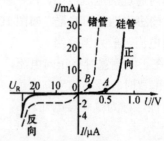

图 10-3　二极管的伏安特性曲线

烧坏。产生击穿时的电压称为反向击穿电压，在图 10-3 中用 U_R 表示。各类二极管的反向击穿电压大小不同，通常为几十至几百伏。

正向管压降为零，反向电阻为无穷大的二极管称为理想二极管。将二极管理想化有助于简化电路的分析。

10.1.5　二极管主要参数

1. 最大整流电流 I_{om}

这是指二极管长期使用时所允许通过的最大正向平均电流。因为电流通过二极管时,管子会发热,如果电流过大,超过允许值时,PN 结会因温度过高而烧坏。大功率二极管还必须按规定安装散热装置。

2. 反向工作峰值电压 U_{RWM}

这是指允许加在二极管上的反向电压的峰值,也就是通常所说的耐压值。一般产品手册上给出的 U_{RWM} 是击穿电压的一半,以保证二极管可靠工作。

二极管还有其他一些参数,如反向电流、截止频率、结电容等。

国产半导体二极管的命名方法举例如下:

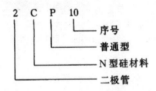

10.1.6　二极管的整流作用

1. 单相半波整流电路

将交流电转变为直流电的过程称为整流。图 10-4 所示为单相半波整流电路。图中 Tr 为整流电源变压器,它的作用是将交流电压 u_1 变换成整流电路所需要的电压 u_2,R_L 为需要直流的负载。如待充电的蓄电池就是这样的负载。

（1）工作原理

当 u_2 处于正半周时（a 端为正,b 端为负）,二极管 D 因正向偏置而导通,负载电阻的电流为 i_O,流过二极管的电流为 i_O,$i_D = i_O$。如果为理想二极管,导通时正向管压降 $u_D=0$。此时负载两端电压 $u_O = u_2$。

当 u_2 处于负半周时（a 端为负,b 端为正）,二极管 D 因反向偏置而截止。对于理想二极管,反向时回路中没有电流,负载两端也没有电压,这时 u_2 全部加在二极管 D 上。

u_2、i_O、i_D、u_D 的波形如图 10-5 所示。在这种整流电路中,由于只有交流电正半周时才有电流流过负载 R_L,故称为半波整流电路。

（2）负载电压和电流的计算

半波整流时在负载上得到的是单向脉动电压。对于半波整流电路,输出直流电压的平均值 U_O 与变压器次级电压有效值 U_2 的关系为:

$$U_O = \frac{1}{2\pi} \int_0^\pi \sqrt{2} U_2 \sin \omega t \, \mathrm{d}(\omega t)$$
$$= \frac{\sqrt{2}}{\pi} U_2$$

即： $$U_o = 0.45 U_2 \tag{10-1}$$

负载的直流电流为：

$$I_O = \frac{U_O}{R_L} = 0.45 \frac{U_2}{R_L} \tag{10-2}$$

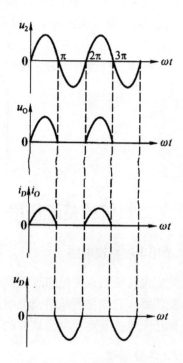

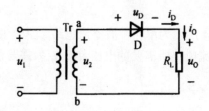

图 10-4　单相半波整流电路　　　　图 10-5　单相半波整流波形图

（3）整流二极管的选择

由于二极管的电流 i_D 与负载电流 i_O 是同一电流，其平均值也应相等，即 $I_D = I_O$，故选用的二极管最大整流电流为：

$$I_{OM} \geq I_D = I_O \tag{10-3}$$

由图 10-5 可见，二极管承受的最高反向电压等于二极管截止时端电压的最大值，故选用的二极管反向工作峰值电压为：

$$U_{RWM} \geq U_{DM} = \sqrt{2} U_2 \tag{10-4}$$

2. 单相桥式全波整流电路

（1）工作原理

桥式整流电路如图 10-6 所示，由于 4 只二极管接成电桥形式，故称桥式整流电路。

当 u_2 处于正半周时（a 端为正，b 端为负），二极管 D1、D3 因正向偏置而导通，D2、D4 因反向偏置而截止。

当 u_2 处于负半周时（a 端为负，b 端为正），二极管 D1、D3 因反向偏置而截止，D2、D4 因正向偏置而导通，但流经负载电阻的电流 i_o 的方向并没有改变。

因此，无论 u_2 是正半周还是负半周，负载上都有方向相同的脉动电流流过。所以这是一种全波整流电路。电流和电压的波形如图 10-7 所示。

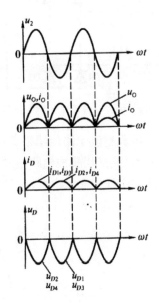

图 10-6　单相桥式整流电路　　　　　　图 10-7　桥式整流电路波形图

（2）负载电压和电流的计算

在全波整流电路中，负载上的电压和电流应是半波整流时的两倍，即：

$$U_O = 0.9U_2 \tag{10-5}$$

$$I_O = 0.9\frac{U_2}{R_L} \tag{10-6}$$

（3）整流二极管的选择

在桥式整流电路中，由于二极管 D1、D3 和 D2、D4 是轮流导通的，所以流过每个二极管的电流只有负载电流的一半，故选择的二极管只要求：

$$I_{OM} \geqslant I_D = \frac{1}{2}I_O \qquad (10\text{-}7)$$

二极管截止时所承受的反向电压最大值为 $\sqrt{2}U_2$，故选用的二极管要求：

$$U_{RWM} \geqslant U_{DM} = \sqrt{2}U_2 \qquad (10\text{-}8)$$

桥式整流电路的另一种画法如图 10-8 所示，简化画法如图 10-9 所示。

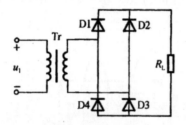

图 10-8　桥式整流电路的另一画法

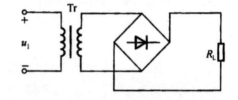

图 10-9　桥式整流电路的简化画法

由于桥式整流电路使用很普遍，现在已生产出二极管组件，又称为硅桥堆，其外形如图 10-10 所示，是应用集成电路技术将 4 个 PN 结集成在同一硅片上，具有 4 根引出线。使用时将其中两根引线接交流电源，另外两根即为直流输出线。

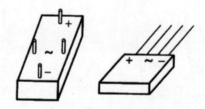

图 10-10　硅桥堆整流器外形

【例 10-1】有一负载需要直流电压 U_0=40V，电流 I_0=4A。计算采用半波整流电路和桥式全波整流电路时，整流二极管的电流 I_D 和最高反向电压 U_{DM} 以及电源变压器次级电压的有效值 U_2。

解：（1）采用半波整流电路，根据式（10-1）、式（10-3）、式（10-4）可分别得到：

$$U_2 = \frac{U_0}{0.45} = \frac{40}{0.45}\text{V} = 89\text{V}$$

$$I_D = I_0 = 4\text{A}$$

$$U_{DM} = \sqrt{2}U_2 = 126\text{V}$$

选择整流二极管时，可取其最大整流电流为 5A，反向工作峰值电压为 200V。

（2）采用桥式全波整流电路，根据式（10-5）、式（10-7）、式（10-8）可分别得到：

$$U_2 = \frac{U_0}{0.9} = \frac{40}{0.9}\text{V} = 44\text{V}$$

$$I_D = \frac{1}{2}I_0 = \frac{1}{2} \times 4\text{A} = 2\text{A}$$

$$U_{DM} = \sqrt{2}U_2 = \sqrt{2} \times 44\text{V} = 63\text{V}$$

此时整流二极管的最大整流电流可取 3A，反向工作峰值电压可取 100V。

10.1.7　滤波电路

整流电路的输出电压或电流是脉动的，是一种非正弦周期量，除了含有直流分量外，还含有交流分量。这种脉动电压会对电子设备产生干扰。设置滤波电路的目的，就是将脉动电压中的交流成分滤掉，从而将脉动电压变成比较平滑的直流电压。电容器对交流分量容抗小，交流容易通过。电感器对交流分量感抗大，交流不容易通过。所以滤波电路一般可由电容或电感元件组成。

1. 电容滤波电路

（1）工作原理

图 10-11 所示为半波整流电容滤波电路，滤波电容器直接并联在负载两端。

当 u_2 的正半周开始时，若 $u_2 > u_C$ 则二极管 D 导通，电容器 C 充电。在忽略二极管正向压降的情况下，充电电压 u_C 与正弦电压 u_2 一致，当 u_2 达到峰值时，u_C 也达到最大值。

当 u_2 由峰值下降时，若电容器放电回路的时间常数较大，则 u_C 下降较慢。当 $u_2 < u_C$ 时，二极管 D 截止。电容器 C 对负载 R_L 的放电过程一直维持到 u_2 的下一个正半周中的 $u_2 > u_C$ 时为止。负载上的电压波形即电容器的电压波形，如图 10-12 所示。与无滤波的半波整流电路相比较，负载上得到的直流电压脉动情况已大大改善，并且输出电压的平均值也提高了。

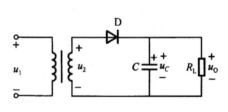

图 10-11　电容滤波电路

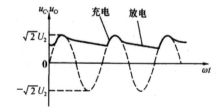

图 10-12　电容滤波时的电压波形

（2）滤波电容 C 的选择与负载上直流电压的估算

滤波电容 C 越大，负载电阻 R_L 越大，输出电压越平滑，输出直流电压越高。为了得到比较平滑的电压，一般要求：

$$R_L C \geqslant (3{\sim}5)T \quad \text{（半波整流滤波）} \tag{10-9}$$

$$R_L C \geqslant (3 \sim 5)\frac{T}{2} \quad （全波整流滤波） \quad (10\text{-}10)$$

式中 T 为交流电压 u_2 的周期。

滤波电容的数值一般取几十微法至几千微法。通常采用有极性的电解质电容器，使用时应注意其正负极性，不能接反。此外，当负载断开时，电容器两端的电压将升高至 $\sqrt{2}U_2$，故电容器的耐压值应大于此值，通常取 $(1.5\sim2)U_2$。极性电容器的图形符号上有 "+" 标记，见图 10-11。

接入滤波电容器后，负载直流电压升高，通常按下式估算：

$$U_O \approx U_2 \quad （半波整流滤波） \quad (10\text{-}11)$$

$$U_O \approx 1.2U_2 \quad （全波整流滤波） \quad (10\text{-}12)$$

【例 10-2】有一半波整流电容滤波电路，已知交流电压频率 $f = 50\text{Hz}$。要求输出直流电压 U_O=30V，电流 I_O=80mA。估算整流二极管及滤波电容器的参数。

解：

（1）整流二极管。

通过二极管的电流：

$$I_D=I_O=80\text{mA}$$

变压器次级电压：

$$U_2=U_O=30\text{V}$$

二极管承受的最大反向电压，从图 10-12 可以看到，当二极管截止时，它所承受的反向电压为交流电压和电容器上电压之和，最大值接近于 $2\sqrt{2}U_2$，即：

$$U_{RM} \approx 2\sqrt{2}U_2 = 85\text{V}$$

因此所用二极管的最大整流电流可取 100mA，反向工作峰值电压可取 100V。

（2）滤波电容器。

根据式（10-9），取 $R_L C$=5T，所以：

$$C = 5\frac{T}{R_L} = 5 \times \frac{0.02}{30/0.08}\text{F}$$
$$= 267 \times 10^{-6}\text{F} = 267\mu\text{F}$$

可选用 C=330μF，耐压为 50V 的电解电容器。

2. 电感滤波电路

（1）工作原理

图 10-13 所示为桥式整流电感滤波电路，电感 L 与负载电阻 R_L 相串联。

当流过电感线圈的电流发生变化时，电感两端将产生一个反电动势来阻止电流的变化。于是，负载的电压和电流就比较平滑了，如图 10-14 所示。

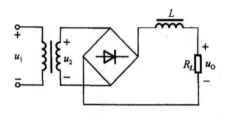

图 10-13　电感滤波电路

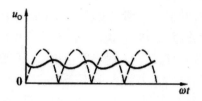

图 10-14　电感滤波时的电压波形

（2）滤波电感 L 的选择与负载上直流电压的估算

滤波用的线圈称为扼流圈，是一种有气隙的铁心线圈。扼流圈的 L 愈大，阻止负载电流变化的能力就愈大，滤波效果就愈好。但线圈 L 增大，不但成本提高，而且线圈匝数增加，导致直流电阻也要增加，从而引起直流能量损失增加。故一般取扼流圈的电感量为几亨至几十亨。

电感滤波器大多用在单相全波整流电路和三相整流电路中。在图 10-13 中，若忽略电感线圈的电阻，负载的直流电压为

$$U_o=0.9U_2 \tag{10-13}$$

比较图 10-12 和图 10-14 可以看出，电感滤波时输出直流电压没有电容滤波时高，但负载变动时，输出电压变动较小。所以电感滤波电路一般适用于负载变动较大及负载电流较大的场合。

3. 复式滤波电路

为了进一步减小输出电压中的脉动成分，可以将电容和电感组成复式滤波电路。图 10-15 所示为常见的几种复式滤波电路。

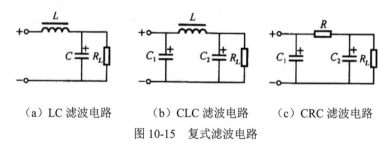

（a）LC 滤波电路　　　（b）CLC 滤波电路　　　（c）CRC 滤波电路

图 10-15　复式滤波电路

10.2　稳压二极管

稳压二极管简称稳压管，它与电阻配合具有稳定电压的作用。

10.2.1　稳压管的伏安特性

稳压管是一种用特殊工艺制造的面接触型硅二极管,它的符号和伏安特性曲线如图 10-16 所示。

对普通二极管来说,当达到击穿电压时,二极管将被击穿损坏。但对稳压管来说,只要击穿时的电流限制在 I_{max} 以内,就不会造成损坏。

稳压管正常工作时是在伏安特性曲线的反向击穿区(AC 段),在这个区内电流在较大范围内变化而电压 U_z 基本恒定,具有稳压特性。

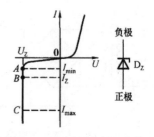

图 10-16　稳压管的符号和特性

10.2.2　稳压管的主要参数

- 稳定电压 U_z:同一型号的稳压管,其稳定电压都有一定范围。例如 2CWl 型稳压管的稳压电压为 7~8.5V,即同型号稳压管的稳压值是有些差异的。
- 动态电阻 r_z:在稳定状态下,稳压管端电压变化量与相应电流变化量之比值,即:

$$r_z = \frac{\Delta U_2}{\Delta I_2} \tag{10-14}$$

稳压管的反向伏安特性曲线越陡,则动态电阻越小,稳定性能越好。

- 稳定电流 I_z:工作电压等于稳定电压时,制造厂的测试电流。
- 最大稳定电流 I_{Zmax}:稳压管允许通过的最大反向电流。稳压管工作时的电流应小于这个电流,否则管子将因过热而损坏。

10.2.3　稳压管稳压电路

图 10-17 所示为稳压管稳压电路,经过桥式整流和电容滤波得到的直流电压 U_i 再经过电阻 R 和稳压管 D_z 组成的稳压电路接到负载电阻 R_L 上。这样,负载上得到的是比较稳定的电压 U_o,显然 $U_o = U_z$。

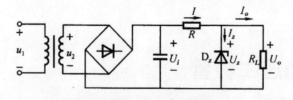

图 10-17　稳压管稳压电路

电阻 R 串联在电路中,使稳压管的电流不会超过 I_{Zmax},所以 R 称为限流电阻。流过 R 的电流：

$$I=I_Z+I_O \qquad\qquad (10\text{-}15)$$

稳压电路的稳压过程如下：

当电网电压增加而使输入电压 U_i 随着增加时，输出电压 U_O 有所升高，即稳压管两端的反向电压也有所升高，这将引起稳压管电流 I_Z 显著增加，流过限流电阻 R 的电流 I 也增加，致使限流电阻上的压降增加，从而使输出电压 U_O 基本不变。

如果电网电压保持不变，而只是负载电流变化时，流过稳压管的电流 I_Z 将与负载电流 I_O 做相反的变化，使限流电阻 R 中的总电流 I 基本不变，从而保持负载电压 U_O 基本不变。

10.3 特殊用途二极管

除了利用 PN 结的单向导电性作为整流、检波、限幅等元件外，还利用 PN 结的其他特性制造了一些具有特殊用途的二极管。本节介绍常见的几种特殊二极管。

10.3.1 发光二极管

发光二极管是一种将电能直接转换成光能的固体发光器件。它是由特殊材料构成的 PN 结，当正向偏置时，PN 结便以发光的形式来释放内部的能量。光的颜色主要取决于制造二极管的材料，例如砷化镓半导体辐射红光，磷化镓半导体辐射绿光或黄光等。

发光二极管的符号与特性如图 10-18 所示。发光二极管的正向工作电压一般小于 2V。正向电流为 10mA 左右。

发光二极管的应用很广，常用作音响设

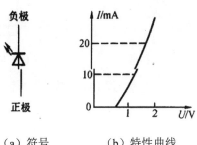

（a）符号　　　（b）特性曲线

图 10-18　发光二极管的符号和特性

备、数控仪表等的显示器，具有体积小、显示快、寿命长等优点。

10.3.2 光电二极管

光电二极管又称光敏二极管，其 PN 结工作在反向偏置状态。图 10-19 为 2DU 型光电二极管的外形、符号及基本电路。

当装有透镜的窗口未接受光照射时，电路中流过微小的反向电流，称为暗电流。当窗口受到光照射时，反向电流会急剧增长，称为亮电流。通过外接电阻 R_L 上的电压变化，实现光—电信号的转换。

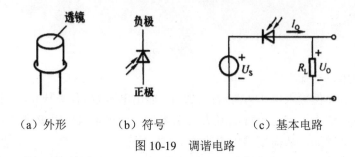

（a）外形　　　（b）符号　　　（c）基本电路

图 10-19　调谐电路

10.3.3　变容二极管

这种二极管的特点是 PN 结反向偏置时的结电容随反向电压变化而有较大的变化。图 10-20 是变容二极管的符号和压—容特性曲线。

在电子技术中，变容二极管常作为调谐电容使用。改变其反向电压以调节 LC 谐振回路的振荡频率。图 10-21 所示为用变容二极管组成的调谐电路。反向电压大小由电位器 R_P 调节，C_1 为隔直电容，振荡频率 $f = \dfrac{1}{2\pi\sqrt{LC}}$。

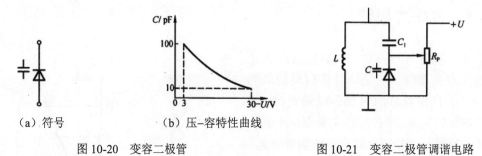

（a）符号　　　　　（b）压–容特性曲线

图 10-20　变容二极管　　　　　　　　图 10-21　变容二极管调谐电路

10.4　半导体三极管

半导体三极管又称晶体三极管，简称三极管或晶体管，是放大电路中最基本的元件。

10.4.1　三极管的结构

三极管的内部结构为两个 PN 结，这两个 PN 结是由三层半导体形成的。根据排列的方式不同，可分为 NPN 型和 PNP 型两种类型，如图 10-22 所示。在三层半导体中，中间的一层称为基区，两边分别称为发射区和集电区。发射区与基区之间的 PN 结称为发射结，集电区与基区之间的 PN 结称为集电结。从三个区引出的电极分别称为发射极，基极和集电极。分别用字母 E、B、C 表示。

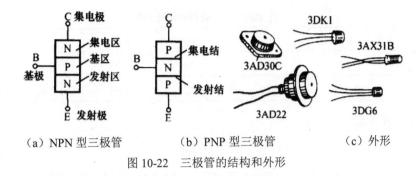

（a）NPN 型三极管   （b）PNP 型三极管   （c）外形

图 10-22 三极管的结构和外形

图 10-23 所示为两种不同类型三极管的图形符号。它们的区别仅在于发射极箭头的方向。图中箭头所指方向是表示发射结正向偏置时的电流方向。

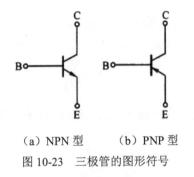

（a）NPN 型   （b）PNP 型

图 10-23 三极管的图形符号

NPN 型和 PNP 型两种三极管，按其所选用半导体材料的不同，又可分为硅管和锗管两类。国产三极管的命名方法举例如下：

10.4.2 三极管的电流放大作用

为了了解三极管的电流放大作用，下面用一个实验来说明。将一个型号为 3DG6（NPN 型）的三极管接成图 10-24 所示电路。要注意的是发射结必须外加正向偏置，集电结必须外加反向偏置。

改变可变电阻 R_P 时，基极电流 I_B、集电极电流 I_C 和发射极电流 I_E 都将发生变化。不同值的 I_B 有对应的 I_C 和 I_E 值，如表 10-1 所示。

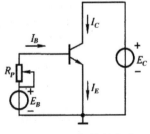

图 10-24 三极管的电流

表 10-1 　　三极管的电流分配

I_B/mA	0	0.01	0.02	0.03	0.04	0.05
I_C/mA	0.05	0.44	1.10	1.77	2.45	3.20
I_E/mA	0.05	0.45	1.12	1.80	2.49	3.25

从表 10-1 可看出：

$$I_E = I_B + I_C \tag{10-16}$$

同时可以看出，基极电流 I_B 从 0.0lmA 变化到 0.02mA 时，基极电流的变化量 ΔI_B 为 0.01mA，而集电极电流 I_C 却从 0.44mA 变化到 1.10mA，即变化量 ΔI_C 为 0.66mA。这表明三极管基极电流的微小变化会引起集电极电流较大的变化，这就是通常所说的电流放大作用。

ΔI_C 与 ΔI_B 的比值称为动态电流放大系数 β，即：

$$\beta = \frac{\Delta I_C}{\Delta I_B} \tag{10-17}$$

从表 10-1 还可以看出，集电极电流 I_C 比基极电流 I_B 大得多。I_C 与 I_B 的比值称为静态电流放大系数 $\bar{\beta}$，即：

$$\bar{\beta} = \frac{I_C}{I_B} \tag{10-18}$$

β 与 $\bar{\beta}$ 在数值上相差不大，在计算时可以认为相等。

10.4.3　三极管的特性曲线

三极管在电路中有发射极、共基极和共集电极三种接法，如图 10-25 所示，可见不论哪种连接方式，都有一对输入端和一对端出端。

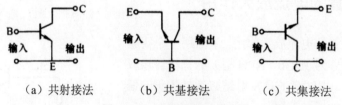

（a）共射接法　　　（b）共基接法　　　（c）共集接法

图 10-25　三极管的三种接法

其中共发射极接法用得最多，所以这里以 NPN 型硅管为例，讨论这种接法时三极管的特性。

1. 输入特性曲线

输入特性是指输入端的电压 U_{BE} 与电流 I_B 的关系，即

$$I_B = f(U_{BE})\big|_{U_{CE}=\text{常数}} \tag{10-19}$$

图 10-26 是硅 NPN 型三极管的典型输入特性曲线。从特性曲线中可看出：

- U_{CE} 增大时，曲线族向右移。但当 $U_{CE} \geqslant 1$ 时，曲线族基本重合。
- 输入特性曲线是非线性的。和二极管特性曲线一样，有一段"死区"。硅管约为 0.5V，锗管约为 0.1V。当管子电流较大时，发射结正向压降变化不大，硅管约为 $0.6 \sim 0.7$V，锗管约为 $0.2 \sim 0.3$V。

2. 输出特性曲线

输出特性是指输出电压 U_{CE} 与电流 I_C 的关系，即：

$$I_C = f(U_{CE})\big|_{U_B=\text{常数}} \tag{10-20}$$

图 10-27 是硅 NPN 型三极管的输出特性曲线。从曲线可以看出这是一组以 I_B 为参变量的曲线族。曲线族可分为以下三个区域。

- 饱和区：饱和区是对应于 U_{CE} 较小的区域。当 $U_{CE} < U_{BE}$ 时，集电结处于正向偏置，以致 I_C 不能随 I_B 的增大而成比例增大，即 I_C 处于饱和状态。硅管的饱和压降 U_{CES} 约为 0.5V，几乎可以忽略不计，所以此时三极管相当于一个开关的接通状态。
- 截止区：当 $I_B=0$ 时，集电极仍有很小的电流，此电流称为穿透电流 I_{CEO}。此时三极管相当于一个开关的断开状态。
- 放大区：是指饱和区和截止区中间的区域。在放大区 I_C 与 I_B 成正比，即 $I_C = \overline{\beta} I_B$，而与 U_{CE} 关系不大。换言之，当 I_B 固定时，I_C 基本不变，具有恒流特性。

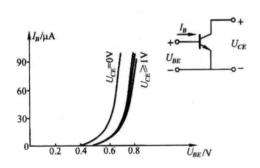

图 10-26　三极管的输入特性曲线

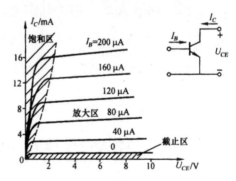

图 10-27　三极管的输出特性曲线

由特性曲线可知，欲使三极管起放大作用，必须使其工作在放大区，此时 $I_C = \overline{\beta} I_B$，$\Delta I_C = \beta \Delta I_B (\overline{\beta} \approx \beta \gg 1)$。若是工作在截止区或饱和区，三极管则成为一个由基极电流所控制的无触点开关。因此，只要控制三极管的发射结和集电结的偏置情况，便可使管子或是工作在放大状态，或是工作在开关状态。

10.4.4 三极管的主要参数

1. 电流放大系数 $\overline{\beta}$ 和 β

共发射极静态电流放大系数 $\overline{\beta} = \dfrac{I_C}{I_B}$，共发射极动态电流放大系数 $\beta = \dfrac{\Delta I_C}{\Delta I_B}$，$\overline{\beta}$ 和 β 的定义不同，但在常用的工作范围内二者的数值比较接近，一般为 20～200。

2. 穿透电流 I_{CEO}

是指基极开路（$I_B=0$）情况下流过集电极和发射极间的电流。通常要求 I_{CEO} 的值越小越好，硅管约几微安，锗管约几十微安；I_{CEO} 过大会导致工作特性的不稳定。

3. 集电极最大允许电流 I_{CM}

集电极电流超过一定数值时，三极管的 β 值将下降。一般把 β 值下降到规定允许值（通常为额定值的 2/3）时的集电极电流，称为集电极最大允许电流。使用时若 $I_C>I_{CM}$，三极管可能不会损坏，但其 β 值已显著下降。

4. 集—射反向击穿电压 $U_{(BR)CEO}$

基极开路时，加在集电极和发射极之间的最大允许电压。

5. 集电极最大允许耗散功率 P_{CM}

是指集电极电流和电压乘积的最大值，即

$$P_{CM}=U_{CE}I_C$$

如果集电极耗散功率超过 P_{CM}，集电结会过热，结果会引起管子性能变差，甚至烧毁。

10.5 场效应晶体管

场效应晶体管简称场效应管，它是利用电场效应来控制晶体管电流的。场效应管按其结构可分为结型和绝缘栅型两大类。相比之下，由于绝缘栅型场效应管有成本低、功耗小等优点，很适宜组成大规模集成电路。

10.5.1 绝缘栅型场效应管的结构

图 10-28 所示为绝缘栅型场效应管的结构示意图。图 10-28（a）为一块 P 型半导体衬底，经半导体工艺在其上面形成两个 N^+ 型区，分别引出漏极（D）和源极（S）。在衬底表面两个

N^+ 区之间生成一层二氧化硅的绝缘薄层，上面覆盖一层金属铝片，引出栅极（G）。由于栅极与其他电极是绝缘的，所以称为绝缘栅场效应管。B 为衬底引线，通常将它与源极（S）或地相连。因为有上述结构特点，故又称为金属—氧化物—半导体（Metal-Oxide-Semiconductor）场效应管。简称 MOS 场效应管或 MOS 管。因为栅源间有绝缘层，所以管子的输入电阻很高，可达 $10^9\Omega \sim 10^{15}\Omega$。

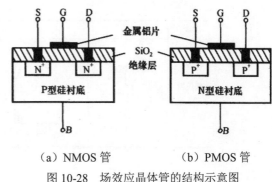

（a）NMOS 管　　　　　（b）PMOS 管

图 10-28　场效应晶体管的结构示意图

漏极和源极之间的区域中会形成导电沟道。按导电沟道类型的不同，MOS 管可分为 N 型沟道 MOS 管和 P 型沟道 MOS 管两种，分别简称为 NMOS 管和 PMOS 管。图 10-28（a）所示为 NMOS 管（P 型硅衬底），图 10-28（b）所示为 PMOS 管（N 型硅衬底）。

10.5.2　场效应管的工作原理

按导电沟道形成的不同，MOS 管又可分为增强型和耗尽型两种。因此 MOS 场效应管共分 4 种，它们的图形符号和特性曲线见表 10-2。

表 10-2　MOS 管的符号与特性曲线

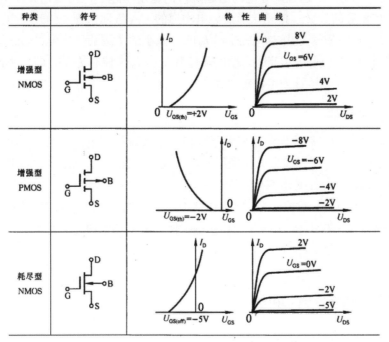

（续表）

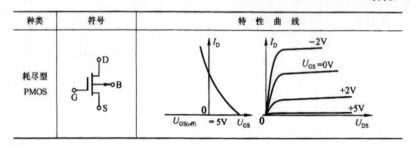

种 类	符 号	特 性 曲 线
耗尽型 PMOS		

1. 增强型 NMOS 管

增强型 NMOS 管的工作电路如图 10-29 所示。如果 $U_{GS}=0$，这时两个 N^+ 型区中间的 P 型衬底可以保证无论漏源之间所加电压 U_{DS} 的极性如何，总有一个 PN 结反向偏置，因而管子不通，漏极电流 $I_D=0$。

如果 $U_{GS}>0$，由于栅极铝片与 P 型衬底之间为二氧化硅绝缘体，它们构成一个电容器。U_{GS} 所形成的电场便会在靠近二氧化硅绝缘层的 P 型衬底一侧感应出较多的电子，从而形成了一个电子层，称之为反型层。反型层中电子密度增大后会变成漏源之间的导电沟道，当漏源间加上电压 U_{DS} 时，产生漏极电流 I_D。

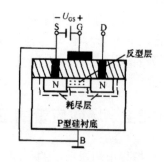

图 10-29　导电沟道的形成

U_{GS} 值越大，电场作用越强，导电沟道越宽，沟道电阻越小，I_D 就越大（见表 10-2），这就是增强型 NMOS 管的含义。把开始形成导电沟道的 U_{GS} 值称为管子的开启电压，用 $U_{GS(th)}$ 表示。由此可见，场效应管是由 U_{GS} 来控制 I_D 的，微小的 U_{GS} 的变化可以引起较大的 I_D 的变化，故为电压控制元件。而 10.4 节所介绍的晶体管是由 I_B 来控制 I_C 的，即微小的 I_B 的变化引起较大的 I_C 的变化，故晶体管为电流控制元件。

2. 耗尽型 NMOS 管

耗尽型 NMOS 管的二氧化硅绝缘层中已经掺入了大量的正电荷。当 $U_{GS}=0$ 时，这些正电荷产生的内电场也能在衬底表面形成反型层导电沟道。显然，当 $U_{GS}<0$ 时，外电场与内电场相反，于是沟道变薄，从而使 I_D 减小。

当 U_{GS} 的负值达到某一数值时，导电沟道消失，$I_D=0$。此时的 U_{GS} 称为夹断电压，用 $U_{GS(off)}$ 表示（见表 10-2）。这种 MOS 管通过外加 U_{GS}，使导电沟道变薄，直至载流子耗尽为止，故称耗尽型。

10.5.3　MOS 管的特性曲线

MOS 管的特性曲线见表 10-2 所示。

1. 转移特性

转移特性是指栅源电压 U_{GS} 与漏极电流 I_D 的关系，即：

$$I_D = f(U_{GS})\big|_{U_{DS}=常数} \tag{10-21}$$

2. 漏极特性

漏极特性是指漏源电压 U_{DS} 与漏极电流 I_D 的关系，即：

$$I_D = f(U_{DS})\big|_{U_{GS}=常数} \tag{10-22}$$

10.5.4　MOS 管的主要参数

1. 跨导 g_m

在 U_{DS} 为某一固定值时，I_D 的微小变化量和引起它变化的 U_{GS} 微小变化量之间比值，即：

$$g_m = \frac{\mathrm{d}I_D}{\mathrm{d}U_{GS}} \tag{10-23}$$

2. 开启电压 $U_{GS(th)}$

是指在 U_{DS} 为某一固定值时，形成 I_D 所需要的最小 $|U_{GS}|$ 值。它是增强型 MOS 管的参数。

3. 夹断电压 $U_{GS(off)}$

是指在 U_{DS} 为某一固定值时，使 I_D 为微小电流时所需的 $|U_{GS}|$ 值。它是耗尽型 MOS 管的参数。

4. 饱和漏极电流 I_{DSS}

是指在 $U_{GS}=0$ 时，I_D 的值。它是耗尽型 MOS 管的参数。

5. 极限参数

它包括最大漏极电流 I_{DM}、最大耗散功率 P_{DM}、漏源击穿电压 $U_{(BR)DS}$ 和栅源击穿电压 $U_{(BR)GS}$。

10.6　本章小结

1. PN 结是现代半导体器件的基础。一个 PN 结可制成一个二极管，两个 PN 结即可形成双极型三极管，多于两个 PN 结的器件将在后续章节中介绍。根据当前微电子技术的发展趋势，硅工艺制成的器件仍将占主导地位。

2. 半导体二极管的基本性能是单向导电性，利用它的这一特点，可进行整流、限幅等。特殊的二极管（如稳压管）则可用来稳压。二极管的伏安特性是非线性的，所以它是非线性器件。（对于硅管而言，正向压降约为 0.6～0.7V；对于锗管而言，正向压降约为 0.2～0.3V）。

3. 半导体三极管是一种电流控制器件，即通过基极电流 I_B 或射极电流 I_E 去控制集电极电流 I_C。所谓放大作用 $I_C = \bar{\beta}_{IB}$，实质上是一种控制作用。应当注意的是，管子工作在放大区时，发射结必须正向偏置，而集电结必须反向偏置。三极管的特性同二极管一样，也是非线性的，两者均属非线性器件。半导体三极管的出现，为固体电路开辟了广阔的应用领域。

4. 场效应管。

（1）半导体三极管有两种载流子参与导电，故属于双极型器件；而场效应管是电压控制器件，只依靠一种载流子导电，故属于单极型器件。虽然这两种器件的控制原理有所不同，但通过类比可发现，两者组成电路的形式极为相似，分析的方法仍然是图解法（亦可用公式计算）和微变等效电路法。

（2）由于场效应管具有输入阻抗高（$10^8\Omega \sim 10^{15}\Omega$）、噪声低（如 JFET 型管的噪声为 0.5dB~1dB）等一系列优点，而半导体三极管电流放大系数 β 高，若将场效应管和半导体三极管结合使用，就可大大提高和改善电子电路的某些性能指标，从而扩展场效应管的应用范围。

（3）MOS 绝缘场效应管器件主要用于制成集成电路。随着微电子工艺水平的不断提高，MOS 器件在大规模和超大规模数字集成电路中应用极为广泛，同时在集成运放和其他模拟集成电路中也得到了迅速地发展。

10.7 习题

10-1 理想二极管电路如图 10-30 所示，求 U_{AO}。

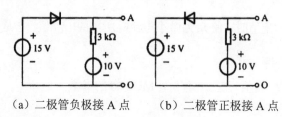

（a）二极管负极接 A 点　　（b）二极管正极接 A 点

图 10-30　习题 10-1 的图

10-2 理想二极管电路如图 10-31 所示，已知输入电压 $u_i = 12\sin \omega t$ V，试画出输出电压 u_o 的波形。

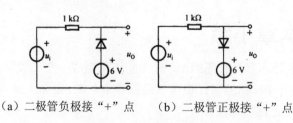

（a）二极管负极接"+"点　　（b）二极管正极接"+"点

图 10-31　习题 10-2 的图

10-3 稳压管电路如图 10-32 所示，已知输入电压 $u_i = 12\sin\omega t$ V，稳压管的 U_Z=6V，其正向压降不计。试画出输出电压 u_o 的波形。

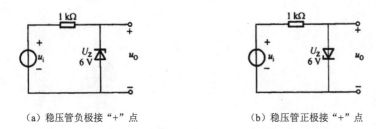

（a）稳压管负极接"+"点　　　　　　　　（b）稳压管正极接"+"点

图 10-32　习题 10-3 的图

10-4 有一桥式整流电路，变压器二次侧电压 U_2=100V，负载电阻 R_L=100Ω，二极管是理想的。试计算：（1）输出电压 U_O；（2）负载电流 I_O；（3）二极管电流 I_D；（4）二极管所承受的最大反向电压 U_{RM}。

10-5 图 10-33 所示为桥式整流、电容滤波电路，已知 U_2=10V，二极管是理想的。试估算：（1）输出电压 U_O；（2）电容开路时的 U_O；（3）负载开路时的 U_O；（4）一个二极管开路时的 U_O；（5）电容和一个二极管同时开路时的 U_O；（6）二极管所承受的最大反向电压 U_{RM}。

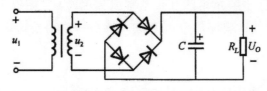

图 10-33　习题 10-4 的图

10-6 两只硅稳压管的稳压值分别为 U_{z1}=6V，U_{z2}=9V，其正向压降为 0.7V。把它们串联相接可得到几种稳压值，各为多少？

10-7 测得工作在放大电路中的几个三极管的三个电极对公共地端电压为 U_1、U_2、U_3，对应数值分别是：

（1）U_1=3.5V，U_2=2.8V，U_3=12V；

（2）U_1=3V，U_2=2.8V，U_3=6V；

（3）U_1=6V，U_2=11.3V，U_3=12V；

（4）U_1=6V，U_2=11.8V，U_3=12V。

判断它们是 PNP 型还是 NPN 型？是硅管还是锗管？同时确定三个电极 E、B、C。

10-8 某一晶体管的极限参数为 P_{CM}=100mW，I_{CM}=20mA，$U_{BR(CEO)}$=15V，试问在下列情况下，哪种为正常工作状况？

（1）U_{CE}=3V，I_C=10 mA；（2）U_{CE}=2V，I_C=40mA；（3）U_{CE}=8V，I_C=18mA。

10-9 已知 N 沟道耗尽型场效应管的 I_{DSS}=2mA，$U_{GS(off)}$=-4V。画出它的转移特性曲线和漏极特性曲线。

第11章

基本放大电路

【学习目的和要求】

通过本章的学习，应了解常用的几种基本放大电路（含场效应管放大电路）的结构、工作原理；掌握其基本放大电路的分析方法、特点和应用技巧。

基本放大电路是电工电子技术的重要基础。本章介绍的基本放大电路是由分立元件组成的各种常用基本放大电路，我们将对这些电路的结构、工作原理、分析方法以及特点和应用进行讨论。

11.1 共发射极放大电路的组成

图 11-1 是共发射极接法的基本交流放大电路。输入端接交流信号源（通常用电动势 e_s 与电阻 R_s 串联的电压源表示），输入电压为 u_i；输出端接负载电阻 R_L，输出电压为 u_0。电路中各个元件分别起如下作用。

- 晶体管 T：晶体管是放大元件，利用它的电流放大作用，在集电极电路获得放大了的电流 i_c，该电流受输入信号的控制。
- 集电极电源电压 U_{cc}：电源电压 U_{cc} 除了为输出信号提供能量外，它还保证集电

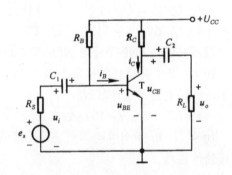

图 11-1 共发射极基本交流放大电路

结处于反向偏置，以使晶体管起到放大作用。U_{cc} 一般为几伏特到几十伏特。

- 集电极负载电阻 Rc：集电极负载电阻简称集电极电阻，主要是将集电极电流的变化变换为电压的变化，以实现电压放大。Rc 的阻值一般为几千欧到几十千欧。
- 偏置电阻 R$_B$：它的作用是提供大小适当的基极电流 I_B，以使放大电路获得合适的工作点，并使发射处于正向偏置。R$_B$ 的阻值一般为几十千欧到几百千欧。
- 耦合电容 C$_1$ 和 C$_2$：它们一方面起到隔直作用，C$_1$ 用来隔断放大电路与信号源之间的直流通路，而 C$_2$ 则用来隔断放大电路与负载之间的直流通路，使三者之间无直流联系，互不影响。另一方面又起到交流耦合作用，保证交流信号畅通无阻地经过放大电路沟通信号源、放大电路和负载三者之间的交流通路。通常要求耦合电容上的交流压降小到可以忽略不计，即对交流信号可视作短路；因此电容值要取得较大，对交流信号频率其容抗近似为零。C$_1$ 和 C$_2$ 的电容值一般为几微法到几十微法，用的是极性电容器，连接时要注意其极性。

11.2 共发射极放大电路的分析

对放大电路可分静态和动态两种情况来分析。静态是当放大电路没有输入信号时的工作状态；动态则是有输入信号时的工作状态。静态分析是要确定放大电路的静态值（直流值）I_B、I_c、U_{BE} 和 U_{CE}，放大电路的质量与其静态值的关系甚大。动态分析是要确定放大电路的电压放大倍数 A_u、输入电阻 r_i 和输出电阻 r_o 等。

由于放大电路中电压和电流的名称较多，符号不同，将其列成表 11-1 以便区别。

表 11-1 放大电路中电压和电流的符号

名称	静态值	交流分量		总电压或总电流		直流电源	
		瞬时值	有效值	瞬时值	平均值	电动势	电压
基极电流	I_B	i_b	I_b	i_B	$I_{B(AV)}$		
集电极电流	I_c	i_c	I_c	i_C	$I_{C(AV)}$		
发射极电流	I_E	i_e	I_e	i_E	$I_{E(AV)}$		
集-射极电压	U_{CE}	u_{ce}	U_{ce}	u_{CE}	$U_{CE(AV)}$		
集-射极电压	U_{BE}	u_{be}	U_{be}	u_{BE}	$U_{BE(AV)}$		
集电极电源						E_C	U_{cc}
基极电源						E_B	U_{BB}
发射极电源						E_E	U_{EE}

11.2.1 静态分析

1. 用放大电路的直流通路确定静态值

静态值既然是直流的，就可用交流放大电路的直流通路来分析计算。图 11-2 是图 11-1 所示放大电路的直流通路。画直流通路时，电容 C_1 和 C_2 可视作开路。

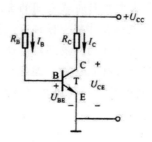

图 11-2   交流放大电路的直流通路

由图 11-2 的直流通路，可得出静态时的基极电流。

$$I_B = \frac{U_{CC} - U_{BE}}{R_B} \approx \frac{U_{CC}}{R_B} \tag{11-1}$$

由于 U_{BE}（硅管约为 0.6V）比 U_{CC} 小得多，故可忽略不计。
由 I_B 可得出静态时的集电极电流：

$$I_C \approx \bar{\beta} I_B \tag{11-2}$$

静态时的集－射极电压则为：

$$U_{CE} = U_{CC} - R_C I_C \tag{11-3}$$

【例 11-1】在图 11-1 中，已知 $U_{CC} = 12\text{V}$，$R_C = 4k\Omega$，$R_B = 300\text{k}\Omega$，$\bar{\beta} = 37.5$，试求放大电路的静态值。

解：根据图 11-2 的直流通路可得出：

$$I_B \approx \frac{U_{CC}}{R_B} = \frac{12}{300 \times 10^3}\text{A} = 0.04 \times 10^{-3}\text{A} = 0.04\text{mA} = 40\mu\text{A}$$

$$I_C \approx \bar{\beta} I_B = 37.5 \times 0.04\text{mA} = 1.5\text{mA}$$

$$U_{CE} = U_{CC} - R_C I_C = (12 - 4 \times 10^3 \times 1.5 \times 10^{-3})\text{V} = 6\text{V}$$

2. 用图解法确定静态值

图解法是非线性电路的一种分析方法。

根据式（11-3）：

$$U_{CE} = U_{CC} - R_C I_C$$

可得出：

①当 $I_C = 0$ 时，$U_{CE} = U_{CC}$；

②$U_{CE} = 0$ 时，$U_C = \dfrac{U_{CC}}{R_C}$。

就可在图 11-3 的晶体管输出特性曲线组上作出一直线，称为直流负载线。负载线与晶体管的某条（由 I_B 确定）输出特性曲线的交点 Q，称为放大电路的静态工作点，由它确定放大电路的电压和电流的静态值。

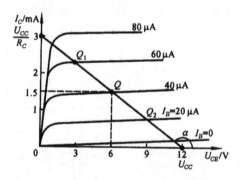

图 11-3　用图解法确定放大电路的静态工作点

由图 11-3 可见，基极电流 I_B 的大小不同，静态工作点在负载线上的位置也就不同。根据对晶体管工作状态要求的不同，要有一个相应不同的合适的工作点，可通过改变 I_B 的大小来获得。因此，I_B 很重要，可以确定晶体管的工作状态，通常称为偏置电流，简称偏流。产生偏流的电路，称为偏置电路，在图 11-2 中，其路径为 $U_{cc} \rightarrow R_B \rightarrow$ 发射结 $\rightarrow$ "地"。通常是改变偏置电阻 R_B 的阻值来调整偏流 I_B 的大小。

【例 11-2】在图 11-1 所示的放大电路中，已知 $U_{cc} = 12\text{V}$，$R_c = 4\text{k}\Omega$，$R_B = 300\text{k}\Omega$。晶体管的输出特性曲线组已给出（见图 11-3）。（1）作直流负载线；（2）求静态值。

解：（1）由 $I_c = 0$，$U_{CE} = U_{cc} = 12\text{V}$ 和 $U_{CE} = 0$ 时，$I_C = \dfrac{U_{CC}}{R_C} = \dfrac{12}{4 \times 10^3}\text{A} = 3\text{mA}$ 可作出直流负载线。

（2）由 $I_B = \dfrac{U_{CC}}{R_B} = \dfrac{12}{300 \times 10^3}\text{A} = 0.04 \times 10^{-3}\text{A} = 40\mu\text{A}$，得出静态工作点 Q，如图 11-3 所示，静态值为：

$$I_B = 40\mu\text{A}，\ I_C = 1.5\text{mA}，\ U_{CE} = 6\text{V}$$

11.2.2　动态分析

当放大电路有输入信号时，晶体管的各个电流和电压都含有直流分量和交流分量。直流分量一般即为静态值，由上述的静态分析来确定。动态分析是在静态值确定后对信号传输情况的分析，只考虑电流和电压的交流分量（信号分量）。微变等效电路法和图解法是动态分析的两种基本方法。

1. 微变等效电路法

所谓放大电路的微变等效电路，就是把非线性元件晶体管所组成的放大电路等效为一个线性电路，也就是把晶体管等效为一个线性元件。

（1）晶体管的微变等效电路

图 11-4（a）是晶体管的输入特性曲线，是非线性的。但当输入信号很小时，在静态工作点 Q 附近的工作段可认为是直线。当 U_{CE} 为常数时，ΔU_{BE} 与 ΔI_B 之比：

$$r_{be} = \frac{\Delta U_{BE}}{\Delta I_B}\bigg|U_{CE} = \frac{u_{be}}{i_e}\bigg|U_{CE} \tag{11-4}$$

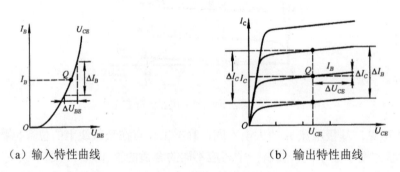

| (a) 输入特性曲线 | (b) 输出特性曲线 |

图 11-4　从晶体管的特性曲线求 r_{be}, β 和 r_{ce}

称为晶体管的输入电阻。在小信号的条件下，r_{be} 是一常数，由它确定 u_{be} 和 i_b 之间的关系。因此，晶体管的输入电路可用 r_{be} 等效代替，如图 11-5 所示。

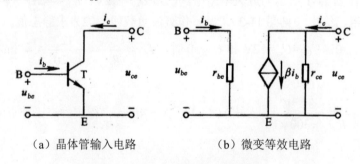

| (a) 晶体管输入电路 | (b) 微变等效电路 |

图 11-5　晶体管及其微变等效电路

低频小功率晶体管的输入电阻常用下式估算:

$$r_{be} \approx 200\Omega + (\beta + 1)\frac{26(\text{mV})}{I_E(\text{mA})} \tag{11-5}$$

一般为几百欧到几千欧。r_{be} 是相对交流而言的一个动态电阻。

图 11-4(b)是晶体管的输出特性曲线组,在线性工作区是一个近似等距离的平行直线。当 U_{CE} 为常数时,ΔI_c 与 ΔI_B 之比为:

$$\beta = \frac{\Delta I_c}{\Delta I_B}\bigg|_{U_{CE}} = \frac{i_c}{i_b}\bigg|_{U_{CE}} \tag{11-6}$$

即为晶体管的电流放大系数。在小信号的条件下,β 是常数,由它确定 i_c 受 i_b 控制的关系。因此,晶体管的输出电路可用等效恒流源 $i_c = \beta i_b$ 代替,以表示晶体管的电流控制作用。当 $i_b = 0$ 时,βi_b 不复存在,所以它不是独立电源,而是受输入电流 i_b 控制的受控电源。

此外,在图 11-4(b)中还可见到,晶体管的输出特性曲线不完全与横轴平行,当 I_B 为常数时,ΔU_{CE} 与 ΔI_c 之比:

$$r_{ce} = \frac{\Delta U_{CE}}{\Delta I_c}\bigg|_{I_B} = \frac{u_{ce}}{i_c}\bigg|_{I_B} \tag{11-7}$$

称为晶体管的输出电阻。在小信号的条件下,r_{ce} 也是一个常数。如果把晶体管的输出电路看作电流源,r_{ce} 也就是电源的内阻,故在等效电路中与恒流源 βi_b 并联。由于 r_{ce} 的阻值很高,约为几十千欧到几百千欧,所以在后面的微变等效电路中都把它忽略不计。

图 11-5(b)就是得出的晶体管微变等效电路。

(2)放大电路的微变等效电路

由晶体管的微变等效电路和放大电路的交流通路可得出放大电路的微变等效电路。如上所述,静态值可由直流通路确定,而交流分量则由相应的交流通路来分析计算。图 11-6(a)是图 11-1 所示交流放大电路的交流通路。对交流分量而言,电容 C_1 和 C_2 可视作短路;同时,一般直流电源的内阻很小,可以忽略不计,对交流而言直流电源也可以认为是短路的。据此就可画出交流通路。再把交流通路中的晶体管用它的微变等效电路代替,即为放大电路的微变等效电路,如图 11-6(b)所示。电路中的电压和电流都是交流分量,标出的是参考方向。

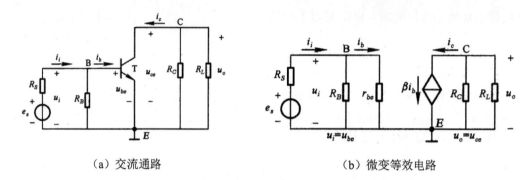

（a）交流通路   （b）微变等效电路

图 11-6　图 10-1 所示交流放大电路的交流通路和微变等效电路

（3）电压放大倍数的计算

设输入的是正弦信号，图 11-6（b）中的电压和电流都可用相量表示，如图 11-7 所示。由图 11-7 可列出：

$$\dot{U}_i = r_{be}\dot{I}_b$$
$$\dot{U}_o = -R'_L\dot{I}_C = -\beta R'_L\dot{I}_b$$

式中：

$$R'_L = R_C \, / \! / \, R_L$$

故放大电路的电压放大倍数：

$$A_u = \frac{\dot{U}_o}{\dot{U}_i} = -\beta\frac{R'_L}{r_{be}} \tag{11-8}$$

上式中的负号表示输出电压 $\dot{U}_o$ 与输入电压 $\dot{U}_i$ 的相位相反。

当放大电路输出端开路（未接 R_L）时，

$$A_u = -\beta\frac{R_C}{r_{be}} \tag{11-9}$$

比接 R_L 时高。可见 R_L 愈小，则电压放大倍数愈低。

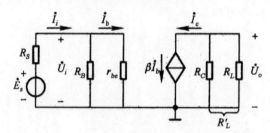

图 11-7　微变等效电路

【例 11-3】在图 11-1 中，$U_{CC}=12\text{V}$，$R_C=4\text{k}\Omega$，$R_B=300\text{k}\Omega$，$\beta=37.5$，$R_L=4\text{k}\Omega$，试求电压放大倍数 A_u。

解：在例 11-2 中已求出：

$$I_C=1.5\text{mA}\approx I_E$$

由式（11-5）可知：

$$r_{be}=200\Omega+(37.5+1)\frac{26\text{mV}}{1.5\text{mA}}=0.867\text{k}\Omega$$

故：

$$A_u=-\beta\frac{R_L'}{r_{be}}=-37.5\times\frac{2}{0.867}=-86.5$$

式中：

$$R_L'=R_C\,/\!/\,R_L=2\text{k}\Omega$$

（4）放大电路输入电阻的计算

放大电路对信号源（或前级放大电路）来说，是一个负载，可用一个电阻来等效代替。这个电阻是信号源的负载电阻，也就是放大电路的输入电阻 r_i，即

$$r_i=\frac{\dot{U}_i}{\dot{I}_i} \tag{11-10}$$

它是对交流信号而言的一个动态电阻。

如果放大电路的输入电阻较小：第一，将从信号源取用较大的电流，从而增加信号源的负担；第二，经过信号源内阻 R_S 和 r_i 的分压，使实际加到放大电路的输入电压 U_i 减小，从而减小输出电压；第三，后级放大电路的输入电阻，就是前级放大电路的负载电阻，从而将会降低前级放大电路的电压放大倍数。因此，通常会使放大电路的输入电阻能高一些。

以图 11-1 的放大电路为例，其输入电阻可从它的微变等效电路（见图 11-7）计算：

$$r_i=R_B\,/\!/\,r_{be}\approx r_{be} \tag{11-11}$$

实际上 R_B 的阻值比 r_{be} 大得多，因此，共发射极放大电路的输入电阻基本上等于晶体管的输入电阻，其阻值不高。

注意：r_i 和 r_{be} 意义不同，不能混淆。电压放大倍数 A_u 的计算公式中是 r_{be}，不是 r_i。

（5）放大电路输出电阻的计算

放大电路对负载（或对后级放大电路）来说，是一个信号源，其内阻即为放大电路的输出电阻 r_o。它也是一个动态电阻。

如果放大电路的输出电阻较大（相当于信号源的内阻较大），当负载变化时，输出电压的变化较大，也就是放大电路带负载的能力较差。因此，通常希望放大电路输出级的输出电阻低一些。

放大电路的输出电阻可在信号源短路（$\dot{U}_i=0$）和输出端开路的条件下求得。现以图 11-1 的放大电路为例，从它的微变等效电路（见图 11-7）看，当 $\dot{U}_i=0$，$\dot{I}_b=0$时，$\dot{I}_c=\beta\dot{I}_b=0$，电流源相当于开路，故：

$$r_o \approx R_C \qquad (11\text{-}12)$$

R_C 一般为几千欧，因此，共发射极放大电路的输出电阻较高。

2. 图解法

图 11-8 所示的就是交流放大电路有信号输入时的图解分析，由图可得出下列几点。

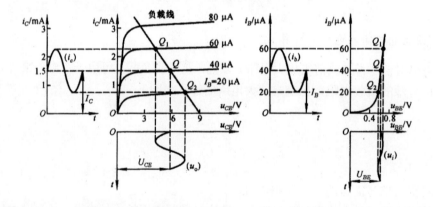

图 11-8 交流放大电路有输入信号时的图解分析

（1）交流信号的传输情况：

$$u_i(即 u_{be}) \to i_b \to i_c \to u_o(即 u_{ce})$$

（2）电压和电流都含有直流分量和交流分量，即：$u_{BE}=U_{BE}+u_{be}$；$i_B=I_B+i_b$；$i_c=I_c+i_c$；$u_{CE}=U_{CE}+u_{ce}$。

由于电容 C_2 的隔直作用，u_{CE} 的直流分量 U_{CE} 不能到达输出端，只有交流分量 u_{ce} 能通过 C_2 构成输出电压 u_o。

（3）输入信号电压 u_i 和输出电压 u_o 相位相反。如设公共端发射极的电位为零，那么，基极的电位升高为正数值时，集电极的电位降低为负数值；基极的电位降低为负数值时，集电极的电位升高为正数值。一高一低，一正一负，两者变化相反。

此外，对放大电路有一个基本要求，就是输出信号应尽可能不失真。所谓失真，是指输出信号的波形不像输入信号的波形。引起失真的原因有多种，其中最常见的是由于静态工作点不合适或者信号太大，使放大电路的工作范围超出了晶体管特性曲线上的线性范围。这种失真通常称为非线性失真。

在图 11-9 中，由于静态工作点 Q_1 的位置太低，即使输入的是正弦电压，但在负半周晶体管将进入截止区工作，i_B、u_{CE} 和 i_c（i_c 未在图 11-9 中画出）都严重失真了，i_B 的负半周和 u_{CE} 的正半周被削平。这是由于晶体管的截止而引起的，故称为截止失真。

在图 11-9 中，由于静态工作点 Q_2 太高，在输入电压的正半周晶体管将进入饱和区工作，这时 i_B 不失真，但是 u_{CE} 和 i_c 都严重失真了。这是由于晶体管的饱和而引起的，故称为饱和失真。

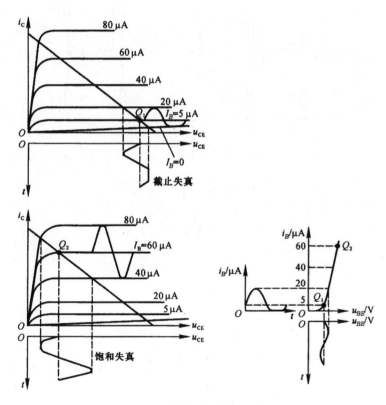

图 11-9　输出电压波形失真

11.3　静态工作点稳定性

如前所述，放大电路应有合适的静态工作点，以保证明较好的放大效果，并且不引起非线性失真。但由于某些原因，例如温度的变化，将使集电极电流的静态值 I_c 发生变化，从而影响静态工作点的稳定性。如果当温度升高后偏置电流 I_B 能自动减小以限制 I_C 的增大，静态工作点就能基本稳定。

上节所讲的放大电路（图 11-1）中，偏置电流：

$$I_B = \frac{U_{CC} - U_{BE}}{R_B} \approx \frac{U_{CC}}{R_B}$$

R_B 一经选定后，I_B 也就固定不变。这种电路称为固定偏置放大电路，不能稳定静态工作点。

为此，常采用图 11-10（a）所示的分压式偏置放大电路，其中 R_{B1} 和 R_{B2} 构成偏置电路。由图 11-10（b）所示的直流通路可列出：

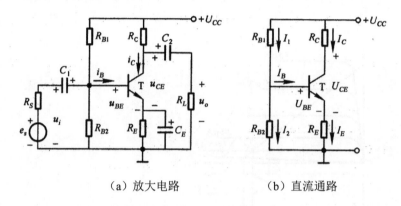

（a）放大电路   （b）直流通路

图 11-10　分压式偏置放大电路

$$I_1 = I_2 + I_B$$

若使：

$$I_2 \gg I_B \tag{11-13}$$

则：

$$I_1 \approx I_2 \approx \frac{U_{CC}}{R_{B1} + R_{B2}}$$

基极电位：

$$V_B = R_{B2} I_2 \approx \frac{R_{B2}}{R_{B1} + R_{B2}} U_{CC} \tag{11-14}$$

可认为 V_B 与晶体管的参数无关，不受温度影响，而仅为 R_{B1} 和 R_{B2} 的分压电路所固定。引入发射极电阻 R_E 后，由图 11-10（b）可列出：

$$U_{BE} = V_B - V_E = V_B - R_E I_E \tag{11-15}$$

若使：
$$V_B \gg U_{BE} \tag{11-16}$$

则：
$$I_C \approx I_E = \frac{V_B - U_{BE}}{R_E} \approx \frac{V_B}{R_E} \tag{11-17}$$

也可认为 I_C 不受温度影响。

因此，只要满足式（11-13）和式（11-16）两个条件，V_B 和 I_E 或 I_C 就与晶体管的参数几乎无关，不受温度变化的影响，从而静态工作点能得以基本稳定。对硅管而言，在估算时一般可选取 $I_2 = （5 \sim 10）I_B$ 和 $V_B = （5 \sim 10）U_{BE}$。

这种电路能稳定工作点的实质是：由式（11-15）可知，例如因温度增高而引起 I_C 增大时，发射极电阻 R_E 上的电压降就会使 U_{BE} 减小从而使 I_B 减小以限制 I_C 的增大，工作点得以稳定。

此外，当发射极电流的交流分量 i_e 流过 R_E 时，也会产生交流压降，使 u_{be} 减小，从而降低电压放大倍数。为此，可在 R_E 两端并联一个电容值较大的电容 C_E，使交流旁路。C_E 称为交流旁路电容，其值一般为几十微法到几百微法。

【例 11-4】在图 11-10（a）的分压式偏置放大电路中，已知 $U_{CC}=12\text{V}$，$R_C = 2\text{k}\Omega$，$R_E = 2\text{k}\Omega$，$R_{B1} = 20\text{k}\Omega$，$R_{B2} = 10\text{k}\Omega$，$R_L = 6\text{k}\Omega$，晶体管的 $\overline{\beta} = 37.5$。（1）试求静态值；（2）画出微变等效电路；（3）计算该电路的 A_u、r_i和r_o。

解：（1）
$$V_B \approx \frac{R_{B2}}{R_{B1} + R_{B2}} U_{CC} = \frac{10}{20+10} \times 12\text{V} = 4\text{V}$$

$$I_C \approx I_E = \frac{V_B - U_{BE}}{R_E} = \frac{4-0.6}{2 \times 10^3}\text{A} = 1.7\text{mA}$$

$$I_B = \frac{I_C}{\overline{\beta}} = \frac{1.7}{37.5}\text{mA} = 0.045\text{mA}$$

$$U_{CE} \approx U_{CC} - (R_C + R_E)I_C = [12 - (2+2) \times 10^3 \times 1.7 \times 10^{-3}]\text{V} = 5.2\text{V}$$

（2）微变等效电路如图 11-11 所示。

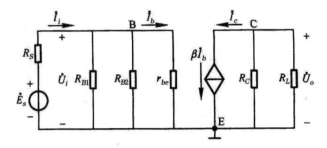

图 11-11　图 11-10（a）的微变等效电路

（3）$r_{be}=200+(1+\beta)\dfrac{26}{I_E}=[200+(1+37.5)\times\dfrac{26}{1.7}]\Omega=0.79\text{k}\Omega$ 。

$$A_u=-\beta\frac{R_L'}{r_{be}}=-37.5\times\frac{\dfrac{2\times6}{2+6}}{0.79}=-71.2$$

$$r_i=R_{B1}//R_{B2}//r_{be}\approx r_{be}=0.79\text{k}\Omega$$

$$r_O\approx R_C=2\text{k}\Omega$$

11.4 射极输出器

前面所讲的放大电路都是从集电极输出，是共发射极接法。本节将讲的射极输出器（其电路如图 11-12 所示）是从发射极输出。接法上是一个共集电极电路；因为电源 U_{CC} 对交流信号相当于短路，故集电极为输入与输出电路的公共端。对射极输出器，要注意其特点和用途。

11.4.1 静态分析

由图 11-13 所示的射极输出器的直流通路可确定静态值：

$$I_E=I_B+I_C=I_B+\overline{\beta}I_B=(1+\overline{\beta})I_B \tag{11-18}$$

$$I_B=\frac{U_{CC}-U_{BE}}{R_B+(1+\overline{\beta})R_E} \tag{11-19}$$

$$U_{CE}=U_{CC}-R_EI_E \tag{11-20}$$

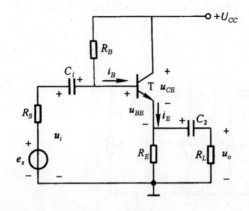

图 11-12 射极输出器

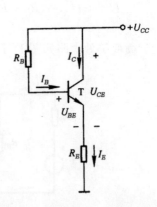

图 11-13 射极输出器的直流通路

11.4.2　动态分析

1. 电压放大倍数

由图 11-14 所示的射极输出器的微变等效电路可得出：

$$\dot{U}_o = R'_L \dot{I}_e = (1+\beta)R'_L \dot{I}_b$$

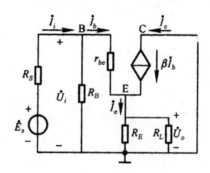

图 11-14　射极输出器的微变等效电路

式中：
$$R'_L = R_E \ /\!/ \ R_L$$

$$\dot{U}_i = r_{be}\dot{I}_b + R'_L\dot{I}_e = r_{be}\dot{I}_b + (1+\beta)R'_L\dot{I}_b$$

$$A_u = \frac{\dot{U}_o}{\dot{U}_i} = \frac{(1+\beta)R'_L\dot{I}_b}{r_{be}\dot{I}_b + (1+\beta)R'_L\dot{I}_b} = \frac{(1+\beta)R'_L}{r_{be}+(1+\beta)R'_L} \tag{11-21}$$

因 $r_{be} \ll 1+\beta \ R'_L$，故 $\dot{U}_o \approx \dot{U}_i$，两者同相，大小基本相等。但 U_o 略小于 U_i，即 $|A_u|$ 接近 1，但恒小于 1。

2. 输入电阻

射极输出器的输入电阻 r_i 也可从图 11-14 所示的微变等效电路经过计算得出，即

$$r_i = R_B \ /\!/ [r_{be} + (1+\beta)R'_L] \tag{11-22}$$

其阻值很高，可达几十千欧到几百千欧。

3. 输出电阻

射极输出器的输出电阻 r_o 可从图 11-15 的电路求出。

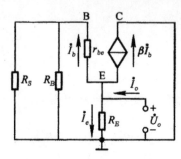

图 11-15　计算 r_o 的等效电路

将信号源短路，保留其内阻 R_S，R_S 与 R_B 并联后的等效电阻为 R_S'。在输出端将 R_L 取去，加一交流电压 $\dot U_o$，产生电流 $\dot I_o$。

$$\dot I_o = \dot I_b + \beta \dot I_b + \dot I_e = \frac{\dot U_o}{r_{be} + R_S'} + \beta \frac{\dot U_o}{r_{be} + R_S'} + \frac{\dot U_o}{R_E}$$

$$r_o = \frac{\dot U_o}{I_o} = \frac{1}{\dfrac{1+\beta}{r_{be} + R_S'} + \dfrac{1}{R_E}} = \frac{R_E(r_{be} + R_S')}{(1+\beta)R_E + (r_{be} + R_S')}$$

通常：

$$(1+\beta)R_E \gg (r_{be} + R_S'), \quad \beta \gg 1$$

故：
$$r_o \approx \frac{r_{be} + R_S'}{\beta} \tag{11-23}$$

例如 $\beta = 40$，$r_{be} = 0.8\text{k}\Omega$，$R_S = 50\Omega$，$R_B = 120\text{k}\Omega$。由此得：

$$R_S' = R_S /\!/ R_B = [50 /\!/ (120 \times 10^3)]\Omega \approx 50\Omega$$

$$r_o \approx \frac{r_{be} + R_S'}{\beta} = \frac{800 + 50}{40}\Omega = 21.25\Omega$$

可见射极输出器的输出电阻很低，由此也说明它具有恒压输出特性。

综上所述，射极输出器的主要特点是：电压放大倍数接近 1；输入电阻高，输出电阻低。因此，它常被用作多级放大电路的输入级或输出级。

【例 11-5】将图 11-12 的射极输出器与图 11-10 共发射极放在电路中组成两级放大电路，如图 11-16 所示。已知：$U_{CC}=12\text{V}$，$\beta_1 = 60$，$R_{B1} = 200\text{k}\Omega$，$R_{E1}=200\text{k}\Omega$，$R_S=100\Omega$。后级为 $R_{C2} = 2\text{k}\Omega$，$R_{E2} = 2\text{k}\Omega$，$R_{B1}' = 20k\Omega$，$R_{B2}' = 10k\Omega$，$R_L = 6k\Omega$，$\beta_2 = 37.5$。试求：（1）前后级放大电路的静态值；（2）放大电路的输入电阻 r_i 和输出电阻 r_o；（3）各级电压放大倍数 A_{u1}，A_{u2} 及两级电压放大倍数 A_u。

解：图 11-16 为两级阻容耦合放大电路，两级之间通过耦合电容 C_2 及下级输入电阻连接，故称为阻容耦合。由于电容有隔直作用，可使前、后级的直流工作状态相互之间无影响，故各级放大电路的静态工作点可以单独考虑。耦合电容对交流信号的容抗必须很小，其交流分压作用可以忽略不计，以使前级输出信号电压差不多无损失地传送到后级输入端。

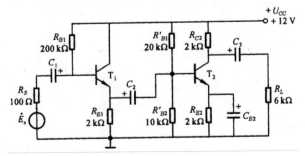

图 11-16 例 11-5 的阻容耦合两级放大电路

（1）前级静态值为：

$$I_{B1} = \frac{U_{CC} - U_{BE1}}{R_{B1} + (1+\beta_1)R_{E1}} = \frac{12 - 0.6}{200 \times 10^3 + (1+60) \times 2 \times 10^3} \text{A} = 0.035\text{mA}$$

$$I_{C1} \approx I_{E1} = (1+\beta_1)I_{B1} = (1+60) \times 0.035\text{mA} = 2.14\text{mA}$$

$$U_{CE1} = U_{CC} - R_{E1}I_{E1} = (12 - 2 \times 10^3 \times 2.14 \times 10^{-3})\text{V} = 7.72\text{V}$$

后级静态值同例 11-4，即：

$$I_{C2} \approx I_{E2} = 1.7\text{mA}$$

$$I_{B2} = 0.045\text{mA}$$

$$U_{CE2} = 5.2\text{V}$$

（2）放大电路的输入电阻：

$$r_i = r_{i1} = R_{B1} // [r_{be1} + (1+\beta_1)R'_{L1}]$$

式中：

$$R'_{L1} = R_{E1} // r_{i2}$$

为前级的负载电阻，其中 r_{i2} 为后级的输入电阻，已知例 11-4 中求得 $r_{i2} = 0.79\text{k}\Omega$。于是：

$$R'_{L1} = \frac{2 \times 0.79}{2 + 0.79} \text{k}\Omega = 0.57\text{k}\Omega$$

由式（11-5）可知：

$$r_{be1} = 200 + (1+\beta_1)\frac{26}{I_{E1}} = [200 + (1+60) \times \frac{26}{2.14}]\Omega = 0.94\text{k}\Omega$$

于是得出：

$$r_i = r_{i1} = R_{B1} // [r_{be1} + (1+\beta_1)R'_{L1}] = 30.3\text{k}\Omega$$

输出电阻：

$$r_o = r_{o2} \approx R_{C2} = 2\text{k}\Omega$$

（3）计算电压放大倍数：

前级：

$$A_{u1} = \frac{(1+\beta_1)R'_{L1}}{r_{be1} + (1+\beta_1)R'_{L1}} = \frac{(1+60)\times 0.57}{0.94 + (1+60)\times 0.57} = 0.98$$

后级（见例 11-4）：

$$A_{u2} = -71.2$$

两能电压放大倍数：

$$A_u = A_{u1} \cdot A_{u2} = 0.98 \times (-71.2) = -69.8$$

11.5 放大电路中的负反馈

负反馈在科学技术领域中的应用很多,许多自动控制系统都是通过负反馈来实现自动调节的。在电子放大电路中负反馈的应用也是极为广泛的,采用负反馈的目的是为了改善放大电路的工作性能。

11.5.1 什么是放大电路中的负反馈

凡是将放大电路（或某个系统）输出端的信号（电压或电流）的一部分或全部通过某种电路（反馈电路）引回到输入端,就称为反馈。若引回的反馈信号削弱输入信号而使放大电路的放大倍数降低,则称这种反馈为负反馈。若反馈信号增强输入信号,则为正反馈。本节主要讨论负反馈。

图 11-17 分别为无负反馈的和带有负反馈的放大电路的方框图。任何带有负反馈的放大电路都包含两个部分：一是不带负反馈的基本放大电路 A,它可以是单级或多级的;二是反馈电路 F,它是联系放大电路的输出电路和输入电路的环节,多数是由电阻元件组成。

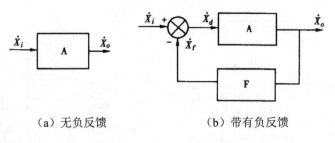

（a）无负反馈　　　　　　　　　（b）带有负反馈

图 11-17　放大电路方框图

图 11-17（a）中，用 $\dot{x}$ 表示信号，它既可表示电压，也可表示电流，并设为正弦信号，用相量表示。信号的传递方向如箭头所示，$\dot{X}_i$，$\dot{X}_o$ 和 $\dot{X}_f$ 分别为输入、输出和反馈信号。$\dot{X}_i$ 和 $\dot{X}_f$ 在输入端比较得：

$$\dot{X}_d = \dot{X}_i - \dot{X}_f \qquad\qquad (11\text{-}24)$$

若三者同相，则：

$$X_d = X_i - X_f$$

可见 $X_d < X_i$，即反馈信号起到削弱输入信号的作用，是负反馈。

11.5.2　负反馈类型

我们通过具体放大电路来讨论负反馈和负反馈的类型。

图 11-18 是具有分压式偏置的交流放大电路，即将图 11-10 电路中的交流旁路电容 C_E 除去后的电路。R_E 的作用在 11.3 节中已讨论过，是自动稳定静态工作点的。这个稳定过程，实际上也是个负反馈过程。R_E 就是反馈电阻，它是联系放大电路的输出电路和输入电路的。当输出电流 I_C 增大时，它通过 R_E 而使发射极电位 V_E 升高，因为基极电位 V_B 被 R_{B1} 和 R_{B2} 分压而固定，于是输入电压 U_{BE} 就减小，从而牵制 I_C 的变化，致使静态工作点趋于稳定。这是对直流而言的直流负反馈，其作用是稳定静态工作点。R_E 中除通过直流电流外，还通过电流的交流分量，对交流也起负反馈作用，这是交流负反馈。在一个放大电路中，两种负反馈往往都有。在本节中所讨论的主要是交流负反馈。

图 11-19 是图 11-18 所示放大电路的交流通路。为了简单起见，将偏置电阻 R_{B1}、R_{B2} 略去。

首先，讨论如何判断负反馈和正反馈。一般利用电路中各点交流电位的瞬时极性来判断。设接地参考点的电位为零，在某点对地电压的正半周，该点交流电位的瞬时极性为正；在负半周则为负。因为输入电压与输出电压相反，所以基极交流电位和集电极交流电位的瞬时极性相反。当发射极接地时，其电位为零，当接有发射极电阻而无旁路电容时，则发射极交流电位和基极交流电位的瞬时极性相同。

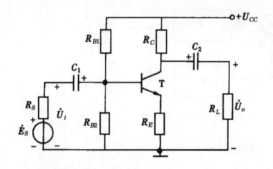

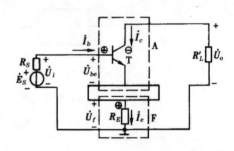

图 11-18　接有发射极电阻 R_E 的放大电路　　　　图 11-19　图 11-18 所示放大电路的交流通路

在图 11-19 中，标出了各个电压和电流的参考方向。例如在输入电压 $\dot{U}_i$ 的正半周，基极交流电位的瞬时极性为正（图中用 ⊕ 表示，这时 $\dot{U}_{be}$ 也在正半周），则集电极交流电位的瞬时极性为负（用 ⊖ 表示）；因此输出电压的参考方向与其实际方向相反，在负半周。由于 $\dot{I}_c (\approx \dot{I}_e)$ 的参考方向与实际方向一致，流过电阻 R_E 时，R_E 上端交流电位的瞬时极性为正（图 11-19 中用 ⊕ 表示）。$\dot{U}_e \approx R_E \dot{I}_c$，即为反馈电压 $\dot{U}_f$，也在正半周。

根据 $\dot{U}_i$、$\dot{U}_{be}$ 和 $\dot{U}_f$ 的参考方向可由 KVL 定律列出：

$$\dot{U}_{be} = \dot{U}_i - \dot{U}_f \tag{11-25}$$

由于三者同相，可写成：

$$U_{be} = U_i - U_f$$

可知净输入电压 $U_{be} < U_i$，即反馈电压 U_f 削弱了净输入电压，故为负反馈。

其次，从放大电路的输入端看，反馈电压与输入电压串联，故为串联反馈。从放大电路的输出端看反馈电压，

$$\dot{U}_f = R_E \dot{I}_c \tag{11-26}$$

是取自输出电流 $\dot{I}_c$（即流过 R'_L 的电流），故为电流反馈。

综上所述，图 11-18 是一种串联负反馈的放大电路。

通过对具体放大电路的分析可知。

（1）根据反馈信号与输入信号在放大电路输入端连接形式的不同，可分为串联反馈和并联反馈。

● 串联反馈：如果反馈信号与输入信号串联，或反馈电路 F 的输出端与放大电路的输入端串联，就是串联反馈。凡是串联反馈，不论反馈信号取自输出电压或者输出电流，它与输入信号在放大电路的输入端总是以电压的形式作比较的。另外，对于串联反馈，信号源的内阻 R_s 愈小，则反馈效果愈好。

- 并联反馈：如果反馈信号与输入信号并联，或反馈电路 F 的输出端与放大电路的输入端并联，就是并联反馈。凡是并联反馈，不论反馈信号取自输出电压或者输出电流，它与输入信号在放大电路的输入端总是以电流的形式作比较的。对于并联反馈，信号源的内阻 R_s 愈大，则反馈效果愈好。

（2）根据反馈信号所取自的输出的信号的不同，可分为电流反馈和电压反馈。

- 电流反馈：如果反馈信号取自输出电流，并与之成正比，或反馈电路的输入端与放大电路的输出端串联，就是电流反馈。不论输入端是串联反馈或是并联反馈，电流负反馈都具有稳定输出电流的作用。

- 电压反馈：如果反馈信号取自输出电压，并与之成正比，或反馈电路的输入端与放大电路的输出端并联，就是电压反馈。电压负反馈有稳定输出电压的作用。

由上述 4 种反馈形式可组合成下列 4 种类型的负反馈：串联电流负反馈、并联电压负反馈、串联电压负反馈、并联电流负反馈。

对共发射极放大电路，如果反馈电路是从放大电路输出端的集电极引出的，即为电压反馈；从输出端的发射极引出的，即为电流反馈。如果反馈电路被引入到放大电路输入端的基极，是并联反馈；被引入到放大电路输入端的发射极，是串联反馈。

11.5.3　负反馈对放大电路工作性能的影响

1. 降低放大倍数

由带有负反馈的放大电路方框图可知，基本放大电路的放大倍数，即未引入负反馈时的放大倍数（称开环放大倍数）为：

$$A = \frac{\dot{X}_o}{\dot{X}_d}$$

反馈信号与输出信号之比称为反馈系数，即：

$$F = \frac{\dot{X}_f}{\dot{X}_o}$$

引入负反馈后的净输入信号为：

$$\dot{X}_d = \dot{X}_i - \dot{X}_f$$

故：

$$A = \frac{\dot{X}_o}{\dot{X}_i - \dot{X}_f}$$

包括反馈电路在内的整个放大电路的放大倍数，即引入负反馈时的放大倍数(也称闭环放大倍数)为 A_f，由上式可得：

$$A_f = \frac{\dot{X}_o}{\dot{X}_i} = \frac{A}{1+AF} \qquad (11\text{-}27)$$

式中：

$$AF = \frac{\dot{X}_f}{\dot{X}_d} \qquad (11\text{-}28)$$

因为 $\dot{X}_d$ 与 $\dot{X}_f$ 同是电压或电流，并且是同相的，故 AF 是正实数。因此，$|A_f| < |A|$。这是因为引入负反馈后削弱了净输入信号，故输出信号比未引入负反馈时要小，也就是引入负反馈后放大倍数降低了。$|1+AF|$ 称为反馈深度，其值愈大，负反馈作用愈强，A_f 也就愈小。射极输出器的输出信号全部反馈到输入端($\dot{U}_f = \dot{U}_0 = R_E\dot{I}_c$)，它的反馈系数 $F = \frac{\dot{X}_f}{\dot{X}_o} = 1$ 反馈极深，故无电压放大作用。

引入负反馈后，虽然放大倍数降低了，但是改善了放大电路的工作性能。例如，提高了放大倍数的稳定性，改善了波形失真，尤其是可以通过选用不同类型的负反馈，来改变放大电路的输入电阻和输出电阻，以适应实际的需要。至于因负反馈而引起放大倍数的降低，则可以通过增多放大电路的级数来提高。下面简单地分析负反馈对放大电路工作性能的改善。

2．提高放大倍数的稳定性

当外界条件变化时（例如环境温度变化、管子老化、元件参数变化以及电源电压波动等），即使输入信号不变，仍将引起输出信号的变化，也就是引起放大倍数的变化。如果这种相对变化较小，则说明其稳定性较高。

设放大电路在未引入负反馈时的放大倍数为 $|A|$，由于外界条件变化引起放大倍数的变化为 $\mathrm{d}|A|$，其相对变化为 $\frac{\mathrm{d}|A|}{|A|}$，引入负反馈后，放大倍数为 $|A_f|$，放大倍数的相对变化为 $\frac{\mathrm{d}|A_f|}{|A_f|}$。若放大电路工作在中频段，且反馈电路是电阻性的。可用绝对值表示：

$$|A_f| = \frac{|A|}{1+|AF|}$$

对上式求导：

$$\frac{\mathrm{d}|A_f|}{\mathrm{d}|A|} = \frac{|A_f|}{|A|} \cdot \frac{1}{1+|AF|} \qquad (11\text{-}29)$$

或

$$\frac{\mathrm{d}|A_f|}{|A_f|} = \frac{d|A|}{|A|} \cdot \frac{1}{1+|AF|} \tag{11-30}$$

上式表明在引入负反馈之后，虽然放大倍数从$|A|$减小到$|A_f|$，即减少到原来的$\frac{1}{1+|AF|}$，但在外界条件有相同的变化时，放大倍数的相对变化$\frac{\mathrm{d}|A_f|}{|A_f|}$只有未引入负反馈时的$\frac{1}{1+|AF|}$，可见负反馈放大电路的稳定性提高了。

负反馈能提高放大电路的稳定性是不难理解的。例如，如果由于某种原因使输出信号减小，则反馈信号也相应减小，净输入信号和输出信号也就相应增大，牵制了输出信号的减小，从而使放大电路能够比较稳定地工作。如前所述，电压负反馈能稳定输出电压，电流负反馈能稳定输出电流。

负反馈深度愈深，放大电路愈稳定。如果$|AF| \gg 1$，则可得

$$A_f \approx \frac{1}{F} \tag{11-31}$$

式（11-31）说明，在深度负反馈的情况下，闭环放大倍数仅与反馈电路的参数有关，它们基本上不受外界因素变化的影响。这时放大电路的工作非常稳定。

3. 改善波形失真

在放大电路中，由于工作点选择不合适，或者输入信号过大，都将引起信号波形的失真，如图 11-20（a）所示。但引入负反馈之后，可将输出端的失真信号反送到输入端，使净输入信号发生某种程度的失真，经过放大之后，即可使输出信号的失真得到一定程度的补偿。从本质上说，负反馈是利用失真了的波形来改善波形的失真，因此只能减小失真，不能完全消除失真，如图 11-20（b）所示。

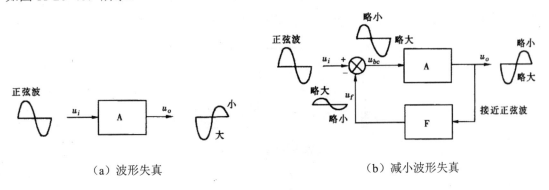

（a）波形失真　　　　　　　　　　　　　（b）减小波形失真

图 11-20　负反馈改善波形失真

4. 对放大电路输入电阻的影响

放大电路中引入负反馈后能使输入电阻增高还是降低，与使用串联反馈还是并联反馈有关。

从图 11-19 的串联负反馈放大电路的输入端看，无负反馈时的输入电阻，即基本放大电路的输入电阻为：

$$r_i = \frac{U_{be}}{I_b}$$

而引入负反馈时的输入电阻为：

$$r_{if} = \frac{U_i}{I_b}$$

因为 $U_{be} < U_i$，则 $r_i < r_{if}$，即串联反馈使放大电路的输入电阻增高。

同理可以分析得到，并联反馈使放大电路的输入电阻很低。

5. 对放大电路输出电阻的影响

放大电路中引入负反馈后能使输出电阻 r_{of} 增高还是降低，与使用电压反馈还是电流反馈有关。

电压反馈的放大电路具有稳定输出电压 U_0 的作用，有恒压输出的特性，而恒压源的内阻很低，故放大电路的输出电阻较低。

电流反馈的放大电路具有稳定输出电流 I_0 的作用，有恒流输出的特性，而恒流源的内阻很高，故放大电路（不含 R_c）的输出电阻较高，但与 R_c 并联后，近似等于 R_c。

11.6 差分放大电路

图 11-21 是用两个晶体管组成的差分放大电路。信号电压 u_{i1} 和 u_{i2} 由两管基极输入，输出电压 u_o 则取自两管的集电极之间。电路结构对称，在理想的情况下，两管的特性及对应电阻元件的参数值都相同，因而它们的静态工作点也必须相同。

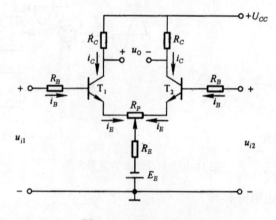

图 11-21 差分放大电路

11.6.1　静态分析

在静态时，$u_{i1}=u_{i2}=0$，即在图 11-21 中将两边输入端短路，由于电路的对称性，两边的集电极电流相等，集电极电位也相等。

即：

$$I_{C1}=I_{C2},\ \ V_{C1}=V_{C2}$$

故输出电压：

$$u_o = V_{C1} - V_{C2} = 0$$

差分放大电路的优点是具有抑制零点漂移的能力。什么是零点漂移？一个理想的放大电路，当输入信号为零时，其输出电压应保持不变（不一定是零）。但实际上，由于环境温度等发生变化，输出电压并不保持恒定，而在缓慢地、无规则地变化着，这种现象就称为零点漂移（或称温漂），它会影响放大电路的工作。

而差分放大电路，由于电路对称，当温度升高时，两管的集电极电流都增大了，集电极电位都下降了，并且两边的变化量相等，即 $\Delta I_{C1} = \Delta I_{C2}, \Delta V_{C1} = \Delta V_{C2}$。

虽然每个管都产生了零点漂移，但是，由于两集电极电位的变化是互相抵消的，所以输出电压依然为零，即：

$$u_o = \Delta V_{C1} + \Delta V_{C1} - (V_{C2} + \Delta V_{C2}) = \Delta V_{C1} - \Delta V_{C2} = 0$$

零点漂移完全被抑制了。

因为电路不会完全对称，静态时输出电压不一定等于零，故图 11-21 的电路中有一电位器 R_P，作调零用。其值很小，一般为几十欧到几百欧。

在静态时，设 $I_{B1}=I_{B2}=I_B$，$I_{C1}=I_{C2}=I_C$，则由基极电路可列出（因 R_P 阻值很小，可略去）

$$R_B I_B + U_{BE} + 2R_E I_E = E_E$$

上式中前两项一般比第三项小得多，故可略去。每管的集电极电流：

$$I_C \approx I_E \approx \frac{E_E}{2R_E} \tag{11-32}$$

并由此可知发射极电位 $V_E \approx 0$。

每管的基极电流：

$$I_B \approx \frac{I_C}{\beta} \approx \frac{E_E}{2\beta R_E} \tag{11-33}$$

每管的集–射极电压：

$$U_{CE} = U_{CC} - R_C I_C \approx U_{CC} - \frac{E_E R_C}{2R_E} \tag{11-34}$$

接入发射极电阻 R_E 和用来抵偿 R_E 上直流压降的负电源 E_E，是为了稳定和获得合适的静态工作点。

11.6.2　动态分析

当有信号输入时，对称差分放大电路（见图 11-21）的工作情况可以分为下列几种输入方式来分析。

1. 共模输入

两个输入信号电压的大小相等，极性相同，即 $u_{i1}=u_{i2}$，这样的输入称为共模输入。

在共模输入信号的作用下，对于完全对称的差分放大电路来说，显然两管的集电极电位变化相同，因而输出电压等于零，所以它对共模信号没有放大能力，亦即放大倍数为零。

2. 差模输入

两个输入电压的大小相等，而极性相反，即 $u_{i1}=-u_{i2}$，这样的输入称为差模输入。

设 $u_{i1}>0$，$u_{i2}<0$，则 u_{i1} 使 T_1 的集电极电流增大 ΔI_{C1}，T_1 的集电极电位因而增高了 ΔV_{C1}（负值）；而 u_{i2} 使 T_2 的集电极电流增大 ΔI_{C2}，T_2 的集电极电位因而增高了 ΔV_{C2}（正值）。故：

$$u_O = \Delta V_{C1} - \Delta V_{C2}$$

例如，$\Delta V_{C1}=1\text{V}$，$\Delta V_{C2}=+1\text{V}$，则 $u_O=(-1-1)\text{V}=-2\text{V}$。可见，在差模输入时，差分放大电路的输出电压为两管各自输出电压变化量的两倍。

图 11-22 是单管差模信号通路。由于差模信号使两管的集电极电流一增一减，其变化量相等，通过 R_E 中的电流就几乎不变，故 R_E 对差模信号不起作用。由图可得出单管差模电压放大倍数：

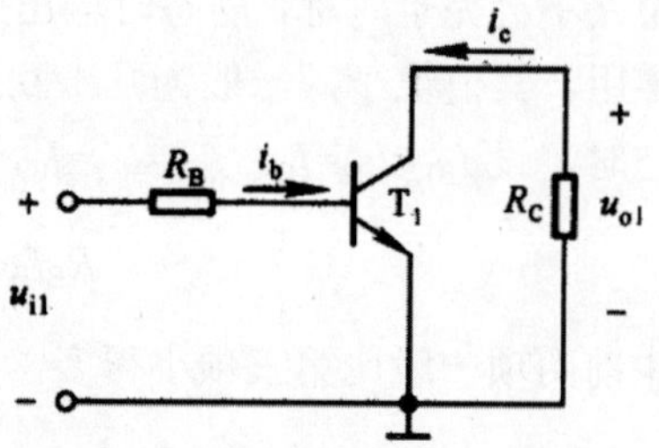

图 11-22　单管差模信号通路

$$A_{dt} = \frac{u_{o1}}{u_{i1}} = \frac{-\beta i_b R_C}{i_b(R_B+r_{be})} = -\frac{\beta R_C}{R_B+r_{be}} \tag{11-35}$$

同理可得，

$$A_{d2} = \frac{u_{o2}}{u_{i2}} = \frac{-\beta R_C}{R_B+r_{be}} = A_{d1} \tag{11-36}$$

双端输出电压为：

$$u_o = u_{o1} - u_{o2} = A_{d1}u_{i1} - A_{d2}u_{i2}$$
$$= A_{d1}(u_{i1} - u_{i2})$$

双端输入—双端输出差分电路的差模电压放大倍数为：

$$A_d = \frac{u_0}{u_{i1} - u_{i2}} = A_{d1} = -\frac{\beta R_C}{R_B + r_{be}} \tag{11-37}$$

与单管放大电路的电压放大倍数相等。可见差分电路能抑制零点漂移。

当在两管的集电极之间接入负载电阻 R_L 时。

$$A_d = \frac{-\beta R_L'}{R_B + r_{be}} \tag{11-38}$$

式中 $R_L' = R_C // \frac{1}{2}R_L$。因为当输入差模信号时，一管的集电极电位减低，另一管增高，在 R_L 的中点相当于交流接"地"，所以每管各带一半负载电阻。

两输入端之间的差模输出电阻为：

$$r_i = 2(R_{B1} + r_{be}) \tag{11-39}$$

两集电极之间的差模输出电阻为：

$$r_o \approx 2R_C \tag{11-40}$$

【例 11-6】在图 11-21 所示的差分放大电路中，已知 U_{CC}=12V，E_C=12V，$\beta = 50$，$R_C = 10\text{k}\Omega$，$R_E = 10\text{k}\Omega$，$R_B = 20\text{k}\Omega$，$R_P = 100\Omega$，并在输出端接负载电阻 $R_L = 20\text{k}\Omega$，试求电路的静态值和差模电压放大倍数。

解：

$$I_C \approx \frac{E_E}{2R_E} = \frac{12}{2 \times 10 \times 10^3}\text{A} = 0.6 \times 10^{-3}\text{A} = 0.6\text{mA}$$

$$I_B = \frac{I_C}{\beta} = \frac{0.6}{50}\text{mA} = 0.012\text{mA}$$

$$U_{CE} = U_{CC} - R_C I_C = (12 - 10 \times 10^3 \times 0.6 \times 10^{-3})\text{V} = 6\text{V}$$

$$A_d = -\frac{\beta R_L'}{R_B + r_{be}} = -\frac{50 \times 5}{20 + 2.41} \approx -11$$

式中：

$$R'_L = R_c // \frac{1}{2}RL = 5\text{k}\Omega$$

$$r_{be} = 200 + (1+\beta)\frac{26}{I_E} = (200 + 51 \times \frac{26}{0.6})\Omega = 2.41\text{k}\Omega$$

R_P 的阻值较小，计算时可以略去。

3. 比较输入

两个输入信号电压既非共模，又非差模，它们的大小和相对极性是任意的，这种输入常作为比较放大来运用，在自动控制系统中是比较常见的。

例如 u_{i1} 是给定信号电压（或称基准电压），u_{i2} 是一个缓慢变化的信号（如反映炉温的变化）或是一个反馈信号，两者在放大电路的输入端进行比较后，得出偏差值（$u_{i1}-u_{i2}$），差值电压经放大后，输出电压为

$$u_o = A_u(u_{i1}-u_{i2}) \tag{11-41}$$

有时为了便于分析，可以将这种既非共模，又非差模的信号分解为共模分量和差模分量。例如：

$$u_{i1}=10\text{mV}=2\text{mV}+8\text{mV}$$
$$u_{i2}=-6\text{mV}=2\text{mV}-8\text{mV}$$

其中，2mV 是共模分量，8mV 和-8mV 是差模分量。对于对称的差分放大电路而言，输入信号中的共模分量不起到放大作用，差模信号才能起到放大作用。

实际上，差分放大电路很难做到完全对称，对共模分量仍有一定放大能力。共模分量往往是干扰、噪音、温漂等无用信号，而差模分量才是有用的信号。为了全面衡量差分放大电路放大差模信号和抑制共模信号的能力，通常引用共模抑制比 K_{CMRR} 来表征。其定义为放大电路对差模信号的放大倍数 A 和共模信号的放大倍数 A_d 之比，即：

$$K_{CMRR} = \frac{A_d}{A_c} \tag{11-42}$$

其值越大越好。

此外，差分放大电路可以双端输入，也可以单端输入（另一端接"地"）。可以双端输出，也可以单端输出（只从一个管的集电极输出）。

11.7 互补对称功率放大电路

多级放大电路的末级或末前级一般都是功率放大级,它可以将前置电压放大级送来的低频信号进行功率放大,然后去驱动负载工作。例如使扬声器发声,使电动机旋转,使继电器动作,

使仪表指针偏转,等等。电压放大电路和功率放大电路都是利用晶体管的放大作用将信号放大,不同的是,前者的目的是输出足够大的电压,而后者主要是为了输出较大的功率。前者工作在小信号状态,而后者工作在大信号状态。两者对放大电路有各自的侧重面。

11.7.1　对功率放大电路的基本要求

对功率放大电路有下面两个基本要求。

- 在不失真的情况下能输出尽可能大的功率。为了获得较大的输出功率,往往让它工作在极限状态,但要考虑到晶体管的极限参数 P_{CM},I_{CM} 和 $U_{(BR)CEO}$。由于信号大,功率放大电路工作的动态范围大,这就需要考虑到失真问题。
- 由于功率较大,就要求提高效率。所谓效率,就是负载得到的交流信号功率与电源供给的直流功率之比值。

效率、失真和输出功率这三者之间互相影响。首先讨论提高效率的问题。

放大电路有三种工作状态,如图 11-23 所示。在图 11-23(a)中,静态工作点 Q 大致在负载线的中点,这种称为甲类工作状态。上面所讲的电压放大电路就是工作在这种状态。在甲类工作状态,不论有无输入信号,电源供给的功率 $P_E=U_{CC}I_C$,总是不变的。当无信号输入时,电源功率全部消耗在管子和电阻上,以管子的集电极损耗为主。当有信号输入时,其中一部分转换为有用的输出功率 P_o,信号愈大,输出功率也愈大。可以证明,在理想的情况下,甲类功率放大电路的最高效率也只能达到 50%。

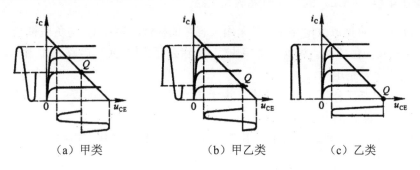

|（a）甲类|（b）甲乙类|（c）乙类|

图 11-23　放大电路的工作状态

要提高效率,可以从两方面着手:一是用增加放大电路的动态工作范围来增加输出功率,二是减小电源供给的功率。而后者要在 U_{CC} 一定的条件下使静态电流 I_c 减小,将静态工作点 Q 沿负载线下移,如图 11-23(b)所示,这种称为甲乙类工作状态。若将静态工作点下移到 I_C ≈ 0 处,则管耗更小,这种称为乙类工作状态,如图 11-23(c)所示。在甲乙类和乙类状态下工作时,电源供给的功率应为 $P_E=U_{CC}I_C$(AV)式中 I_C(AV)为集电极电流 i_c 的平均值,而在甲类状态下工作时,集电极电流的静态值即为其平均值。

由图 11-23 可见,在甲乙类和乙类状态下工作时,虽然提高了效率,但产生了严重的失真。为此,下面介绍工作于甲乙类或乙类状态的互补对称放大电路。它既能提高效率,又能减小信号波形的失真。

11.7.2　互补对称放大电路

1. 无输出变压器（OTL）的互补对称放大电路

图 11-24 是无输出变压器互补对称放大电路的原理图，T_1（NPN 型）和 T_2（PNP 型）是两个不同类型的晶体管，两管特性基本上相同。

在静态时，调节 R_3，使 A 点的电位为 $\frac{1}{2}U_{CC}$，输出耦合电容 C_L 上的电压即为 A 点和"地"之间的电位差，也等于 $\frac{1}{2}U_{CC}$；并获得合适的 U_{B1B2}（即 R_1 和 D_1、D_2 串联电路上的电压），使 T_1、T_2 两管工作于甲乙类状态。

当输入交流信号 u_i 时，在它的正半周，T_1 导通，T_2 截止，电流 i_{C1} 的通路如图中实线所示；在 u_i 的负半周，T_1 截止，T_2 导通，电容 C_L 放电，电流 i_{C2} 的通路如虚线所示。

由此可见，在输入信号 u_i 的一个周期内，电流 i_{C1} 和 i_{C2} 以正反方向交替流过负载电阻 R_L，在 R_L 上合成而得出一个交流输出信号电压 u_o。

为了使输出波形对称，在 C_L 放电过程中，其上电压不能下降过多，因此 C_L 的容量必须足够大。

由于静态电流很小，功率损耗也很小，因而提高了效率。可以证明，在理论上效率可达 78.5%。

2. 无输出电容（OCL）的互补对称放大电路

上述 OTL 互补对称放大电路中，是采用大容量的极性电容器 C_L 与负载耦合的，因而影响低频性能和无法实现集成化。为此，可将电容 C_L 除去而采用 OCL 电路，如图 11-25 所示。但 OCL 电路需用正负两路电源。

图 11-25 的电路工作于甲乙类状态。由于电路对称，静态时两管的电流相等，负载电阻 R_L 中无电流通过，两管的发射极电位 $V_A=0$。

当有信号输入时，两管轮流导通，其工作情况与 OTL 电路基本相同。

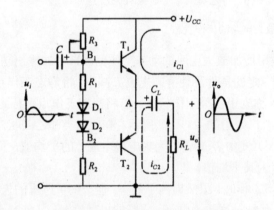

图 11-24　OTL 互补对称放大电路

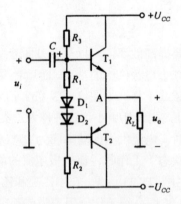

图 11-25　OCL 互补对称放大电路

11.8 场效应管及其放大电路

场效应管广泛应用于放大电路和数字电路中，本节简单介绍其中之一——绝缘栅场效应管。读者可在下列几个方面将场效应管和上述的晶体管作一比较：载流子导电、控制方式、特性、参数、类型、对应极及放大电路，有助于对两者的理解。

11.8.1 绝缘栅场效应管

绝缘栅场效应管按工作状态可以分为增强型与耗尽型两类，每类又有 N 沟道和 P 沟道之分。本书只讨论增强型一类。

图 11-26 是 N 沟道增强型绝缘栅场效应管的结构示意图。用一块杂质浓度较低的 P 型薄硅片作为衬底，其上扩散两个相距很近的高掺杂 N^+ 型区，并在硅片表面生成一层薄薄的二氧化硅绝缘层。再在两个 N^+ 型区之间的二氧化硅的表面及两个 N^+ 型区的表面分别安置三个电极：栅极 G、源极 S 和漏极 D。由图可见，栅极和其他电极及硅片之间是绝缘的，所以称为绝缘栅场效应管，或称为金属—氧化物—半导体场效应管，简称 MOS 场效应管。由于栅极是绝缘的，栅极电流几乎为零，栅源电阻（输入电阻）R_{GS} 很高，最高可达 $10^{14}\Omega$。

从图 11-26 可见，N^+ 型漏区和 N^+ 型源区之间被 P 型衬底隔开，漏极和源极之间是两个背靠背的 PN 结，当栅—源电压 $U_{GS}=0$ 时，不管漏极和源极之间所加电压的极性如何，其中总有一个 PN 结是反向偏置的，反向电阻很高，漏极电流 I_D 近似为零。

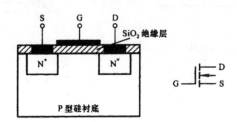

图 11-26　N 沟道增强型绝缘栅场效应管的结构及其表示符号

如果在栅极和源极之间加正向电压 U_{GS}，情况就会发生变化。在 U_{GS} 的作用下，产生了垂直于衬底表面的电场。由于二氧化硅绝缘层很薄，因此即使 U_{GS} 很小（如几伏），也能产生很强的电场强度，可达（$10^5\sim10^6$）V/cm，P 型衬底中的电子受到电场力的吸引到达表层，填补由空穴形成的负离子耗尽层；当 U_{GS} 大于一定值时，还在表面形成一个 N 型层（见图 11-27）所示，通常称它为反型层。它就是沟通源区和漏区的 N 型导电沟道（与 P 型衬底间被耗尽层绝缘）。U_{GS} 正值愈高，导电沟道愈宽。形成导电沟道后，在漏极电源 E_D 的作用下，将产生漏极电流 I_D，管子导通，如图 11-28 所示。

在一定的漏—源电压 U_{DS} 下，使管子由不导通变为导通的临界栅—源电压称为开启电压，用 $U_{GS(th)}$ 表示。

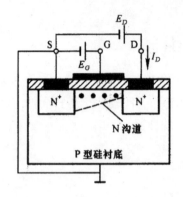
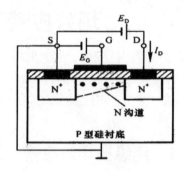

图 11-27　N 沟道增强型绝缘栅场效应管导电沟道的形成　　图 11-28　N 沟道增强型绝缘栅场效应管导通

很明显，在 $0<U_{GS}<U_{GS(th)}$ 的范围内，漏、源极间沟道尚未联通，$I_D\approx0$。只当 $U_{GS}>U_{GS(th)}$ 时，随栅极电位的变化 I_D 亦随之变化，这就是 N 沟道增强型绝缘栅场效应管的栅极控制作用。图 11-29 和图 11-30 分别称为管子的转移特性曲线和输出特性曲线。所谓转移特性，就是栅-源电压对漏极电流的控制特性。

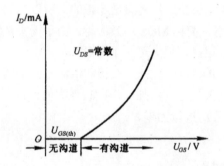
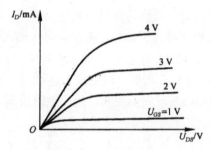

图 11-29　N 沟道增强型管的转移特性曲线　　　　图 11-30　N 沟道增强型管的输出特性曲线

图 11-31 为 P 沟道增强型绝缘栅场效应管的结构示意图。它的工作原理与前一种相似，只是要调换电源的极性，电流的方向也相反。

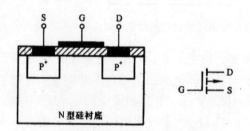

图 11-31　P 沟道增强型绝缘栅场效应管的结构及其表示符号

跨导是表示场效应管放大能力的参数，它是当漏—源电压 U_{DS} 为常数时，漏极电流的增量 ΔI_D 对引起这一变化的栅—源电压的增量 ΔU_{GS} 的比值，即：

$$g_m=\frac{\Delta I_D}{\Delta U_{GS}}|U_{DS} \tag{11-43}$$

使用绝缘栅场效应管时除注意不要超过漏—源击穿电压 $U_{DS(BR)}$，栅—源击穿电压 $U_{GS(BR)}$，和漏极最大耗散功率 P_{DM} 等极限值外，还特别要注意可能出现栅极感应电压过高而造成绝缘层的击穿问题。为了避免这种损坏，在保存时，必须将三个电极短接；在电路中栅、源极间应有直流通路；焊接时应使电烙铁有良好的接地效果。

至于场效应管与前述的普通晶体管（即双极型晶体管）的区别，现将其列于表 11-2 中。

表 11-2　场效应管与双极型晶体管的比较

项目	器件名称	
	双极型晶体管	场效应管
载流子	两种不同极性的载流子（电子与空穴）同时参与导电，故称为双极型晶体管	只有一种极性的载流子（电子或空穴）参与导电，故又称为单极型晶体管
控制方式	电流控制	电压控制
类型	NPN 型和 PNP 型两种	N 沟道和 P 沟道两种
放大参数	$\beta = 20 \sim 200$	$g_m = 1 \sim 5\text{mA/V}$
输入电阻	$10^2 \sim 10^4 \Omega$	$10^7 \sim 10^{14} \Omega$
输出电阻	r_{ce} 很高	r_{ds} 很高
热稳定性	差	好
制造工艺	较复杂	简单，成本低
对应极	基极—栅极，发射极—源极，集电极—漏极	

11.8.2　场效应管放大电路

由于场效应管具有高输入电阻的特点，它适用于作为多级放大电路的输入级，尤其对高内阻信号源，采用场效应管才能有效地放大。

和双极型晶体管比较，场效应管的源极、漏极、栅极相当于它的发射极、集电极、基极。两者的放大电路也类似，场效应管有共源极放大电路和源极输出器等。在双极型晶体管放大电路中必须设置合适的静态工作点，否则将造成输出信号的失真。同理，场效应管放大电路也必须设置合适的工作点。

图 11-32 是场效应管的分压式偏置共源极放大电路，其电路结构与图 11-10（a）的双极型晶体管的共发射极放大电路类似。图中，R_{G1} 和 R_{G2} 为分压偏置电阻。静态时，栅—源电压为（电阻 R_G 中并无电流通过）：

$$U_{GS} = \frac{R_{G2}}{R_{G1} + R_{G2}} U_{DD} - R_S I_D = V_G - R_S I_D \tag{11-44}$$

式中 V_G 为栅极电位。

图 11-33 是图 11-32 的交流通路。当有信号输入时，输出电压为：

$$\dot{U}_o = -R_L'\dot{I}_d = -g_m R_L'\dot{U}_{gs} \qquad (11\text{-}45)$$

式中：$\dot{I}_d = g_m\dot{U}_{gs}$，由式（11-43）得出；$R_L' = R_D /\!/ R_L$。

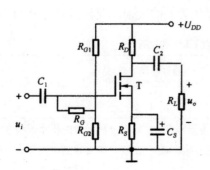

图 11-32　分压式偏置放大电路

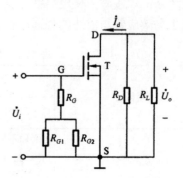

图 11-33　图 11-32 的交流通路

电压放大倍数为：

$$A_u = \frac{\dot{U}_o}{\dot{U}_i} = \frac{\dot{U}_o}{\dot{U}_{gs}} = -g_m R_L' \qquad (11\text{-}46)$$

式（11-46）中的负号表示输出电压和输入电压反相。

放大电路的输入电阻为：

$$r_i = [R_G + (R_{G1} /\!/ R_{G2})]/\!/ r_{gs} \approx R_G + (R_{G1} /\!/ R_{G2}) \qquad (11\text{-}47)$$

场效应管的输入电阻 r_{gs} 是很高的，并联后可略去；并由式（11-47）可知，在分压点和栅极之间接入一高值电阻 R_G 的目的是为了提高放大电路的输入电阻。

放大电路的输出电阻为：

$$r_o \approx R_D \qquad (11\text{-}48)$$

【例 11-7】在图 11-32 所示的电路中，已知：U_{DD}=20V，R_D=5kΩ，R_S=1.5kΩ，R_{G1}=100kΩ，R_{G2}=47kΩ，R_G=2MΩ，R_L=10kΩ，g_m=2mA/V，I_D=1.5mA。试求：（1）静态值；（2）电压放大倍数。

解：（1）由式（11-44）可得：

$$U_{GS} = \left(\frac{47}{100+47} \times 20 - 1.5 \times 1.5\right)\text{V} = (6.39 - 2.25)\text{V} = 4.14\text{V}$$

并可得出：

$$U_{DS} = U_{DD} - (R_D + R_S)I_D = [20 - (5+1.5) \times 10^3 \times 1.5 \times 10^{-3}]\text{V} = 10.25\text{V}$$

（2）电压放大倍数为：

$$A_u = -g_m R_L' = -2 \times \frac{5 \times 10}{5 + 10} = -6.67$$

图 11-34 是源极输出器的放大电路，它和晶体管的射极输出器一样，具有电压放大倍数小于但接近于 1，输入电阻高和输出电阻低等特点。

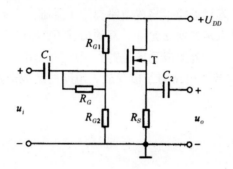

图 11-34　源极输出器

11.9　本章小结

1. 本章重点讨论了放大电路的两种分析方法，即图解法和微变等效电路分析法，这是分析放大电路的基础。

图解法主要应用于大信号工作情况，它既可以分析放大器的静态性能，又可以分析动态性能；微变等效电路法主要应用于小信号工作情况，它只能分析放大器的动态情况，不能确定静态工作点。两种分析方法各有优缺点，应该根据具体情况予以采用。有时将它们结合起来运用，可以取长补短。

图解法的步骤是：

（1）根据直流通路，在输出特性曲线上作直流负载线。

（2）在图上确定直流负载线和 $i_B = I_{BQ}$ 的输出曲线的交点 Q 及其对应的 I_{UQ}、V_{CEQ} 值即静态工作点。

（3）根据交流通路，在图上作交流负载线。

（4）根据输入信号的变化，确定工作点 Q 在交流负载线上的移动及相应的输出信号的变化，从而求出电压放大倍数。

微变等效电路法的步骤是：

（1）首先确定放大器的静态工作点（由基极偏置电路求得）。

（2）确定微变参数，即工作点附近的输入电阻 r_{be} 和电流放大系数 β。

（3）画出放大器的微变等效电路。

（4）根据熟悉的线性电路规律，列出电路方程并求解。

2. 工作点稳定电路是针对半导体器件的热不稳定性而提出的，由于温度变化，三极管的各种参数随之变化，使放大器的工作不稳定，甚至不能正常工作。因此，利用不同的偏置电路方式可以稳定工作点，提高其热稳定性。

3. 一个放大器一般是由多级电路所组成，就其功能来说，可分为电压放大和功率放大两类。电压放大电路，常用单管或两管来实现，前者包括共射、共集和共基三种基本组态，后者则是它们的不同组合，这就为讨论模拟集成电路奠定了基础。

功率放大电路研究的重点是如何在允许失真的情况下，尽可能提高输出功率和效率，通常采用互补对称功率放大电路。另外集成功放也得到了广泛应用。

4. 高输入阻抗的场效管放大电路与三极管放大电路的组成形式极为相似，因此，分析方法也相同。

11.10 习题

11-1 晶体管放大电路如图 11-35（a）所示 $U_{CC}=12V$，$R_C=3k\Omega$，$R_B=240k\Omega$，晶体管的 $\beta=40$。（1）试用直流通路估算各静态值 I_B，I_C，U_{CE}；（2）如晶体管的输出特性如图 11-35（b）所示，试用图解法求作放大电路的静态工作点；（3）在静态时（$\mu_i=0$）C_1 和 C_2 上的电压各为多少？并标出极性。

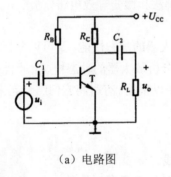

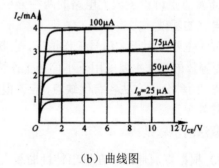

（a）电路图　　　　　　　　　　　（b）曲线图

图 11-35 习题 11-1 的图

11-2 在图 11-35（a）中，若 $U_{CC}=10V$，今要求 $U_{CE}=5V$，$I_C=2mA$，试求 R_C 和 R_B 的阻值。设晶体管的 $\beta=40$。

11-3 在图 11-36 中，晶体管是 PNP 型锗管。（1）U_{CC} 和 C_1，C_2 的极性如何考虑？请在图上标出；（2）设 $U_{CC}=-12V$，$R_C=3k\Omega$，$\beta=75$，如果要将静态值 I_C 调到 1.5mA，R_B 应调到多大？（3）在调整静态工作点时，如不慎将 R_B 调到零，对晶体管有无影响？为什么？通常采取何种措施来防止发生这种情况？

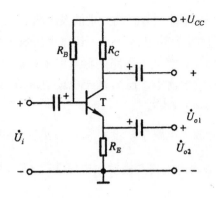

图 11-36　习题 11-3 的图

11-4　试判断图 11-37 中各个电路能不能放大交流信号？为什么？

11-5　利用微变等效电路计算图 11-35 的放大电路的电压放大倍数 A_u。（1）输出端开路；（2）$R_L=6\text{k}\Omega$。设 $r_{be}=0.8\text{k}\Omega$。

11-6　在图 11-38 中，$U_{CC}=12\text{V}$，$R_C=2\text{k}\Omega$，$R_E=2\text{k}\Omega$，$R_B=300\text{k}\Omega$，晶体管的 $\beta=50$。电路有两个输出端。试求：（1）电压放大倍数 $A_{u1}=\dfrac{U_{o1}}{U_i}$ 和 $A_{u2}=\dfrac{U_{o2}}{U_i}$；（2）输出电阻 r_{o1} 和 r_{o2}。

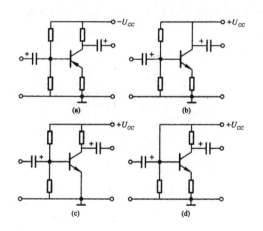

图 11-37　习题 11-4 的图

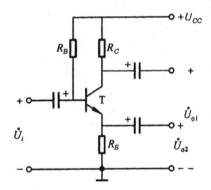

图 11-38　习题 11-6 的图

11-7　在图 11-10（a）的分压式偏置放大电路中，已知 $U_{CC}=15\text{V}$，$R_C=3\text{k}\Omega$，$R_E=2\text{k}\Omega$，$I_C=1.55\text{mA}$，$\beta=50$，试估算 R_{B1} 和 R_{B2}。

11-8　在图 11-10（a）的分压式偏置放大电路中，已知 $U_{CC}=24\text{V}$，$R_C=3.3\text{k}\Omega$，$R_E=1.5\text{k}\Omega$，$R_{B1}=33\text{k}\Omega$，$R_{B2}=10\text{k}\Omega$，$R_L=5.1\text{k}\Omega$，晶体管的 $\beta=66$，并设 $R_S\approx0$。（1）试求静态值 I_B，I_C 和 U_{CE}；（2）画出微变等效电路；（3）计算晶体管的输入电阻 r_{be}；（4）计算电压放大倍数 A_u；（5）计算放大电路输出端开路时的电压放大倍数，并说明负载电阻 R_L 对电压放大倍数的影响；（6）估算放大电路的输入电阻和输出电阻。

11-9　在习题 11-8 中，设 $R_S=1\text{k}\Omega$，试计算输出端接有负载时的电压放大倍数 $A_u=U_o/U_i$ 和 $A_{us}=U_o/E_S$，并说明信号源内阻 R_S 对电压放大倍数的影响。

11-10 在习题 11-8 中，如将图 11-10（a）中的发射极交流旁路电容 C_E 除去，（1）试问静态值有无变化？（2）画出微变等效电路；（3）计算电压放大倍数 A_u，并说明发射极电阻 R_E 对电压放大倍数的影响；（4）计算放大电路的输入电阻和输出电阻。

11-11 在图 11-39 的射极输出器中，已知 $R_S=50\Omega$，$R_{B1}=100\text{k}\Omega$，$R_{B2}=30\text{k}\Omega$，$R_E=1\text{k}\Omega$，晶体管的 $\beta=50$，$r_{be}=1\text{k}\Omega$，试求 A_u，r_i 和 r_o。

11-12 在图 11-21 的差分放大电路中，设 $u_{i1}=u_{i2}=u_{ic}$，是共模输入信号。试证明两管集电极中任一个对"地"的共模输出电压与共模输入电压之比，即单端输出共模电压放大倍数为：

$$A_c = \frac{u_{oc1}}{u_{ic}} = \frac{u_{oc2}}{u_{ic}} = -\frac{\beta R_C}{R_B + r_{be} + 2(1+\beta)R_E} \approx -\frac{R_C}{2R_E}$$

R_P 较小，可忽略不计，并在一般情况下，$R_B + r_{be} \ll 2(1+\beta)R_E$。

11-13 在图 11-21 的差分放大电路中，设 $R_C=1\text{k}\Omega$，$r_{be}=1\text{k}\Omega$，$\beta=50$，$R_B=4\text{k}\Omega$。试求在（1）$R_E=1\text{k}\Omega$，（2）$R_E=2\text{k}\Omega$ 两种情况下的单管差模电压放大倍数 A_{d1} 和单管共模电压放大倍数 A_{c1}。

11-14 在图 11-34 的源极输出器中，已知 $U_{DD}=12\text{V}$，$R_S=12\text{k}\Omega$，$R_{G1}=1\text{M}\Omega$，$R_{G2}=500\text{k}\Omega$，$R_G=1\text{M}\Omega$。试求静态值（U_{DS}，I_D）、电压放大倍数和输入电阻。设 $V_S \approx V_G$，$g_m=0.9\text{mA/V}$。

第12章

集成运算放大器

【学习目的和要求】

通过本章的学习，应了解集成运算放大器的组成、特点；掌握集成运算放大器的应用方法。

集成电路 IC（Integrated Circuit）是将能够完成一定功能的电子元器件制作在一块半导体芯片上，组成一个不可分割的整体。由于其具有体积小、功耗低、性能好等优点，从 20 世纪 50 年代末问世以来，集成电路越来越广泛地取代由分立元件组成的分立电路。

集成运算放大器是有高增益、低温漂的多级直接耦合放大电路，由于初期主要用于数学运算，故习惯上称集成运算放大器。本章将介绍集成运算放大器的组成和各种典型应用。

12.1 集成运算放大器概述

集成运算放大器是发展最快、用途最广的集成电路。它可以通过外接反馈元件后组成各种数学运算电路，而且可以组成各种放大器、比较器、稳压器、波形变换器、采样保持器等。

12.1.1 集成运算放大器的组成

集成运算放大器通常由 4 部分组成：输入级、中间放大级、输出级和偏置电路。图 12-1 是集成运算放大器的原理框图。

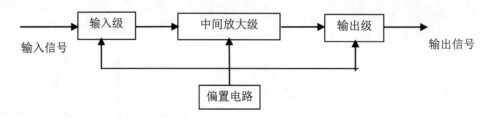

图 12-1　集成运算放大器的原理框图

输入级提供和输出信号成同相关系或反相关系的两个输入端，为了减小温度漂移和抑制干扰信号，输入级往往采用差动放大电路。中间放大级主要任务是完成电压放大任务，为了获得较高的电压放大倍数，一般由复合管组成共射极放大电路。输出极向负载提供一定的功率，一般由互补对称电路组成功率放大电路。偏置电路向各级提供稳定的静态工作电流，一般由恒流源组成。

12.1.2　集成运算放大器主要参数

为了合理的选用集成运算放大器，必须了解主要参数的含义，现介绍如下：

1. 开环电压放大倍数 A_{uo}

开环电压放大倍数是指运算放大器在没有外接反馈电路时的差模电压放大倍数。A_{uo} 越大，运算精度越高。A_{uo} 一般为 $10^4 \sim 10^7$。

2. 最大输出电压 U_{OPP}

最大输出电压是运算放大器在不失真情况下输出的最大电压。

3. 输入失调电压 U_{IO}

在实际的运算放大器中，因为差动输入级元件参数的不完全对称，当输入电压为零时，造成输出电压不等于零。为了使运算放大器输出电压等于零，必须在输入端增加补偿电压，该电压就是失调电压。U_{IO} 一般为 $\pm(1\sim10)\text{mV}$。

4. 输入失调电流 I_{IO}

输入失调电流是指输入信号为零时，两个输入端的静态基极电流之差，即 $I_{IO}=I_{BP}-I_{BN}$。I_{IO} 越小越好，一般为 $1\text{nA}\sim0.1\mu\text{A}$。

5. 输入偏置电流 I_{IB}

输入偏置电流是指输入信号为零时，两个输入端的静态基极电流平均值，即 $I_{IB}=(I_{BP}+I_{BN})/2$。一般为 $10\text{nA}\sim1\mu\text{A}$。

6. 最大差模输入电压 U_{idmax}

差模输入电压超过这个电压值将造成运算放大器内部部分三极管损坏。

7. 最大共模输入电压 U_{icmax}

共模输入电压超过这个电压值其共模抑制能力将明显下降，甚至造成运算放大器的损坏。

8. 差模输入电阻 r_{id} 和输出电阻 r

差模输入电阻反映运算放大器输入端向信号源取用电流的大小，其值越大越好。

输出电阻反映运算放大器带负载的能力，其值越小越好。

除上述指标外，还有共模抑制比、带宽、功耗等，在选用集成运算放大器时，要根据具体情况选择合适的型号。

12.1.3　理想集成运算放大器

在分析运算放大器的实际应用电路时，为了简化分析过程，一般可将它看成理想集成运算放大器，即：

（1）开环电压放大器 $A_{uo} = \infty$。

（2）输入电阻 $r_{id} = \infty$。

（3）输出电阻 $r_o = 0$。

（4）开环带宽 $BW = \infty$。

（5）共模抑制比 $K_{CMRR} = \infty$。

图 12-2 是理想运算放大器的图形符号。其中"+"号表示同相输入端，"−"号表示反相输入端。

图 12-3 是理想运算放大器的输出特性，即输入电压与输出电压之间的关系，可以分为饱和区和线性区。

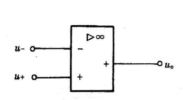

图 12-2　理想运放的电路符号

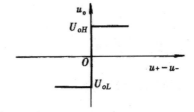

图 12-3　理想运放的传输特性

当运算放大器工作在饱和区时，输出一个微小信号，输出电压即达到正向饱和电压 U_{OH} 或负向饱和压降 U_{OL}。即：

当 $U_- > U_+$ 时，$U_O = U_{OL}$；

当 $U_- < U_+$ 时，$U_O = U_{OH}$。

当运算放大器工作在线性区时，u_o 与 u_i 是线性关系，即：

$$u_o = A_{uo} u_i = A_{uo}(u_+ - u_-) \tag{12-1}$$

此时可以得出两个重要结论。

（1）虚断。因为 $r_{id} = \infty$，存在：

$$i_+ = i_- = \frac{u_i}{r_{id}} = 0 \tag{12-2}$$

相当于同相输入端和反相输入端与理想运放内部电路之间断路。

（2）虚短。因为 $A_{uo} = \infty$，存在：

$$u_+ - u_- = \frac{u_o}{A_{uo}} = 0 \tag{12-3}$$

相当于同相输入端和反相输入端之间短路。

如果同相输入端接地时，有 $u_- = u_+ = 0$，这是反相输入端的电位接近于"地"电位，通常称虚地。

因为实际运算放大器技术指标与理想运算放大器十分接近,因此用理想运算放大器代替实际运算放大器工程上是允许的。

12.2 集成运算放大器在信号运算方面的应用

集成运算放大器工作在线性区时，能形成比例、加、减、积分与微分等运算。

12.2.1 比例运算

1. 反相比例运算电路

图 12-4 是反相比例运算电路。其中输入信号 u_i 加到反相输入端，同相输入端接地，电阻 R_F 接在输入端和反相输入端之间，形成深度的电压并联负反馈。该电路分析如下：

（1）由"虚断"可知：

$$i_1 = i_f$$

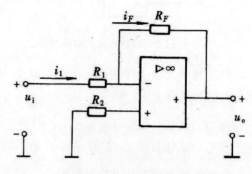

图 12-4　反相比例运算电路

式中： $i_1 = \dfrac{u_i - u_-}{R_1}$ ； $i_f = \dfrac{u_- - u_o}{R_F}$ 。

（2）由"虚短"可知：

$$u_- = u_+ = 0$$

可得出：

$$\frac{u_i}{R_1} = -\frac{u_o}{R_F} \quad ; \quad u_o = -\frac{R_F}{R_1} u_i \tag{12-4}$$

式（12-4）表明，输出电压与输入电压为比例运算关系，负号表示 U_O 与 U_I 相位相差 $180°$，故称反相比例运算电路。

闭环电压放大倍数 A_{uf} 为：

$$A_{uf} = \frac{u_o}{u_i} = -\frac{R_F}{R_1} \tag{12-5}$$

R_2 是平衡电阻，目的是保证运算放大器的两个输入端对称，用来消除静态基极电流对输出电压的影响。R_2 的大小为：

$$R_2 = R_1 // R_F \tag{12-6}$$

当 $R_F = R_1$ 时，$A_{uf} = -1$，此时反相比例电路构成反相器。

2. 同相比例运算电路

图 12-5 是同相比例运算电路，其中输入信号 u_i 加在同相输入端，反相输入端经电阻 R_1 接地。

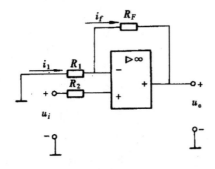

图 12-5　同相比例运算电路

（1）由"虚断"可知：

$$i_1 = i_f$$

式中：$i_1 = \dfrac{0 - u_-}{R_1} = -\dfrac{u_i}{R_1}$。

$$i_f = \frac{u_- - u_0}{R_F}$$

（2）由"虚短"可知：

$$u_- = u_+ = u_i$$

可得出：

$$-\frac{u_i}{R_1} = \frac{u_i - u_0}{R_F}$$

$$u_0 = \left(1 + \frac{R_F}{R_1}\right)u_i \tag{12-7}$$

闭环电压放大倍数 A_{uf} 为：

$$A_{uf} = \frac{u_o}{u_i} = 1 + \frac{R_F}{R_1} \tag{12-8}$$

平衡电阻 R_2 的大小为：

$$R_2 = R_1 // R_F \tag{12-9}$$

【例 12-1】理想运算放大器电路如图 12-6 所示，其中 $u_i = 100\text{mV}$，$R_1 = R_4 = 5\text{k}\Omega$，$R_2 = R_5 = 50\text{k}\Omega$，求输出电压 u_o 及平衡电阻 R_3。

解：该电路由两级运算电路组成，第一级为反向比例运算电路，第二级为同比例运算电路。其中：

$$u_{01} = -\frac{R_2}{R_1} \times u_i \qquad u_o = \left(1 + \frac{R_5}{R_4}\right) \times u_{o1}$$

可求出：

$$
\begin{aligned}
u_o &= -\frac{R_2}{R_1}\left(1 + \frac{R_5}{R_4}\right)u_i \\
&= -\frac{50}{5}\left(1 + \frac{50}{5}\right) \times 0.1 \\
&= -11\text{V}
\end{aligned}
$$

平衡电阻 $R_3 = R_1 // R_2 \approx 4.5\text{k}\Omega$。

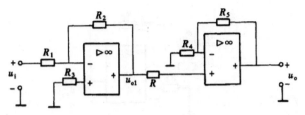

图 12-6　例 12-1 电路图

12.2.2　加法运算

如果在反相输入端增加多个输入电路，则构成反相加法运算电路，如图 12-7 所示。由于反相输入端为虚地，故由电路可知：

$$i_f = i_1 + i_2$$

式中：$i_1 = \dfrac{u_{i1}}{R_1}, i_2 = \dfrac{u_{i2}}{R_2}, i_f = -\dfrac{u_o}{R_F}$。

整理可得：

$$u_o = -\left(\frac{R_F}{R_1} u_{i1} + \frac{R_F}{R_2} u_{i2} \right) \tag{12-10}$$

如果 $R_F = R_1 = R_2$ 时，式（12-10）为：

$$u_o = -(u_{i1} + u_{i2}) \tag{12-11}$$

平衡电阻：$\qquad\qquad\qquad R_3 = R_1 // R_2 // R_F \tag{12-12}$

【例 12-2】一锅炉的燃烧控制系统如图 12-7 所示，u_o 为给锅炉补充氧气对应的是电压，u_o 与尾气温度对应的电压 u_{i1} 和尾气中 CO 含量对应电压 u_{i2} 有 $u_o = -4u_{i1} - 5u_{i2}$ 的关系，若 $R_F = 50\text{k}\Omega$，试确定电路中各电阻的阻值。

解：由式（12-10）可知：

$$R_1 = \frac{R_F}{4} = \frac{50}{4} = 12.5\text{k}\Omega$$

$$R_2 = \frac{R_F}{5} = \frac{50}{5} = 10\text{k}\Omega$$

平衡电阻 $R_3 = R_1 // R_2 // R_F = 5\text{k}\Omega$。

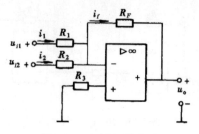

图 12-7　加法运算电路

12.2.3　减法运算

1. 利用差动电路实现减法电路

如果在运放的两个输入端加上输入信号，即构成差动电路。电路如图 12-8 所示。用叠加原理分析：

（1）u_i 单独作用时，$u'_{i2}=0$，则：

$$u_o = -\frac{R_F}{R_1}u_{i1}$$

（2）u_{i2} 单独作用时，$u_{i1}=0$，则：

$$u_+ = -\frac{R_3}{R_2+R_3}u_{i2}$$

$$u''_0 = \left(1+\frac{R_F}{R_1}\right)u_+ = \left(1+\frac{R_F}{R_1}\right)\frac{R_3}{R_2+R_3}u_{i2}$$

所以，输出电压为：

$$u_o = u'_o + u''_0 = -\frac{R_F}{R_1}u_{i1} + \left(1+\frac{R_F}{R_1}\right)\frac{R_3}{R_2+R_3}u_{i2} \tag{12-13}$$

当 $R_2=R_1$，$R_3=R_F$ 时，有：

$$u_o = \frac{R_F}{R_1}(u_{i2}-u_{i1}) \tag{12-14}$$

当 $R_1=R_F$ 时，有：

$$u_o = u_{i2}-u_{i1} \tag{12-15}$$

闭环电压放大倍数 A_{uf} 为：

$$A_{uf} = \frac{u_o}{u_{i2} - u_{i1}} = \frac{R_F}{R_1} \qquad (12\text{-}16)$$

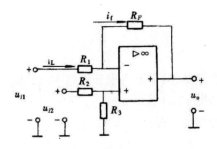

图 12-8　差动减法运算电路

2. 利用反相信号求和实现减法运算

电路如图 12-9 所示，第一级为反相比例放大电路，第二级为反相加法电路，具体分析由读者自己进行。

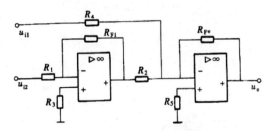

图 12-9　用加法实现减法运算电路

12.2.4　积分运算

图 12-10 为积分运算电路。因为运算放大器的反相输入端"虚地"，有：

$$i_1 = i_f = \frac{u_i}{R_1}$$

$$u_o = -u_c = -\frac{1}{C_F}\int i_f \mathrm{d}_t = -\frac{1}{R_1 C_F}\int u_f \mathrm{d}_t \qquad (12\text{-}17)$$

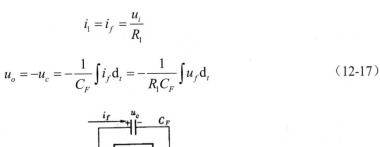

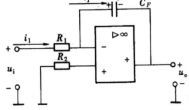

图 12-10　积分运算电路

由式（12-17）可以看出，u_o 与 u_i 为积分关系，负号表示 u_o 与 u_i 的极性相反。$R_1 C_F$ 为积分时间常数。

12.2.5　微分运算

微分运算是积分运算的逆运算，只需要将积分电路中反相输入端的电阻和反馈电容调换位置，就变成微分运算电路，如图 12-11 所示。

因为运放的反相输入端为虚地，有：

$$i_1 = C \frac{\mathrm{d}u_c}{\mathrm{d}t} = C \frac{\mathrm{d}u_i}{\mathrm{d}t}$$

$$u_o = -R_F i_f = -R_F i_1$$

所以：

$$u_o = -R_F i_1 = -R_F C \frac{\mathrm{d}u_i}{\mathrm{d}t} \tag{12-18}$$

由式（12-18）可以看出，u_o 与 u_i 是微分关系。当 u_i 为阶跃电压时，u_o 为尖端脉冲电压，如图 12-12 所示。

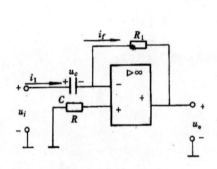

图 12-11　微分运算电路

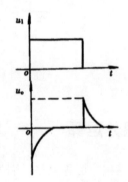

图 12-12　微分运算电路的阶跃响应

【例 12-3】试求图 12-13 所示电路的 u_o 与 u_i 的关系式。

解： 由虚断的概念可知：

$$i_f = i_R + i_c$$

式中：$i_R = \dfrac{u_s}{R_1}$；　$i_c = C_1 \dfrac{du_s}{dt}$。

因此：

$$u_o = -\left(i_f R_f + \frac{1}{C_f} \int i_f \mathrm{d}_t \right)$$

$$= -R_f \left(\frac{u_s}{R_1} + C_1 \frac{\mathrm{d}u_s}{\mathrm{d}t} \right) - \frac{1}{C_f} \int \left(\frac{u_s}{R_1} + C_1 \frac{\mathrm{d}u_s}{\mathrm{d}t} \right) \mathrm{d}t$$

$$= -\left(\frac{R_f}{R_1} + \frac{C_1}{C_F} \right) u_s - R_f C_1 \frac{du_s}{dt} - \frac{1}{R_1 C_f} \int u_s \mathrm{d}t$$

式中，第一项表示比例运算，第二项表示微分运算，第三项表示积分运算，三者组合起来称为比例—微分—积分调节器，简称 PID（Proportional-Integral-Differential）调节器。比例运算和积分运算用来提高控制精度，微分运算用来加速过渡过程。

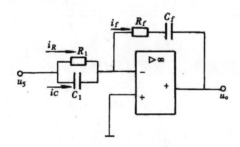

图 12-13 例 12-3 的电路

12.3　集成运算放大器在信号测量方面的应用

随着微电子技术和计算机技术的发展，传感器已经成为测量电路的重要发展方向，常用各种传感器将电量和非电量转换为需要的电压信号或电流信号。传感器的输入级对传感器的性能有较大的影响。如图 12-14 所示电路由两级组成，第一级由 A1、A2 组成，采用同相输入得到极高的输入阻抗，提高转换效率并抑制零漂；第二级由 A3 组成放大级放大输入信号。

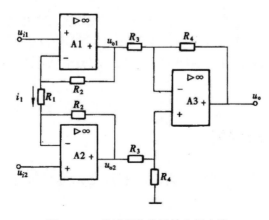

图 12-14 传感器的常用输入级电路

根据虚短的概念可以得到：

$$i_1 = \frac{u_{i1} - u_{i2}}{R_1}$$

根据虚断的概念可以得到：

$$u_{o1} - u_{o2} = i_1(R_1 + 2R_2) = \frac{u_{i1} - u_{i2}}{R_1}(R_1 + 2R_2)$$

第一级的电压放大倍数为：

$$A_{uf1} = \frac{u_{o1} - u_{o2}}{u_{i1} - u_{i2}} = \left(1 + \frac{2R_2}{R_1}\right)$$

第二级是一个差动减法放大器，可以很容易得到：

$$u_o = -\frac{R_4}{R_3}(u_{o1} - u_{o2})$$

第二级的电压放大倍数为 $A_{uf2} = -\dfrac{R_4}{R_3}$。

整个输入级电路的放大倍数为：

$$A_{uf} = A_{uf1} A_{uf2} = -\left(1 + \frac{2R_2}{R_1}\right)\frac{R_4}{R_3}$$

12.4 集成运算放大器的非线性应用

当集成运算放大器工作在开环状态时，其进入非线性区，如果输入微弱的信号，由于理想运算放大器的 $A_{uo} = \infty$，输出电压立即达到正饱和值或负饱和值。电压比较器是集成运算放大器工作在非线性区的典型应用，广泛应用在模拟信号和数字信号的变换、自动控制和自动检测等领域。

12.4.1 单门限电压比较器

电路如图 12-15（a）所示，其中 u_i 为输入信号，U_{REF} 是参考电压。

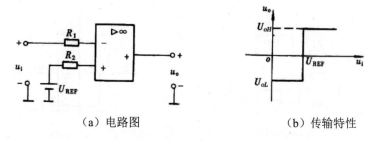

（a）电路图　　　　　（b）传输特性

图 12-15　同相单门限电压比较器

当 $u_i < U_{REF}$ 时，$u_o = U_{OL}$；当 $u_i > U_{REF}$ 时，$u_o = U_{OH}$。

图 12-15（b）为单门限电压比较器的传输特性，它表明输入电压由低升高到 U_{REF} 时，u_o 从低电平跃变为高电平；当输入电压由高降低到 U_{REF} 时，u_o 从高电平跃变为低电平。将比较器的输出电压从一个电平跃变为另一个电平时对应的输入电压称为门限电压或阀值电压，用 U_{th} 表示，图 12-15 所示电路中只有一个门限电压，故称单门限电压比较器。

当 $U_{REF} = 0$，在输入信号每次过零时，输出电压就要产生跃变，这种电压比较器称为过零比较器。对应电路如图 12-16 所示。

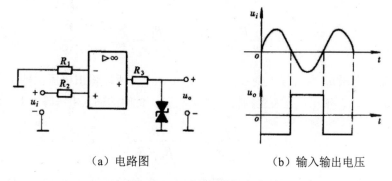

（a）电路图　　　　　（b）输入输出电压

图 12-16　过零比较器电路

12.4.2　迟滞电压比较器

单门限电压比较器结构简单，灵敏度高，但它的抗干扰能力差，如果输入信号受到干扰在门限电压附近反复变化，输出电压将反复变化，导致输出不稳定，用此输出电压控制电机将缩短电机的使用寿命，严重的将导致电机的损坏。

迟滞电压比较器具有两个电压门限，可以克服单门限电压比较器抗干扰能力差的缺点。图 12-17 为同相电压比较器的电路图。

当 $u_+ > u_-$ 时，$u_o = U_{OH}$。

利用叠加定理可以得到：

$$u_+ = \frac{R_2}{R_2 + R_3} U_{OH} + \frac{R_2}{R_2 + R_3} U_{REF}$$

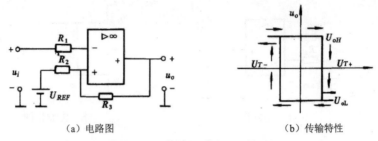

（a）电路图　　　　　　　　　　　　（b）传输特性

图 12-17　同相迟滞电压比较器

随后，逐渐增大 u_i，当 $u_i=u_->u_+$ 时，输出电压发生翻转，$u_o=U_{OL}$。此时的输入电压就等于上门限电压 U_{T+}。即：

$$U_{T+} = \frac{R_2}{R_2+R_3}U_{OH} + \frac{R_3}{R_2+R_3}U_{REF} \qquad （12-19）$$

因为 $u_o=U_{OL}$，同相输入端的电压降为 u'_+。

$$u'_+ = \frac{R_2}{R_2+R_3}-U_{OL} + \frac{R_3}{R_2+R_3}U_{REF}$$

随后减小输入电压 u_i，当 u_i 减小到 U_{T+} 时，因为 $u_->u'_+$，所以输出电压保持不变，即 $u_o=U_{OL}$。继续减小 u_i 到 $u_-<u'_+$，输出电压发生翻转，使 $u_o=U_{OH}$，此时的输入电压等于下门限电压 U_{T-}。

$$U_{T-} = \frac{R_2}{R_2+R_3}U_{OL} + \frac{R_3}{R_2+R_3}U_{REF} \qquad （12-20）$$

随着 u_i 的不断增加、减少变化，u_o 波形为矩形。其传输特性如图 12-16（b）所示。因为迟滞电压比较器有两个门限电压，增加了抗干扰的能力，其中 $U_{T+}-U_{T-}$ 越大抗干扰能力越强，称为门限宽度或回差电压。

$$\Delta U_T = U_{T+} - U_{T-} = \frac{R_2}{R_2+R_3}(U_{OH}-U_{OL}) \qquad （12-21）$$

12.5　非正弦信号产生电路

利用电压比较器可以构成方波信号发生器、三角波信号发生器等非正弦信号产生电路，本节将分析电路的工作原理。

12.5.1　方波信号发生器

方波信号发生器的电路如图 12-18（a）所示，它是在迟滞比较器的基础上，增加由 R_F、

C 构成的反馈环节，在输出端接有背靠背的稳压管。

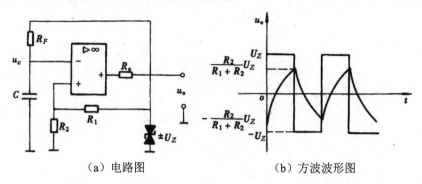

（a）电路图　　　　　　　　（b）方波波形图

图 12-18　方波信号发生器

1. 工作原理

在接通电路的瞬间，同相输入端电压和反相输入端电压的大小并不确定，假设同相输入端电压大于反相输入端电压，即 $u_- < u'_+$，即 $u_o = U_{OH} = +U_z$。

此时同相输入端电压为：

$$u_+ = \frac{R_2}{R_1 + R_2} U_z \qquad (12\text{-}22)$$

设 $t=0$ 时，电容器上的电压为零，输出电压 u_o 通过 R_f 对电容器充电，反相输入端电压 u_- 逐渐升高，当 $u_- \geqslant u'_+$ 时，$u_o = -U_z$。

同相输入端电压变为：

$$u'_+ = -\frac{R_2}{R_1 + R_2} U_z \qquad (12\text{-}23)$$

由于输出电压减小，电容器 C 将通过 R_F 放电，当 $u_- \leqslant u_+$ 时，输出电压将从最小值跃变为最大值，即 $u_o = U_{OH} = +U_z$，输出电压 u_o 通过对 C 再次充电，如此反复进行充电和放电，产生振荡，输出方波电压，其波形如图 12-18（b）所示。

2. 振荡周期

利用三要素法不难列出：

$$
\begin{aligned}
u_c(t) &= U_\infty + (U_0 - U_\infty) e^{\frac{-t}{R_f C}} \\
&= U_z + \left(-\frac{R_2}{R_1 + R_2} U_z - U_z \right) e^{\frac{-t}{R_f C}} \qquad (12\text{-}24) \\
&= U_z - U_z \left(1 + \frac{R_2}{R_1 + R_2} \right) e^{\frac{-t}{R_f C}}
\end{aligned}
$$

设周期为 T，当 $t=\dfrac{T}{2}$ 时，$u_c\left(\dfrac{T}{2}\right)=\dfrac{R_2}{R_1+R_2}U_z$，代入式（12-24）得到：

$$\frac{R_2}{R_1+R_2}U_z=U_z-U_z\left(1+\frac{R_2}{R_1+R_2}\right)e^{\frac{-\frac{T}{2}}{R_fC}}$$

求得：
$$T=2R_fC\ln\left(1+2\frac{R_2}{R_1}\right)\qquad(12\text{-}25)$$

如果 $\ln\left(1+2\dfrac{R_2}{R_1}\right)=1$，则有：

$$f=\frac{1}{T}=\frac{1}{2R_fC}\qquad(12\text{-}26)$$

12.5.2　三角波信号发生器

三角波信号发生器由两部分组成，第一部分为电压比较器，第二部分是积分电路，电路如图 12-19（a）所示。

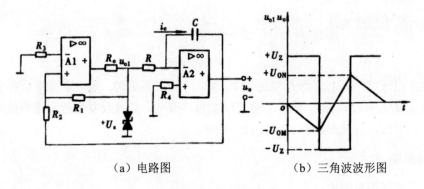

（a）电路图　　　　　（b）三角波波形图

图 12-19　三角波发生器

1. 工作原理

在接通电源瞬间，假设 $U_{o1}=+U_z$，利用叠加定理，可得到：

$$u_{+1}=\frac{R_2}{R_1+R_2}U_z+\frac{R_1}{R_1+R_2}U_z\qquad(12\text{-}27)$$

因为 A2 存在虚地，$U_{+2}=U_{-2}=0$，所以 U_{o1} 通过 R 对 C 进行恒流充电。$i_c=\dfrac{U_z}{R}$，U_o 线性下降，当下降到一定数值时，$U_{+1}<U_{-1}$，U_{o1} 从 U_z 跃变为 $-U_z$，电容器恒流放电，输出电压

U_o 线性上升，当 U_o 上升到一定值时，$U_{+1} > U_{-1}$，U_{o1} 从 $-U_z$ 跃变为 $+U_z$，电容再次恒流充电，U_o 线性下降，如此反复进行，因为充电和放电回路相同，所以输出三角形电压，电压波形如图 12-19（b）所示。

2. 周期计算

当 $U_{+1} = U_{-1}$ 时，U 达到最大值 U_{om}：

$$U_{om} = -\frac{R_2}{R_1} U_{o1} \tag{12-28}$$

该三角波电压周期为 T，则 U_o 从 U_{om} 下降到 $-U_{om}$ 所需时间为 $\frac{1}{2}T$，有：

$$\frac{1}{RC} \int_0^{\frac{T}{2}} \frac{U_z}{R} \, \mathrm{d}t = 2U_{om}$$

得到：

$$T = 4\frac{R_c R_2}{R_1} \tag{12-29}$$

$$f = \frac{1}{T} = \frac{R_1}{4R_c R_2} \tag{12-30}$$

12.6　正弦信号产生电路

在通信、自动控制、生物医学领域，需要各种正弦波信号源，本节分析正弦波发生器的工作原理。

12.6.1　正弦波振荡的条件

正弦波振荡电路基本结构如图 12-20 所示，图 12-20 中引入正反馈电路，正弦波信号 $\dot{x}_i$ 经过基本放大电路和反馈环节后，得到反馈信号 $\dot{x}_f$，如果 $\dot{x}_f = \dot{x}_i$，就可以去掉输入信号 $\dot{x}_i$，此时有：

$$\frac{\dot{x}_f}{\dot{x}_i} = \frac{\dot{x}_o}{\dot{x}_i} \frac{\dot{x}_f}{\dot{x}_o} = \dot{A}\dot{F} = 1 \tag{12-31}$$

设：

$$\dot{A} = A < \varphi_a, \dot{F} = F < \varphi_f$$

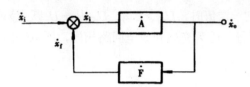

图 12-20 正弦波振荡电路基本结构

可以得到振荡电路的振荡条件。

（1）振幅平衡条件：

$$| \dot{A}\dot{F} |=1 \tag{12-32}$$

（2）相位平衡条件：

$$\varphi_a + \varphi_f = 2n\pi (n = 0,1,2,\cdots) \tag{12-33}$$

要求反馈信号 $\dot{x}_f$ 与 $\dot{x}_i$ 同相位，即必须引入正反馈。

实际的正弦波振荡器没有特定的输入信号，而是依靠电路中的扰动信号建立微弱的起始信号，并且 $| \dot{A}\dot{F} | > 1$，使该信号不断被放大，当该信号达到足够大时，自动调整到 $| \dot{A}\dot{F} | =1$，保持输出信号稳定振荡。

12.6.2 RC 正弦波振荡电路

常见的 RC 正弦波振荡电路有桥式振荡电路，该振荡电路又称文氏电桥正弦波电路，电路如图 12-21 所示，可知输出电压与输入电压的关系为：

$$\frac{U_i}{U_o} = \frac{R // \dfrac{1}{j\omega C}}{R + \dfrac{1}{j\omega C} + R // \dfrac{1}{j\omega C}} \tag{12-34}$$

$$= \frac{R}{3R + j\omega CR^2 + \dfrac{1}{j\omega C}} = \frac{1}{3 + j\omega CR + \dfrac{1}{j\omega CR}}$$

令：

$$\omega_0 = \frac{1}{RC}$$

$$\frac{\dot{U}_i}{\dot{U}_o} = \frac{1}{3 + j(\dfrac{\omega}{\omega_0} - \dfrac{\omega_0}{\omega})} \tag{12-35}$$

该电路的幅频特性为：

$$| \frac{\dot{U}_i}{\dot{U}_o} | = \frac{1}{\sqrt{3^2 + (\frac{\omega}{\omega_0} - \frac{\omega_0}{\omega})^2}}$$（12-36）

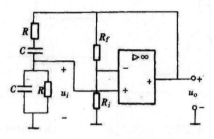

图 12-21　桥式振荡电路

对应电路为图 12-22（a）所示。该电路的相频特性为：

$$\varphi = -\arctan \frac{1}{3} \left(\frac{\omega}{\omega_0} - \frac{\omega_0}{\omega} \right)$$（12-37）

对应电路为图 12-22（b）所示。

当 $\omega = \omega_0$，即 $f = f_0 = \frac{1}{2\pi RC}$，有：

$$| \dot{F} | = | \frac{\dot{U}_i}{\dot{U}_o} |_{\max} = \frac{1}{3}$$（12-38）

$$\varphi = 0$$（12-39）

放大器的放大倍数为：

$$\dot{A} = 1 + \frac{R_F}{R_1}$$（12-40）

该电路的起振条件为：

$$| \dot{A}\dot{F} | > 1$$

即：

$$\frac{1}{3} \left(1 + \frac{R_F}{R_1} \right) > 1$$

得到：

$$R_F > 2R_1$$（12-41）

在图 12-21 中，R_F 一般选用具有负温度系数的热敏电阻，在起振时，由于 U_o 很小，R_F 中的电流很小，R_F 发热很小，其阻值较高，使 $| \dot{A}\dot{F} | > 1$ 建立振荡，当 U_o 增大到一定程度时，R_F

随着电流的增大而减小，当 $R_F=2R_1$ 时，$|\dot{A}\dot{F}|=1$，振荡维持稳定。

RC 振荡器常用做低频振荡器，工作频率应在 1MHz 以下，如果要产生更高频率的信号，可采用 LC 振荡器。

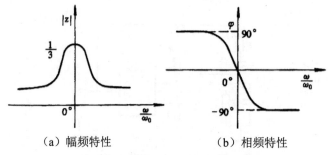

（a）幅频特性　　　　　　　　（b）相频特性

图 12-22　桥式振荡电路的频率特性

12.6.3　LC 振荡电路

常用的 LC 振荡电路有变压器反馈式、电感三点式和电容三点式。这里只分析三点式振荡电路。

1. 电感三点式振荡电路

电感三点式振荡电路如图 12-23 所示。由于振荡频率较高，C_1、C_2 及 C_E 对交流信号可视作短路，其简化电路如图 12-24 所示，可以看出晶体管的三个极同电感线圈的三个点分别相连。其中 L_2 构成正反馈环节以实现振荡。振荡频率为：

$$f_o = \frac{1}{2\pi\sqrt{(L_1 + L_2 + 2M)C}} \tag{12-42}$$

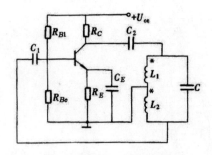

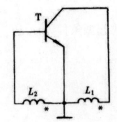

图 12-23　电感三点式振荡电路　　　　　　图 12-24　电感三点式简化振荡电路

式中，M 为 L_1 和 L_2 之间的互感。可以通过环节 C 来调节振荡频率的大小。由于反馈电压取自 L_2，而 L_2 的电感对高次谐波非常敏感，引起输出波形中有较大的谐波分量，输出波形较差。

2. 电容三点式振荡电路

电容三点式振荡电路如图 12-25 所示。其中 C_1、C_2 及 C_E 对交流信号可视作短路，晶体管的三个极分别同 C_1、C_2 的三个点分别相联。其中 C_2 构成正反馈环节，以实现振荡。振荡频率为：

$$f_o = \frac{1}{2\pi\sqrt{L\dfrac{C_1C_2}{C_1+C_2}}} \tag{12-43}$$

由于反馈电压取自 C_2，谐波次数越高，C_2 对应的容抗越小，输出波形中谐波分量含量越低，输出的波形越好。调节谐振频率时，由于同时调节 C_1、C_2 不方便，通常在电感支路中串接电容 C，通过调节 C 来调整工作频率。

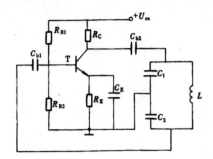

图 12-25　电容三点式振荡电路

12.7　本章小结

本章主要讲述了集成运算放大器的组成、性能、线性应用电路和非线性应用电路以及它们的分析方法。由于集成运放的应用深入到电子技术的各个领域，因此本章是本书的重点内容之一。

（1）集成运放是一种直接耦合式多级放大器，它具有放大倍数高、输入电阻高、输出电阻低以及使用方便等特点。在应用中，应熟悉集成运放各项技术指标的意义。

（2）集成运放本身并不具备计算功能，只有在外部网络配合下，使集成运放工作在线性区，才能实现各种运算。本章以五种基本运算电路为主，介绍了集成运放线性应用问题的分析和处理方法。这就是：

- 把实际集成运放理想化：$A_{uo}=\infty$，$r_{id}=\infty$。
- 运用理想运放线性应用时的三条依据：

①$u_+ = u_-$；②$i_+ = i_- = 0$；③同相端接地，$u_-=0$。从这三个依据出发，各种运算电路的分析方法基本上是相同的。要求重点掌握这 5 种基本运算电路的分析方法和它们的关系式。

（3）集成运放的非线性应用也很广泛。分析非线性应用的依据是：

①$u_+ > u_-$ 时，$u_o = +U_{o(sat)}$。

②$u_+ < u_-$ 时，$u_o = -U_{o(sat)}$。

（4）本章中所给出的电路大部分是原理电路，集成运放在实际应用中还应加入调零电路、保护电路、补偿电路等。在要求高的场合还应考虑非理想运放所带来的误差等。

12.8 习题

12-1 在图 12-4 的反相比例运算电路中，设 R_1=10kΩ，R_F=500 kΩ。试求闭环电压放大倍数 A_{uf} 和平衡电阻 R_2。若 u_i=10mV，则 u_o 为多少？

12-2 在图 12-26 的同相比例运算电路中，已知 R_1=2kΩ，R_F=10kΩ，R_2=2kΩ，R_3=18kΩ，u_i=1V，求 u_o。

12-3 电路如图 12-27 所示，已知 $u_{i1} = 1V$，$u_{i2} = 2V$，$u_{i3} = 3V$，$u_{i4} = 4V$，$R_1=R_2=2$kΩ，$R_3=R_4=R_F$=1kΩ，试求输出电压 u_o。

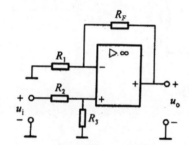

图 12-26 习题 12-2 的图

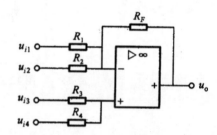

图 12-27 习题 12-3 的图

12-4 求图 12-28 所示电路 u_o 与 u_i 的运算关系式。

12-5 有一个两信号相加的反相加法运算电路，如图 12-27 所示，其电阻 $R_1=R_2=R_F$。如果 u_{i1} 和 u_{i2} 分别为如图 12-30 所示的三角波和矩形波，试画出输出电压的波形。

12-6 在图 12-29 中，已知 $R_F=2R_1$，u_i=-2V，试求输出电压 u_o。

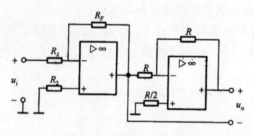

图 12-28 习题 12-4 的图

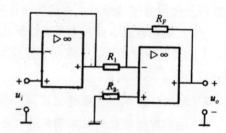

图 12-29 习题 12-6 的图

12-7 求图 12-31 所示的电路中 u_o 与各输入电压的运算关系式。

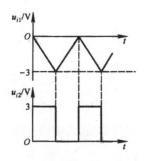

图 12-30　习题 12-5 的图

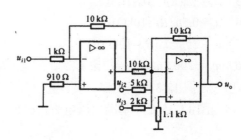

图 12-31　习题 12-7 的图

12-8　图 12-32 是利用两个运算放大器组成的具有较高输入电阻的差分放大电路。试求出 u_o 与 u_{i1}、u_{i2} 的运算关系式。

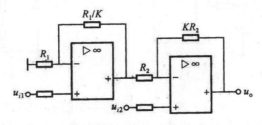

图 12-32　习题 12-8 的图

12-9　在图 12-8 所示的差分运算电路中，$R_1=R_2=4\text{k}\Omega$，$R_F=R_3=20\text{k}\Omega$，$u_{i1}=1.5\text{V}$，$u_{i2}=1\text{V}$，试求输出电压 u_o。

12-10　在图 12-10 所示积分运算电路中，如果 $R_1=10\text{k}\Omega$，$C_F=1\mu\text{F}$，$u_i=-1\text{V}$ 时，求 u_o。由起始值 0 达到+10V（设为运算放大器的最大输出电压）所需要的时间是多少？超出这段时间后输出电压呈现出什么样的变化规律？如果要把 u_o 与 u_i 保持积分运算关系的有效时间增大 10 倍，应如何改变电路参数值？

12-11　在图 12-33 的电路中，电源电压为±15V，$u_{i1}=1.1\text{V}$，$u_{i2}=1\text{V}$。试问接入输入电压后，输出电压 u_o 由 0 上升到 10V 所需时间。

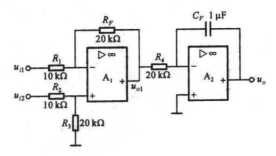

图 12-33　习题 12-11 的图

12-12　按下列各运算关系式画出运算电路，并计算各电阻的阻值，括号中的反馈电阻 R_F 和电容 C_F 是已知值。

（1）$u_o=-3u_i(R_F=50\text{k}\Omega)$；

（2）$u_o=-(u_{i1}+0.2u_{i2})(R_F=100\text{k}\Omega)$；

（3） $u_o = 5u_i (R_F = 20\text{k}\Omega)$；

（4） $u_o = 0.5u_i (R_F = 10\text{k}\Omega)$；

（5） $u_o = 2u_{i2} - u_{i1} (R_F = 10\text{k}\Omega)$；

（6） $u_o = -200 \int u_i \, dt \, (C_F = 0.1\mu\text{F})$。

12-13 在图 12-34 中求 u_o。

12-14 图 12-35 是一基准电压电路，u_o 可作基准电压用，试计算 u_o 的调节范围。

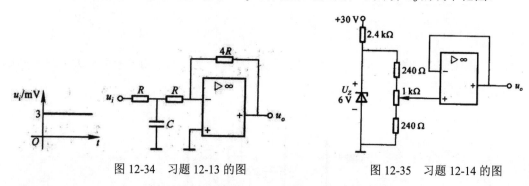

图 12-34 习题 12-13 的图   图 12-35 习题 12-14 的图

12-15 图 12-36 是应用运算放大器测量电压的原理电路，共有 0.5V、1V、5V、10V、50V 这 5 种量程，试计算电阻 $R_{11} \sim R_{15}$ 的阻值。输出端接有满量程 5V，500μA 的电压表。

12-16 图 12-37 是应用运算放大器测量小电流的原理电路，试计算电阻 $R_{F1} \sim R_{F5}$ 的阻值。输出端接的电压表同题 12-15。

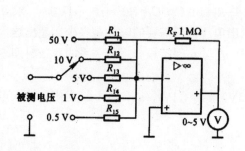
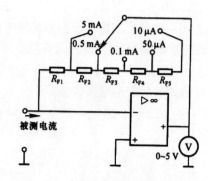

图 12-36 习题 12-15 的图   图 12-37 习题 12-16 的图

12-17 图 12-38 是应用运算放大器测量电阻的原理电路，输出端接的电压表同题 12-16。当电压表指示为 5V 时，试计算被测电阻 R_F 的阻值。

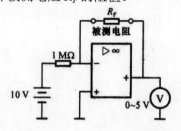

图 12-38 习题 12-17 的图

12-18 图 12-39 是监控报警装置，如需对某一参数（如温度、压力等）进行监控时，可由传感器取得监控信号 u_i，U_R 是参考电压。当 u_i 超过正常值时，报警灯亮，试说明其工作原理。二极管 D 和电阻 R_3 在此起何作用？

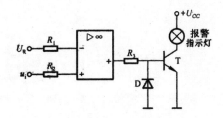

图 12-39 习题 12-18 的图

第13章

门电路和组合逻辑电路

【学习目的和要求】

通过本章的学习，应了解门电路和组合逻辑电路的结构、特点和分析方法；掌握门电路和组合逻辑电路的应用技巧。

从本章开始介绍数字集成电路。数字电路或称逻辑电路，可以分为组合逻辑电路和时序逻辑电路两大类。本章介绍组合逻辑电路，第 14 章介绍时序逻辑电路。

门电路是数字电路的基本部件，集成门电路是数字集成电路的一部分，本章首先介绍常用的集成门电路。组合逻辑电路种类很多，由于应用广泛，中型集成电路和大型集成电路都有产品供应，在此将介绍几种常见的组合逻辑电路，并介绍一些简单组合逻辑电路的分析和设计知识。

13.1 集成基本门电路

门电路又称逻辑门，是实现各种逻辑关系的基本电路，也是组成数字电路的基本部件，由于它既能完成一定的逻辑运算功能，又能像"门"一样控制信号的通断，"门"打开时，信号可以通过；"门"关闭时，信号不能通过，因此称为门电路或逻辑门。集成门电路是数字集成电路的一部分，它的产品种类很多，内部电路各异，对一般读者来说，只需将其视为具有某一逻辑功能的器件即可，对于内部电路可不必深究。

按逻辑功能不同，门电路可分为很多种，其中实现或、与、非三种逻辑关系的或门电路、与门电路和非门电路是最基本的门电路。

13.1.1　或门电路

在决定某一事件的各种条件中，只要有一个或一个以上的条件具备，事件就会发生，符合这一规律的逻辑关系称为或逻辑。例如图 13-1（a）所示电路，只要开关 A 和开关 B 中有一个闭合，灯 F 就会亮，开关的闭合和灯亮之间的关系为或逻辑关系。

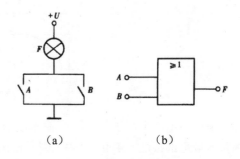

实现或逻辑关系的电路称为或门电路，简称或门。逻辑关系的关键是条件是否具备及事件是否发生，反映在逻辑电路中则是输入和输出电位的高与低两种状态，因此，习惯上称为高电平

图 13-1　或逻辑和或门

和低电平。为了便于逻辑运算，分别用 0 和 1 来表示。若规定高电平为 1，低电平为 0，这种逻辑关系称为正逻辑，反之则称为负逻辑，本书一律采用正逻辑。或门的逻辑符号如图 13-1（b）所示，F 是输出端，A 和 B 是输入端。输入端的数量可以不止两个，输入和输出都只有高电平 1 和低电平 0 两种状态。或门反映的逻辑关系是：只要输入有一个或一个以上为高电平，输出便为高电平。反映或逻辑的运算称为或运算，又称逻辑加，逻辑表达式为：

$$F=A+B \tag{13-1}$$

根据上述逻辑关系可知逻辑加的运算规律如下：

$$
\begin{aligned}
A+0 &= A \\
A+1 &= 1 \\
A+A &= A
\end{aligned}
\tag{13-2}
$$

将 A 状态和 B 状态的 4 种组合代入式（13-1）中便可得到 F 的相应状态，如表 13-1 所示。这种表示逻辑关系的表称为逻辑状态表，又称真值表。

表 13-1　或门真值表

A	B	F
0	0	0
0	1	1
1	0	1
1	1	1

或门除实现或逻辑关系外，还可以起控制门的作用。例如将 A 端作为信号输入端，B 端作为信号控制端，由状态表 13-1 可知，当 $B=0$ 时，$F=A$，相当于门打开，信号可以通过；当 $B=1$ 时，$F=1$，始终保持高电平，相当于门关闭，信号不能通过。

【例 13-1】图 13-2 所示为保险柜的防盗报警电路。保险柜的两层门上各装有一个开关 S1 和 S2。门关上时，开关闭合。当任一层门打开时，报警灯亮，试说明该电路的工作原理。

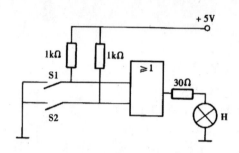

图 13-2   [例 13-1]的图

解：该电路采用了具有两个输入端的或门。两层门都关上时，开关 S1 和 S2 闭合，或门两输入端全部接地，$A=0$，$B=0$，因而输出 $F=0$，报警灯不亮。任何一个门打开时，相应的开关断开，该输入端经1kΩ电阻接至 5V 电源，为高电平，故输出也为高电平，报警灯亮。

13.1.2　与门电路

在决定某一事件的各种条件中，只有当所有的条件都具备时，事件才会发生，符合这一规律的逻辑关系称为与逻辑，例如图 13-3（a）所示电路，只有开关 A 和 B 同时闭合时，灯 F 才会亮。开关闭合与灯亮之间为与逻辑关系。

实现与逻辑关系的电路称为与门电路，简称与门。与门的逻辑符号如图 13-3（b）所示，输入端可以不止两个。与门反映的逻辑关系是：只有输入都为高电平时，输出才是高电平。反映与逻辑的运算称为与运算，又称逻辑乘，逻辑表达式为：

$$F=A \cdot B \tag{13-3}$$

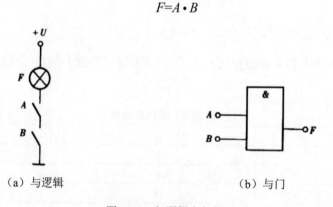

（a）与逻辑　　　　　　　　　　　（b）与门

图 13-3　与逻辑和与门

根据上述的逻辑关系可知逻辑乘的运算规律如下：

$$\begin{aligned} A \cdot 0 &= 0 \\ A \cdot 1 &= A \\ A \cdot A &= A \end{aligned} \tag{13-4}$$

真值表如表 13-2 所示。

表 13-2　与门真值表

A	B	F
0	0	0
0	1	0
1	0	0
1	1	1

与门除实现与逻辑关系外，也可以起控制门的作用。例如将 A 端作为信号输入端，B 端作为信号控制端，由真值表可知，当 $B=1$ 时，$F=A$，相当于门打开，信号可以通过；当 $B=0$ 时，$F=0$，始终保持低电平，相当于门关闭，信号不能通过。

【例 13-2】有一条传输线，用来传送连续的矩形脉冲（方波）信号。现要求增设一个控制信号，使得只有在控制信号为高电平 1 时方波才能送出。试问应如何解决?

解：可采用具有两输入端的与门，将传输线接至与门的输入端 A，控制信号送至与门的输入端 B，与门的输出端 F 作为方波的输出端。$B=1$ 时，门打开，方波可以送出；$B=0$ 时，门关闭，方波不能送出。

13.1.3　非门电路

决定某一事件的条件只有一个，而条件不具备时，事件才会发生，即事件的发生与条件处于对立状态，符合这一规律的逻辑关系称为非逻辑。

如图 13-4（a）所示电路，只有在开关 A 不闭合时，灯 F 才会亮。实现非逻辑关系的电路称为非门电路，简称非门。非门的逻辑符号如图 13-4（b）所示，它只有一个输入端，输出端加有小圆圈，表示"非"的意思。非门反映的逻辑关系是：输出与输入的电平相反，$A=0$ 时，$F=1$；$A=1$ 时，$F=0$。

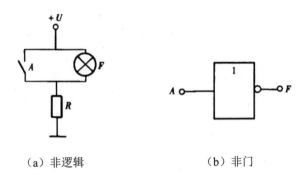

（a）非逻辑　　　　　　　　（b）非门

图 13-4　非逻辑和非门

反映非逻辑的运算称为非运算，又称逻辑非，逻辑表达式为：

$$F = \overline{A} \tag{13-5}$$

读作"A非"。根据上述逻辑关系可知逻辑非的运算规律如下：

$$A + \overline{A} = 1$$
$$A \cdot \overline{A} = 0$$
$$\overline{\overline{A}} = A$$

（13-6）

真值表如表 13-3 所示，由于非门的输出与输入的状态相反，因此又称反相器或倒相器。

表 13-3　与门真值表

A	F
0	1
1	0

或门、与门和非门的每个集成电路产品中，通常含有多个独立的门电路，而且型号不同，每个门电路（非门除外）的输入端数也不相同。

13.2　集成复合门电路

集成门电路除了或门、与门和非门外，还有将它们的逻辑功能组合起来的复合门电路，如集成或非门、与非门、同或门和异或门等等。其中或非门和与非门应用比较广，尤其是与非门是当前生产量最大、应用最多的集成门电路。本节主要介绍这两种集成门电路内部电路。

在众多数字电路类型中，目前应用最多的主要是 TTL 电路和 CMOS 电路。TTL 电路的输入和输出部分采用的都是晶体管，故称为晶体管-晶体管逻辑电路（Transistor-Transistor Logic Circuit），简称 TTL 电路。这种电路生产较早，制造工艺成熟、产量大、品种全、价格低、速度快，是中小规模集成电路的主流。国产 TTL 电路主要有 CT1000~CT4000 等 4 个系列，它们的主要差别反映在速度和功耗两个参数上。CT1000 系列为通用系列，CT2000 和 CT3000 为高速系列，CT4000 为低功耗系列，国产系列的产品可以直接与国外对应系列的产品互换。

CMOS 电路是由 PMOS 管和 NMOS 管组成的一种互补型 MOS 集成电路（Complementary MOS Circuit），简称 CMOS 电路，这种电路制造方便，功耗小，带负载和抗干扰能力强，工作速度接近于 TTL 电路，在大规模和超大规模集成电路中大多数采用这种电路。国产 CMOS 电路主要有 CC0000~CC4000 等几个系列，国产的 CMOS 电路与国外的产品能够完全互换。

13.2.1　或非门电路

实现或非逻辑关系的电路称为或非门电路，简称或非门。或非逻辑关系就是先"或"后"非"，逻辑表达式为：

$$F = \overline{A + B}$$

（13-7）

逻辑符号如图 13-5 所示，真值表见表 13-4。

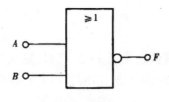

图 13-5　或非门

表 13-4　或非门真值表

A	B	F
0	0	1
0	1	0
1	0	0
1	1	0

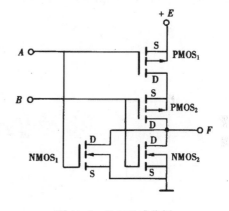

图 13-6　CMOS 或非门

图 13-6 是 CMOS 或非门的原理电路，其中有两个增强型 PMOS 管串联，有两个增强型 NMOS 管并联。增强型 NMOS 管的开启电压 $U_{GS(th)}$ 为正值，只有在 $U_{GS}>U_{GS(th)}$ 时 NMOS 管才导通，否则 NMOS 管截止；增强型 PMOS 管的开启电压 $U_{GS(th)}$ 为负值，只有在 $U_{GS}<U_{GS(th)}$ 时，PMOS 管导通，否则 PMOS 管截止。由此可知该电路的工作原理如下：

当 $A=0$，$B=0$ 时，PMOS1 和 PMOS2 导通，NMOS1 和 NMOS2 截止，$F=1$。

当 $A=0$，$B=1$ 时，PMOS1 导通，PMOS2 截止，NMOS1；截止，NMOS2 导通，$F=0$。

当 $A=1$，$B=0$ 时，PMOS1 截止，PMOS2 导通，NMOS1 导通，NMOS2 截止，$F=0$。

当 $A=1$，$B=1$ 时，PMOS1 和 PMOS2 截止，NMOS1 和 NMOS2 导通，$F=0$。

目前国产 CMOS 集成或非门的封装结构多数做成双列直插式，一般有 14 个管脚，一片 CC4001 集成电路内含有 4 个独立的或非门，每个或非门都有两个输入端；一片 CC4002 集成电路内含有两个独立的或非门，每个或非门都有 4 个输入端。

同一集成电路内的各个或非门可以独立使用，但共用一根电源线和一根地线，电源电压在 3V~18V 范围内都能正常工作；当电源电压为+5V 时，可与 TTL 集成电路兼容。

13.2.2　与非门电路

实现与非逻辑关系的电路称为与非门电路，简称与非。与非逻辑关系就是先"与"后"非"，

逻辑表达式为:

$$F = \overline{A \cdot B} \qquad\qquad (13\text{-}8)$$

逻辑符号如图 13-7 所示,真值表见表 13-5。TTL 集成与非门的原理电路如图 13-8(a)所示,T1 是多发射极晶体管,在电路中的作用可以用图 13-8(b)所示的等效电路来代替。

表 13-5　与非门真值表

A	B	F
0	0	1
0	1	1
1	0	1
1	1	0

当 A 或 B 中任一个或两个为低电平时,T1 的基极 B1 的电位被钳制在 0.7V 左右,由 B1 经 T1 集电结、T2 发射结和 T4 发射结到地经过三个 PN 结,0.7V 的电压不可能让所有结都导通,所以 T1 将处于饱和状态,T2 和 T4 都处于截止状态,T3 导通,F 为高电平。

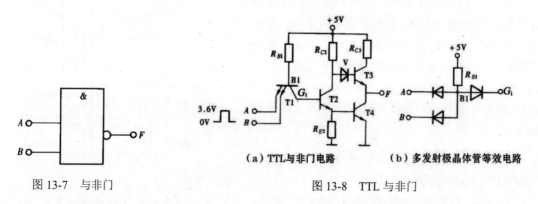

图 13-7　与非门　　　　　图 13-8　TTL 与非门

当 A 和 B 都为高电平时,+5V 电源经 R_{B1}、T1 集电结、T2 发射结和 T4 发射结到地构成通路,基极 B1 的电位被钳制在 2.1V 左右,低于 A 和 B 的电位 3.6V,使得 T1 截止,而 T2 和 T4 饱和导通,T3 截止,F 为低电平。

13.2.3　三态与非门

集成与非门是不能将两个与非门的输出线接在公共的信号传输线上的,因两输出端并联,若一个输出高电平,另一个输出低电平,两者之间将有很大的电流通过,会使元件损坏。但在实用中,为了减少信号传输线的数量,以适应各种数字电路的需要,有时却需要将两个或多个与非门的输出端接在同一信号传输线上,这就要求输出端除了有低电平 0 和高电平 1 两种状态外,还要有第三种高阻状态(即开路状态)Z 的门电路。当输出端处于 Z 状态时,与非门与信号传输线是隔断的。这种具有 0、1、Z 三种输出状态的与非门称为三态与非门。

与前面介绍的与非门相比，三态与非门多了一个控制端，又称使能端 E。其逻辑符号和逻辑功能见表 13-6，序号为 1 的三态与非门，在控制端 $E=0$ 时，电路为高阻状态，$E=1$ 时，电路为与非门状态，故称控制端为高电平有效；序号为 2 的三态与非门正好相反，控制端 $E=1$ 时，电路为高阻状态，$E=0$ 时，电路为与非门状态，故称控制端为低电平有效。在逻辑符号中，用 EN 端加小圆圈表示低电平有效，不加小圆圈表示高电平有效。

表 13-6　三态与非门逻辑符号和逻辑功能

逻辑符号	逻辑功能	
A —— & B —— $\triangledown$ —o F E —— EN	$E=0$	$F=Z$
	$E=1$	$F=\overline{A\cdot B}$
A —— & B —— $\triangledown$ —o F E —o EN	$E=0$	$F=\overline{A\cdot B}$
	$E=1$	$F=Z$

不同逻辑功能的门电路可以通过外部接线进行相互转换，下面举例说明。

【例 13-3】试利用与非门来组成非门、与门和或门。

解：由与非门组成非门的方法如图 13-9（a）所示。只要将与非门的各个输入端并接在一起作为一个输入端 A 即可。由于 $A=0$ 时，与非门各输入端都为 0，故 $F=1$；$A=1$ 时，与非门各输入端都为 1，故 $F=0$；实现了非门运算。

由于与逻辑表达式可写成：$F=A\cdot B=\overline{\overline{A\cdot B}}$，所以，由与非门组成与门的方法如图 13-9（b）所示，在一个与非门后面再接一个由与非门组成的非门。

或逻辑表达式可写成：$F=A+B=\overline{\overline{A}\cdot\overline{B}}$，所以，由与非门组成或门的方法如图 13-9（c）所示。

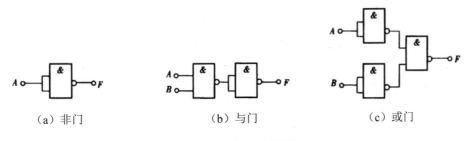

（a）非门　　　　　　（b）与门　　　　　　（c）或门

图 13-9　例 13-3 题图

13.3 组合逻辑电路分析

由门电路组成的逻辑电路称为组合逻辑电路，简称组合电路。由于门电路输出电平的高低仅取决于当时的输入，与以前的输出状态无关，是一种无记忆功能的逻辑部件。因而组合电路也是现时输出仅取决于现时输入，是一种无记忆功能的电路。

组合电路分析就是在已知电路结构的前提下，研究其输出与输入之间的逻辑关系。分析的一般步骤如下：

（1）由输入变量（即 A 和 B）开始，逐级推导出各个门电路的输出，最好将结果在图上标明。

（2）利用逻辑代数对输出结果进行变换或化简，并列出真值表。

（3）分析逻辑功能。

13.3.1 逻辑代数化简

逻辑代数又称布尔代数或开关代数，它是分析与设计数字电路的工具。逻辑代数与普通代数一样，也是以字母代表变量，但是逻辑代数的变量只取 0 和 1 两个值，而且它们没有"量"的概念，只代表两种状态。逻辑代数中，最基本的逻辑运算是 13.1 节介绍的逻辑加、逻辑乘和逻辑非，其他的逻辑运算都由这三种基本运算组成。根据这三种基本运算的规律可以推导出其他常用的定律和公式，为方便读者，现将这些公式连同 13.1 节介绍过的逻辑运算公式一起列于表 13-7 中，其中注有"*"代表星号者与普通代数不符，而属于逻辑代数所特有的。

表 13-7　逻辑代数的逻辑基本运算公式

公式名称	公式内容	公式名称	公式内容
自等律	$A+0=A$ $A \cdot 1=A$	互补律	$A+\overline{A}=1$　* $A \cdot \overline{A}=0$　*
0-1 律	$A+1=1$　* $A \cdot 0=0$	复原律	$\overline{\overline{A}}=A$　*
重叠律	$A+A=A$　* $A \cdot A=A$　*	交换律	$A+B=B+A$ $A \cdot B=B \cdot A$
结合律	$A+(B+C)=B+(C+A)=C+(A+B)$ $A \cdot (B \cdot C)=B \cdot (C \cdot A)=C \cdot (A \cdot B)$	吸收律	$A+(A \cdot B)=A$　* $A \cdot (A+B)=A$　*
分配律	$A+(B \cdot C)=(A+B) \cdot (A+C)$ * $A \cdot (B+C)=(A \cdot B)+(A \cdot C)$	反演律（摩根定律）	$\overline{A+B}=\overline{A} \cdot \overline{B}$ $\overline{A \cdot B}=\overline{A}+\overline{B}$

对逻辑表达式进行化简的最终结果应得到最简表达式，最简表达式的形式一般为最简与或式，例如 $AB+CD$。最简与或式中的与项要最少，而且每个与项中的变量数目也要最少。

1. 应用逻辑代数运算法则化简

（1）并项法。应用 $A+\overline{A}=1$，将两项合并成一项，消去一个或两个变量。

（2）配项法。应用 $B=B(A+\overline{A})$，将 $(A+\overline{A})$ 与某乘积项相乘，然后展开、合并化简。

（3）加项法。应用 $A+A=A$，在逻辑式中加相同的项，然后合并化简。

（4）吸收法。应用 $A+AB=A$，$A+\overline{A}B=A+B$，消去多余因子。

【例 13-4】 化简 $F=ABCD+A\overline{B}CD+AB\overline{C}D+A\overline{B}C\overline{D}$。

解：

$$F = ACD(B+\overline{B}) + ABD(\overline{C}+C) + A\overline{B}C\overline{D} = ACD + ABD + A\overline{B}C\overline{D} = AC(D+\overline{BD})ABD$$

$$= AC(D+\overline{BD}) + ABD = AC(D+\overline{B}) + ABD$$

$$= ACD + A\overline{B}C + ABD$$

2. 应用卡诺图化简

逻辑函数还可以用卡诺图表示，所谓卡诺图，就是与变量的最小项对应的按一定规则排列的方格图，每一个小方格填入一个最小项。

n 个变量有 2^n 种组合，最小项就有 2^n 个，卡诺图也相应有 2^n 个小方格。图 13-10 分别为二变量、三变量和四变量的卡诺图。在卡诺图的行和列分别标出变量及其状态，变量状态的次序为 00，01，11，10，这样的排列是为了使任意两个相邻最小项之间只有一个变量改变。小方格中的最小项也可用二进制对应于十进制数进行编号，如图 13-10 中四变量卡诺图。

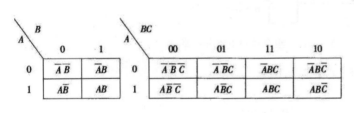

图 13-10　卡诺图

应用卡诺图化简逻辑函数时，先将逻辑式中的最小项分别用 1 填入相应的小方格中。如果逻辑式中的最小项不全，则填写 0。如果逻辑式不是由最小项构成，一般先化成最小项形式。

应用卡诺图化简逻辑函数时，应注意以下几点：

（1）将取值为 1 的相邻小方格圈成矩形或方形，所圈相邻小方格的个数应为 2^n。

（2）圈的个数应尽可能少，圈内的方格数应尽可能多。每圈一个新的圈时，必须包含至少一个未被圈过的最小项，每个方格可以被圈多次，但不能漏圈。

（3）相邻两项合并为一项，可以消去一个因子；相邻 4 项合并为一项，可以消去两个因子；相邻的 2^n 项合并为一项，可以消去 n 个因子。将合并后的逻辑式相加，就可得到最简的与或式。

【例 13-5】将 $Y=ABC+\overline{A}BC+A\overline{B}C+AB\overline{C}$ 用卡诺图表示并化简。

解：如图 13-11 所示，在卡诺图中将相邻的圈起来，共可圈三个圈。于是得到化简后的逻辑式：

$$Y=AB+BC+AC$$

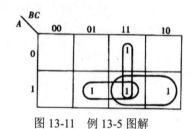

图 13-11　例 13-5 图解

13.3.2　组合逻辑电路分析

【例 13-6】试分析图 13-12 所示逻辑电路的功能。

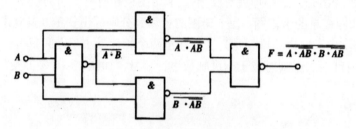

图 13-12　组合逻辑电路分析举例

解：现将图 13-12 的输出结果化简为下式：

$$F = \overline{\overline{A \cdot \overline{AB}} \cdot \overline{B \cdot \overline{AB}}} = A \cdot \overline{AB} + B \cdot \overline{AB}（反演律）$$

$$= A \cdot (\overline{A} + \overline{B}) + B \cdot (\overline{A} + \overline{B})（反演律）$$

$$= A\overline{A} + A\overline{B} + B\overline{A} + B\overline{B}（分配律）$$

$$= 0 + A\overline{B} + \overline{A}B + 0（自等律）$$

$$= A\overline{B} + \overline{A}B$$

列出真值表，将 A 和 B 分别用 0 和 1 代入，根据计算结果得到表 13-8 的真值表。

表 13-8　异或门真值表

A	B	F
0	0	0
0	1	1
1	0	1
1	1	0

分析真值表可知本电路的逻辑功能是：A、B 相同时（同为 0 或同为 1），输出 $F=0$；A、B 不同时（一个为 0，另一个为 1），输出 $F=1$。这种逻辑电路称为异或门。逻辑表达式可简写成如下形式：

$$F=A\bar{B}+\bar{A}B=A\oplus B \qquad (13\text{-}9)$$

A 和 B 相同时，$F=1$；A 和 B 不同时，$F=0$；这种逻辑电路称为同或门，逻辑表达式为：

$$F=AB+\bar{A}\bar{B}=\overline{A\oplus B} \qquad (13\text{-}10)$$

同或门和异或门的逻辑符号见表 13-9。

表 13-9 给出了常用电路的逻辑符号和逻辑表达式。这些门电路在使用时，若需要将某一输入端保持为低电平，可将该输入端接地，或经一个小阻值的电阻接地，若需将某一输入端保持为高电平，可将该输入端接电源正极（电压一般不要超过+5V），或经电阻（阻值一般为几千欧）接电源正极。多余的输入端可以与某一有信号作用的输入端并联使用，若将多余的输入端悬空则相当于经无穷大电阻再接地，等于接高电平。TTL 门电路的输入允许悬空，但易引入干扰信号，CMOS 门电路的输入端不允许悬空，以免因感应电压过高而损坏。

表 13-9 常用门电路的逻辑符号和逻辑表达式

名称	逻辑符号	逻辑表达式	名称	逻辑符号	逻辑表达式
或门		$F = A + B$	异或门		$F = A\bar{B} + \bar{A}B = A \oplus B$
与门		$F = A \cdot B$	同或门		$F = AB + \bar{A}\bar{B} = \overline{A \oplus B}$
非门		$F = \bar{A}$	与或非门		$F = \overline{AB + CD}$
或非门		$F = \overline{A+B}$	三态与非门		$E = 0, F = Z$ $E = 1, F = \overline{A \cdot B}$
与非门		$F = \overline{A \cdot B}$			$E = 0, F = \overline{A \cdot B}$ $E = 1, F = Z$

13.4 组合逻辑电路设计

从本节开始，将陆续介绍几种常见的组合逻辑电路。本节介绍加法器，并结合加法器介绍一点组合逻辑电路的设计知识，即根据已知的逻辑功能设计出逻辑电路。

在数字系统和计算机中二进制加法器是基本的运算单元。二进制数是以 2 为基数，有 0 和 1 两个数据，逢二进一的数制，二进制数与十进制数的对应关系见表 13-10。

表 13-10　十进制数和二进制数对应关系

十进制数	0	1	2	3	4	5	6	7
二进制数	0	1	10	11	100	101	110	111
十进制数	8	9	10	11	12	13	14	15
二进制数	1000	1001	1010	1011	1100	1101	1110	1111

由于十进制数有 0~9 这 10 个数据，要表达十进制数的任何一位数就需要有能区分十个状态的元件，而要表达二进制数中的任何一位数只要有区分两个状态的元件就可以实现，电路既简单又经济，二进制加法器有半加器和全加器之分。

13.4.1　半加器

半加器是一种不考虑低位的进位数，只能对本位上的两个二进制数求和的组合电路。根据半加器这一逻辑功能设计的逻辑电路一般步骤如下：

（1）根据逻辑功能列出真值表。半加器的真值表如表 13-11 所示。

表 13-11　半加器真值表

A	B	F	C
0	0	0	0
0	1	1	0
1	0	1	0
1	1	0	1

A、B 是两个求和的二进制数，F 是相加后得到的本位数，C 是相加后得到的进位数。

（2）根据真值表写出逻辑表达式。由真值表可以看到，A 和 B 相同时，$F=0$；A 和 B 不同时，$F=1$，这是异或门的逻辑关系，即：

$$F=A\bar{B}+\bar{A}B=A \oplus B$$

$C=1$ 的条件是 A 和 B 都为 1，这是与逻辑关系，即：

$$C=A \cdot B$$

（3）根据逻辑表达式画出逻辑电路。由以上结果表明半加器应由一个异或门和一个与门组成。电路如图 13-13（a）所示；图 13-13（b）是半加器的逻辑符号。

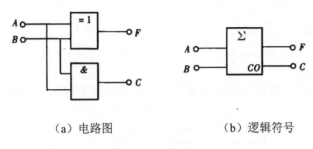

（a）电路图　　　　　　　（b）逻辑符号

图 13-13　半加器

如果要用与非门组成半加器，则还要利用反演律和复原律将逻辑表达式从上述的与或式变为与非式，即：

$$F = A\bar{B} + \bar{A}B = \overline{\overline{A\bar{B}} \cdot \overline{\bar{A}B}} \qquad (13\text{-}11)$$

$$C = AB = \overline{\overline{AB}} \qquad (13\text{-}12)$$

然后便可画出由与非门组成的半加器（读者可以自己进行）。

13.4.2　全加器

全加器是将低进位数连同本位的两个二进制数三者一起求和的组合电路。根据这一逻辑功能列出真值表如表 13-12 所示。表中 A_i 和 B_i 是本位的二进制数，C_{i-1} 是来自低位的进位数，F_i 是相加后得到的本位数，C_i 是相加后得到的进位数。

表 13-12　全加器真值表

A_i	B_i	C_{i-1}	F_i	C_i	A_i	B_i	C_{i-1}	F_i	C_i
0	0	0	0	0	1	0	0	1	0
0	0	1	1	0	1	0	1	0	1
0	1	0	1	0	1	1	0	0	1
0	1	1	0	1	1	1	1	1	1

然后利用真值表写出输出逻辑表达式，但是现在从表 13-12 中却不能像在半加器真值表中那样一目了然地看出结果。在这种情况下，可采用如下的方法：将输出为 1 各行中输入为 1 的取原变量，输出为 0 的取反变量，再将它们用与的关系写出来。例如，$F_i=1$ 条件有 4 个，写出与关系应为 $\bar{A}_i\bar{B}_iC_{i-1}$、$\bar{A}_iB_i\bar{C}_{i-1}$、$A_i\bar{B}_i\bar{C}_{i-1}$ 和 $A_iB_iC_{i-1}$，显然将输入变量的实际值代入后，结果都为 1，由于这 4 者中的任何一个得到满足，F_i 都为 1，因此这四者之间又是或的关系，由此得到 F_i 的与或表达式为：

$$F_i = \bar{A}_i\bar{B}_iC_{i-1} + \bar{A}_iB_i\bar{C}_{i-1} + A_i\bar{B}_i\bar{C}_{i-1} + A_iB_iC_{i-1}$$

同理可得：

$$C_i = \overline{A}_i B_i C_{i-1} + A_i \overline{B}_i C_{i-1} + A_i B_i \overline{C}_{i-1} + A_i B_i C_{i-1}$$

除此之外，也可以分析输出为 0 的条件，写出输出反变量的与或表达式，即：

$$\overline{F}_i = \overline{A}_i \overline{B}_i \overline{C}_{i-1} + \overline{A}_i B_i C_{i-1} + A_i \overline{B}_i C_{i-1} + A_i B_i \overline{C}_{i-1}$$
$$\overline{C}_i = \overline{A}_i \overline{B}_i \overline{C}_{i-1} + \overline{A}_i \overline{B}_i C_{i-1} + \overline{A}_i B_i \overline{C}_{i-1} + A_i \overline{B}_i \overline{C}_{i-1}$$

利用逻辑代数可以证明这两种方法所得到的结果是一致的。

上述方法可归纳为以下两个公式：

$$F = \text{真值为 1 各行乘积项的逻辑和}$$
$$\overline{F} = \text{真值为 0 各行乘积项的逻辑和}$$

根据上式虽然可以画出逻辑电路，但是所用的门电路种类和数量太多，因此还应进行化简。而且往往还要考虑到已有的或者希望采用的门电路。例如现在希望利用半加器为主组成全加器，为此化简为下式：

$$
\begin{aligned}
F_i &= \overline{A}_i \overline{B}_i C_{i-1} + \overline{A}_i B_i \overline{C}_{i-1} + A_i \overline{B}_i \overline{C}_{i-1} + A_i B_i C_{i-1} \\
&= (\overline{A}_i \overline{B}_i + A_i B_i) C_{i-1} + (\overline{A}_i B_i + A_i \overline{B}_i) \overline{C}_{i-1} \\
&= \overline{(A_i \oplus B_i)} C_{i-1} + (A_i \oplus B_i) \overline{C}_{i-1} \\
&= A_i \oplus B_i \oplus C_{i-1}
\end{aligned}
\tag{13-13}
$$

$$
\begin{aligned}
C_i &= \overline{A}_i B_i C_{i-1} + A_i \overline{B}_i C_{i-1} + A_i B_i \overline{C}_{i-1} + A_i B_i C_{i-1} \\
&= (\overline{A}_i B + A_i \overline{B}_i) C_{i-1} + A_i B_i (C_{i-1} + \overline{C}_{i-1}) \\
&= (A_i \oplus B_i) C_{i-1} + A_i B_i
\end{aligned}
\tag{13-14}
$$

根据化简后的逻辑式可以画出全加器电路如图 13-14（a）所示，图 13-14（b）是它的逻辑符号。

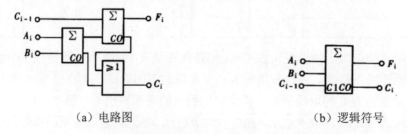

（a）电路图　　　　　　　　　　　（b）逻辑符号

图 13-14　全加器逻辑图

13.5　编码器

在数字电路中，有时需要把某种控制信息（例如十进制数据，A、B、C 等字母，>、<、= 等符号）用规定的二进制数来表示，这种表示控制信息的二进制数称为代码；将控制信息变换成代码的过程称为编码；实现编码功能的组合电路称为编码器。例如计算机的输入键盘，就是由编码器组成的，每按下一个键，编码器就将该按键的含义转换成计算机能识别的二进制数，去控制机器的操作。

二进制虽然适用于数字电路，但是人们习惯使用的是十进制。因此，在电子计算机和其他数控装置中输入和输出数据时，要进行十进制数与二进制数的相互转换。为了便于人机联系，一般是将准备输入的十进制数的每一位数都用 4 位的二进制数来表示，它具有十进制的特点又具有二进制的形式，是一种用二进制编码的十进制数，称为二十进制编码，简称 BCD 码，从前面列举的二进制数与十进制数的对应关系中可以看到，4 位二进制数 0000~1111 共有 16 个，而表示十进制数据 0~9，只需要 10 个 4 位二进制数，有 6 个 4 位二进制数是多余的，从 16 个 4 位二进制数中选择其中的 10 个来表示十进制数据 0~9 的方法可以有很多种，最常用的方法是只取前面 10 个 4 位二进制数 0000~1001 来表示十进制数据 0~9，舍去后面 6 个。由于 0000~1001 中每位二进制数的权（即基数 2 的幂次）分别为 $2^3 2^2 2^1 2^0$ 即为 8421，所以这种 BCD 码又称为 8421 码。

按照不同的需要，编码器有二进制编码器和二—十进制编码器等。图 13-15 是一种常用的键控二进制编码器。它通过 10 个按键 A_0~A_9 将十进制数 0~9 等 10 个信息输入，从输出端 F1~F4 输出相应的 10 个二进制代码，这里输出代码采用 8421 码，故又称 8421 编码器。

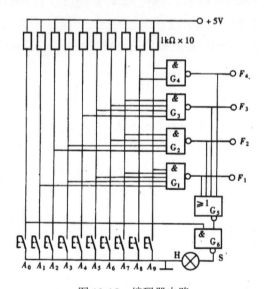

图 13-15　编码器电路

代表十进制数 0~9 的 10 个按键 A_0~A_9 未按下时，4 个与非门 G_1~G_4 的输入都是高电平，按下后因接地变为低电平。G_1~G_4 的输出端即为编码器的输出端。由图 13-15 中可以求得它们的逻辑关系式为：

$$F_1 = \overline{A_1 A_3 A_5 A_7 A_9}$$
$$F_2 = \overline{A_2 A_3 A_6 A_7}$$
$$F_3 = \overline{A_4 A_5 A_6 A_7}$$
$$F_4 = \overline{A_8 A_9}$$

由此得到表 13-13 的真值表。

表 13-13　编码器真值表

A_0	A_1	A_2	A_3	A_4	A_5	A_6	A_7	A_8	A_9	F_4	F_3	F_2	F_1
0	1	1	1	1	1	1	1	1	1	0	0	0	0
1	0	1	1	1	1	1	1	1	1	0	0	0	1
1	1	0	1	1	1	1	1	1	1	0	0	1	0
1	1	1	0	1	1	1	1	1	1	0	0	1	1
1	1	1	1	0	1	1	1	1	1	0	1	0	0
1	1	1	1	1	0	1	1	1	1	0	1	0	1
1	1	1	1	1	1	0	1	1	1	0	1	1	0
1	1	1	1	1	1	1	0	1	1	0	1	1	1
1	1	1	1	1	1	1	1	0	1	1	0	0	0
1	1	1	1	1	1	1	1	1	0	1	0	0	1

该电路在所有按键都未按下时，输出也是 0000，和按下 A_0 时的输出相同。为了将两者加以区别，增加了或非门 G_5 和与非门 G_6，通过 G_6 控制指示灯 H，利用指示灯作为使用与否的标志。使用时，只要按下任意一个键，G_6 的输出便为 1，指示灯亮，否则指示灯灭。它之所以能实现这一功能，只要分析一下 G_6 输出端 S 的逻辑式即可。由图 13-15 可得：

$$S = \overline{\overline{A_0}\, \overline{F_1 + F_2 + F_3 + F_4}} = \overline{A_0} + F_1 + F_2 + F_3 + F_4 \qquad (13\text{-}15)$$

可见 5 个中只要有一个为 1，S 即为 1。也就是说，只有在 $A_0{=}1$（按键 A_0 未按下）而且 $F_1 F_2 F_3 F_4{=}0$ 时，S 才为 0，灯才不亮。

13.6　译码器

译码器的作用与编码器相反，也就是说，将具有特定含义的二进制代码变换成或者说翻译成一定的输出信号；以表示二进制代码的原意，这一过程称为译码。实现译码功能的组合电路称为译码器。本书主要介绍常用的二进制译码器和显示译码器。

13.6.1　二进制译码器

如果译码器的输入信号是两位数的二进制数，它就有 4 种组合，即 00、01、10 和 11。这就说明它有两个逻辑变量，共有 4 种输出状态。翻译成原意时，就需要译码器有两根输入线，4 根输出线。通过这 4 根输出线的输出电平来表示是哪一个二进制数。例如，当第一根输出线为 0 外其余全部为 1 时表示 00；第二根输出线为 0 其余全部为 1 时表示 01，以下依此类推，这是采用低电平译码，即输出为低电平有效的方式。也可以采用高电平译码，即输出为高电平有效的方式，这时输出线的电平与上述情况相反。

一般来说，一个 n 位的二进制数，就有 n 个逻辑变量，有 2^n 个输出状态，译码器就需要 n 根输入线，2^n 根输出线。因此，二进制译码器又分 2 线－4 线译码器、3 线－8 线译码器、4 线－16 线译码器等，它们的工作原理则是相同的。

图 13-16 就是一个 $n=2$ 的译码器。其中 A_1、A_2 为输入端，$F_1 \sim F_4$ 为输出端，E 为使能端，其作用与三态门中的使能端作用相同，起控制译码器工作的。

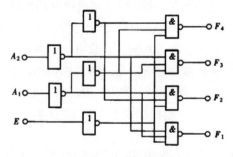

图 13-16　译码器电路

由逻辑电路可求得 4 个输出端的逻辑表达式为：

$$F_1 = \overline{\overline{E}\,\overline{A_1}\,\overline{A_2}} = E + A_1 + A_2$$
$$F_2 = \overline{\overline{E}\,\overline{A_1}\,A_2} = E + A_1 + \overline{A_2}$$
$$F_3 = \overline{\overline{E}\,A_1\,\overline{A_2}} = E + \overline{A_1} + A_2$$
$$F_4 = \overline{\overline{E}\,A_1\,A_2} = E + \overline{A_1} + \overline{A_2}$$

于是可以得到表 13-14 的真值表。

表 13-14　译码器真值表

E	A_1	A_2	F_1	F_2	F_3	F_4
1	Φ	Φ	1	1	1	1
0	0	0	0	1	1	1
0	0	1	1	0	1	1
0	1	0	1	1	0	1
0	1	1	1	1	1	0

当 $E=1$ 时，译码器处于非工作状态，无论 A_1 和 A_2 是何电平，输出 $F_1\sim F_4$ 都为 1。当 $E=0$ 时，译码器处于工作状态，对应于 A_1 和 A_2 的 4 种不同组合，4 个输出端中分别只有一个为 0，其余的均为 1。可见，这一译码器是通过 4 个输出端分别单独处于低电平来识别不同的输入代码的，即是采用的是低电平译码。

国产数字集成电路产品中有双 2 线–4 线、3 线–8 线、4 线–16 线等二进制译码器可供用户选用。

13.6.2　显示译码器

在数字电路中，还常常需要将测量和运算的结果直接用十进制数的形式显示出来，这就要把二至十进制代码通过显示译码器变换成输出信号再驱动数据显示器。

1. 数据显示器

数据显示器简称数据管，是用来显示数字、文字或符号的器件。常用的有辉光数据管、荧光数据管、液晶显示器以及发光二极管（LED）显示器等。不同的显示器对译码器各有不同的要求。下面以应用较多的 LED 显示器为例简述数字显示的原理。

半导体 LED 显示器又称半导体数据管，是一种能够将电能转换成光能的发光器件。它的基本单元是 PN 结，目前大多采用磷砷化镓做成的 PN 结，当外加正向电压时，能发出清晰的光亮。将 7 个 PN 结发光段组装在一起便构成了 7 段 LED 显示器。通过不同发光段的组合便可显示 0~9 这 10 个十进制数据。

LED 显示器的结构及外引线排列如图 13-17 所示。其内部电路有共阴极和共阳极两种接法。前者如图 13-18（a）所示，7 个发光二极管阴极一起接地，阳极加高电平时发光；后者如图 13-18（b）所示，7 个发光二极管阳极一起接正电源，阴极加低电平时发光。

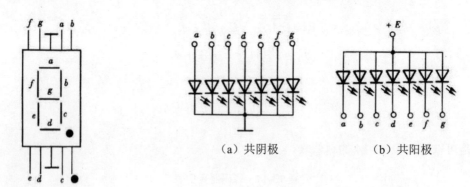

图 13-17　LED 显示器　　　　　图 13-18　LED 显示器两种接法

（a）共阴极　　　　　　（b）共阳极

2. 显示译码器

供 LED 显示器用的显示译码器有多种型号可供选用。显示译码器有 4 个输入端，7 个输出端，它将 8421 代码译成 7 个输出信号以驱动 7 段 LED 显示器。图 13-19 是显示译码器和

LED 显示器的连接示意图。其中 A_1、A_2、A_3、A_4 是 8421 码的 4 个输入端。a~g 是 7 个输出端，接 LED 显示器。表 13-15 是显示译码器的真值表及对应的 LED 显示管显示的数据。

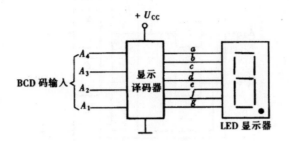

图 13-19　显示译码器

表 13-15　显示译码器的真值表

输入				输出							显示数据
A_4	A_3	A_2	A_1	a	b	c	d	e	f	g	
0	0	0	0	1	1	1	1	1	1	0	0
0	0	0	1	0	1	1	0	0	0	0	1
0	0	1	0	1	1	0	1	1	0	1	2
0	0	1	1	1	1	1	1	0	0	1	3
0	1	0	0	0	1	1	0	0	1	1	4
0	1	0	1	1	0	1	1	0	1	1	5
0	1	1	0	1	0	1	1	1	1	1	6
0	1	1	1	1	1	1	0	0	0	0	7
1	0	0	0	1	1	1	1	1	1	1	8
1	0	0	1	1	1	1	1	0	1	1	9

13.7　数据分配器和数据选择器

13.7.1　数据分配器

数据分配器的功能就是能将一个输入数据分时分送到多个输出端输出，也就是一路输入，多路输出。图 13-20 是一个 4 路输出数据分配器的逻辑图。图 13-20 中 D 是数据输入端；A_1 和 A_0 是控制端；Y_0~Y_3 是 4 个输出端。

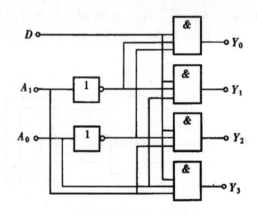

图 13-20 4 路输出的分配器的逻辑图

由图 13-20 可写出逻辑式：

$$Y_o = \overline{A_1}\,\overline{A_0}D \qquad Y_1 = \overline{A_1}A_0D$$
$$Y_2 = A_1\overline{A_0}D \qquad Y_3 = A_1A_0D$$

由逻辑式列出分配器的功能如表 13-16 所示。

表 13-16 4 路输出分配器功能表

控制		输出			
A_1	A_0	Y_3	Y_2	Y_1	Y_0
0	0	0	0	0	D
0	1	0	0	D	0
1	0	0	D	0	0
1	1	D	0	0	0

A_1 和 A_0 有 4 种组合，分别将数据 D 分配给 4 个输出端，构成 2/4 线分配器。若有三个控制端，则可控制 8 路输出，构成 3/8 线分配器。

13.7.2 数据选择器

数据选择器的功能就是能从多个输入数据中选择一个作为输出。图 13-21 是双 4 选 1 数据选择器的一个逻辑图。$D_3 \sim D_0$ 是 4 个数据输入端；A_1 和 A_0 是选择端；S 是选通端或称使能端，低电平有效；Y 是输出端。

由图 13-20 可写出逻辑式：

$$Y = D_0\overline{A_1}\,\overline{A_0}S + D_0\overline{A_1}A_0S + D_0A_1\overline{A_0}S + D_0A_1A_0S$$

4 选 1 数据选择器功能如表 13-17 所示。

表 13-17　4 选 1 数据选择器功能表

选择		选通	输出
A_1	A_0	$\overline{S}$	Y
×	×	1	0
0	0	0	D_0
0	1	0	D_1
1	0	0	D_2
1	1	0	D_3

当 $\overline{S}=1$，$Y=0$，禁止选择；$\overline{S}=0$ 时，正常工作。

此外，还有三个输入端 8 选 1 的数据选择器，4 个输入端 16 选 1 的数据选择器，在这里不作过多介绍，请读者参阅相关书籍。

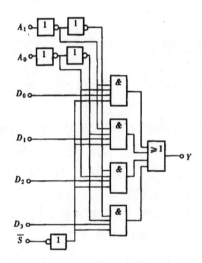

图 13-21　4 选 1 数据选择器

13.8　应用举例

13.8.1　故障报警器

图 13-22 是一故障报警电路。当工作正常时，输入端 A，B，C，D 均为 1（表示温度或压力等参数均正常）。这时：（1）晶体管 T_1 导通，电动机 M 转动；（2）晶体管 T_2 截止，蜂鸣器 DL 不响；（3）各路状态指示灯 $HL_A \sim HL_D$ 全亮。如果系统中某电路出现故障，例如 A 路，则 A 的状态从 1 变为 0。这时：（1）T_1 截止，电动机停转；（2）T_2 导通，蜂鸣器发出报警声响；（3）HL_A 熄灭，表示 A 路发生故障。

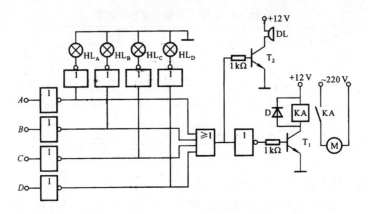

图 13-22 故障报警电路

13.8.2 卡片钥匙式电子锁

图 13-23 是卡片钥匙式电子锁电路。在卡片钥匙上按要求打上小孔，开锁时只需将卡片插入锁孔，就可自动开锁。

图 13-23 中的 D_1~D_8 是光电二极管，当受光照时，其反向电阻变得很小；HL_1~HL_8 是对应它们的小信号灯泡。开锁时，D_1，D_5，D_6，D_8 4 只光电二极管受光照，和它们相连的 4 只非门 G_1，G_2，G_3，G_4 的输入端接近 0 态，输出为 1。另外 4 只光电二极管按要求不受光照，反向电阻很大，它们直接接到与非门 G_8 的输入端，G_8 的 4 个输入端相当于悬空，可认为处于 1 态。因此，G_8 的输入全为 1，输出为 0。G_8 的输出经非门 G_6，G_5 后，a 端为 0，继电器 KA_1 的线圈通电并开锁。这时，b 端为 1，KA_2 不通电。

如果 D_1，D_5，D_6，D_8 中有一个或几个不受光照，或者其他 4 个光电二极管中有一个或几个受光照，则 KA_2 通电并报警。

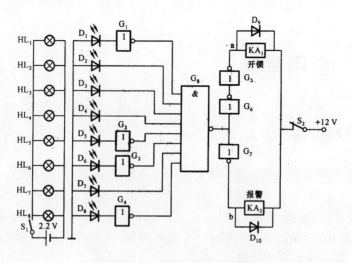

图 13-23 卡片钥匙式电子锁电路

13.8.3 水位检测电路

图 13-24 是用 CMOS 与非门组成的水位检测电路。当水箱无水时，检测杆上的铜箍 A~D 与 U 端（电源正极）之间断开，与非门 G_1~G_4 的输入端均为低电平，输出端均为高电平。调整 $3.3k\Omega$ 电阻的阻值，使发光二极管处于微导通状态，微亮度适中。

当水箱注水时，先注到高度 A，U 与 A 之间通过水接通，这时 G_1 的输入为高电平，输出为低电平，将相应的发光二极管点亮。随着水位的升高，发光二极管逐个依次点亮。当最后一个点亮时，说明水已注满。这时 G_4 输出为低电平，使得 G_5 输出为高电平，晶体管 T_1 和 T_2 因而导通。T_1 导通，断开电动机的控制电路，电动机停止注水；T_2 导通，使蜂鸣器 DL 发出报警声响。

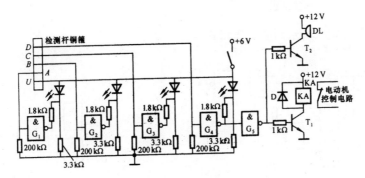

图 13-24　水位检测电路

13.9 本章小结

1. 在数字电路中，由于电信号是脉冲信号，因此可以用二进制数据 1 和 0 表示。脉冲信号也叫数字信号。

2. 在数字电路中，门电路起着控制数字信号的传递作用。它根据一定的条件（"与"、"或"条件）决定信号的通过与否。

3. 基本的门电路有与门、或门和非门三种，它们的共同特点是利用二极管和晶体管的导通和截止作为开关来实现逻辑功能。由与门、或门和非门可以组成常用的与非、或非门电路。目前在数字电路中所用的门电路全部是集成逻辑门电路。

4. 在数字电路中，有正负逻辑之分，用逻辑 1 表示高电平，逻辑 0 表示低电平，为正逻辑；若用逻辑 0 表示高电平，逻辑 1 表示低电平，为负逻辑。对于同一电路若采用不同的逻辑系统其逻辑功能不同。

5. 逻辑代数和卡诺图法是分析和设计数字逻辑电路的重要数学工具和化简手段，应用它们可以将复杂的逻辑函数式进行化简，以便得到合理的逻辑电路。

6. 对于组合逻辑电路的分析，首先写出逻辑表达式，然后利用逻辑代数及卡诺图法进行化简，列出真值表，分析其逻辑功能。

7. 对于组合逻辑电路的综合（即设计），则应首先根据逻辑功能和要求列出真值表，然后写出逻辑函数表达式，再利用逻辑代数法和卡诺图将其化简为最简式，最后画出相应的逻辑电路。

8. 加法器是用数字电路实现二进制算术加法运算的电路。常用的有半加器和全加器。

9. 译码器由门电路组成，它可将给定的数据转换成相应的输出电平，推动数字显示电路工作。应用最普遍的是二-十进制译码器、七段显示译码器及其显示电路。

10. 在使用集成门电路时，应按集成电路手册上产品介绍正确使用。

13.10 习题

13-1 写出图 13-25 所示两图的逻辑式。

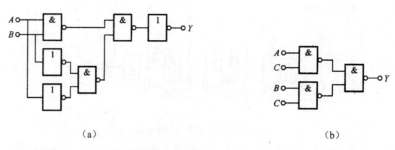

（a）   （b）

图 13-25　习题 13-1 的图

13-2 根据逻辑式 $Y=AB+\overline{A}\,\overline{B}$ 列出逻辑状态表，说明其逻辑功能，并画出其用与非门组成的逻辑图。将上式求反后得出的逻辑式具有什么逻辑功能？

13-3 分析图 13-26 所示 NMOS 电路的逻辑功能，并写出逻辑式 Y。

13-4 列出逻辑状态表分析图 13-27 所示电路的逻辑功能。

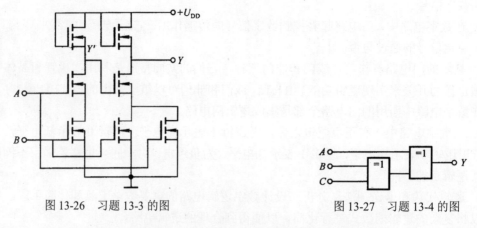

图 13-26　习题 13-3 的图

图 13-27　习题 13-4 的图

13-5 某一组合逻辑电路如图 13-28 所示，试分析其逻辑功能。

13-6 图 13-29 是两处控制照明灯的电路，A、B 为单刀双投开关，两个开关都可以开闭电灯。设 $Y=1$ 表示灯亮，$Y=0$ 表示灯灭；$A=1$ 表示开关向上扳，$A=0$ 表示开关向下扳，B 亦如此。试写出灯亮的逻辑式。

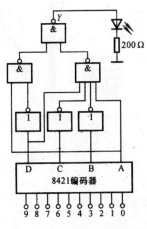

图 13-28　习题 13-5 的图

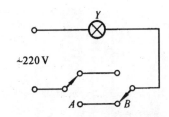

图 13-29　习题 13-6 的图

13-7　图 13-30 是密码锁控制电路。开锁条件是拨对正确密码；钥匙插入锁眼将开关 S 闭合。当两个条件同时满足时，开锁信号为 1，将锁打开；否则，报警信号为 1，接通警铃，试分析密码 ABCD 是多少？

13-8　图 13-31 是智力竞赛抢答电路，分 4 组使用。每一路都由 TTL 4 输入与非门、指示灯（发光二极管）、抢答开关 S 组成。与非门 G_5 以及由其输出端连接的晶体管电路和蜂鸣器电路是共用的，当 G_5 输出高电平时，蜂鸣器响。（1）当抢答开关如图 13-31 所示位置，指示灯能否发亮？蜂鸣器能否发响？（2）分析 A 组扳动抢答开关 S_1（由接"地"点扳到+6V）时的情况，此后其他组再扳动各自的抢答开关是否起作用？（3）试画出接在 G_5 输出端的晶体管电路和蜂鸣器电路。

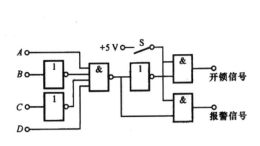

图 13-30　习题 13-7 的图

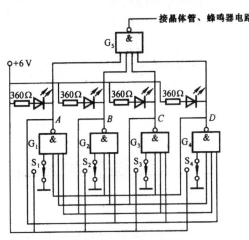

图 13-31　习题 13-8 的图

第14章

触发器和时序逻辑电路

【学习目的和要求】

通过本章的学习，应了解触发器和时序逻辑电路的结构，特性和分析方法；掌握触发器和时序逻辑触发器和时序逻辑电路的应用技巧。

在数字电路系统中，除了广泛采用集成逻辑门电路及由其构成的组合逻辑电路之外，还经常采用触发器以及由其与各种门电路一起组成的时序逻辑电路。时序逻辑电路的特点是：输出状态不仅取决于当时的输入状态，而且还与原输出状态有关；另外，在电路结构上存在反馈，使时序逻辑电路具有记忆功能。

本章先按照电路结构和工作特点讲解基本触发器、同步触发器、主从触发器和边沿触发器；再介绍时钟触发器的逻辑功能分类、触发器逻辑功能表示方法及电气特性、不同触发器间的转换和不同表示方法间的关系；然后简单介绍时序逻辑电路的特点、功能表示方法和分类，时序逻辑电路的基本分析和设计方法，介绍计数器及其应用；最后介绍 555 定时器和 PLD 逻辑器件的原理和应用。

14.1 双稳态触发器

14.1.1 双稳态触发器的基本性能

（1）具有两个自行保持的稳定状态，用来表示逻辑状态 1 和 0，或二进制数 1 和 2。

（2）根据不同的输入信号，输出可以变成 1 或 0 状态。

（3）在输入信号截止后，能将获得的新状态保存下来。

双稳态触发器可以实现记忆一位二值信号的功能。

14.1.2 基本 RS 触发器

基本 RS 触发器是由两个与非门交叉连接而成，其逻辑图如图 14-1 所示。$\bar{R}$、$\bar{S}$ 为输入信号，表示低电平有效，这是因为对于与非门来说，一旦有低电平输入，输出就立即为 1。触发器有两个互补的输出，即 Q 和 $\bar{Q}$。以 Q 的状态表示触发器的状态。$Q=1$，称为 1 态；$Q=0$，称为 0 态。

表 14-1 为基本 RS 触发器特征表，描述了基本 RS 触发器的全部工作情况，其中 Q^n 为触发之前的输出，Q^{n+1} 为触发之后的输出。从表 14-1 中看出：

（1）当 $\bar{R}=0$，$\bar{S}=0$，触发后 Q^{n+1} 状态不能确定，因为当 $\bar{R}=0$，$\bar{S}=0$ 时，$Q^{n+1}=1$，$\bar{Q}^{n+1}=1$，此时不再具有互补输出；当触发信号撤除后，输出 Q^{n+1} 的状态则由两个与非门的延迟时间的快慢来决定，故而输出不能确定，用Φ来表示。显然，对此组触发输入应加以限制。

（2）当 $\bar{R}=1$，$\bar{S}=1$ 时触发器保持原有状态，触发器输出仍为 Q^n。这是因为 $Q^{n+1}=\overline{\bar{S}\cdot\bar{Q}^n}=\overline{1\bar{Q}^n}=Q^n$，$\bar{Q}^{n+1}=\overline{\bar{R}Q^n}=\overline{1Q^n}=\bar{Q}^n$。

（3）当 $\bar{R}=1$，$\bar{S}=0$ 时，触发器置 1。这是因为 $\bar{S}=0$ 立即使 $Q^{n+1}=1$，$Q^{n+1}=1$ 和 $\bar{R}=1$ 使 $\bar{Q}^{n+1}=0$，互补输出将使触发器稳定在 1 态。

（4）当 $\bar{R}=0$，$\bar{S}=1$ 时，触发器置 0。这里因为当 $\bar{R}=0$ 时，立即使 $\bar{Q}^{n+1}=1$，$\bar{Q}^{n+1}=1$ 和 $\bar{S}=1$ 使 $\bar{Q}^{n+1}=0$，互补输出将使触发器稳定在 0 态。

可见，基本 RS 触发器可以接收并记忆一位二值信息。基本 RS 触发器是构成其他触发器的最基本的单元。

表 14-1 基本 RS 触发器特征表

Q^n	$\bar{R}$	$\bar{S}$	Q^{n+1}	Q^n	$\bar{R}$	$\bar{S}$	Q^{n+1}
0	0	0	Φ	1	0	0	Φ
0	0	1	0	1	0	1	0
0	1	0	1	1	1	0	1
0	1	1	0	1	1	1	1

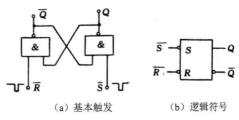

（a）基本触发　　（b）逻辑符号

图 14-1 基本 RS 触发器及逻辑符号

14.1.3 钟控 RS 触发器

在数字系统中，常常要求触发器按统一的时间节拍工作，触发器翻转时间受时钟脉冲统一控制，而翻转成什么状态，仍由输入信号来决定，于是出现了时钟控制触发器。

图 14-2 是钟控 RS 触发器的逻辑图和符号，由基本 RS 触发器和两个控制门组成，图 14-2 中 $\bar{R}_D$、$\bar{S}_D$ 为直接复位端和直接置位端。即当 $\bar{R}_D$=0，$\bar{S}_D$=1 时，不论 CP、R、S 是什么状态，触发器都将被复位，Q=0；当 $\bar{R}_D$=1，$\bar{S}_D$=0 时，触发器被迫置位，Q=1。由于它们的作用优先于 CP，所以也称之为异步复位端和异步位置端。

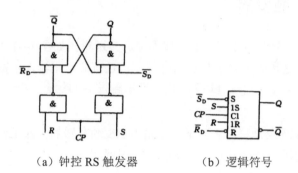

（a）钟控 RS 触发器　　　　（b）逻辑符号

图 14-2　钟控 RS 触发器及符号

当 CP=0 时，封锁了两个控制门，输入信号 R、S 不起作用，触发器的状态不变，即 $\bar{Q}^{n+1}=\bar{Q}^n$。

当 CP=1 时，R、S 信号通过控制门作用于基本 RS 触发器上，使 $\bar{Q}^{n+1}$ 和 $\bar{Q}^{n+1}$ 的状态随输入信号的变化而改变。其工作原理与基本 RS 触发器相同，不同的是输入触发信号为高电平有效。表 14-2 是钟控 RS 触发器的特征表，通过表 14-2 可归纳出功能表 14-3。图 14-3 为钟控 RS 触发器的工作波形。

表 14-2　钟控 RS 触发器的特征表

Q^n	R	S	Q^{n+1}	Q^n	R	S	Q_{n+1}
0	0	0	0	1	0	0	1
0	0	1	1	1	0	1	1
0	1	0	0	1	1	0	0
0	1	1	Φ	1	1	1	Φ

表 14-3　钟控 RS 触发器的功能表

R	S	Q^{n+1}
0	0	不变
0	1	置1
1	0	置0
1	1	不定

由于在 CP=1 期间，输入信号均可通过控制门，所以，若在此期间内输入信号多次发生变化，则触发器的状态可以发生多次翻转。这一状况则降低了电路抵御干扰信号的能力，并且失去了时钟信号的意义。

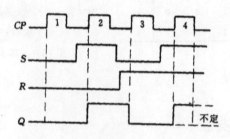

图 14-3　钟控 RS 触发器的工作波形

14.1.4　边沿触发器

边沿触发器在时钟信号的某一边沿(上升沿或下降沿)时才能响应输入信号引起状态翻转。因此，提高了触发器工作的可靠性，增强了抗干扰能力。

1. 负边沿 JK 触发器

负边沿 JK 触发器由与或非门构成的基本 RS 触发器和两个传输时间大于基本 RS 触发器翻转时间的输入控制门所组成，是一种利用门电路的传输延迟时间来实现可靠翻转的电路。其逻辑电路如图 14-4 所示。

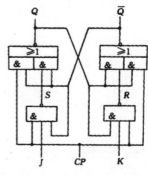

图 14-4　负边沿 JK 触发器

当 $CP=0$ 时，两个与非门被封锁，输出 $RS=11$，使触发器的输出状态保持不变。

当 $CP=1$ 时，虽然对输入信号解除了封锁，但由于：

$$Q^{n+1} = \overline{\overline{Q^n}CP + \overline{Q}^n S} = \overline{\overline{Q}^n + \overline{Q}^n S} = Q^n$$

$$\overline{Q}^{n+1} = \overline{Q^n CP + Q^n R} = \overline{Q^n + Q^n R} = \overline{Q}^n$$

所以，触发器的输出状态仍然保持不变。

当 CP 下降沿到达时，由于 CP 信号直接加到两个与或非门外侧与门输入端，而其内侧与门输入端 R 和输入端 S 则需经过一个与非门的延迟时间，才在 $CP=0$ 时变为 1，因此在没有变成 1 之前，仍维持 CP 下降前的值，即：

$$S = \overline{J\overline{Q}^n}, \quad R = \overline{KQ^n}, 且\ \overline{Q}^n = \overline{RQ^n}$$

使得：

$$Q^{n+1} = \overline{\overline{Q}^n.0 + \overline{Q}^n.S} = \overline{\overline{Q}^n.J\overline{Q}^n} = \overline{\overline{KQ^n}.Q^n.\overline{J\overline{Q}^n}} = J\overline{Q}^n + \overline{K}Q^n \qquad (14\text{-}1)$$

JK 触发器则在 CP 下降沿到来后瞬间完成一次触发变化。与此同时，CP 变为 0 封锁了新的 JK 信号通过与非门，使此次触发更可靠。所以，此触发器是在 CP 负边沿到来之前接收 JK 信号、在到来之时响应 JK 信号的。

式（14-1）为 JK 触发器的特征方程，JK 触发器功能可用特征表来描述，由表 14-4 可知 JK 触发器的输出状态为完全确定的，并且可归纳出其功能表 14-5。图 14-5（a）所示为正边沿触发的 JK 触发器，图 14-5（b）为负边沿触发的 JK 触发器。图 14-6 为负边沿 JK 触发器的工作波形。

表 14-4　JK 触发器的特征表

Q^n	J	K	Q^{n+1}	Q^n	J	K	Q_{n+1}
0	0	0	0	1	0	0	1
0	0	1	0	1	0	1	0
0	1	0	1	1	1	0	1
0	1	1	0	1	1	1	0

表 14-5　JK 触发器的功能表

J	K	Q^{n+1}
0	0	保持
0	1	置 0
1	0	置 1
1	1	翻转

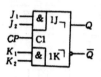

（a）正边沿触发

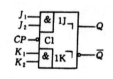

（b）负边沿触发

图 14-5　集成边沿 JK 触发器的逻辑符号

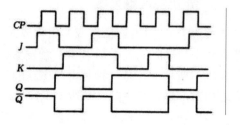

图 14-6　负边沿 JK 触发器的波形图

2. 正边沿 D 触发器

图 14-7（a）是正边沿 D 触发器的符号图。D 触发器又称为数据寄存器，可方便地存储一位数据。D 触发器的输出状态始终响应输入数据，其特征方程为：

$$Q^{n+1} = D \qquad\qquad (14\text{-}2)$$

表 14-6 为 D 触发器功能表。图 14-7（b）为正边沿 D 触发器的工作波形。D 触发器在 CP 上升沿时响应 D 输入。

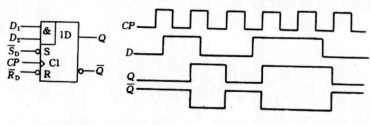

（a）触发器符号　　　　　　　（b）工作波形

图 14-7　正边沿 D 触发器的符号及工作波形

表 14-6　D 触发器功能表

D	Q^{n+1}
0	置 0
1	置 1

14.1.5 触发器逻辑功能转换

由于输入信号为双端的情况下 JK 触发器的逻辑功能最为完善，而输入信号为单端的情况下 D 触发器用起来最方便，所以目前市场上出售的集成触发器大多数都是 JK 或 D 触发器。

在必须使用其他逻辑功能触发器时，可以通过逻辑功能转换的方法，把 JK 或 D 触发器转换为所需的逻辑功能触发器。当然，此方法也可以用于任何两种逻辑功能触发器之间的互相转换，例如，从 JK 到 D 转换：

已知 JK 触发器的特征方程（14-1）为 $Q^{n+1} = J\overline{Q}^n + \overline{K}Q^n$，D 触发器的特征方程（14-2）为 $Q^{n+1} = D$，为了将 J、K 用 D 来表示，需要将 D 触发器的特征方程作变换，即：

$$Q^{n+1} = D(\overline{Q}^n + Q^n) = D\overline{Q}^n + DQ^n$$

与 JK 触发器特征方程对比后可知，若令：

$$J = D$$
$$K = \overline{D}$$

便能得到 D 触发器。由非门实现的转换电路和给定 JK 触发器就构成了 D 触发器，如图 14-8 所示。

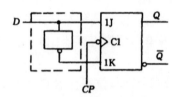

图 14-8　JK 触发器转换为 D 触发器

14.2　寄存器与移位寄存器

寄存器与移位器均是数字系统中常见的主要器件。寄存器可用来存二进制数据或信息，移位寄存器则除具有寄存功能外，还可将数据移位。

14.2.1 寄存器

寄存器是由具有记忆功能的触发器组成的。每个触发器能存放一位二进制码。为了让寄存器能正常存储数据，还必须有适当的门电路组成控制电路。

寄存器接收数据或信息的方式有两种：单拍式或双拍式，如图 14-9 所示。

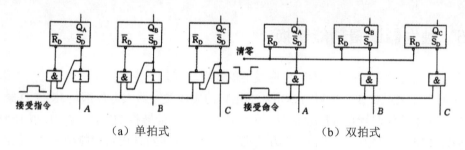

（a）单拍式   （b）双拍式

图 14-9　三位寄存器

其工作过程如下。

- 单拍式：接受命令后将全部与非门打开，若输入数据是 1，则使 $\overline{S}_D=0$，$\overline{R}_D=1$，因此无论触发器原来是何状态，均将被置 1，即将数据 1 写入触发器。若输入数据是 0，则使 $\overline{S}_D=1$，$\overline{R}_D=0$，触发器被置 0，即将数据 0 写入触发器。
- 双拍式：第一拍，在接收数据前，先用清零负脉冲将所有触发器恢复为 0 态。第二拍，加入接受指令（正脉冲），将所有与非门打开，把输入端数据写入相应触发器中。

14.2.2　移位寄存器

移位寄存器具有对数据的寄存和移位两种功能。若在移位脉冲（一般就是时钟脉冲）的作用下，寄存器中的数据依次向左移动一位，则称左移，若依次向右移动一位，称为右移。移位寄存器具有单向移位功能的称为单向移位寄存器；既可左移又可右移的称为双向移位寄存器。

图 14-10 是中规模集成 4 位数据单向移位寄存器 C4015 的逻辑电路图，表 14-7 为其功能表。

表 14-7　C4015 的功能表

CP	DS	CR	Q_0	Q_1	Q_2	Q_3	功能	CP	DS	CR	Q_0	Q_1	Q_2	Q_3	功能
Φ	Φ	1	0	0	0	0	清零	↑	0	0	0	Q_0	Q_1	Q_2	右移
↓	Φ	0	Q_0	Q_1	Q_2	Q_3	保持	↑	1	0	1	Q_0	Q_1	Q_2	右移

当经过 4 个时钟脉冲 CP 后，数据 $D_0{\sim}D_3$ 可串行输入到移位寄存器中去，4 位数据 $D_0{\sim}D_3$ 可并行输出，故该寄存器又可称为串行输入、并行输出寄存器。CR 为 1，则 4 位数据寄存器异步清零；CP 在上升沿到来时，且 CR 为 0，寄存器中的数据右移；其他情况下，寄存器保存的数据不变。用其他类型触发器构成寄存器的集成器件很多，在此不一一列举。若要扩大寄存器的位数，可将多片器件连用。

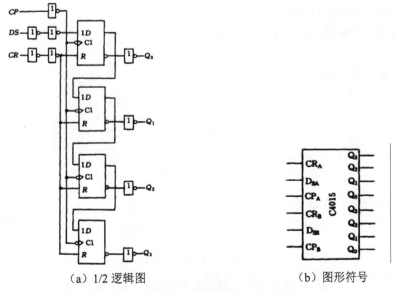

（a）1/2 逻辑图　　　　　　（b）图形符号

图 14-10　C4015 的逻辑电路图和符号图

14.3　计数器

计数器是数字系统中应用最广泛的逻辑器件，其功能是记录脉冲个数。计数器工作一个循环所需的脉冲数目称为该计数器的模或周期，用字母 M 来表示。

计数器的种类繁多，可分为以下三类。

- 按计数进制分，可分为二进制计数器（模为 2^r 的计数器，r 为整数）、十进制计数器和其他的任意进制计数器。
- 按增减趋势分，在计数周期中状态编码顺序是递增的，称为加计数器；是递减的，称为减计数器；二者均可的，称为可逆计数器；若编码顺序不为自然态序，则为特别计数器。
- 按时钟控制方式分，可分为同步计数器和异步计数器。

14.3.1　同步计数器

在同步计数器电路中，所有触发器的时钟都与同一个时钟脉冲源连在一起，每个触发器的状态变化都与时钟脉冲同步。

同步计数器的一般分析步骤如下：

（1）根据已知的逻辑电路图，写出激励方程。
（2）由激励方程和触发器特征方程的模式，写出触发器的状态方程。
（3）作出状态转移表和状态图。

（4）得出电路的功能名称。

【**例 14-1**】分析图 14-11 所示的同步计数器。

解：

（1）写出激励方程：

$$J_1=K_1=1$$

$$J_2=K_2=Q_1^n$$

$$J_3=K_3=Q_1^n Q_2^n$$

（2）写出电路的状态方程：

$$Q_1^{n+1}=1 \cdot \bar{Q}_1^n + \bar{1} \cdot Q_1^n = \bar{Q}_1^n$$

$$Q_2^{n+1}=Q_1^n \bar{Q}_2^n + \bar{Q}_1^n Q_2^n$$

$$Q_3^{n+1}=Q_1^n Q_2^n \bar{Q}_3^n + \overline{Q_1^n Q_2^n} Q_3^n = Q_1^n Q_2^n \bar{Q}_3^n + \bar{Q}_1^n Q_3^n + \bar{Q}_2^n Q_3^n$$

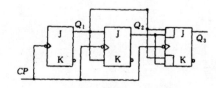

图 14-11　三位同步计数器的逻辑图

（3）作状态转移表和状态图。作状态转移表的方法与组合逻辑中由函数表达式作真值表的方法类似，可由上述状态方程作出状态转移表，如表 14-8 所示。

状态图是一种有向图，每个状态用一个圆圈表示，状态转移用有向线段表示，如图 14-12 所示。若在某个状态时电路有输出，就写在表示状态的圆圈内。

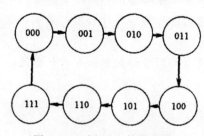

图 14-12　例 14-1 的状态图

表 14-8　三位同步计数器的状态转移表

Q_3^n	Q_2^n	Q_1^n	Q_3^{n+1}	Q_2^{n+1}	Q_1^{n+1}	Q_3^n	Q_2^n	Q_1^n	Q_3^{n+1}	Q_2^{n+1}	Q_1^{n+1}
0	0	0	0	0	1	1	0	0	1	0	1
0	0	1	0	1	0	1	0	1	1	1	0
0	1	0	0	1	1	1	1	0	1	1	1
0	1	1	1	0	0	1	1	1	0	0	0

（4）分析说明，根据状态图 14-1，可知此计数器是模 M=8 的二进制加计数器，计数循环从 000~111，共 8 个状态。

同步二进制加计数器的组成很有规律，若触发器的数目为 k，则模数 $M=2^k$，各级触发器之间的连接关系为：

$$J_1 = K_1 = 1$$

$$J_i = K_i = Q_1^n Q_2^n \cdots Q_{i-1}^n$$

若是同步二进制减法计数器，则连接关系为：

$$J_1 = K_1 = 1$$

$$J_i = K_i = \overline{Q_1}^n \overline{Q_2}^n \cdots \overline{Q_{i-1}}^n$$

计数器也可以由移位寄存器构成。这时要求移位寄存器有 M 个状态，分别与 M 个计数脉冲相对应，并且不断在这 M 个状态中循环。为此，移位寄存器电路中需要加入反馈。

【例 14-2】分析图 14-13 所示的同步计数器。

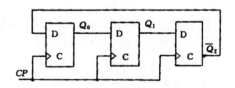

图 14-13　扭环形计数器的逻辑图

解：由分析可知：

（1）K 位移位寄存器构成的扭环形计数器，可以计 2K 个脉冲数，即 M=2K。

（2）连接方式为 $D_i = Q_{i-1}$，$D_0 = \overline{Q_{k-1}}$。

（3）状态转移关系，可用列表方法求出。如表 14-9 所示，先写出初始态 $Q_2^n Q_1^n Q_0^n = 000$，反馈信号使 $D_0=1$，下一拍这些状态都向高位左移一位，得状态 001，以及新的 $D_0=1$。用同样的方法继续求新状态，直到回到初始状态 000 结束。对反馈移位寄存器，都可用这种方法分析其状态变化。图 14-14 为该电路的状态图。

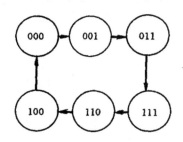

图 14-14　例 14-2 的状态图

表 14-9　扭环形计数器的状态转移表

Q_3^n	Q_2^n	Q_1^n	Q_3^{n+1}	Q_2^{n+1}	Q_1^{n+1}	Q_3^n	Q_2^n	Q_1^n	Q_3^{n+1}	Q_2^{n+1}	Q_1^{n+1}
0	0	0	0	0	1	1	1	1	1	1	0
0	0	1	0	1	1	1	1	0	1	0	0
0	1	1	1	1	1	1	0	0	0	0	0

14.3.2　中规模集成计数器

实际应用中，直接使用厂商生产的中规模集成电路计数器芯片。它有同步计数器和异步计数器两类。表 14-10 列出了几种中规模集成计数器。

表 14-10　几种中规模集成计数器

型号	模	预置	消零	型号	模	预置	消零
74LS160	十进制	同步	异步	74LS290	二-五-十进制	异步	异步
74LS162	十进制	同步	同步	74LS293	4 位二进制	无	异步
74LS169	4 位二进制（可逆）	同步	同步	C4518	双十进制	无	异步

1. 中规模集成计数器功能

- 可逆计数：可逆计数也叫加/减计数。实现可逆计数的方法有加减控制方式和双时钟方式。
- 加减控制方式就是用一个控制信号 $U/\overline{D}$ 来控制计数。当 $U/\overline{D}=0$ 时，作加法计数；当 $U/\overline{D}=1$ 时，作减法计数。
- 在双时钟方式中，计数器有两个外部时钟输入端：CP+ 和 CP-，当外部时钟从 CP+ 端输入时，作加计数；当外部时钟从 CP- 端输入时，作减计数。不加外部时钟时，应根据器件的要求接 1 或接 0，使之不起作用。
- 预置功能：计数器有一个预置控制端 $\overline{LD}$，非号表示低电平有效，当 $\overline{LD}=0$ 时，可使计数器的状态等于预先设定的状态，即 $Q_DQ_CQ_BQ_A=DCBA$ 为预置的输入数据。预置功能分为同步预置与异步预置。同步预置即为预置信号必须在 CP 的控制下去实现置数的功能，否则为异步预置。
- 复位功能：大多数中规模同步计数器都有复位功能。复位功能也分为同步复位和异步复位，同步复位即复位信号必须在 CP 控制下实现复位的功能。
- 时钟有效边沿的选择：一般而言，中规模的同步计数器都在上升沿触发。而异步计数器则在下降沿触发。但有的同步计数器有两个专用时钟输入端 CP 和 CT。当 $CP=0$ 时，从 CT 端口输入的时钟脉冲的下降沿有效，使用下降沿触发系统；当 $CT=1$ 时，从 CP 端口输入的时钟脉冲的上升沿有效，使用上升沿触发系统。
- 其他功能：同步计数器还有进位（借位）输出功能，计数控制输入功能。后者可用来控制计数器是否计数，常用在多片同步计数器级联时，控制各级计数器的工作。

2. 中规模计数器级联方式

中规模计数器的计数范围总是有限的。当计数模值超过计数范围时，可用计数器的级联来实现。实现级联的基本方法有两种。

- 同步级联：外加时钟同时接到各片计数器的时钟输入，使各级计数器能同步工作，此时，用前级计数器的进位（借位）输出来控制后级计数器的计数控制输入。只有当进位（借位）信号有效时，时钟输入才能对后级计数器起作用。注意控制端 $\overline{CT_P}$ 和 $\overline{CT_T}$ 是有差别的。虽然它们都是用来控制计数的，但 $\overline{CT_T}$ 还控制进位的产生，而 $\overline{CT_P}$ 和进位产生没有关系。图 14-15（a）是同步级联方式下模为 256 的计数器。图 14-15(a)中 74LS169 是单时钟同步 4 位二进制可逆计数器。表 14-11 为 74LS169 的功能表。

- 异步级联：用前一级计数器的输出作为后一级计数器的时钟信号。图 14-15（b）所示为采用 74LS169 通过异步级联方式构成的模值为 256 的计数器。

表 14-11　74LS169 的功能表

CP	$U/\overline{D}$	$\overline{CT_P}$	$\overline{CT_T}$	$\overline{LD}$	C_r	D	C	B	A	Q_D	Q_C	Q_B	Q_A
↑	×	×	×	×	1	×	×	×	×	0	0	0	0
↑	×	×	×	0	0	D	C	B	A	D	C	B	A
↑	0	0	0	1	0	×	×	×	×	加计数			
↑	1	0	0	1	0	×	×	×	×	减计数			
↑	×	1	×	1	0	×	×	×	×	保持			
↑	×	×	1	1	0	×	×	×	×	保持			

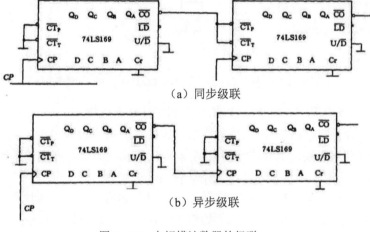

（a）同步级联

（b）异步级联

图 14-15　中规模计数器的级联

3. 中规模计数器构成任意进制计数器方法

常用中规模计数器集成芯片多为十进制和二进制。当需要任意进制计数器时，基本方法有以下两种。

（1）复位法：通过施加不同的复位信号来构成任意进制计数器。其原理是，当原有的 M 进制计数器从全 0 状态开始计数并接收了 N 个脉冲以后，电路进入 S_N 状态，产生一个复位脉冲将计数器复位，即可完成一个计数周期。

例如，要把模为 10 的计数器改接为 $N=6$ 的计数器，对于异步复位的计数器来说，复位信号=6，计数过程为 0→1→2→3→4→5→（6）0。

图 14-16 为异步二-五-十进制计数器 74LS290 的逻辑图，表 14-12 为 74LS290 的功能表。

表 14-12　74LS290 的功能表

CP_0	CP_1	R_{01}	R_{02}	S_{91}	S_{92}	Q_3	Q_2	Q_1	Q_0
×	×	1	1	0	×	0	0	0	0
×	×	1	1	×	0	0	0	0	0
×	×	0	×	1	1	1	0	0	1
×	×	×	0	1	1	1	0	0	1
↓	0	×	0	×	0	二进制计数			
0	↓	×	0	0	×	五进制计数			
↓	Q_0	0	×	×	0	8421 十进制计数			

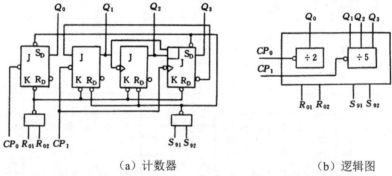

（a）计数器　　　　　　　　　　　　　（b）逻辑图

图 14-16　异步二-五-十进制计数器 74LS290 的逻辑图

图 14-17 所示为采用 74LS290 构成的六进制加计数器连接图。

（2）置位法：通过设置不同的预置值来构成任意进制计数器。其基本思想是：使计数器从某个预置状态开始计数，当到达满足进制为 N 的终止状态时，产生预置控制信号，反馈到预置控制端 LD，重复初始预置，周而复始，可实现进制为 N 的计数。

例如，若要把模为 16 的计数器改接为 $N=6$ 的计数器时，对于同步预置的计数器来说：若实现加计数器，则预置值=16-6=10，计数过程为 10→11→12→13→14→15→10。当到达状态 15 时，利用进位输出作为预置控制信号，且等到下一个时钟有效边沿到来时，完成预置功能。对于异步预置的计数器来说，由于预置功能的完成与时钟脉冲无关，所以预置值不为计数循环中的第一个有效状态。为此，若要实现 $N=6$ 的加计数器时，其预置值为 9。如图 14-18 所示是采用具有同步预置功能的 74LS169 构成六进制加计数器的连接图。

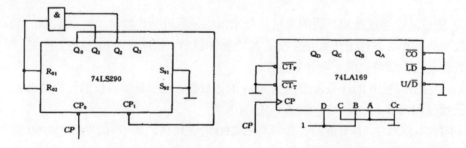

图 14-17　用复位法实现的六进制计数器　　　图 14-18　用置位法实现的六进制计数器

14.4　集成 555 定时器原理及应用

555 定时器是一种中规模集成电路，只要在其外部配上几个适当的阻容元件，就可方便地构成施密特触发器、单稳态触发器以及多谐振荡器。以实现波形的变换、延时和脉冲的产生。它在工业自动控制、定时、仿声、电子乐器、防盗报警等方面有广泛的应用，该器件的电源电压为 5~18V，驱动电流比较大。并能提供与 TTL、MOS 电路相兼容的逻辑电平。

14.4.1　集成 555 定时器

1. 电路组成

图 14-19 为集成 CB555 定时器的内部结构图。它是由比较器 C_1 和 C_2、等值电阻分压器、基本 RS 触发器以及集电极开路输出的放电三极管所组成。为提高比较器参考电压的稳定性，通常在 CO 端接有 0.01μF 的滤波电容。图 14-19 中标出的阿拉伯数字为器件外部引脚的编号，并标出各引脚的作用名称。表 14-13 为集成 CB555 定时器的功能表。

表 14-13　集成 CB555 定时器的功能表

TH	$\overline{TR}$	$\overline{R}_D$	U_O	TH	$\overline{TR}$	$\overline{R}_D$	U_O
ϕ	ϕ	低(L)	低(L)	$<2U_{CC}/3$	$<U_{CC}/3$	高(H)	高(H)
$>2U_{CC}/3$	$>U_{CC}/3$	高(H)	低(L)	$>2U_{CC}/3$	$<U_{CC}/3$	高(H)	高(H)
$<2U_{CC}/3$	$>U_{CC}/3$	高(H)	原状态				

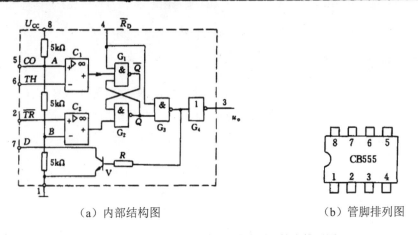

（a）内部结构图　　　　　　　　　　　（b）管脚排列图

图 14-19　集成 CB555 定时器的内部结构图及管脚排列图

2. 工作原理

集成 555 定时器中比较器的参考电压由分压器提供，当控制电压 U_{co} 悬空时，比较器 C_1 的参考电压为 $\frac{2}{3}U_{cc}$，比较器 C_2 的参考电压为 $\frac{1}{3}U_{cc}$。若 U_{co} 外接固定电压时，则比较器 C_1、C_2 的参考电压分别为 U_{co} 和 $\frac{1}{2}U_{co}$。若触发端 $\overline{TR}$ 输入电压小于 $\frac{1}{3}U_{cc}$ 时，比较器 C_2 的输出为 0，可

使基本 RS 触发器置 1，使输出端 Q 为 1，阈值端 TH 输入电压大于 $\frac{2}{3}U_{cc}$ 时，比较器 C_1 输出为 0，可使基本 RS 触发器置 0，使输出端 Q 为 0。若复位端 $\overline{R_D}$ 加低电平或接地，则可将基本 RS 触发器强制复位，使触发器输出端 Q 为 0。当基本 RS 触发器置 1 时，三极管 V 截止；基本 RS 触发器置 0 时，V 导通。

14.4.2 用 555 定时器构成施密特触发器

1. 电路形式

将 555 定时器的触发端 $\overline{TR}$ 和阈值端 TH 连在一起作为信号输入端，如图 14-20（a）所示，即可得到施密特触发器。

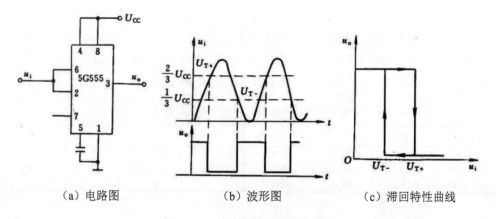

（a）电路图　　　　　　（b）波形图　　　　　　（c）滞回特性曲线

图 14-20　施密特触发器及波形图

2. 工作原理

由于比较器 C_1 和 C_2 的参考电压不同，因而基本 RS 触发器置 0 信号和置 1 信号必然发生在输入信号的不同电平上。因此输出电压 u 由高变低和由低变高所对应的输入电压 u_i 值亦不相同。

（1）u_i 从 0 开始升高的过程：当 $u_i < \frac{1}{3}U_{cc}$ 时，比较器 C_1 和 C_2 的输出分别为 1、0，故 $u_o = U_{OH}$；当 $\frac{1}{3}U_{cc} < u_i < \frac{2}{3}U_{cc}$ 时，比较器 C_1 和 C_2 的输出均为 1，故 $u_o = U_{OH}$；当 $u_i < \frac{2}{3}U_{cc}$ 时，比较器 C_1 和 C_2 的输出分别为 0、1，则 $u_o = U_{OL}$。因此，$U_{T+} = \frac{2}{3}U_{cc}$。

（2）u_i 从高于 $\frac{2}{3}U_{cc}$ 开始下降的过程：当 $\frac{1}{3}U_{cc} < u_i < \frac{2}{3}U_{cc}$，比较器 C_1 和 C_2 的输出均为 1，$u_o = U_{OL}$；当 $u_i < \frac{1}{3}U_{cc}$，比较器 C_1 和 C_2 的输出分别为 1、0，则 $u_o = U_{OH}$；因此，$U_{T-} = \frac{1}{3}U_{cc}$。

由此可得回差电压：

$$\triangle U_T = U_{T+} - U_{T-} = \frac{1}{3}U_{CC}$$

根据以上分析结果即可画出其电压传输曲线，也称其为滞回特性曲线，如图 14-20（c）所示。

14.4.3　555 定时器应用举例

1. 模拟声响电路

图 14-21（a）所示为由两个振荡器构成的模拟声响发生器，若调节定时元件 R_{A1}，R_{B1}，C_1，使第一个振荡器的振荡频率为 1Hz，调节定时元件 R_{A2}，R_{B2}，C_2，使第二个振荡器的振荡频率为 1kHz，由于低频振荡器的输出接到高频振荡器的复位端 R_D（4 脚），因此，在 u_{o1} 输出高电平时，允许第二个振荡器振荡；u_{o1} 输出低电平时，第二个振荡器复位，停止振荡，扬声器发出呜呜间隙响声，其工作波形如图 14-21（b）所示。

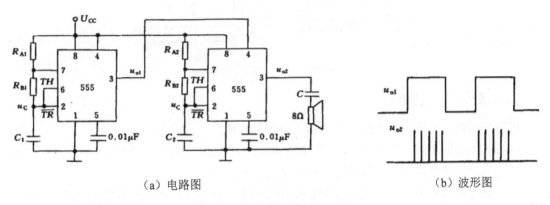

（a）电路图　　　　　　　　　　　　　　（b）波形图

图 14-21　模拟声响电路示意图

2. 电压频率变换器

由 555 定时器构成的多谐振荡器中，若控制端 CO 不再通过电容接地，而是加上一个可变电压 U_{CO}，则电压 U_{CO} 的大小可以改变比较器 C_1 和比较器 C_2 的参考电压。比较器 C_1 的参考电压为 U_{CO}，比较器 C_2 的参考电压为 $\frac{1}{2}U_{CO}$，U_{CO} 电压越大，参考电压值越大，输出脉冲周期越大，输出频率越低；反之，U_{CO} 越小输出频率越高。由此可见，只要改变控制端电压，就可以改变其输出频率，此时可以认为 555 振荡器是电压频率变换器。

14.5　应用举例

14.5.1　数字钟

图 14-22 是数字钟原理电路，由三部分组成。

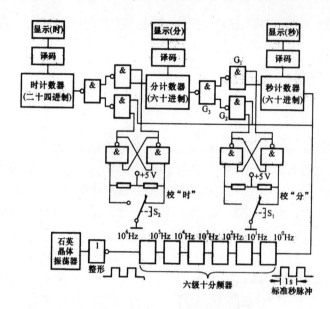

图 14-22　数字钟的原理电路

1. 标准秒脉冲发生电路

这部分电路由石英晶体振荡器和六级十分频器组成。

石英晶体的振荡频率极为稳定,因而用它构成的多谐振荡器产生的矩形波脉冲的稳定性很高。为了进一步改善波形,在其输出端再接非门作整形用。

十进制计数器是十分频器,因为每输入 10 个计数脉冲,第四级触发器的 Q_3 端便输出一个脉冲。如果石英晶体振荡器的频率为 10^6Hz,则经六级十分频后,输出脉冲频率为 1Hz,即周期为 1s,此脉冲即为标准秒脉冲。

2. 时、分、秒计数、译码、显示电路

这部分包括两个六十进制计数器、一个二十四进制计数器以及相应的译码显示器。标准秒脉冲进入秒计数器进行六十分频(即经过六十个脉冲)后,得出分脉冲;分脉冲进入分计数器再经六十分频得出时脉冲;时脉冲进入时计数器。时、分、秒各计数器的计数经译码显示,最大显示值为 23 小时 59 分 59 秒,再输入一个秒脉冲后,显示复零。

3. 时、分校准电路

校"时"和校"分"的校准电路相同,现以校"分"电路说明。

(1)在正常计时时,与非门 G_1 的输入端为 1,将它打开[1],使秒计数器输出的分脉冲加到 G_1 的另一输入端,并经 G_3 进入分计数器。而此时由于 G_2 输入端为 0,因此被封闭[2],校准

---

[1] 当与非门的信号输入端为 1,另一信号输入端为 0 或 1,则输出为 1 或 0,即信号能通过,故谓"打开"。

[2] 当与非门的信号输入端为 0,不论另一信号输入端为 0 或 1,输出总是为 1,即信号通不过,故谓"封闭"。

用的秒脉冲进不去。

（2）在校"分"时，按下开关 S_1，情况与正常计时相反。G_1 被封闭，G_2 打开，标准秒脉冲直接进入分计数器进行快速校"分"。

同理，在校"时"时，按下开关 S_2，标准秒脉冲直接进入时计数器进行快速校"时"。

14.5.2　四人抢答电路

图 14-23（a）是四人（组）参加智力竞赛用的抢答电路，电路中的主要器件是 CT74LS175 型 4 上升沿 D 触发器（其外引线排列见图 14-23（b）），它的清零端 $\overline{R}_D$ 和时钟脉冲 CP 是 4 个 D 触发器共用的。

抢答前先清零，使 $Q_1 \sim Q_4$ 均为 0，相应的发光二极管 LED 都不亮；$\overline{Q}_1 \sim \overline{Q}_4$ 均为 1，与非门 G_1 输出为 0，扬声器不响。同时，G_2 输出为 1，将 G_3 打开，时钟脉冲 CP 可以经过 G_3 进入 D 触发器的 CP 端。此时，由于 $S_1 \sim S_4$ 均未按下，$D_1 \sim D_4$ 均为 0，所以触发器的状态不变。

抢答开始，若 S_1 首先被按下，D_1 和 Q_1 均变为 1，相应的发光二极管亮；$\overline{Q}_1$ 变为 0，G_1 的输出为 1，扬声器响。同时，G_2 输出为 0，将 G_3 封闭，时钟脉冲 CP 便不能经过 G_3 进入 D 触发器。由于没有时钟脉冲，因此再接着按其他按钮，就不起作用了。触发器的状态不会改变。

抢答判决完毕，清零，准备下次抢答用。

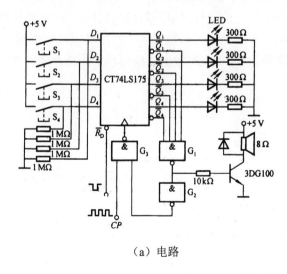 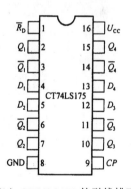

（a）电路　　　　　　　　　（b）CT74LS175 外引线排列图

图 14-23　四人抢答电路

14.6　本章小结

1. 常用的双稳态触发器有 RS 触发器、JK 触发器及 D 触发器。

基本 RS 触发器是各种触发器的基本组成部分，具有置 1、置 0、保持不变三种逻辑功能。

可控 RS 触发器的逻辑功能与基本 RS 触发器的逻辑功能大体相同，只是可控 RS 触发器输出状态受时钟脉冲 C 的控制。

JK 触发器具有置 0、置 1、计数、保持等 4 种逻辑功能。主从型 JK 触发器是在时钟脉冲的后沿翻转。主从型 JK 触发器抗干扰能力较差，存在一次性变化问题。边沿型触发器抗干扰能力强，边沿触发器分正边沿和负边沿两种，分别在时钟脉冲的前沿和后沿翻转。

D 触发器具有置 0 和置 1 两种逻辑功能。维持阻塞型 D 触发器在时钟脉冲的前沿翻转，触发器输出状态只取决于时钟脉冲前沿到来之前的 D 输入端状态。

通过不同的连接和附加门电路的方法，各种触发器可以互相转换。

触发器的应用很广，常用来组成寄存器、计数器等逻辑部件。

2. 寄存器是用来存放数据或指令的基本部件。具有清除数据、接收数据、存放数据和传送数据的功能。寄存器可分为数据寄存器和移位寄存器。移位寄存器除了有寄存数据的功能外，还具有移位的功能。

3. 计数器是能累计脉冲个数的部件。从进位制来分，有二进制计数器和 N 进制计数器两大类。从计数脉冲是否同时加到各个触发器来分，又有异步计数器和同步计数器两种。

二进制加法计数器能计 2^n 个脉冲数。其中 n 为触发器的级数。异步二进制加法计数器的时钟脉冲只加到最低位的触发器上，高位触发器的触发脉冲由相邻的低位触发器供给，异步二进制加法计数器是逐级翻转的。同步二进制加法计数器的时钟脉冲同时加到各位触发器的时钟脉冲输入端，触发器是同时翻转的，因而提高了计数速度。

N 进制计数器能计 N 个脉冲数，把两个以上的计数器串联起来，可构成 M 进制计数器。

4. 集成 555 定时器，稳定可靠，应用非常广泛，可以组成各种时序逻辑控制电路。

5. 通过本章的学习，应了解可编程逻辑器件 PLD 的类型、结构、工作特点及性能。

14.7 习题

14-1 由与非门构成的触发器电路如图 14-24 所示，试写出触发器的状态方程（即特征方程），并根据输入波形画出输出 Q 的波形，设初始状态为 1。

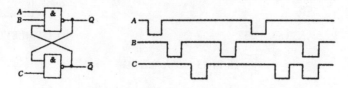

图 14-24 习题 14-1 的逻辑图和波形图

14-2 利用三个 JK 触发器（负边沿触发）组成三位二进制加计数器，试画出其逻辑电路图。

14-3 图 14-25 是一种双拍工作寄存器的逻辑图，即每次在存入数据之前，必须先给"清零"信号，然后"接收控制"信号有效，此时可将数据存入寄存器。试问：

（1）若不按双拍方式工作（即取消"清零"信号），当输入数据 $D_2D_1D_0=100\rightarrow001\rightarrow010$ 时，输出数据 $Q_2Q_1Q_0$ 将如何变化？

（2）为使电路正常工作，"清零"信号与"接收控制"信号应如何配合？画出这两种信号的正确时间关系。

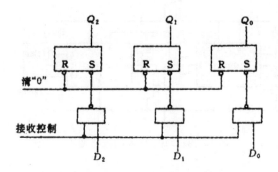

图 14-25　习题 14-3 的逻辑图

14-4　已知由 555 定时器构成的施密特电路的输入波形如图 14-26 所示，试画出输出波形（输出波形与输入波形在时间上要对齐）。

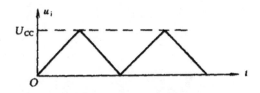

图 14-26　习题 14-4 的波形图

14-5　图 14-27 所示为简易电子琴电路。当琴键 $S_1\sim S_n$ 均未被按下时，三极管 V 接近饱和导通，V_E 约为 0.7V，使 555 定时器构成的振荡器停振。当按下不同琴键时，因 $R_1\sim R_n$ 的阻值不等，扬声器便发出不同的声音。

若 $R_b=20k\Omega$，$R_1=10k\Omega$，$R_e=2k\Omega$，$\beta=150$，$U_{cc}=12V$，振荡器外接电阻、电容参数如图 14-27 所示，试计算按下琴键 S_1 时扬声器发出声音的频率。

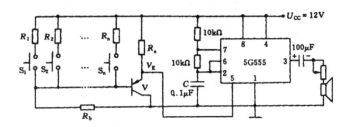

图 14-27　习题 14-5 的电路图

14-6 图 14-28 是用两个 555 定时器接成的延迟报警器。当开关 S 断开后，经过一定的延迟时间后扬声器开始发出声音。如果在延迟时间 t_d 内将 S 重新闭合，扬声器不会发出声音。在图 14-28 中给定的参数下，试求延迟时间 t_d 以及扬声器发出声音的频率。

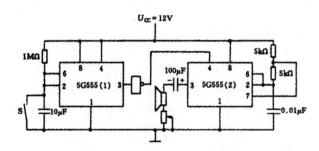

图 14-28　习题 14-6 的电路图

第15章

模拟量与数字量转换

【学习目的和要求】

通过本章的学习,应掌握数/模转换器(D/A),模/数转换器(A/D)的工作管理过程;了解其类型特点及选择时应注意的问题。

在电子技术中,信号处理是非常重要的。例如温度、压力、速度、位移等非电量,绝大多数可以通过相应的传感器变换为连续变化的模拟量——电压或电流。模拟量的幅度一般都比较小,波形可能失真或不满足要求,因此,还要加以处理才能达到预期的目的。若用计算机对生产过程进行控制时,首先要将被控制的模拟量转换为数字量,才能输入计算机进行运算和处理;还要将处理得出的数字量转换为模拟量,才能实现对被控模拟量进行控制。如在数字仪表中,也必须将被测量转换成数字量,才能实现数字显示。诸如此类的问题,在电子技术中统称为信号转换与处理问题。

本章从实用角度出发,介绍数/模和模/数转换电路。

15.1 数/模转换器(D/A)

在比较复杂的电子系统中,往往需要将原始信号(通常为模拟量)经处理转换为数字信号;然后输入计算机进行数字信号的运算和处理;而处理后的数字信号还需要转换成模拟信号以驱动执行机构(如电机的旋转、波形的显示、阀门的开关等)。实现前一种转换的器件称为模/数转换器,后一种为数/模转换器,是应用颇为广泛的电子器件。由于有些模/数转换器需要由数/模转换器组成,这里先介绍数/模转换器(Digital to Analog Converter,D/A)。

15.1.1 数/模转换器工作原理

最基本的 D/A 转换电路如图 15-1 所示，按位数不同选择不同阻值的电阻，再将电流求和后送到运算放大器得到输出电压。不难看出：

$$u_0 = U_{REF}\left[\frac{D_0}{2^3 R} + \frac{D_1}{2^2 R} + \frac{D_2}{2^1 R} + \frac{D_3}{R}\right] \times \frac{R}{2}$$

若选 U_{REF}=16V，则 $u_0 = D_0 + 2D_1 + 2^2 D_2 + 2^3 D_3$（V）。在图 15-1 中 $D_0 = D_3 = 1$，$D_1 = D_2 = 0$，则，$u_0 = 9V$，即将 1001 的数字量变成 9V 的模拟量。其他情况以此类推。

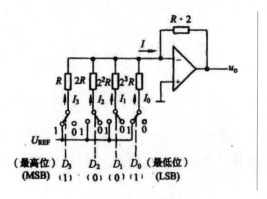

图 15-1　D/A 转换器的基本电路

这个方案的缺点是电阻阻值范围随位数的增加而增加，既不经济也不现实。所以，目前常用的 D/A 转换电路是由所谓 R-2R 倒 T 型电阻解码网络所组成。图 15-2 是集成 10 位 D/A 转换器 5G7520A 的电路原理图，它只包括电阻网络部分，运放需外加。在图 15-2 中，并联支路电阻 2R 的下端接地或接运放的反相端（是虚地，即与地面等电位），因此从网络的任何一段的节点向右看进去的输入电阻均为 2R，即前一级的电流有一半流经并联支路，另一半流经下级。故有：

$$I_9 = \frac{I}{2}, I_8 = \frac{I}{2^2}, \cdots, I_0 = \frac{I}{2^{10}}$$

$$I_F = D_0 I_0 + D_1 I_1 + \cdots D_8 I_8 + D_9 I_9 = (\frac{D_0}{2^{10}} + \frac{D_1}{2^9} + \cdots \frac{D_8}{2^2} + \frac{D_9}{2})I$$

已知 $U_{REF} = IR$，并令 $R = R_F$，则：

$$u_0 = U_{REF}(\frac{D_0}{2^{10}} + \frac{D_1}{2^9} + \cdots \frac{D_8}{2^2} + \frac{D_9}{2})$$

当 D 取不同的数值组合时，在输出端就得到不同的"模拟"电压。不难看出，输出量是以 2^{-10}V 递增的，因此，这种数/模转换器的分辨率为 $\frac{U_{REF}}{1024}$ V。若 U_{REF}=10V，则约为 10mV。

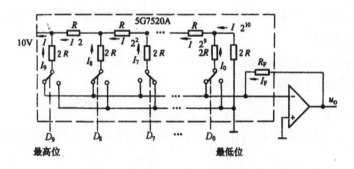

图 15-2　集成 10 位 D/A 转换器 5G7520A 电路原理图

另一种常用的八位 D/A 转换器是 0832 型,采用 CMOS 工艺,适合与微机配合,在倒 T 型电阻网络中用电流开关切换,以克服模拟开关导通电阻所产生的误差。此外,它还包括两个寄存器,以便于灵活处理数据,内部结构如图 15-3 所示。

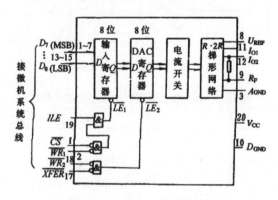

图 15-3　0832DA 内部结构图

0832DA 各引脚的功能如下:

(1) $\overline{\text{CS}}$ 为输入片选端,用以控制 $\overline{\text{WR}_1}$ 开关。

(2) $\overline{\text{WR}_1}$ 为第一个写入端,用以使数字量 $D_7 \sim D_0$ 输入寄存器中,但必须使 $\overline{\text{CS}}$ 和 ILK 均有效。

(3) A_{GND} 为模拟量接地端。

(4) ~(7) 13~16 为 8 个数字量输入端。

(8) U_{REF} 为参考电压端,通常使用 5V,可正可负。

(9) R_F 为外接到运放输出端的反馈电阻端,已制作在芯片内。

(10) D_{GND} 为数字量接地端。

(11) I_{O1} 为第一个电流输出端,当 DAC 寄存器中全为 1 时,I_{O1} 为最大;全为 0 时 I_{O1} 最小,其输出接运放的反相端。

(12) I_{O2} 为第二个电流输出端,I_{O2} 与 I_{O1} 之和为一常数,其值约为 U_{REF} 除以电阻网络的电阻值。

(13) $\overline{\text{XFER}}$ 为控制数据传送端,用以控制 $\overline{\text{WR}_2}$。

（14）$\overline{\text{WR}_2}$ 为第二个写出端，用以将输入寄存器中的数据传送到 DAC 寄存器中锁存，但必须使 $\overline{\text{XFER}}$ 为低电平。

（15）ILE 为输入锁存使能端，用以控制输入锁存信号 $\overline{\text{WR}_1}$。

（16）V_{CC} 为电源电压端，约为 5V~15V。

用户可根据需要，使输出模拟量随数字量的增加而递增、递减、全为正值、全为负值或正负均有（双极性）。图 15-4 所示是使输出为双极性的接法，相应的输出与输入关系如表 15-1 所示。

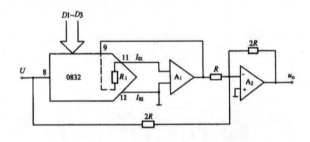

图 15-4　D/A 转换器的双极性输出接法

表 15-1　D/A 转换器双极性输出时的关系表

数字输入码		理想模拟输出电压	
高位　　　最低位 LSB		$+U_{\text{REF}}$	$-U_{\text{REF}}$
1 1 1 1 1 1 1 1		$+U_{\text{REF}}-1\text{LSB}$	$-|U_{\text{REF}}|-1\text{LSB}$
1 1 0 0 0 0 0 0		$U_{\text{REF}}/2$	$-|U_{\text{REF}}|/2$
1 0 0 0 0 0 0 0		0	0
0 1 1 1 1 1 1 1		-1LSB	$+1\text{LSB}$
0 0 1 1 1 1 1 1		$-|U_{\text{REF}}|/2-1\text{LSB}$	$|U_{\text{REF}}|/2+1\text{LSB}$
0 0 0 0 0 0 0 0		$-|U_{\text{REF}}|$	$+|U_{\text{REF}}|$

注：表中 1LSB=$|U_{\text{REF}}|/2^8$。

15.1.2　数/模转换器的类型

D/A 转换器种类繁多，若以位数来分则有以下几种。

- 8 位：如 1408，0800，0832，7524，6081 等。
- 10 位：如 1210，7520，7522 等。
- 12 位：如 667，1208，1230，7521，7541 等。
- 16 位：如 7546，9331 等。
- 18 位：如 1860 等。
- 20 位：如 1862 等。
- 12 位：如 ADC100 等。

15.1.3 数/模转换器的主要参数

- 位数：位数与 D/A 转换器的分辨率有密切关系，其定义为当输入数字量变化 1LSB 时，输出模拟量的相应变化量。例如，对于 8 位的 D/A 转换器，1LSB 占全量程的 1/256，若满量程为 5V，则分辨率为 19.5mV。
- 建立时间：通常指输入数值变化为满度值（即由全 0 变到全 1，或由全 1 变到全 0）时，其输出达到稳定值的时间。0832 的建立时间约为 1μs。
- 输出模拟电流：如 0800，当 $U_{REF}=-5V$ 时，输出电流为 0~2.1mA。
- 参考电压：如 0832，可工作在+10~-10V。
- 输出逻辑电平：如 0832，可与 TIL 兼容。
- 温度系数：如 7520，为每度十几万分之几。
- 非线性度：如 7520，为 0.05%全量程。

15.2 模/数转换器（A/D）

15.2.1 模/数转换器工作原理

如前所述，A/D 转换器具有将模拟信号量化为数字信号的功能，是外界与计算机进行通信的基础。A/D 转换器的类型很多，这里先介绍数字电压表中所采用的双积分式 A/D 转换器。其结构框图和工作波形图如图 15-5 所示。其工作原理是，先将电压的高低转换为时间的长短（通称 V/T 转换），然后利用时间的长短去控制送到计数器的脉冲个数，从而实现 A/D 转换。至于实现 V/T 转换的，则是利用的积分环节。

其工作过程是，转换开始前先将计数器清零，S_0 闭合，将 C 放电使其两端电压为零，将 S_1 合到 U_1，对它进行固定时间 T_1 的积分，设 u_1 在 T_1 时间内为恒定值，则 u'_o 直线下降，对应于 $u_1=u_{11}$ 时，$u'_o=u'_{o1}$。下一步将 S_1 转接到参考电压 U_{REF} 一侧，此时，将上升，经过 T_{21} 的时间后，其值回到零。从图 15-5 可以看出 T_{21} 与 u'_{o1} 有关，而 u'_{o1} 又与 u_H 有关，可以证明 T_{21} 与 u_H 成正比。若在时间 T_{21} 内使计数器存储并将由 CP 来的脉冲数加以显示，则 u_{11} 的数值即可由数码的读数得出。同理，若 u_1 值由 u_{11} 升到 u_{12}，则 T_2 由 T_{21} 增至 T_{22}，计数器将记下相应的脉冲。

典型的双积分式 A/D 转换器 5G1443，具有 $3\frac{1}{2}$ 位的分辨率，即读数范围为 1~1999，最高位只能是 0 或 1，而其他位上的数值均可为 0~9 中的一位，故称之为三位半 A/D 转换器，结构如图 15-6 所示。

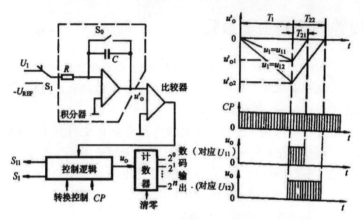

图 15-5　双积分式 A/D 转换器结构框图和工作波形图

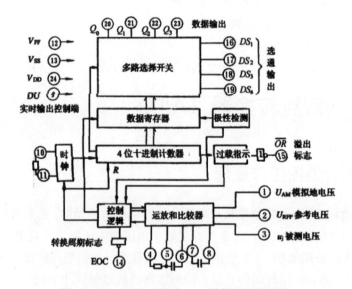

图 15-6　5G1443 三位半 A/D 转换器结构框图

　　双积分式 A/D 转换器的优点是，用较少的元器件就可以实现较高的精度（如 $3\frac{1}{2}$ 位折合 11 位二进制），当固定积分时间 T_1 为对称性干扰周期的整数倍数时，经过积分，干扰影响将基本被消除，因此抗干扰性能很强。缺点是在整个转换周期 u_1 应为恒定值，否则转换后的数据将有误差。所以，只适用于被测电压为直流或变化很慢的场合。5G1443 的转换速度为每秒 3~10 次。

　　另一种 A/D 转换器利用的是逐次比较原理，类似用砝码和天平称量物体重量，先取一个砝码看是否够重，如不够再继续加，如超重则减掉砝码，直至天平指针基本停在中间位置。相应的结构框图如图 15-7 所示。

　　转换开始前，控制逻辑先将寄存器清零，切换控制信号为高电平后开始比较。先将寄存器的最高位置设为 1，使其输出为 100…000，经 D/A 转换器成为相应的模拟电压 u_{0D} 并与 u_1 比较，如 $u_{0D}>u_1$，则将 1 清除，将次高位置 1 再进行比较，如此时 $u_{0D}<u_1$，则保留次高位的 1 再将下一位置 1 进行比较，以此类推直到最低位为止。比较完毕以后，寄存器所存的数据，就

是对应于 u_1 的数字量，可以并行输出。

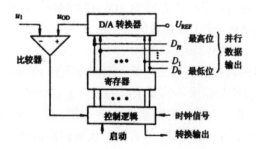

图 15-7　逐次比较式 A/D 转换器结构框图

一个常用的与微机配合的 A/D 转换器 0809 内部结构如图 15-8 所示，采用 CMOS 工艺，在其 28 个引脚中，有 8 个引脚是模拟量输入通道，适用于数据采集系统中的巡回检测。

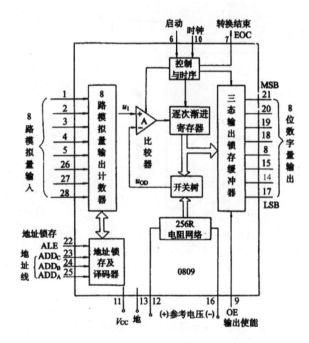

图 15-8　0809 型 A/D 转换器的内部结构图

它的工作过程是，先由地址线 23~25 的逻辑电平组合确定 1~5、26~28 这 8 个模拟输入端中某一路被选中，然后由地址锁存使能端 22 送到相应的输入开关。当在启动端 6 加上正脉冲时，其前沿逐次渐近寄存器复位，其后沿使寄存器的最高位为 1，其余各位均为 0。寄存器有 8 个输出端，每个输出端分别控制一组开关，通过各级开关组成开关树的不同状态，可以确定由 256 个电阻组成的电阻网络中某一个端口被接通，从而把参考电压 12、16 经电阻网络的分压值 u_{0D} 送到比较器 A 的反相端与输入电压 u_1 相比较。在上述情况下，u_{0D} 约为参考电压的一半。按前面所述原则，若 $u_{0D} > u_1$，则寄存器最高位保持为 1，再令次高位为 1 进行比较；若比较后 $u_{0D} < u_1$，则令最高位为 0，次高位为 1 进行比较，以此类推逐位比较，直到最末一位。

最后，将寄存器中各位的状态经三态输出锁存缓冲器作为转换后的数字量送到微机的入口。

0809 的时钟需由外部接入，其频率范围为 100~1280kHz（标准值为 640kHz），参考电压标准值为 5V，电源电压为 5V，输出模拟量的范围为 0~+5V，三态输出为 TTL 电平，可与一般微机兼容，转换误差为±1LSB，转换时间为 100μs。

上述两种 A/D 转换器的转换时间都比较长，双积分型为 100ms 数量级，逐次比较型数量级为 100μs，都不能满足快速数据采集的要求。为了克服这个缺点，可以并联一次比较型的 A/D 转换器。它的工作原理是，将输入模拟量只进行一次比较，即可转换成为数字量。图 15-9 是它的结构框图，由电阻分压器、比较器、寄存器和代码转换器组成。参考电压 U_{REF}（图 15-9 中设为 7V）经电阻分压后，分别送到每个比较器的反相端，而模拟输入量 u_1 则接到每个比较器的同相端，与之逐一比较，当 u_1 大于分压值时，比较器输出 1，反之则为 0。根据不同的比较器输出组态，再经过寄存器和代码转换器，即可得出相应的数据输出。具体情况见表 15-2。

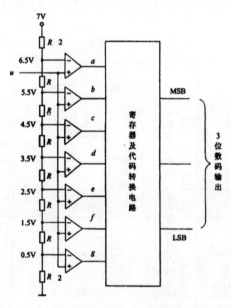

图 15-9　并联一次比较型 A/D 转换器的结构框图

表 15-2　并联一次比较型 A/D 转换器的输出与输入关系

u_1/V	比较器输出							数据输出	
	a	b	c	d	e	f	g	最高位	最低位
0~0.5	0	0	0	0	0	0	0	0	0
0.5~1.5	0	0	0	0	0	0	1	0	1
1.5~2.5	0	0	0	0	0	1	1	0	0
2.5~3.5	0	0	0	0	1	1	1	0	1
3.5~4.5	0	0	0	1	1	1	1	1	0
4.5~5.5	0	0	1	1	1	1	1	1	0
5.5~6.5	0	1	1	1	1	1	1	1	0
6.5~7	1	1	1	1	1	1	1	1	1

这种 A/D 转换器的转换速度很快，如 8 位 TDC10071 为 33ns，6 位 AD9006 为 2.1ns。缺

点是所用的器件较多，当输出为 8 位时，需要 255 个比较器和寄存器中的触发器，若为 10 位时则需要 1023 个，因此价格比较昂贵。

15.2.2 模/数转换器的类型

1. 以位数分

- 8 位：有 ET8B，0801，0802，0803，0804，0808，0809，8703，7570J，0816 等。
- 10 位：有 EKl0B，8704，7570L，571 等。
- 10 位或 12 位：有 1210，1211 等。
- 12 位：有 574A，EKl2B，7109，8705 等。
- 16 位：有 1143，7701 等。
- 20 位：有 7703 等。
- 22 位：有 1175K 等。
- $3\frac{1}{2}$ 位：有 7126，14433 等。
- $4\frac{1}{2}$ 位：有 7129，7135，7555，8052 等。

2. 以转换方式分

- 双积分型：如 8703，EK8B，14433 等。
- 逐次比较型：如 574，0804，0809，7570J 等。
- 并联一次比较型：如 9688，10331（4 位），9006（6 位），1007J，9002（8 位）等。

15.2.3 模/数转换器的主要参数

- 位数：它与分辨率的关系同 D/A 转换器。
- 转换时间：双积分型最慢，约为几十毫秒；并联比较型最快，可达几纳秒；逐次比较型则介于二者之间，约为几十微秒至几百微秒。
- 模拟输入范围：对逐次比较型有 0~10V，−10~+10V，−5~+15V，−5~+5V 等规格，对双积分型为 0~10μA。
- 电源电压：大多数为 ±5V，0800 系列为+5V、−12V。
- 数字输出方式：有锁存和三态锁存两种。
- 模拟输入通道数 0804 为单通道，0809 为 8 通道。
- 误差，有以下几种。
  - ➢ 量化误差：指将模拟量进行量化后所产生的误差，例如在表 15-2 中，为 1.5~2.5V。
  - ➢ 转换为同一个数据 010，即量化误差为 1V，约折合 1LSB。
  - ➢ 零误差、指将 u_1 由零开始增加到输出码末位由 0 变为 1 的电压与规定电压（表

15-2 中 0.5V）的差别。

> 满量程误差：指将 u_i 增加到输出数据全为 1 时的电压与规定电压（表 15-2 中 6.5V）的差别。

> 线性误差：指输出数据变动 1LSB 时，相应的 u_1 值变化不等的情况。如表 15-2 中输出数据 000 变到 001 时，相对应的 u_1 变化为 0.5V；而由 001 变到 010 时，相对应的 u_1 变化为 1V。

> 滞后误差：指 u_1 增加时所产生的输出数据变化与 u_1 减少时所产生的相同逆向数。

码变化之间的差别。造成这种现象的原因主要是比较器的滞回特性。

因此，在讨论 A/D 转换器的精确度时，要综合考虑这几种误差。

15.2.4 选择 A/D 或 D/A 转换器时应注意的问题

（1）位数，8 位价格的相对说来最低，10 位以上价格就高得多。

（2）在整个工作温度范围内允许的误差是多少。误差常用不同的方式表达。

（3）满量程读数和最低位对应读数。要注意噪声电平是否比最低位电平还高，若高，则精度难以保证。

（4）A/D 转换器的输入电阻有多大（一般不给出），如太小，则对模拟信号输入不利。

（5）转换时间需要多长。如为秒级可用双积分型，如要求转换时间更短，则需用并联比较型，但后者价格高且功耗大。

（6）时钟是内含有还是外接。最高的时钟频率是多少。

（7）是否需要和微处理器配合。是否属于数字系统的一部分，如是，则需要接口的配合问题考虑。

（8）电网对转换器的干扰是否严重，如是，则应选积分式并使积分时间为电网周期整数倍。

15.3 本章小结

1. A/D 和 D/A 转换器是现代数字系统中的重要组成部件，应用日益广泛。

2. 由于倒置的 R-2R 梯形网络只要求两种阻值的电阻，因此最适合于集成工艺，集成 D/A 转换器普遍采用这种电路结构。由于各支路电流只是根据开关的接通位置流向输出端或地，流过的电流不变，因此参考电压源的负载变化小，并且开关上不会出现电压波动。

3. 不同的 A/D 转换方式具有各自的特点。在要求速度快的场合，选用并行 A/D 转换器；在要求精度高的情况下，可以采用双积分 A/D 转换器，也可以选用高分辨率的 A/D 转换器，但会增加成本。由于逐次逼近 A/D 转换器在一定程度上兼顾了以上两种转换器的优点，因此得到普遍应用。

4. 目前，A/D 与 D/A 转换器的发展趋势是高速度、高分辨率、易与微型计算机接口，以满足各个领域对信息处理的要求。

15.4 习题

15-1　求如图 15-10 所示倒置 R-2R 梯形网络中的开关变量 $D_9 \sim D_0$ 分别为 18DH、OFFH、OF8H 时的输出电压值。

15-2　对于一个 10 倍的 D/A 转换器，输入数字量变化 1LSB 时，输出模拟量相应变化，即 1LSB 占全量程的 1/1024，若满量程为 5V，则分辨率为多少？

15-3　A/D 转换器的位数与分辨率的关系同 D/A 转换器。现有典型的常用 5G1443A/D 转换器，具有 $3\frac{1}{2}$ 位（$3\frac{1}{2}$ 位折合 11 倍二进制），若满量程为 5V，则分辨率是多少？

15-4　信号的转换处理，除 A/D 和 D/A 外，还有哪些方法？它们各有什么特点？

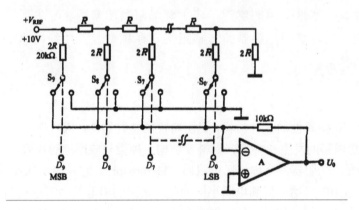

图 15-10　习题 15-1 的图

第16章

忆阻器应用

【学习目的和要求】

　　本章是选学课。通过本章的学习，应了解忆阻器的来源（发生）、特点、材料及结构、种类与应用途径；掌握忆阻器的仿脑记忆、存算融合、神经网络控制、类脑芯片、感存算一体的方法。

　　本章主要介绍忆阻特性的 5 种材料，忆阻特性的 7 种器件，待研课题 8 种项目，典型应用 5 个实例，以及忆阻器的发生及特点、材料及结构、种类与应用途等内容。

　　值得一提的是：忆阻器，全称记忆电阻器（Memristor）。它是表示磁通与电荷关系的电路器件。忆阻具有电阻的量纲，但和电阻不同的是，忆阻的阻值是由流经它的电荷确定。因此，通过测定忆阻的阻值，便可知道流经它的电荷量，从而有记忆电荷的作用。20 世纪 70 年代，蔡少棠从逻辑和公理的观点指出，自然界应该还存在一个电路元件，它表示磁通与电荷的关系。21 世纪初，惠普公司的研究人员首次做出纳米忆阻器件，掀起忆阻研究热潮。纳米忆阻器件的出现，有望实现非易失性随机存储器。并且，基于忆阻的随机存储器的集成度，功耗，读写速度都要比传统的随机存储器优越。此外，忆阻是硬件实现人工神经网络突触的最好方式。由于忆阻的非线性性质，可以产生混沌电路，从而在保密通信中也有很多应用。

　　忆阻器尺寸小（纳米级）、能耗低（晶体管的 10%~20%），一个忆阻器的工作量，相当于一枚 CPU 芯片中十几个晶体管共同产生的效用，可形成立体的内存。其硬件可用来改进脸部识别技术，比在数字式计算机上运行程序要快几千到几百万倍。

　　忆阻器，作为一种有记忆功能的非线性电阻，带来了电子电路的结构体系、原理、设计理论的巨大变革，是继电阻、电容、电感之后的第四种无源基本电路元件，为电子技术中存储功能的进一步提高提供了基础。

　　现在，是信息爆炸的大数据时代，对超高性能计算与非易失性存储的需求呈爆发式增长。

　　传统计算机采用的架构中，计算和存储功能是分离的，分别由中央处理器（CPU）和存储器完成。CPU 和存储器的速度和容量飞速提升，但传输数据和指令的总线速度的提升十分有限。另一方面，存储器数据访问速度跟不上 CPU 的数据处理速度，且这一差距被越拉越大，这又导致了存储墙（Memory Wall）问题。

而忆阻器的存储与计算"融合"的模式，避免了传统架构中每步都需要将计算结果通过总线传输到内存或外存之中进行存储，从而有效地减小数据频繁存取和传输的负荷，降低信息处理的功耗，提高信息处理的效率。

因此，忆阻器的自动记忆能力和状态转换特性，将推动人工智能和存算融合计算技术的发展。对现代电子学具有潜在的巨大影响，可以应用于云存储、物联网、消费电子、航空航天、地球资源信息、科学计算、医学影像与生命科学等电子信息重要领域。

16.1　发生及特点

16.1.1　忆阻器的发生

1971 年，科学家蔡绍棠通过研究发现电压、电流、电荷、磁通（v，i，q，Φ）这四种变量之间，两两组合成的六种关系中，有 5 个是已知的，只有 q，Φ之间的关系尚不明确，蔡绍棠根据对称性的原理提出了第 4 种无源基本电路元件存在，将这第 4 种基本电路元件命名为忆阻器，忆阻值 M 与电荷 q、Φ之间的关系为：$d\Phi=M(q)d\Phi$。

2008 年惠普公司成功发明了具有典型特征的固态忆阻器，自此证明了科学家蔡绍棠提出的第 4 中基本电路元件存在，在惠普公司的发展史上，忆阻器的发明带来了新的变革空间，主要应用于电路结构、设计理论等方面。

16.1.2　忆阻器和其他基本电路元件的关系

无源电路元件集是由忆阻器（M）、电容（C）、电阻（R）和电感（R）一起组成的。四种电量之间分别由这四种电路元件来进行转换，四种电路之间不可以相互替代，不可相互模拟。C、L 与忆阻器相比较，虽然是动态元件，都有记忆功能，但是前两者在实用中存储的能量泄放的很快，忆阻器则在撤掉电流以后，能一直保持忆阻值，忆阻器具有非易失特性。M 和 R 的比较，当忆阻值 M 为常量时，和电阻 R 是等同的，而 R 又不具备忆阻器的忆阻滞回特性，忆阻滞回特性应用于开关电路中，可以替代存储器的存储单元，存储器被非易失的阻性随机访问。

16.1.3　忆阻器和有源器件的比较

忆阻器属于无源电路元件，但是它可以用有源和无源器件混合组成的电路来模拟，这说明了忆阻器在一定因素影响下可以具有有源器件的某些功能。但是忆阻器并不能完全取代晶体管，因为忆阻器毕竟属于无源电路元件，晶体管能量控制作用，因为忆阻器所不具备晶体管能量控制的有源特性。

16.1.4　忆阻器和二极管的比较

忆阻器和二极管的共同点是都是非线性的器件，不同点是二极管没有记忆的能力。二极管可以组成 ROM 存储矩阵，其存储原理是通过逻辑阵列完成逻辑关系，而忆阻器本身即可存储数据，因此忆阻器可用作非易失随机访问存储器 NVRAM。

16.2　材料及结构

16.2.1　忆阻器制作材料

有机材料中有些具有忆阻特性，但目前使用的忆阻材料更倾向于无机固体材料。近年来多次实验结果证明，有机材料制作的忆阻器，对高温不耐受，敏感度较高，其性能不太稳定。具有忆阻特性的材料类型主要有：有机薄膜、硫化物、金属氧化物，特别是 TiO_2 以及各种钛矿化合物等。影响忆阻器材料选用及采用的因素包括成本、性能等，稀有、贵重的材料价格必然会很高，不能广泛应用于实际中，在材料的选用上还要考虑是否能与集成电路工艺兼容。充分考虑各项影响因素后，再进行选用，可以有效提高生产效率，降低制作成本，扩大应用范围。抗辐射能力也是目前选用材料的特性之一，传统的晶体管抗辐射能力较低，忆阻器的制作材料具有更强的抗辐射能力。目前磁性存储器（MRAM）、铁电存储器（FeRAM）、Si+Ag 混合材料存储器件和金属氧化物存储器（CMORAM）等是比较成功具有忆阻特性的器件。

16.2.2　忆阻器的结构

薄膜结构是忆阻器空间结构主要采用的结构，忆阻特性在器件尺寸较小的前提下，发挥的越明显；忆阻器本身的结构尺寸可以做到几纳米，这一点与 MOS 器件相比较，MOS 管就很难做到或不能做到；忆阻器的空间结构和集成电路兼容性好，从而使成本得到了合理控制，加快了忆阻器的应用速度，发挥了忆阻器在电子行业发展中的商业作用。

16.3　种类与应用途径

16.3.1　忆阻器的种类

自 2000 年以来，多种材料制作的新型忆阻器件被研究成功，都具有非易失的忆阻器特性，主要有相变存储器、磁性存储器、复杂金属氧化物存储器件、铁电存储器、硅和银合金薄膜存储器件、惠普实验室发明的 TiO_2 薄膜器件（目前非常受关注）。忆阻器在存储器及模拟神经网络中的应用是研究的重点内容。

16.3.2　忆阻器在存储器中的应用

非易失的记忆能力是忆阻器的特性，因此忆阻器在存储器中的作用最为显著，忆阻器是基本的存储单元，体积和功耗都比较小，是传统单元所不能达到的。

第一个基于轮烷有机分子的纳米交叉结构阻变存储单元，是 2003 年惠普实验室和加州大学洛杉矶分校合作通过压印方法制备出来的，是纳米交叉结构的阻变存储器进入电子行业的开端。

16.3.3　忆阻器在模拟电路中的应用

忆阻器的非易失记忆能力在模拟电路中也带来了新的发展方向，传统的电子器件中如二极管、晶体管、热敏电阻等都不具备忆阻器的特性，这些电子器件结合忆阻器构成了新型的混合电路，随之也出现了模拟电路的某些新功能及新特性，使电路功能更加先进，实现更多的电路功能，如非常规波形发生器和混沌振荡器等。

16.3.4　忆阻器在人工智能计算机中的应用

忆阻器的主要功能是有记忆的能力，除此之外忆阻器还可以进行逻辑运算，这一功能可以把数据处理模块与存储电路模块结合在一起，从而改变传统的计算机体系架构，带来计算机体系架构的重组，为计算机体系的发展带来了新的动力。

1. 忆阻器数据写入

通过在忆阻器两端施加超过其阈值的电压，便会使其处于导通或关断的状态，从而完成忆阻器的置位操作，在此基础上通过施加不同信号，来完成忆阻器的写操作。这种给忆阻器两端直接施压的方式，优点是直接方便，但是缺点也很明显，因为纳米忆阻器电阻值及其他相关设备运行参数的统计分布往往呈现出对数正态分布，每次写操作完成后存储单元的忆阻模拟状态变量便会出现较大的波动现象，影响 RRAM 可靠性和持续读写性，也会影响存储单元中高阻态之间的电阻差距。解决这些问题的方法是在 2010 年 Huang 等人提出的一个反馈系统，通过运算放大器可以持续给忆阻器施加电压，使得忆阻器能够较稳定处于所需要状态。惠普实验室于 2011 年设计出更加完备的闭环反馈电路用于数据写入，确保了忆阻器两端电压的稳定性，提高了数据写入的可靠性。

2. 忆阻器的数据读取

数据读取与数据写入有很大的相似之处，施加相同电压，不同状态间阻值相差较大的原因导致电流差距较大。与数据写入的区别是忆阻器连段施加的电压不能超过阈值，在不改变忆阻器的状态下，通过流经存储阵列的负荷电阻的电流来判断忆阻器的存储数值。也可以用运算放大器来辅助读取数据。

3. 忆阻器在模拟神经网络中的应用

在模拟神经网络中，突触功能一般可由软件和硬件来完成。比较而言，软件完成的速度较慢、整体效率较低，很少被采用。硬件一般通过模拟电路、模数混合电路和数字电路来完成。目前，忆阻器的功能是相对于其他器件最接近神经元突触的电子器件，因此在构筑模拟神经元网络中，相较其他方式，忆阻器是最先进、最好的一种实现方式，在模拟神经元网络中发挥着巨大的推动性作用。

4. 忆阻器带来的变革

忆阻器与其他各类基本电子器件比较具有明显的优势，最为突出的是其非易失特性，这一特性导致电路组成结构出现重大的变革，并且工作原理也随之发生改变。电子电路设计理论及开发工具针对忆阻器的特性而做出改变，在目前电子设计自动化开发工具非常成熟的基础上，不同种类忆阻器件首先要建立器件模型，把器件模型加入模型库后便可以投入使用。忆阻器带来的各项变革中，也存在难点，表现为电路和系统结构发生变化后，必须构建新型的电路及系统结构，并建立相应的设计理论及工作原理，这是忆阻器变革中的巨大挑战，也是今后研究的主要内容之一。

值得一提的是：忆阻器在存储功能方面的发展是目前研究的方向之一，在生产工艺改进、产品质量提高、忆阻器在工业中的应用、读写功能满足计算机结构要求等问题都是目前忆阻器研究中的难点问题，也是亟待解决的问题。纳米级器件制备采用的各项技术，如纳米压印、溶液制备、电子束光刻技术等在实际中效果并不理想，其开关比较小，制备工艺的改进直接影响到存储器的存储密度及良率，忆阻器性能怎样有效提高，如何提高读写速度，忆阻器怎样满足计算机对速度和稳定性的各项要求，这都是今后研究的重点。

作为基本电路元件，忆阻器在未来将会在数据存储、技术操作等方面发挥巨大的作用，器件模型的研究也将会更加适应实际电路需求，在促进电子产品发展的同时开发更多的应用电子技术。逐渐普及忆阻器的应用领域，扩大忆阻器的特殊用途范围，通过其特殊优势及功能得到电子市场的广泛认可。目前忆阻器的很多应用途径需要进一步开发及完善。在未来忆阻器一定会成为电子器件的优化产品，满足电子产品发展趋势各项要求：速度快、功耗低、密度高、体积小及功能强、成本低、环保等。忆阻器很可能满足以上所有特点，为电子电路发展贡献巨大的力量。

16.4　应用实例

忆阻器的典型应用实例有：①仿脑记忆；②存算融合；③神经网络控制；④类脑芯片；⑤感存算一体等技术。下面分别予以介绍。

16.4.1　仿脑记忆

俄罗斯莫斯科物理技术学院研究人员，创造出一种称为"二阶忆阻器"的氧化铪基新型器件。它可以像人类大脑中的突触一样存储信息，并逐渐遗忘长时间未被访问的信息。

1. 背景

人脑具有极其强大的记忆与计算能力，其复杂程度和处理能力远远超过最先进的超级计算机。那么，人类大脑中如此强大的计算能力是如何而来的呢？

简单说，人脑有两个重要组成部分：神经元与突触。大脑进行计算时，会在神经元之间传递电化学信号。这些信号的传输受到一个关键连接结构的控制，这个结构就是突触，如图 16-1 所示（图片来源：Aleksandr Kurenkov 与 Shunsuke Fukami）。

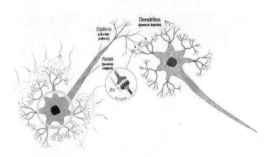

图 16-1　生物神经网络中的神经元与突触

突触的感受能力决定了突触后神经元是否会对信号作出响应。如果信号不够强，突触后神经细胞将不会作出响应。发送的信号越多，突触的感受力就会越强，这样就使突触具备了学习能力。

与传统计算机相比，人类大脑优势明显，如图 16-2 所示，它不仅可并行地处理和存储大量数据，而且能耗极低。人类大脑处于全方位的互联状态，其中的逻辑和记忆功能紧密关联，其密度和多样性均是现代计算机的数十亿倍。

神经计算机就是在模仿人脑的工作方式。它代表了未来人工智能的重要发展方向，将具备类似人脑的智慧和灵活性。 基于光线的类脑芯片示意图如图 16-3 所示（图片来源：Johannes Feldmann）。

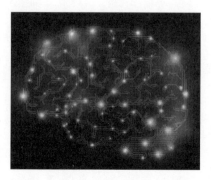

图 16-2　与传统计算机相比大脑优势明显

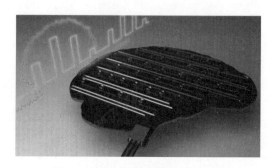

图 16-3　基于光线的类脑芯片示意图

大多数的神经计算机都采用传统的数字架构，并采用数学模型提出虚拟的神经元与突触。然而另一种选择就是，用某种真实芯片上的电子元器件代表网络中的每个神经元与突触。这种所谓的模拟方案，有望急剧提升运算速度并降低功耗。

一种假定的模拟神经计算机的核心元器件就是忆阻器。忆阻器（Memristor）这个词，是由"记忆（Memory）"与"电阻（Resistor）"两个词组合而成，这个词概括地说明了这个元器件是什么。

忆阻器的电阻会随着通过它的电流而变化，就算电路断电，电流停止，其电阻值仍然会被保留，直到有反向电流通过时才会恢复原状。控制电流的变化可改变其阻值，如果把高阻值定义为"1"，低阻值定义为"0"，这种电阻就可以实现存储数据的功能。

如图 16-4 所示是忆阻器芯片示意图（图片来源：南安普敦大学）。

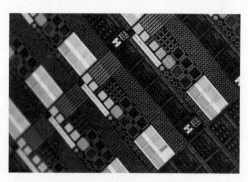

图 16-4　忆阻器芯片示意图

忆阻器能够模仿神经突触的功能，并在能耗和尺寸方面都具备优势。例如荷兰格罗宁根大学的物理学家采用掺杂铌的钛酸锶（Niobium-Doped Strontium Titanate）制成的忆阻器，能模仿神经突触与神经元的工作方式。

如图 16-5 所示（图片来源：功能材料自旋电子学研究小组，格罗宁根大学），左：大脑一小部分的简化表示，神经元通过突触接收、处理、传递信号。右：交叉线阵列，利用这些器件实现的一种架构。忆阻器，就像人类大脑中的突触，可以改变导电性，使得连接变弱或变强。

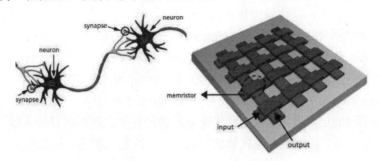

图 16-5　忆阻器就像大脑中的突触

然而，这里有一个玄机：在真实的人类大脑中，活跃的突触随着时间推移而增强，不活跃的突触恰恰相反。这种称为"突触可塑性"的现象是自然学习与记忆的基础之一。它是"考试前死记硬背会有效果"以及"我们很少接触的记忆逐渐消失"的生物学原因。

2015 年提出的二阶忆阻器，就是复制自然记忆连同突触可塑性的一次尝试。实现这一点的首要机制就需要形成跨越忆阻器的纳米级导电桥。当电阻开始下降时，它们随着时间推移自然地衰退，模仿遗忘的过程。

2. 创新

俄罗斯莫斯科物理技术学院（MIPT）神经计算系统实验室的论文领导作者 Anastasia Chouprik 表示："这个解决方案的问题在于，器件会随着时间推移改变其行为，并在长期运行之后产生故障。我们实现突触可塑性所采用的机制更加健壮。实际上，在切换系统状态千亿次之后，它仍然可以正常工作，所以我的同事们停止了耐久测试。"

俄罗斯莫斯科物理技术学院的研究人员创造出一种称为"二阶忆阻器"的氧化铪基新型器件，它可以像"活着的大脑"中的突触一样存储信息，并逐渐遗忘长时间未被访问的信息。这个器件为设计模仿生物大脑学习方式的模拟神经计算机带来了希望。这些研究发现发表在《美国化学学会–应用材料与界面（ACS Applied Materials & Interfaces）》期刊上。

如图 16-6 所示是芯片上的大脑（图片来源：Elena Khavina/MIPT 新闻办公室）。

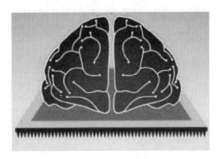

图 16-6　芯片上的大脑

3. 技术

俄罗斯莫斯科物理技术学院的团队用氧化铪取代纳米桥来模仿自然记忆。这种材料是铁电的：它的内部束缚电荷分布（电极化）会响应外部电场而产生变化。如果随后电场被撤除了，材料会保留它获取的极化，就像铁磁体保持磁性一样。

如图 16-7 所示（图片来源 Elena Khavina/MIPT 新闻办公室），物理学家们用一个铁电隧道结（氧化铪薄膜夹在两个电极之间，如图 16-7 右半部分所示）实现了他们的二阶忆阻器。该器件可以通过电脉冲在高低电阻状态之间切换，这些电脉冲改变了铁电薄膜的极化以及电阻。

图 16-7（左）展示了生物大脑中的一个突触，也是右图中人工模仿物的灵感来源。右图是用铁电隧道结实现的忆阻器，即夹在氮化钛电极和硅衬底之间的氧化铪薄膜，硅衬底的另一个角色就是第二个电极。通过改变氧化铪的极化，电脉冲使忆阻器在高低电阻之间切换，从而改变其导电性。

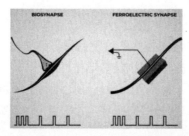

图 16-7　生物大脑中的一个突触（左）和铁电隧道结实现的忆阻器（右）

Chouprik 补充道："我们面临的主要挑战就是，计算出适当的铁电层厚度。四纳米被证明是最合适的。如果薄膜变薄一纳米，铁电性就会消失；如果薄膜变厚，就会成为太宽的屏障，以至于电子无法隧穿。而我们只能通过调整隧穿电流来切换极化"。

4. 价值

氧化铪相比于其他铁电材料（例如钛酸钡）的优势在于，它已经在当前的硅技术中使用。例如，自 2007 年起，英特尔公司就开始制造基于铪化合物的芯片。这就使得引入铪基器件，例如这篇文章中所报道的忆阻器，变得比采用全新材料制造的器件更加容易且便宜。

在这个非凡的创举中，研究人员们通过利用硅与氧化铪之间界面上的缺陷实现了"遗忘"。对于铪基微处理器来说，这些缺陷被视为一种损害，工程师们必须想办法将其他元素加入化合物中来避免这些缺陷。然而，俄罗斯莫斯科物理技术学院的团队却利用了这些缺陷，它们使忆阻器的导电性随着时间推移而消亡，就像自然的记忆一样。

5. 未来

未来计划："想要研究切换电阻的各种机制之间的相互影响。结果是，铁电效应可能并不是唯一涉及的效应。为了进一步改善这些器件，将需要区分这些机制，并学会结合它们"。

物理学家们称，将继续推进关于氧化铪特性的基础研究，使非易失性随机存取存储器单元变得更加可靠。现正在研究将他们的器件转移到柔性衬底上，应用于柔性电子产品。

6. 其他

如图 16-8 所示，研究人员详细描述了给氧化铪薄膜施加电场是如何影响其极化的。正是这个过程，降低了铁电忆阻器的电阻，模仿了生物大脑中突触的强化过程。

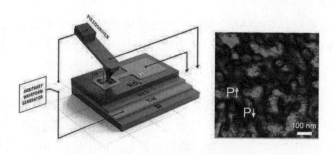

图 16-8　向氧化铪薄膜施加电场

16.4.2　存算融合

过去半个世纪以来，芯片计算性能的提高主要依赖于场效应晶体管尺寸的缩小。随着特征尺寸的减小，器件的制备成本和制造工艺难度不断增加，芯片性能的提升愈发困难。不仅如此，器件尺寸也接近物理极限，摩尔定律时代即将走向"终结"。

与此同时，大数据技术的发展和以神经网络为核心的深度学习技术浪潮的兴起，对传统的主流硬件平台的算力提出了更高的要求。由于深度学习算法计算时需要处理流式数据，基于冯·诺依曼计算架构的硬件平台在处理相关任务时，大量的数据会在计算单元和存储单元之间流动。而后者的读写速度要远慢于前者的计算速度，访问内存的操作过程占了总体能耗和延迟的绝大部分，限制了数据的处理速度，这被称为"冯·诺依曼瓶颈"或"内存瓶颈"。内存瓶颈使得计算系统表现出功耗高、速度慢等缺点。在以大数据量为中心的计算任务中，存算分离带来的问题就更加突出。

目前，人们利用能并行处理数据的 GPU（Graphics Processing Unit）或者针对数据流设计的专用加速芯片，如 TPU（Tensor Processing Unit）等硬件进行加速以满足算力需求。这类加速硬件一般有较强的并行处理能力和较大的数据带宽，但是存储和计算单元在空间上依旧是分离的。与冯·诺依曼计算平台不同，具有大规模并行、自适应、自学习特征的人脑中，信息的存储和计算没有明确的分界线，都是利用神经元和突触来完成的。人们开始研究新型的纳米器件，希望能够模拟神经元和突触的特性。在这类纳米器件中，忆阻器因与突触的特性十分相似且具有巨大的潜力而备受青睐。突触可以根据前后神经元的激励来改变其权重，而忆阻器则可以通过外加电压的调制来改变其电导值。

利用这类新型的忆阻器可以实现数据存储的同时也能够原位计算，使存储和计算一体化，从根本上消除了内存瓶颈。这类新型的忆阻器包括磁效应忆阻器（Magnetic Random-access Memory，MRAM）、相变效应忆阻器（Phase-change Random- access Memory，PRAM）和阻变效应忆阻器（Resistive Random-access Memory，RRAM）等。

1. 内存计算技术

新型的忆阻器包括磁效应忆阻器、相变效应忆阻器和阻变效应忆阻器等。其中，阻变效应忆阻器包含了基于阴离子的氧空位通道型阻变忆阻器和基于阳离子型的导电桥型忆阻器

（Conductive Bridging RAM，CBRAM）两类。氧空位通道型阻变忆阻器也直接被称为 RRAM。新型忆阻器有读写速度快、集成密度高、低功耗等优势，这也为存内计算带来了更多的好处。

（1）磁效应忆阻器

通常，材料中电子的上下自旋方向概率相等时，材料整体没有磁性；当电子上下自旋的数目不等同时，材料就会表现出磁性性质。磁效应忆阻器的结构如图 16-9 所示，其基本结构包含有 3 层，其中底层磁化的方向是不变的，称为参考层；顶层磁化方向可被编程发生变化，称为自由层；中间层称为隧道层。由于隧道磁阻效应，参考层和自由层的相对磁化方向决定了磁效应忆阻器的阻值大小。当参考层和自由层的磁化方向一致时（P 态），磁效应忆阻器的阻值最小；相反，如果磁化方向不一致时（AP 态），磁效应忆阻器的阻值最大。

通过直接让电流流经磁效应忆阻器可以改变自由层的电子自旋方向。在由参考层流向自由层的大电流的操作中，电流首先被参考层自旋极化，然后根据磁动量守恒，使自由层的磁极化发生旋转至两者磁化方向相同。反之，流经相反方向的电流可以使参考层和自由层的磁化方向相反。

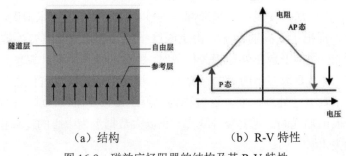

（a）结构　　　　　（b）R-V 特性

图 16-9　磁效应忆阻器的结构及其 R-V 特性

（2）相变效应忆阻器

相变效应忆阻器的结构如图 16-10 所示，包含了顶层、底层电极和相变材料层。在相变材料层里，可编程区的晶态决定了相变效应忆阻器的阻态。可编程区为非晶态时，相变材料的电阻率高，忆阻器的阻值也就较大；为多晶态时，相变材料的电阻率低，相应的忆阻器阻值也就较小。忆阻器从高阻态（High-resistance State，HRS）转变为低阻态（Low-resistance State，LRS）的过程是"SET"过程；反之，从 LRS 到 HRS 的过程就是"RESET"过程。

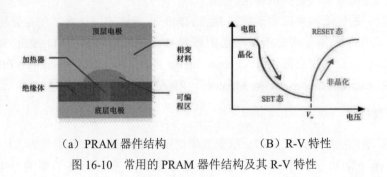

（a）PRAM 器件结构　　　　　（B）R-V 特性

图 16-10　常用的 PRAM 器件结构及其 R-V 特性

在 SET 过程中，在相变效应忆阻器两端施加较小的幅度的电压脉冲，产生的热量使其温度介于熔点和结晶温度之间，然后进行合适时间的退火，对应着较缓的脉冲下降沿，可以引起相变材料结晶，转变为多晶态，此时其阻值较小。而在 RESET 过程中，施加较大幅度的电压脉冲来淬火，其电压脉冲的下降沿较陡，就会导致编程区局部熔化，转化为非晶态，此时其阻值较大。通过电压脉冲来调制可编程区的多晶态和非晶态的相对比例，可以实现相变效应忆阻器的多级阻态。RESET 的多级阻变特性比 SET 差，这是因为在 RESET 的过程中，准确把握淬火的程度相对困难。

（3）阻变效应忆阻器

阻变效应忆阻器有简易的结构——"三明治"结构。如图 16-11 所示，这个结构包含了上下金属电极和中间的阻变绝缘体层，紧凑且简单，并且其工艺可以与 CMOS 兼容。与其他的 CMOS 存储器相比较，阻变效应忆阻器有高速开关的能力，以及低能耗、可 3D 集成扩展等优势。

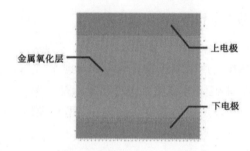

图 16-11　阻变效应忆阻器的"三明治"简易结构

对于阻变效应忆阻器的阻变机制目前还在探究之中，导电细丝的生长和断裂是导致阻值发生变化的关键机制之一。刚制备好的阻变效应忆阻器处于初始阻态，一般是高阻态，没有阻变特性。为了使其可以正常工作，需要在两端施加 1 个比较大的电压脉冲，这个过程称为 Forming 过程。在 Forming 过程中，本征缺陷较少的阻变绝缘层内部因为软介电击穿而形成了导电细丝。金属氧化物中的氧离子在外加电场的作用下，往阳极迁移并被阳极存储起来。

此时，生成的氧空位形成导电细丝，阻变效应忆阻器从高阻态转变到低阻态。SET 过程与此相类似，但由于 Forming 之后阻变效应忆阻器内部缺陷较多，所以需要的电压相对较小。在 RESET 过程中，在其两端施加反向电压，氧原子从阴极迁移出来并与形成导电细丝的阴极附近的氧空位复合，造成导电细丝无法与电极相连接，阻变效应忆阻器从低阻态转变到高阻态。对于非导电细丝类型的阻变效应忆阻器，其阻变是由于缺陷在电场作用下迁移，使得器件界面内肖特基势垒或隧穿势垒发生均匀变化而导致的。

阻变效应忆阻器有单双极性两类阻变模式之分，如图 16-12 所示。对于双极性阻变模式而言，阻变现象是发生在不同极性的电压下的，即 SET / RESET 分别在相反的电压极性下发生。而对于单极性阻变模式，阻变现象与电压极性无关，只与电压幅度相关。

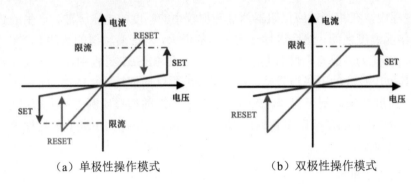

（a）单极性操作模式　　　　　（b）双极性操作模式

图 16-12　RRAM 的 I-V 特性曲线

2. 基于忆阻器的存内计算原理

基于忆阻器实现的存内计算可以分为几个方面：利用二值忆阻器的逻辑运算、利用模拟型忆阻器的模拟计算和其他类型的存内计算。下面主要介绍非挥发布尔运算和模拟计算的原理。

（1）利用二值忆阻器的布尔计算

忆阻器可以通过互连线直接访问和反复编程，这便于实现基于忆阻器的布尔运算。实质蕴涵（Material Implication，IMP）逻辑和逻辑 0 可以构成逻辑完备集，通过级联可以实现全部 16 种逻辑运算，所以如何利用忆阻器实现实质蕴涵逻辑是关键。实质蕴涵逻辑的真值表，如表 16-1 所示。基于忆阻器的布尔运算根据输入、输出类型和操作方式的不同，可以分为 3 类，分别 R-R 逻辑运算、V-R 逻辑运算和 V-V 逻辑运算。

表 16-1　实质蕴涵逻辑的真值表

X_1	X_2	Y
0	0	1
0	1	1
1	0	0
1	1	1

1）R-R 逻辑运算

在 R-R 逻辑运算中，输入和输出都是通过忆阻器的高低阻态来分别表示逻辑 0 和 1，运算过程都是在忆阻器内部完成。如图 16-13 所示，计算时，根据输入将两个忆阻器件 X_1、X_2 写到对应的高低阻态，然后在两端分别施加电压 $V_{set}-\sigma$、$V_{set}-\sigma$（V_{set} 是器件发生 SET 阻变的电压，σ 是相对较小的电压），输出结果直接存储在 X_2 里。根据欧姆定律和基尔霍夫电压电流定律，可以推出其真值表，如表 16-1 所示。当 $X_1 = 0$ 时，X_2 上的压降为 $V_{set}+\sigma > V_{set}$，无论当前 X_2 是哪个阻态，必将发生 SET 阻变，X_2 最终转变为低阻态，即输出 Y = 1；当 $X_1 = 1$ 时，X_1 和 X_2 上的压降为 $2\sigma < V_{set}$，无法发 SET 阻变，X_2 阻态没有发生改变，此时输出 Y = X_2。

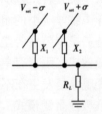

图 16-13　R-R 逻辑运算电路示意图

2）V-R 逻辑运算

在 V-R 逻辑运算中，输入是通过施加在单个忆阻器两端的电压幅值 X_1、X_2 来表示，而逻辑输出 Y 则由高低阻态（分别表示逻辑 0 和 1）来表示。这种逻辑运算要求忆阻器是双极性阻变模式的，施加正负极性的电压会使器件分别转移到高低阻态。如图 16-14 所示，在运算前把忆阻器初始化为低阻态，当 $X_1 = X_2$ 时，器件两端的压降为零，阻态保持低阻态不变，输出 Y=1；当 $X_1 = 1$ 且 $X_2 = 0$ 时，器件两端的压降为正极性，阻态翻转为高阻态，即输出 Y = 0；当 $X_1 = 0$ 且 $X_2 = 1$ 时，器件两端的压降为负极性，因初始态为低阻态，阻态保持不变，即输出 Y = 1。其真值表如表 16-1 所示。

V-R 逻辑运算的默认输出 Y = 1，只有在 $X_1 = 1$ 且 $X_2 = 0$ 时输出才发生改变。由于这样的逻辑功能是完 备的，通过适当的组合若干个 V-R 逻辑运算可以实现 16 种布尔逻辑运算。

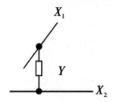

图 16-14　V-R 逻辑运算电路示意图

3）V-V 逻辑运算

在 V-V 逻辑运算中，输入和输出都是通过电压幅值低高来分别表示逻辑 0 和 1。如图 16-15 是 V-V 逻辑运算的电路示意，根据欧姆定律，作用在 G_j 上的输入电压 V_j 产生的电流为：

$$I_j = G_j(V_j - V_{node}) \tag{16-1}$$

其中，V_{node} 为公共节点的电压。在负载电阻 R_L 上产生的压降为：

$$V_{node} = R_L \sum I_j = R_L \sum G_j(V_j - V_{node}) \tag{16-2}$$

从而可以解出公共节点的电压 V_{node}：

$$V_{node} = \frac{\sum G_j V_j}{1/R_L + \sum G_j} \tag{16-3}$$

该式表明公共节点的电压 V_{node} 等同于输入电压 V_j 的权重累加和。一般在公共节点处放置 1 个阈值电压为 V_T 的比较器，其输出为逻辑输出电压 V_{output}。这一结构的逻辑运算与单层感知机相类似，公共节点的电压 V_{node} 和阈值电压比较器分别与神经元输入和非线性激活函数相对应起来，所以其逻辑功能与单层感知机的功能一样，可以实现线性可分的逻辑运算，如与、或、非 3 类逻辑，如图 16-15 所示。与、或、非 3 类逻辑可以构成逻辑完备集，所以这样的电路通过组合也可以实现任意逻辑运算。V-V 逻辑运算可以很容易地实现级联以实现更强大的逻辑功能，但是和 V-R 逻辑运算一样，都需要额外的比较器设计。

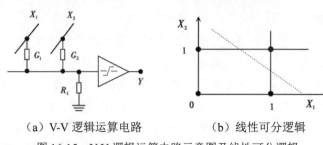

（a）V-V 逻辑运算电路   （b）线性可分逻辑

图 16-15　V-V 逻辑运算电路示意图及线性可分逻辑

（2）利用模拟型忆阻器的模拟计算

除了利用高低阻态来实现布尔运算外，利用具有多级阻态的模拟型忆阻器可以实现在模拟域的乘法–加法运算。如图 16-16 所示，模拟型交叉结构阵列有行列两个正交互连线，互连线的每个结点处夹着 1 个忆阻器件。电压 V_j 是施加在第 j 列的电压值，根据欧姆定律和基尔霍夫定律，可以得到第 i 行的总电流值。

$$I_i = \sum_{j=1}^{N} G_{ij} \cdot V_j \tag{16-3}$$

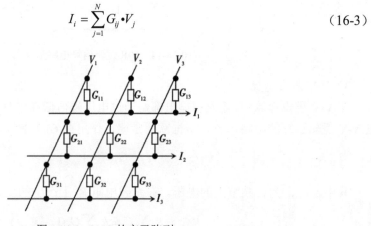

图 16-16　3×3 的交叉阵列

其中 G_{ij} 为位于第 j 列第 i 行的忆阻器件的电导值。总电流值 I_i 是电导矩阵与电压向量的乘积结果，从内存计算角度来说，模拟型交叉阵列完成乘法–加法过程只需要一步，自然地可以实现矩阵向量乘的硬件加速。相比于传统的计算过程，这样的加速阵列更加节时、节能。模拟型交叉阵列可以在稀疏编码、图像压缩、神经网络等任务中担任加速器的角色。

在神经网络中，G_{ij} 代表突触权重的大小，V_j 是前神经元 j 的输出值，I_i 是第 i 个神经元的输入值。如图 16-16 所示，是 3×3 的交叉阵列，列线与行线分别代表神经网络中的输入神经元和输出神经元，忆阻器的电导值为神经元之间相互连接的突触权重值，利用反向传播等学习算法可以通过 SET/RESET 操作来原位更新网络权重。

3. 内存计算的实验研究

在布尔计算方面，忆阻器的出现为物理实现实质蕴涵逻辑提供了很好的机会。在 2010 年，惠普公司提出了一种利用 Pt/Ti/TiO$_2$/Pt 忆阻器的电路，首次物理实现了实质蕴涵逻，如图 16-17 所示。同时这样的电路只需要 3 个忆阻器件就可以实现与非逻辑运算，并且其存储和运算过程都由忆阻器件完成，可以嵌入交叉阵列中以实现逻辑运算。这一工作展示了忆阻器件在存内计算领域的巨大潜力，提供了高效的存内计算的可行方案。

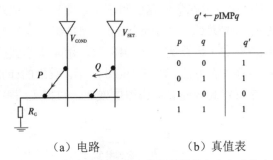

（a）电路　　　　　（b）真值表

图 16-17 首次物理实现实质蕴涵逻辑的电路和真值表

进一步，加州大学圣巴巴拉分校 Strukov 团队研究出了使用 4 个忆阻器件的三维状态实质蕴涵逻辑，同时利用 6 个忆阻器件来重复扩展 IMP，可以在 14 步内实现 1 个全加法器。这种三维结构的忆阻器电路可以很容易解决内存瓶颈的问题。Waser 团队统分析了 16 种布尔逻辑运算，提出了利用 1 个双极性阻变器件和 1 个互补型阻变器件的方法，可以在 3 步操作内实现其中的 14 种运算，剩余的 2 种运算 XNOR 和 XOR 可以使用两个器件来实现，其运算结果均直接存储在器件中，如图 16-18 所示。

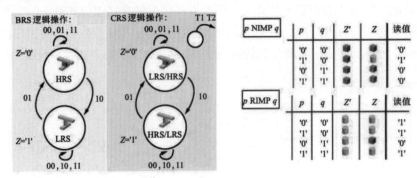

图 16-18 双极性阻变器件和互补型阻变器件分别实现的 BRS 和 CRS 逻辑操作

James 提出了一种 CMOS 和忆阻器混合电路，实现了线性阈值门（Linear Threshold Gate，LTG）逻辑功能。James 等报告了使用忆阻器和阈值逻辑电路实现通用的布尔逻辑运算单元，其面积小且设计简单即可实现类似大脑的逻辑功能，如图 16-19 所示。

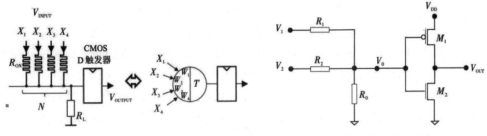

（a）线性阈值门电路　　　　　（b）通用的布尔逻辑运算单元

图 16-19 线性阈值门电路以及通用的布尔逻辑运算单元

在国内，华中科技大学缪向水团队把两个忆阻器极性相反的串联起来，基于这样的三端忆阻器提出了完备的逻辑运算方法。这种逻辑方法只需初始化、计算和读取共 3 步就可以实现 16 种布尔逻辑之一，计算结果存储在忆阻器的阻态中。北京大学康晋锋研究组利用忆阻器件开发并演示了存内计算的硬件处理系统 MemComp，该系统可以学习通用的逻辑运算且重复利用，极大地减小了功耗，提升了运算速度。2018 年，清华大学钱鹤团队提出并在忆阻器阵列上演示了矩阵乘矩阵的内存计算方法，如图 16-20 所示。乘积的计算结果不需要 AD 转换即可存储在忆阻器阵列中，这可以高效地加速如图像处理、数据压缩等应用的计算。

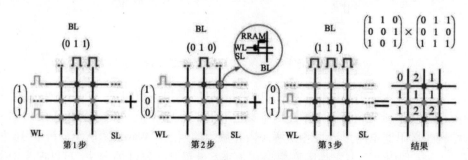

图 16-20　矩阵乘矩阵的存内计算方法示例

在模拟计算方面，Strukov 团队利用忆阻器阵列实现了可以进行图像分类的感知机，并首次在实验上证明忆阻器阵列可以原位训练。权重值直接存储在忆阻器阵列上，在推理时可以充当加速器。由于阵列只有 12×12 的大小，所以感知机仅可以对 3 类字母的黑白图像分类，如图 16-21 所示。这一工作验证了利用忆阻阵列完成感知机的方案，引起了国际的广泛关注。

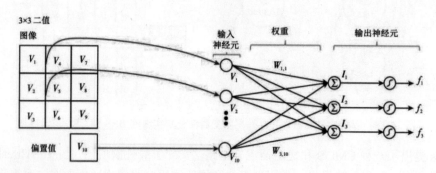

图 16-21　识别的图片及单层感知机

在在线训练忆阻器权重方面，斯坦福大学 Wong 组在 PRAM 阵列上利用 Hebbian 学习规则，可以存储给出的模式，并且实现了与大脑类似的恢复残缺模式的功能。密歇根大学 Lu 研究组利用模拟型忆阻器阵列演示了稀疏编码算法，设计的网络可以有效地进行图像匹配和横向神经元抑制。经过训练之后的网络可以基于较少的神经元找到图像里的关键特征。2018 年，IBM 的 Almaden 研究中心设计了具有高达 204 900 个突触的软硬件混合神经网络。为了抵消器件之间的不一致性，提出了一种把 PRAM 的长期存储、易失性电容器的线性更新和可"极性反转"的权重数据传输相结合的方法。这项工作提供了一条利用硬件加速神经网络的新途径。2018 年，Lin 等在 1k 1T1R 模拟型忆阻器阵列上，首次在线训练了改进的生成式对抗网络，成功生成了手写数字图像，如图 16-22 所示。

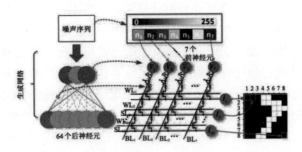

图 16-22　忆阻生成网络示意图

　　在利用忆阻器阵列直接映射来加速计算方面，Waston 工作组把训练好的卷积神经网络映射在忆阻器阵列上，利用提出的并行计算架构来提高整体的能效和数据吞吐量。与 GPU 方案相比，使用忆阻器阵列加速的方法更显优势。亚利桑那州立大学 Yu 研究组提出了在忆阻器阵列上实现卷积神经网络中卷积的功能，把二维的核矩阵转化为了一维列向量并使用 Prewitt 核进行了概念验证。2019 年，Yang 研究组在 Nature Electronics 报道了利用模拟型忆阻器阵列来实现强化学习的工作。报道中提出的模拟数字混合强化学习架构，把矩阵向量乘法的计算分配给了模拟型忆阻器阵列来运算，从而把忆阻器阵列的模拟运算优势和 CMOS 的逻辑运算优势相结合起来，如图 16-23 所示。

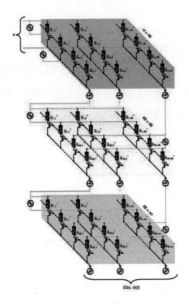

图 16-23　Yang 研究组利用模拟型忆阻器阵列加速矩阵向量乘法

4. 基于忆阻器的存内计算挑战与展望

　　冯·诺依曼架构硬件平台面临内存瓶颈问题，而基于忆阻器的存内计算是这个问题的较好解决方案。但是，目前基于忆阻器的存内计算还没有发展成为可靠成熟的内存瓶颈解决方案，基于忆阻器的存内计算依然存在着挑战。

首先，忆阻器件的一致性是首要问题。无论是布尔计算还是模拟计算，忆阻器件的属性在不同循环、不同器件之间的波动都可以会对计算结果产生不良影响。如不同忆阻器件的 SET 阈值电压的波动就会导致误操作甚至电路功能的崩塌。尤其是精确科学计算，对忆阻器件的一致性要求相对更高。使用校验方法或者冗余设计的方式可以在一定程度上 容忍离散性带来的误差，但会带来额外的能耗和延时，削弱基于忆阻器的存内计算的先天优势。

其次，忆阻器件的稳定性也会对计算精度产生负面影响。如果在准确调制忆阻器件的阻值之后阻值发生漂移，矩阵向量乘积的结果就会不准确。这种阻值漂移现象更多地出现在模拟型 RRA 器件里，这是由于导电通路对旁边单个原子移动敏感所导致的。类似地，PCM 这类问题同样明显。

最后，忆阻器件的集成规模对于存内计算的发展也同样关键。为了满足处理大数据所需的算力，基于忆阻器的存内计算要求大规模高密度，而一味地减小忆阻单元的面积可能会导致一致性的恶化，还会增加互连线电阻对计算精度的影响，这意味着简单的减小单元面积不是最有效的方法。有三维堆叠潜力的忆阻器可以发挥三维集成的优势，来实现高密度、高能效的存内计算。

除了上述 3 点挑战之外，忆阻器还有很多亟待解决的问题和挑战。基于忆阻器的存内计算可以消除现今冯•诺依曼平台存在的内存瓶颈问题。随着越来越多的基于忆阻器的存内计算方案被提出，存内计算的发展也将越来越好。

16.4.3 神经网络控制器

忆阻器是一种新型的非线性两端电路元件，其天然的记忆功能、连续输入输出特性和纳米级尺寸改善了整个电子电路理论和应用。

现代的工业控制系统中，应用最广泛的调节器控制规律为比例、积分、微分控制，即 PID 控制，其主要适用于线性时不变系统。控制器以输出反馈与预设定值之差作为输入，使被控对象输出最终趋向设定值。PID 控制器结构简单、稳定性好、工作可靠，但其参数不易调节，一旦确定，就不能再改变，且不能有效控制复杂系统。

因此，研究者将智能控制方法与 PID 相融合，提出了智能 PID 控制器，其中神经网络 PID，利用其任意非线性映射和网络学习能力，不仅使系统具有较强的鲁棒性，而且也能对复杂时变系统跟踪控制。然而，因其系统复杂，不易大规模集成实现，进一步的发展受到了限制。也有研究者将忆阻器与 PID 结合，但只是从理论上推导了忆阻 PID（M-PID）的相关公式，用正弦和脉冲信号作为输入，简单地研究了控制器的动态输出。本节则在深入研究忆阻器特性、单神经元和神经网络 PID 控制的工作机制基础上，将忆阻器运用于神经网络 PID 控制器，探讨智能 PID 控制器的新方法，提出的忆阻 PID（M-PID）控制器不仅能应用于复杂的时变系统，而且对被控对象数学模型难确定的系统也可以进行有效控制，使其在实际工业控制领域拥有广泛的应用前景。

1. 神经网络 PID 控制器

（1）PID 控制器

PID 控制器结构如图 16-24 所示，其中 $u(t)$ 为 PID 的输出，$e(t)$ 为误差信号，K_p、K_I、K_d

分别为比例、积分、微分系数，K_p 的作用在于加快系统的响应速度，提高系统调节精度，K_p 越大，响应速度越快，调节精度越高，但过大将产生超调，甚至导致系统不稳定。K_I 的作用在于消除系统稳态误差，K_I 越大，静差消除越快，但过大会产生积分饱和而引起较大的超调。K_d 影响系统的动态特性，K_d 越大，越能抑制偏差变化，但过大会延长调节时间，降低抗干扰能力。

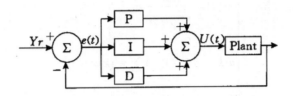

图 16-24　PID 控制器系统原理框图

连续型 PID 控制器的标准输出形式为：

$$u(t) = K_p e(t) + K_I \int e(t)\mathrm{d}t + K_D \frac{\mathrm{d}e(t)}{\mathrm{d}t} \tag{16-4}$$

离散型 PID 控制器的标准输出形式为：

$$u(k) = K_p e(k) + K_I \sum e(k) + K_D[e(k) - e(k-1)] \tag{16-5}$$

式中，$u(k)$ 为第 k 次采样时控制器的输出；k 为采样序号，$k = 0,1,\ldots$；$e(k)$ 为第 k 次采样时的偏差值；$e(k{-}1)$ 为第 $(k{-}1)$ 次采样时的偏差值。为了便于编程，常采用增量式的输出形式：

$$\begin{aligned} \Delta u(k) = &K_P(e(k) - e(k-1)) + K_I e(k) + \\ &K_D(e(k) - 2e(k-1) + e(k-2)) \end{aligned} \tag{16-6}$$

（2）单神经元 PID 控制器

单神经元 PID 控制器，是单神经元与传统 PID 相结合而产生的一种智能控制方法，单神经元具有自适应、自学习、并行处理及较强的容错能力，而且结构简单易于计算，可以在一定程度上解决传统 PID 不易在线实时调整和对复杂慢时变系统不能有效控制的问题。单神经元自适应 PID 控制器如图 16-25 所示。

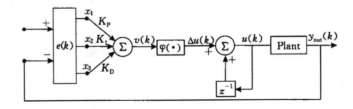

图 16-25　单神经元自适应 PID 控制器结构图

神经元输出为：

$$\begin{cases} u(k) = u(k-1) + \Delta u(k) \\ \Delta u(k) = k(w_1' x_1 + w_2' x_2 + w_3' x_3) \end{cases} \tag{16-7}$$

其中，k 为神经元的比例系数；w_i、x_i、u 分别为权系数、神经元输入和输出，y_{out} 为系统输出。采用 Hebb 学习规则，神经元权值更新表达式为

$$\begin{cases} w_i'(k) = \dfrac{w_i(k)}{\sum\limits_{i=1}^{3} w_i(k)} \\[2mm] u(k) = u(k-1) + k\sum\limits_{i=1}^{3} w_i'(k)x_i(k) \\[2mm] w_1(k+1) = w_1(k) + \eta_p u(k)e(k)x_1(k) \\[2mm] w_2(k+1) = w_2(k) + \eta_I u(k)e(k)x_2(k) \\[2mm] w_3(k+1) = w_3(k) + \eta_D u(k)e(k)x_3(k) \end{cases} \tag{16-8}$$

式中 η_P、η_I、η_D 分别为 3 个权值的学习速率，且系统对权值进行了归一化处理，权值的更新是神经元不断学习的过程，新的权值是旧权值与一个学习变化量的和，当输出与设定值相等时，学习过程结束。

（3）神经网络 PID 控制器

神经元是构成神经网络的基本单位，神经网络是由多个神经元通过突触连接而成。神经网络 PID 控制器利用网络的学习能力和任意非线性映射能力，通过对样本数据对的训练，实现对复杂系统的控制，其结构如图 16-26 所示。神经网络通过不断的学习来改变 K_P、K 和 K_D 这 3 个参数，使整个系统的输出最终达到预期值。

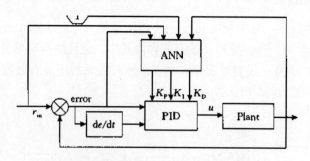

图 16-26　神经网络 PID 控制器结构图

图 16-26 中 ANN 是 BP 神经网络结构，BP 学习算法由正向传播和反向传播组成，在正向传播中，输入信号从输入层经隐含层传向输出层，若输出层得到期望的输出，学习结束；否则，转至反向传播。反向传播算法是将误差信号，按照原链接路反向计算由梯度下降法调整各层神经元的权值和阈值，使误差信号最小。这两步相继反复进行，直到误差满足要求。其结构如图 16-27 所示。

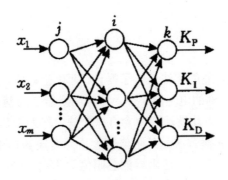

图 16-27 BP 神经网络的结构图

图 16-27 中 X_i 为网络输入，j、i、k 分别为网络的输入层、隐含层、输出层，K_P、K_I、K_D 为系统输出，即 PID 的 3 个控制参数。BP 神经网络 PID 的学习算法已有详细介绍，权值表达式为：

$$w_{ij}(t+1) = w_{ij}(t) + \Delta w_{ij} = w_{ij}(t) - \eta \frac{\partial E(t)}{\partial w_{ij}(t)} \tag{16-9}$$

$$\frac{\partial E(t)}{\partial w_{ij}(t)} = \frac{\partial E(t)}{\partial net_i(t)} \cdot \frac{\partial net_i(t)}{\partial w_{ij}(t)} \tag{16-10}$$

由 BP 算法得出输出层的权值更新表达式：

$$\Delta w_{ik}^{(3)}(k) = \eta \delta k^{(3)} o^{(2)}(k) + \alpha \Delta w_{ik}^{(3)}(k-1) \tag{16-11}$$

式中，η 为学习速率：

$$\delta_k^{(3)} = e(k)\,\mathrm{sgn}\!\left(\frac{y(k)-y(k-1)}{u(k)-u(k-1)}\right) \cdot \frac{\partial u(k)}{\partial o_k^{(3)}(k)}\, g'(net_k^{(3)}(k))$$

$y(k)$ 为系统输出；

$u(k)$ 为 PID 输出。

隐含层权值更新表达式为

$$\Delta w_{ij}^{(2)}(k) = \eta \delta_i^{(2)} o_j^{(1)}(k) + \alpha \Delta w_{ij}^{(2)}(k-1) \tag{16-12}$$

式（16-12）中：

$$\delta_i^{(2)} = f'(net_i^{(2)}(k)) \sum_{l=1}^{3} \delta_k^{(3)} w_{ik}^{(3)}(k)$$

O_j 为输入层输出。

从上述中可以看出：神经网络 PID 权值更新算法虽已成熟，但其算法推理过程较为复杂，而且网络层数愈多，算法就愈复杂，不易用硬件实现。为了克服上述缺点，需将忆阻器引入到神经网络 PID 中，忆阻器作为电子突触，不仅可以简化权值更新算法，而且还有利于整个网络的硬件实现。

2. 忆阻器

忆阻器是一种具有记忆功能的非线性电子器件,其阻值受控于在其两端的电源强度和作用时间,断电后,能保持断电时刻的电阻值不变。惠普忆阻器是由两层二氧化钛薄膜夹在两个铝电极之间组成的,其中一层二氧化钛薄膜中含有氧空缺,称为掺杂层,其阻值较小;另外一层是纯的二氧化钛薄膜,称为非掺杂层,其阻值较大。当有电源作用在忆阻器两端时,其两层间的分界面就会移动,阻值发生变化。忆阻器的总阻值等于两部分阻值的和:

$$R_{mem} = R_{on}\frac{w}{D} + R_{off}\left(1 - \frac{w}{D}\right) \tag{16-13}$$

公式(16-13)中,D 为两层二氧化钛总厚度;w 为掺杂层厚度;R_{on} 和 R_{off} 为别为 $w=D$ 和 $w=0$ 时的极限阻值。令:

$$x = \frac{w}{D} \in (0,1)$$

则有:

$$R_{mem} = R_{on}x + R_{off}(1-x) \tag{16-14}$$

掺杂层厚度的变化率为:

$$\frac{\mathrm{d}w}{\mathrm{d}t} = \frac{\mu_v R_{on}}{D}i(t) \tag{16-15}$$

把式(16-15)对时间/积分代入式(16-13)中可得

$$R_{mem}(q) = R(0) + kq(t) \tag{16-16}$$

其中:

$$k = \frac{(R_{on} - R_{off})\mu_v R_{on}}{D^2}$$

μ_u 为离子移动速率;$R(0)$ 为忆阻器初值。因为,$0 < w < D$,所以:

$$\frac{R_{off} - R(0)}{k} < q(t) < \frac{R_{on} - R(0)}{k}$$

令:

$$c_1 = \frac{R_{off} - R(0)}{k} \quad c_2 = \frac{R_{on} - R(0)}{k}$$

则忆阻器阻值可表示为:

$$R_{mem} = \begin{cases} R_{off}, & q(t) < c_1 \\ R(0) + kq(t), & c_1 \leqslant q(t) < c_2 \\ R_{on}, & q(t) \geqslant c_2 \end{cases} \tag{16-17}$$

即为电荷控制忆阻器模型。

实际的忆阻器是一种纳米器件，当给其施加一个小的电压源，就会产生巨大电场，使离子漂移表现出非线性，在忆阻器的边界附近表现更明显。为了模拟这种非线性离子漂移，需要在式（16-15）右边乘上一个窗函数。窗函数主要有两种：

Joglekar 窗函数：

$$f(x) = 1 - (2x-1)^{2P} \tag{16-18}$$

Biolek 窗函数：

$$f(x) = 1 - (x - \text{sgn}(-i))^{2P} \tag{16-19}$$

其中，P 为正整数，为函数的可控参数；sgn(·)为符号函数。Joglekar 窗函数可以模拟未达到边界时的线性离子漂移，当离子到达边界后则状态不再改变。Biolek 窗函数可以有效地解决边界效应，但是其不满足边界连续性。

给忆阻器施加一个正弦电压，可观察其电压电流与磁通电荷关系曲线如图 16-28 所示，图 16-28（a）是正弦激励作用忆阻器后的电压与电流关系图，是典型的滞回曲线，各项参数为 $R(0) = 7204\Omega$，$R_{on} = 40\Omega$，$R_{off} = 8000\Omega$，$u = 1.2\sin(2\pi t)$，$D = 10$ nm，$\mu_u = 10^{-14} \text{m}^2\text{S}^{-1}\text{V}^{-1}$，窗函数为 $f(x) = 1 - (2z-1)^{2p}$，$P = 10$，图 16-28（b）为磁通与电量关系曲线，磁通量增加，电荷量增加，反之则降低。

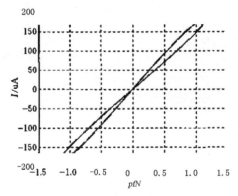 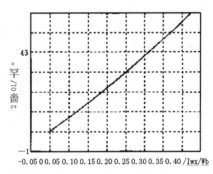

（a）忆阻器的电压电流关系图　　　（b）忆阻器电荷（charge）与磁通（/Z 心）关系图

图 16-28　忆阻器的特性曲线

3. 忆阻神经网络 PID 控制器

（1）忆阻器神经突触

忆阻器的阻值随着磁通或电荷的变化而变化，其纳米尺寸、信息存储能力和掉电后信息的非易失性非常适合作为神经网络中的电子突触，实现忆阻神经网络。已知神经网络权值更新公式为：

$$w_{ij}(t+1) = w_{ij}(t) + \eta \Delta p_{ij} \tag{16-20}$$

其中，$\eta\Delta p_{ij}$ 为每一次学习后权值的变化量。

而电荷控制忆阻器的阻值表达式为：

$$R_{mem} = R(0) + kq(t), c_1 \leqslant q(t) < c_2 \qquad (16\text{-}21)$$

离散化后：

$$R_{mem}(t+1) = R(t) + kq(\Delta t), c_1 \leqslant q(t) < c_2 \qquad (16\text{-}21)$$

给忆阻器一个大小为 u，时间为 Δt 的激励脉冲，则通过器件的电荷量为：

$$q(\Delta t) = \frac{\upsilon \Delta t}{R_{mem}(t)} \qquad (16\text{-}22)$$

由式（16-20）和式（16-21）可得

$$\Delta R_{mem}(t) = k\frac{\upsilon \Delta t}{R_{mem}(t)} \qquad (16\text{-}23)$$

$$R_{mem}(t+1) = R_{mem}(t) + \Delta R_{mem}(t) \qquad (16\text{-}24)$$

将忆阻器作为电子突触，x 表示忆阻器突触权值，Δp_{ij} 为为施加在忆阻器两端的电压源（或电流源），则忆阻器阻值发生变化，x 也将改变，网络通过不断的学习，使 x 最终达到所需值，整个学习过程结束，忆阻器记录每一次权值的变化量。由式（16-14）可得：

$$x(t) = \frac{R_{off} - R_{mem}(t)}{R_{off} - R_{on}} \qquad (16\text{-}25)$$

由式（16-21）和式（16-22）可得忆阻单神经元权值更新公式：

$$x(t+1) = x(t) + \frac{k\upsilon \Delta t}{(R_{off} - x(t)(R_{off} - R_{on}))(R_{on} - R_{off})} \qquad (16\text{-}26)$$

（2）忆阻单神经元 PID 控制器

忆阻单神经元 PID 结构如图 16-29 所示。

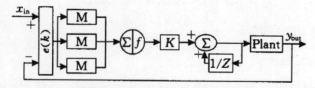

图 16-29　忆阻单神经元 PID 控制器

图 16-29 中 M 为忆阻器突触，输入值与忆阻权值相乘，经神经元求和与激活函数处理后，作用被控对象。被控对象输出再反馈给输入，使忆阻权值改变，通过忆阻权值的不断调整，使系统输出最终达到预设定值。同时，也建立了上述系统的 Simulink 模型，该模型主要包括：

输入信号源、延时模块、忆阻单神经元 PID 模块和被控对象模块等。由于 Simulink 库中没有忆阻单神经元 PID 的在线学习模型，这里用 Simulink 中的 S 函数模块进行了构造，其系统模型如图 16-30 所示。

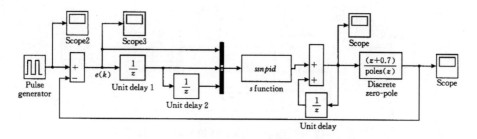

图 16-30　忆阻神经网络 PID 的 Simulink 模型

图 16-30 中最左端的是输入信号源，与输出反馈信号比较相减后，将误差信号($e(k)$)，误差的一阶导数($e(k-1)$)，误差的二阶导数($e(k-2)$)输入给忆阻单神经元 PID 控制器（S-Function），控制器输出直接作用被控对象（plant），使整个系统最终达到稳定状态。

（3）忆阻神经网络 PID 控制器

忆阻神经网络是由多个神经元通过忆阻突触相互连接构成的，其权值变化公式为：

$$x_{ij}(t+1) = x_{ij}(t) \frac{k\upsilon\Delta t}{(R_{off} - x(t)(R_{off} - R_{on}))(R_{on} - R_{off})} \tag{16-27}$$

这里选用的忆阻神经网络是一个四输入、三输出的网络，其中，隐含层含有 5 个神经元，输入量分别为误差、实际输出、理想输出和一个激励为 1 的电压源，输出值为 PID 的 3 个参数 K_P、K_I、K_D，其结构图如图 16-31 所示。

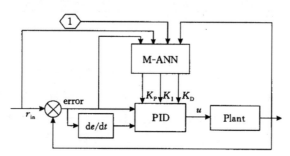

图 16-31　忆阻神经元 PID 控制器结构图

图 16-31 中主要包括经典的 PID 控制回路和忆阻神经网络的在线调节系统两部分，上半部分为忆阻神经网络的在线调整部分，网络通过调整后，将合适的 K_P、K_j、K_D 这 3 个参数传送给 PID 控制器。下半部分为经典 PID 控制回路，由误差和误差的导数作为输入，控制器输出直接作用被控对象，使被控对象输出达到预设定值。

忆阻神经网络 PID 的 Simulink 模型主要包括：输入模块、控制模块、被控对象模块等部分，输入信号为阶跃函数，其中控制对象的传递函数为：

$$H(s) = \frac{2}{720s^2 + 720s + 1}$$

具体的模型如图 16-32 所示。

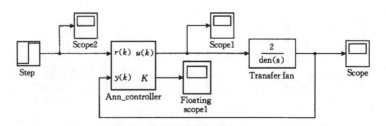

图 16-32　忆阻神经网络 PID 的 Simulink 模型

图 16-32 中左端为输入信号，Ann_controller 是一个控制模型的封装，由一个 MATLAB Fen 组成的子系统构成控制模型的 $r(k)$ 接输入信号，$y(k)$ 接输出反馈信号，$u(k)$ 为输出信号，K 为忆阻神经网络 PID 控制器的 K_P、K_I、K_D 输出，$u(k)$ 输出直接作用被控对象。忆阻神经网络 PID 控制器封装于 Ann_controller 模型中，Ann_controller 控制器的子系统如图 16-33 所示。

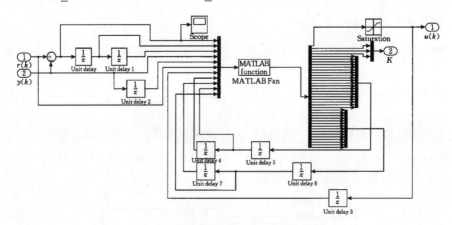

图 16-33　控制模块的器子系统结构图

图 16-33 中左端口 1($r(k)$) 与左端口 2($y(k)$) 为系统输入，相减后将误差信号和误差的导数信号输入给控制器，右端口 1($u(k)$) 与右端口 2(k) 为系统输出，延时模块 5 和 6 分别将神经网络的各个权值反馈给控制模块 MATLAB Fen。MATLAB Fen 是 Simulink 中的模块，可以根据用户的要求来构建 Simulink 模块，本次仿真中，其描述了忆阻神经网络 PID 控制器的功能，构建了其在线学习的 Simulink 模型。

4. 计算机仿真

（1）MATLAB 仿真

对忆阻单神经元使用 Hebb 学习算法进行仿真实验.其中控制信号为 $x_{in} = 0.5\sin(4\pi t)$，神经元的比例系数 $k = 0.12$，初始权值 $WK_P = 0.1$，$WK_I = 0.1$，$WK_D = 0.1$，系统的抽样时间间隔 $ts = 0.001s$，激励作用时间 $i = 0.2s$，被控对象的模型：$y(k) = 0.368y(k-1) + 0.264y(k-2) + u(k-1) +$

$0.632u(k-2)$。忆阻器的初始参数分别为 $R(0) = 7204\Omega$，$R_{on} = 40\Omega$，$R_{off} = 8000\Omega$，$D = 10\text{nm}$，$\mu_u = 10^{-14}\text{m}^2\text{s}^{-1}\text{V}^{-1}$，仿真结果如图 16-34 与图 16-35 所示。

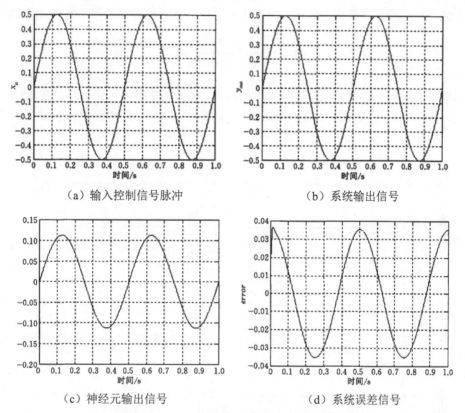

（a）输入控制信号脉冲　　　　　　　　（b）系统输出信号

（c）神经元输出信号　　　　　　　　（d）系统误差信号

图 16-34　忆阻单神经元 PID 仿真结果

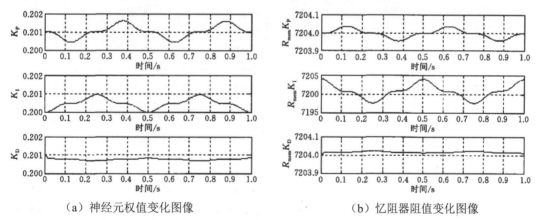

（a）神经元权值变化图像　　　　　　　　（b）忆阻器阻值变化图像

图 16-35　忆阻权值与阻值仿真结果

图 16-34 中，（a）与（b）两图显示了控制信号与输出信号的变化，两信号基本一致，显示了控制器良好的控制效果。（c）与（d）两图给出了神经元输出和误差的变化，误差变化始终保持在一个较小的范围内，说明了仿真结果的准确性。图 16-35 中，（a）图给出了突触权值变化曲线，3 个子图分别对应 K_p、K_I、K_d 3 个参数的变化，（b）图给出了忆阻器阻值的变化曲

线，3 个子图分别为 K_p、K_I、K_d 所对应忆阻器的阻值变化。所有仿真结果验证了忆阻单神经元 PID 控制方案的有效性。

对于忆阻神经网络，采用 BP 算法对系统进行仿真。被控对象的模型的传递函数为：

$$G(s) = \frac{5.07}{784s^2 + 56s + 1} e^{-10s}$$

控制信号为 $rink = 1$，系统的抽样时间间隔 $t_s = 10s$，惯性系数 $a = 0.05$，学习速率 $\eta = 0.5$，各个神经元之间的连接权值是在 $(-1,1)$ 之间的随机数。忆阻器的初始状态为 $R(0) = 7204\Omega$，$R_{on} = 40\Omega$，$R_{off} = 8000\Omega$，$D = 10nm$，$\mu_u = 10^{-14}m^2s^{-1}V^{-1}$，激励作用时间为 0.2s，仿真结果如图 16-36 所示。

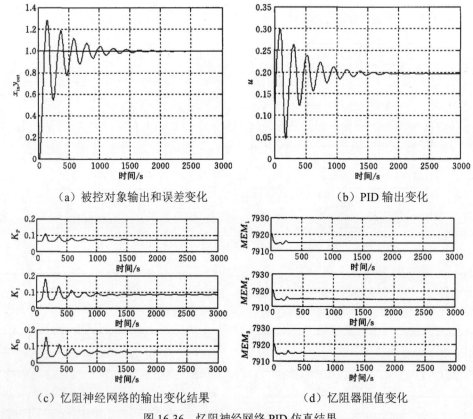

（a）被控对象输出和误差变化　　（b）PID 输出变化

（c）忆阻神经网络的输出变化结果　　（d）忆阻器阻值变化

图 16-36　忆阻神经网络 PID 仿真结果

图 16-36 中，（a）图给出了忆阻神经网络 PID 对被控对象的有效控制图，大约第 2000s 时，系统输出与理想输出相等，达到了调控效果，误差的变化成减幅振荡逐渐趋向于零，使整个系统最终达到稳定状态。（b）图中 PID 输出最终趋向于稳定值，在时间上和误差变化同步，显示了整个系统控制的精确性和稳定性。（c）图给出了忆阻神经网络的输出变化，显示了网络的自适应学习能力，使整个系统有较强的自适应性和鲁棒性。（d）图给出了隐含层的第一个神经元与输出层之间的忆阻器的阻值的变化，忆阻器作为电子突触成功地记录了每一次权值的变化，验证了此方案的正确性。

（2）Simulink 仿真

忆阻单神经元 Simulink 模型与 MATLAB 仿真的各参数相同，其仿真结果如图 16-37 所示。

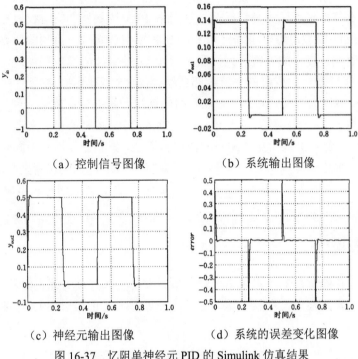

（a）控制信号图像　　　　　（b）系统输出图像

（c）神经元输出图像　　　　（d）系统的误差变化图像

图 16-37　忆阻单神经元 PID 的 Simulink 仿真结果

仿真结果表明：系统误差主要出现在信号变化时刻，与系统本身特性有关。两次仿真结果显示了忆阻单神经元 PID 控制的正确性，系统的输出和控制信号基本一致，达到了调控的预期效果。

忆阻神经网络 PID 的 Simulink 模型仿真结果，如图 16-38 所示。

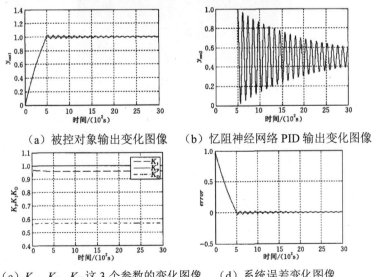

（a）被控对象输出变化图像　　（b）忆阻神经网络 PID 输出变化图像

（c）K_p、K_I、K_D 这 3 个参数的变化图像　　（d）系统误差变化图像

图 16-38　忆阻神经网络 PID 的 Simulink 仿真结果

图 16-38 中显示被控对象的输出在控制信号的上下波动，波动幅度逐渐减小，最终趋向稳定，说明忆阻神经网络 PID 良好的控制效果和能力，忆阻神经网络输出的不断变化显示了其在线学习的功能，对被控对象数学模型未知的系统也可以进行有效的控制。

综上所述：本节推导了忆阻神经元及神经网络 PID 控制器的突触权值更新算法，构建了控制系统的 Simulink 模型，进行了编程和 Simulink 模型仿真。一系列的仿真结果，验证了方案的有效性和正确性。提出的方案可为忆阻智能 PID 控制器的实现提供理论和实验依据，在权值的更新上，直接把每一次权值的更新值都自动存储在忆阻器中。在硬件的实现方面，纳米忆阻器作为突触，可以大大简化电路，增加网络的连接数量并提高其连接密度。具有忆阻器突触的神经网络更易于 VLSI 实现，基于该神经网络的 PID 控制器可实现该类控制由理论到实际的重大转换。忆阻器的引入简化了网络权值更新算法，但其非线性并不影响整个控制系统的其他性能。同时，掉电后非易失性可使网络的能耗大大减小，为实现新型智能 PID 控制器奠定了良好的基础。此外，忆阻神经网络可用于智能信息处理,物联网等诸多领域。

16.4.4　类脑芯片

现阶段计算与存储分离的"冯·诺依曼"体系在功耗和速率方面已经不能满足人工智能、物联网等新技术的发展需求，存算一体化的类脑计算方案（见图 16-39）可解决这一问题，迅速成为研究热点。

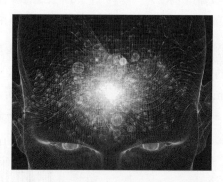

图 16-39　存算一体化的类脑示意图

人脑中有约 1011 个神经元和约 1015 个突触连接，突触结构是神经元间发生信息传递的关键部位，是人脑认知行为的基本单元，因此研制类突触器件对于神经形态工程而言具有重要意义。近年来，类脑神经形态器件正在成为人工智能和神经形态领域的一个重要分支，将为今后人工智能的发展注入新的活力。人脑能够以超低功耗处理大量信息，这得益于人脑中神经突触的可塑性，若能利用纳米尺寸的人造器件来模拟生物突触，人造神经网络乃至人造大脑都将会实现。

纳米尺寸忆阻器电阻可通过电场连续调节并保持,被认为是最有希望模拟生物突触的信息电子器件。高性能的忆阻器需要基于特殊设计的纳米忆阻材料，控制电子或者离子来改变忆阻材料的电阻。目前通过控制离子实现忆阻功能发展迅速，主要通过控制氧离子或者金属离子在忆阻材料基体中形成导电丝，实现电阻的连续调节。

开发 CMOS 兼容的忆阻材料，利用标准 CMOS 工艺加工忆阻器件是国际发展的大趋势，这是获得低成本类脑芯片的必经之路。目前以下几个研究内容需要重点关注：研制连续可调多值忆阻器，构建人工神经网络；研制量子忆阻器，构建多值非易失存储器，提高忆阻器的稳定性；量化不同忆阻材料体系不同缺陷形成能和迁移能，以及量化忆阻器件导电通道可控性和稳定性；开发基于碳水化合物材料忆阻器件，充分融合人工神经网络与生物神经网络。

下面，谈谈国内外研究现状。

1. 忆阻器材料

忆阻器最常见的结构为金属/绝缘体/金属的堆垛结构，包括两层电极材料和一层功能忆阻材料。器件的阻变特性与功能层材料和电极材料密切相关。忆阻器材料可分为以下几种。

（1）二元金属氧化物

这种材料主要是过渡金属氧化物，还有一些镧系金属氧化物以及 IV、V、VI 主族金属氧化物。在诸多氧化物中，TiO_x、HfO_x、AlO_x、TaO_x 和 ZrO_x 等材料受到广泛关注。此外由于与传统 CMOS 工艺兼容，CuO_x 与 WO_x 材料也有很多报道。目前最出色的忆阻器材料仍然是二元金属氧化物材料，并且最接近工业生产指标。

（2）钙钛矿类材料

自 2000 年在 $Pr_{0.7}Ca_{0.3}MnO_3$（PCMO）薄膜器件中发现电脉冲触发可逆电阻转变效应（EPIR 效应），越来越多的钙钛矿类电阻转变材料被研究，如 $SrTiO_3$、$Na_{0.5}Bi_{0.5}TiO_3$ 等。钙钛矿型氧化物具有非易失、高速和低功耗等良好性能。近来，卤化物钙钛矿材料在光伏领域的卓越表现使其成为"明星材料"，基于卤化物钙钛矿材料的低功耗高性能忆阻器不断涌现。然而卤化物钙钛矿与传统 CMOS 工艺不兼容，导致该类材料在阻变存储领域较难推广。该课题组在对 $CsPbBr_3$ 钙钛矿器件研究的过程中突破了这一难点，利用工业级的保护材料聚对二甲苯（Parylene）作为牺牲层，在涂有钙钛矿材料的样品表面生长这种材料并对其进行光刻，这样既可以在钙钛矿材料表面制作图形化的顶电极。

（3）固态电解质材料

固态电解质材料因其晶体中的缺陷或其他结构为离子快速的迁移提供通道，因此又被称为快离子导体。这类忆阻器的器件单元通常包括一个电化学活性电极（如 Ag、Cu、Ni 等），固态点机制为中间功能层，和一个惰性电极（如 Pt、Au、W 等）。

（4）硫系化合物半导体材料

硫系化合物半导体材料也是一种重要的忆阻材料，常见的二元硫系化合物有 Ag_2S、GeSe 等、也包括多元硫系化合物 $Ge_2Sb_2Te_5$、AgInSbT 等。硫系化合物根据其材料成分、掺杂元素、电极材料等的不同，导致其阻变行为及内部的阻变机理不同，这引起了广泛关注。同时，很多硫系化合物作为相变材料，分别在晶态和非晶态展现出良好的忆阻特性，这为多值存储提供了可能性，成为这类材料的一个潜在的应用优势。

（5）有机材料

有机材料由于其柔性、透明等特点，在制备可穿戴电子器件中拥有天然优势。有机材料类的忆阻器在近几年发展迅速，可分为工业聚合物材料（如 PEDOT:PSS、聚苯乙烯、聚对二甲苯等）和天然生物材料（如鸡蛋蛋白、蚕丝蛋白等）。由于有机材料在可穿戴器件中拥有广泛优势，为了能够制作出良好的电子器件，研究人员还需要进一步提高改材料的器件擦写速度、数据保存时间、开关比和器件功耗等方面的参数，并且还需继续探索和阐述其阻变机理、提高其稳定性。

2. 类突触器件与芯片

原则上，具有记忆功能的器件都可称为类突触器件。具体地，若材料的光、电、力、热等性能在外界刺激下产生不易失变化，基于此种材料制作的器件都可称为类突触器件，类突触器件可构建类脑芯片。光学器件和电学器件是应用最为广泛的器件，本小节介绍两种被广泛研究的类突触器件，分别为忆阻器和光子类突触器件，以及类脑芯片。

（1）忆阻器件与类脑芯片

忆阻器件是一种新兴微电子器件，它的电导状态受外界施加电场的影响，可以在两个或者多个状态间切换，具有非易失性、与现有 CMOS 工艺兼容、可微缩性好、集成密度高、速度快、能耗低等诸多优点，是一种非常具有发展潜力的基础器件。2008 年美国惠普（HP）实验室在 TiO_2 器件中物理验证了这种由加州大学伯克利分校蔡少棠教授理论提出的忆阻器概念。密歇根大学 Lu 团队于 2010 年在忆阻器中实现了突触可塑性仿脑功能，掀起了类突触器件及计算研究的高潮。Yang 团队研制出扩散型忆阻器，构建了全忆阻硬件神经网络，探索了忆阻神经网络在完成图像识别、图像压缩和步态识别等任务中的应用；Waser 团队深入研究了忆阻器中的电化学机制和导电通道演化过程，提出了忆阻器时序布尔逻辑的实现方法；Strukov 团队则硬件构建了忆阻多层感知器网络，探索了网络离线学习和在线学习的能力和性能表现。清华大学研制上千忆阻器集成阵列并用于人脸识别，可发展成为人工智能硬件系统中图像信息识别模块。华中科技大学课题组基于钙钛矿材料的二阶忆阻器实现了生物突触中的三相 STDP 规则，可以用于更加复杂的模式识别和轨迹追踪。南京大学课题组基于离子导电介质实现类树突多端器件。中国科学院微电子研究所实现了三维集成的 RRAM 集成阵列，有望实现三维类脑芯片。南京大学的高温高稳定性二维材料忆阻器，有望实现柔性高可靠类脑芯片。

目前，国际上忆阻器件的应用方向主要有两个，一个是存储类应用，比如嵌入式存储；另一个是计算类应用，比如类脑计算。在类脑计算方面，目前报道的应用演示中，最大规模的忆阻器件阵列是 8kb，还远远不能满足实际应用的需要。如何进一步扩大忆阻器件的集成规模是基于忆阻器件的类脑计算能够真正走向应用的迫切需求，要解决这个问题需要在忆阻器材料、器件和集成技术上取得突破。经过近 10 年的研究，目前的主流忆阻器材料体系是 HfO_2 和 Ta_2O_5 这两类材料，这是因为它们具有良好的 CMOS 工艺兼容性，且报道的基于这两种材料的器件性能优良。除此之外，钙钛矿类材料，如 $SrTiO_3$，虽然含有较多元素，且难以与 CMOS 工艺兼容，但其缺陷化学理论较为完善，经常被用来作为研究忆阻器件物理机制的模型材料。硫属化合物材，如 $Ge_2Sb_2Te_5$ 和 $AgInSbTe$，是常见的相变材料，在相变存储器中有较广地应用。综上所述，未来忆阻器件的发展将重点围绕应用需求展开，在这个前提下，主要从器件、电路、架构和算法 4 个层面逐步推进，通过它们之间的协同研究和发展解决目前忆阻器件存在的问题。

忆阻器因能够完全模拟生物突触行为，有望模拟重建生物神经网络并实现神经形态类脑计算，在类脑计算及其硬件化领域引起广泛关注。现阶段国际上的研究者对忆阻材料的研究主要集中在利用忆阻器替代神经网络模型中的权重参数，实现神经网络硬件化。目前利用忆阻器模拟生物突触并完全类似生物大脑皮层工作还未实现，这主要是由于目前研究者还未掌握生物大脑皮层学习和识别的具体算法。研究生物大脑运行算法，并构建响应的神经网络模型，最终利用忆阻器将神经网络模型硬件化，将成为未来类人智能的一个重要研究方向。

（2）光子类突触器件与芯片

由于受冯·诺依曼计算架构的限制，在计算机中计算和存储不能同时进行，这种架构严重制约计算机的计算效率和能耗。人脑消耗 20W 的功率能够处理 1020MAC/s 的数据量，计算效率约比当今超级计算机高 9 个数量级。受大脑高效计算和低能耗的启发，人们开始转向对人脑的研究。人的大脑中大约含有 1011 个生物神经元，它们通过 1015 个联接联成一个系统。一方面，由于神经元间通过突触相互连接，信息在突触间进行转换、加权处理和传递，而突触又是神经元最重要、数量最多的组成部分。同时光学又因为其高速、低能耗、低串扰、可扩展性和高互连带宽等优点，逐渐被研究者所利用。因此利用光电子器件作为类突触器件去模拟生物突触非常必要。另一方面，光电子器件和神经元遵从的动力学具有数学同构性，基于这种同构性，光电子器件能够模拟神经元行为并实现类脑计算，进而构建光学类脑芯片。

目前许多电子器件已被用来实现突触功能，例如基于电诱发的阻变器件，金属–绝缘体–金属结构以及基于纳米材料的场效应晶体管结构等。光学突触方面，基于微型光纤和碳纳米管实现了光学突触和光电突触，其具有大带宽和无电互连损耗的优点，但同时面临着难于集成和速度等限制。基于波导结合相变材料的结构实现光学突触成为了一种趋势。利用相变材料结合氮化硅波导实现的片上光学突触，这种架构能够实现光诱发权重变化和突触权重的可塑性。

3. 研究进展

（1）忆阻器材料

忆阻器具有简单的三明治结构，两层电极加一层忆阻功能层，因此忆阻材料包括电极材料和忆阻功能材料。本课研究组在电极材料方向发展了低温生长石墨烯技术，旨在开发 CMOS 兼容的石墨烯材料用于忆阻器电极；在功能层材料方向开展了 WTiOx 薄膜材料的生长技术，目标是实现高温定性忆阻器功能层。下面分别介绍低温生长石墨烯技术和 WTiOx 薄膜生长技术。

1）低温石墨烯生长技术

石墨烯作为第一种被发现的二维材料，其独特的电学、光学和机械性能吸引了广泛的研究热潮。石墨烯的制备方法多种多样，包括机械剥离，氧化还原,碳化硅延和化学气相沉积（CVD）。其中，以金属薄膜（铜、镍）为催化剂通过 CVD 法在金属表面制备石墨烯是目前最为常用的石墨烯生长方法之一。该方法具有石墨烯质量高、产量大的优点。但是，金属衬底生长的石墨烯无法直接制备电子器件，需要通过转移工艺将石墨烯从金属衬底表面转移其他目标衬底（半导体或绝缘体衬底）。转移工艺带来的复杂和不确定性是限制石墨烯发展的瓶颈之一。因此，石墨烯直接生长的研究应运而生，成为目前石墨烯生长的研究热门领域之一。石墨烯直接生长指的是在目标衬底表面生长得到石墨烯薄膜，无需转移。石墨烯的直接生长又可以简单分为3类：无金属催化直接生长，等离子体增强直接生长，以及金属催化辅助的直接生长。目前，直接生长工艺发展迅速，一些报道中石墨烯的质量已经可以比拟金属衬底 CVD 催化的石墨烯质量。但是，直接生长还存在一个问题是生长温度过高，目前报道的直接生长的石墨烯温度普遍在 1000℃以上，绝大多数衬底都难以承受如此高的生长温度。于是，降低石墨烯的生长温度迫在眉睫。目前低温直接生长石墨烯主要有以下途径：选用易裂解碳源，如含有苯环的有机物碳源。甲烷是高温生长石墨烯最常用的碳源，但是在低温下，甲烷难以完全裂解，导致石墨烯质量明显下降。选用一些有机物碳源，更易裂解，因而能够提高低温下生长石墨烯的质量。另外有研究人员利用独特的液态金属来实现低温石墨烯生长，如液态镓、液态锡。这种液态金属催化不仅能够实现碳源的低温裂解，同时液态金属表面没有晶界，更加平整，也有利于提高石墨烯质量。此外，还有通过钛催化实现接近常温的石墨烯生长。等离子体增强技术也被用来实现石墨烯的低温生长，由于加了离子体，能够实现甲烷的低温裂解，从而在低温下实现石墨烯的生长，该方法是最适合大批量的石墨烯低温生长的技术之一。课题组通过等离子体增强技术在 600℃实现石墨烯在铜镍合金表面的低温生长，同时，结合我们此前发表的原位腐蚀工艺，能够实现在绝缘衬底表面免转移得到图形化的石墨烯薄膜。等离子体增强技术目前仍存在一些问题。由于温度降低，同时等离子体反应比较剧烈，因此得到的石墨烯的质量普遍较差，另外石墨烯的层数难以控制。我们发现要提高石墨烯的质量和均匀性主要有以下两点：首先，要选用有更高催化性的金属；其次，要提高低温下碳原子在金属表面的扩散速度。

如图 16-40 所示，选用铜镍合金薄膜作为催化剂，通过磁控溅射沉积不同厚度的铜和镍薄膜，退火后得到不同组分的铜镍合金薄膜。

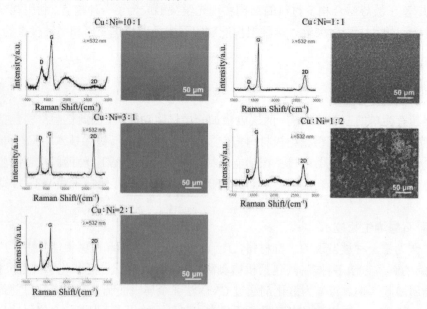

图 16-40　磁控溅射沉积不同厚度的铜和镍薄膜曲线图

可以看到，随着铜镍合金中镍组分的升高，石墨烯的拉曼光谱的 D 峰逐渐降低，D 峰代表石墨烯的谷间缺陷引起的共振散射，D 峰越高，表示石墨烯不同镍铜比下，铜镍合金生长石墨烯在 300nm 二氧化硅衬底表面的拉曼光谱与对应的光学显微镜图片，镍比铜有着更好的催化性，因此，随着镍组分的升高，石墨烯的缺陷逐渐减少，质量逐渐升高。同时，我们也发现随着镍组分的升高，石墨烯的颜色变得更深且更加不均匀。不同层数的石墨烯在 300nm 二氧化硅上会显现出不同的对比度，因此，颜色变深代表石墨烯的层数逐渐增多，颜色不均匀代表石墨烯的层数分布的不均匀。我们发现造成这种现象的原因主要是碳原子在铜表面的扩散速度高，而在镍表面的扩散速度低。对于镍组分低的样品，碳原子的表面扩散速度快，因而可以在极短的时间内就生长成连续的石墨烯薄膜，当石墨烯长满金属表面后，金属被石墨烯包裹，隔绝了与甲烷的接触，金属的催化作用消失，生长速度被极大地放缓。虽然等离子体的存在使甲烷仍在不断裂解，但是失去了金属的催化作用，石墨烯的生长速度变得极为缓慢。对于镍组分高的样品，碳原子在其表面扩散速度慢，因而碳原子会在石墨烯的成核点处堆积。相比于镍组分低的样品，石墨烯长满需要更长的时间，在这个过程中，金属的催化作用一直存在，同时由于镍组分的提高，合金的催化性也会提高，因此石墨烯的生长速度会更快，更长的催化时间和更快的生长速度，导致石墨烯的厚度很厚，且不均匀。举一个形象的比喻来说，就是把一杯水倒在一个平面上，水会在平面上很快地流动形成一层均匀的水膜，但是当把一杯沙子倒在平面上的时候，沙子则会在平面上堆积，如图 16-41 所示，碳原子在铜表面的扩散就相当于"把水倒在平面上"，而碳原子在镍表面的扩散就相当于"把沙子倒在平面上"。

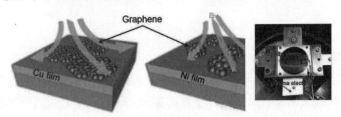

图 16-41　碳原子在铜表面和镍表面的扩散机理示意图

因而，如果要提高石墨烯的质量需要选用高催化性金属，针对铜镍合金来说，需要提高铜镍合金中的镍组分。若要提高石墨烯的均匀性，需要选用碳原子在其表面扩散速度快的金属，针对铜镍合金来说，需要减小铜镍合金中的镍组分。因此两者是矛盾的，在实验中发现，选用镍比铜 1:2 的组分会得到一个相对较好的结果。

此外，等离子体增强技术本身也对石墨烯的质量影响巨大。如图 16-42（a）所示，有等离子体和没有等离子体的生长结果中，石墨烯的 D 峰相差巨大。这是因为没有等离子体辅助，甲烷也能裂解，但是不能完全裂解，会产生 CH_3、CH_2 这样的中间产物，导致石墨烯质量降低。通过对等离子体生长功率的优化，能够一定程度地提高石墨烯质量。如图 16-42（b）所示，在不同等离子体功率下，50W 生长出的石墨烯的 D 峰最小，质量最高。需要说明的是，50W 的功率并不是一个绝对的条件。如图 16-42（b）和（c）是生长腔室和生长过程中的图像，等离子体电极在加热器下方。通过调节等离子体电极与加热器的距离，可以调节生长时在样品表面周围的等离子体强度。因此，50W 的功率只对应于当前等离子体电极和加热器距离下的最佳功率。

在本节中，只列举的铜镍合金低温下催化生长的石墨烯时，铜和镍组分选取的理由，既要兼顾催化性，又要兼顾碳原子的表面扩散速度。金属种类多种多样，通过对各种金属的研究，或许能找到比铜镍合金更好的合金选择。

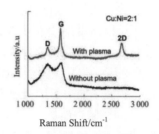 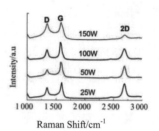

（a）600℃下有等离子体和没有等离子体参与生长
得到的石墨烯的拉曼光谱
（b）不同等离子体功率生长得到的石墨烯的控受光谱

 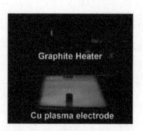

（c）生长腔室图　（d）石墨烯生长时的图像

图 16-42　等离子体辅助石墨烯生长

2）WTiOx 薄膜生长技术

WTiOx 作为忆阻器开关层，可以通过 WTi 靶材经过在不同氩氧比例的气体氛围下反应溅射制备薄膜，磁控溅射反应设备及反应腔室内部如图 16-43 所示。我们所制作的钨基忆阻器的功能层材料是在功率 300W、时间 220s、Ar 通量 20sccm 的条件下通入不同浓度的氧气，实验发现通入的氧气越多，薄膜厚度越薄，如图 16-44 所示。之后通过控制时间的长短，可以控制不同氧气通量下的薄膜厚度。制作出的 WTiOx 薄膜在纯 N_2 氛围下退火 30min，提高薄膜结晶度。

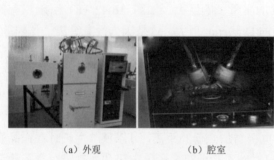 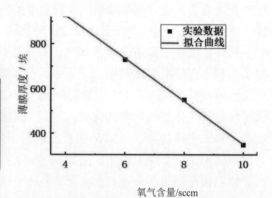

（a）外观　（b）腔室
图 16-43　反应离子溅射设备
图 16-44　WTiOx 薄膜生长速度与通氧气含量关系

（2）忆阻器

1）WTiO$_x$忆阻器

基于钨氧化物的忆阻器显示出许多优势，包括逐渐改变电阻状态和记忆和学习功能。然而，较多先前的报告侧重于研究突触学习规则，而不是专注于分析导致外部学习规则的内部机制。在此，讨论堆叠的 Au/WTiO$_x$/Au 和 Ti/WTiO$_x$/Au 器件，其中通过外部诱导的氧离子的局部迁移实现电阻开关的功能。结果表明，Au/WTiO$_x$/Au 器件的连续可调多级电阻是由于高氧空位浓度下势垒宽度和高度的变化；而 Ti/WTiO$_x$/Au 器件由于导电丝在低浓度氧空位中的连接和断裂而表现出器件的高和低电阻状态。通过控制离子迁移的物理机制构建和多态的突触发展，可以深入理解基于氧化物的忆阻器在神经形态计算中的应用。图 16-45 为测试结果。

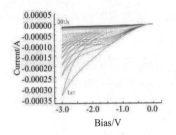 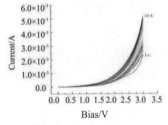 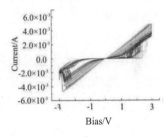

（a）负向 30 次循环扫描曲线　　（b）正向 30 次循环扫描曲线　　（c）非易失性 WTiO$_x$ 的忆阻器 I-V 特性曲线

图 16-45　WTiOx 突触性能测试

2）钙钛矿忆阻器

在已有的研究中，基于卤化物–钙钛矿的电学器件的电流–电压（I-V）性能中经常发现不良的滞后现象。点缺陷，如间隙、空位、反位及其迁移被认为是钙钛矿材料电学迟滞的原因。忆阻器是基于缺陷工作的器件，因此，卤化物钙钛矿材料在忆阻器领域具有很广泛的应用前景。

近年来，研究者开展了许多令人兴奋的研究，实现了具有优良性能的卤化物-钙钛矿基忆阻器件。然而，这些卤化物钙钛矿忆阻器的器件尺寸通常为数十微米，主要通过借助硬掩膜版制作。在本工作中，使用 CMOS 兼容的光刻工艺，制作了一个具有 2μm 顶电极的 CsPbBr$_3$基忆阻器，器件的三维结构示意图如图 16-46 所示。可以看到忆阻器包含底部电极、CsPbBr$_3$膜和顶部电极的交叉结构。在 CsPbBr$_3$薄膜表面引入 Parylene薄膜作为保护层，既可用于制作小尺寸顶电极，又可提高器件在空气中的稳定性。

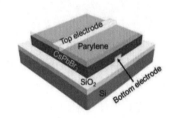

图 16-46　利用光刻工艺制作
CsPbBr$_3$忆阻器的三维结构示意图

图 16-47 展示了利用光刻工艺制作的 CsPbBr$_3$忆阻器的光学显微照片。可以看到下电极和上电极，表明 Parylene 和 CsPbBr$_3$的透光特性。CsPbB$_3$薄膜和 Parylene 薄膜的厚度分别为 300nm和 100nm。制作的 CsPbBr$_3$忆阻器的尺寸为 2μm×2μm，比以前的报告的忆阻器小两个数量级。用本文开发的方法，借助世界先进的半导体材料光刻技术公司 ASML 生产的半导体光刻系统，可以获得尺寸为 10nm×10nm 的纳米电阻，有潜力制作用于类脑计算的高密度的忆阻器阵列。

图 16-48 显示了在忆阻器顶部电极（Au/Ti）上施加直流扫描电压（0V→-4V→0v→3V→
0V）所测量的 I-V 特性，测试时，底部电极（Au/Ti）接地。
当施加的电压从 0V 扫至–4V 时，置位过程发生在–3.9V，其
中电阻状态从高电阻状态（关闭状态）变为低电阻状态（打
开状态）。

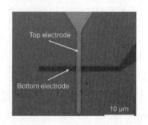

当外加电压从 0V 到 3V 变化时，CsPbBr$_3$ 层的电阻在 2.5V
（复位过程）时从接通状态变为断开状态。图 16-48 的插图显
示对数 I-V 曲线，可以发现所制作的忆阻器的开/关比约为
105，远高于先前报道的卤化物忆阻器。在置位过程中，由于
从下电极到上电极施加电场，可能形成溴空位导电丝。当向

图 16-47　利用光刻工艺制作
CsPbBr$_3$ 忆阻器表面光学显微图

上电极施加正电压时，从上到下形成电场，导电丝断裂。捏滞回线是忆阻器器件的核心特性，
可以用来表明忆阻器的核心性能。在进一步的研究中，可以研究 CsPbBr$_3$ 忆阻器的内在物理机
理和特性，还可以研究更多忆阻器的其他特性。相信使用本书介绍的方法制作的忆阻器，可以
发现许多有趣的现象，因为器件的尺寸非常小，可以探索钙钛矿材料的固有特性。

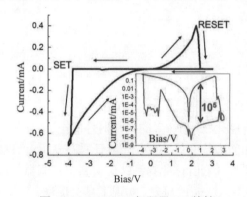

图 16-48　CsPbBr$_3$ 忆阻器 I-V 特性

3）Parylene 忆阻器

基于有机材料的柔性忆阻器在可穿戴电子领域具有良好的前景，引起广泛关注。然而，由
于有机忆阻材料的稳定性差，以前报道的柔性忆阻器的稳定性并不理想。为了解决这个问题，
采用聚对二甲苯作为高稳定的有机忆阻材料。作为商业有机物质，聚对二甲苯具有生物相容性
和多功能性的良好优势。开展有机忆阻材料的研究，首次使用 Ag/Parylene/Au 忆阻器单元测出
了回滞曲线，并判断其由于 Ag 导电丝的连接和断裂导致的阻变，该器件具有出色的忆阻性能，
如图 16-49 所示。这种基于有机材料的忆阻器件对于柔性可穿戴存储器件的开发具有重要意
义。此外，基于聚对二甲苯的忆阻器具有成本效益，并且可以在任何基板上操作，例如传统的
CMOS 芯片和柔性基板。这项工作不仅展示了一种新颖灵活的忆阻器，而且为可穿戴人工智
能系统开辟了道路。

（3）光子类突触器件

基于前述所介绍的用光电子器件模拟生物突触，所采用的方案是氮化硅波导加相变材料的
方式，相变材料和波导之间通过消逝场耦合相互作用。激发阶段，激发光信号或电信号与相变

材料相互作用,使得相变材料产生相变。相变材料在激发信号的作用下产生相变,之后作用于信号光,由于相变前后相变材料的消光系数和折射率均会发生变化,因此相变材料与信号光的相互作用也会发生变化,进而影响信号光在波导中的传输特性。

首先,选取 GST 材料作为相变材料,摸索了相变材料 GST 的相变特性。以石英片为衬底,通过溅射方法制备 GST 材料,溅射功率为 50W,溅射厚度为 20 nm,为防止 GST 氧化,后续溅射了 20nm 厚的 ITO 作为保护层。接着,将溅射有 GST 和 ITO 的石英片依次经过热板加热,加热条件依次为 100℃、200℃、250℃、300℃加热并保持 4min,之后随热板自然冷却。

对加热后的样品进行了拉曼测试,拉曼测试谱如图 16-50 所示。由图可看出,未处理的样品和 100℃处理的样品拉曼谱类似,说明相变材料在 100℃加热后未发生相变,200℃和 250℃处理后的样品与 100℃的样品拉曼谱明显不同,说明相变材料在 100℃和 200℃之间发生了相变。300℃与 250℃处理后的样品相比拉曼谱又存在差异,说明在 250℃和 300℃之间相变材料又发生了相变。实验数据与理论研究一致。沉积态的 GST 薄膜初始是非晶态,经过热处理后,薄膜开始结晶。随温度的升高,薄膜的结晶度也不断增加。GST 薄膜先由非晶态转变为立方 FCC 结构,再转变为六方 HEX 结构。因此非晶态转变为立方 FCC 结构的温度处在 100℃至 200℃之间,立方 FCC 结构转变为六方 HEX 结构的温度处在 250℃至 300℃之间。

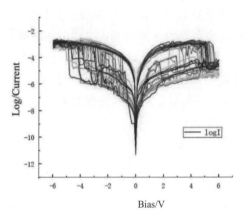

图 16-49　Parylene 忆阻器 LogI-V 特性

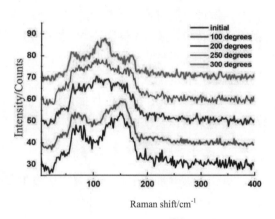

图 16-50　热处理样品拉曼测试谱

与此同时,对热处理样品进行了透射和反射测试,获取透射率和反射率测试谱如图 16-51 和图 16-52 所示。由图 16-51 可知,未处理和 100℃处理的样品透射率基本处于相同量级,说明样品均处于无定形状态,GS 材料未发生相变。200℃、250℃和 300℃透射率相比 100℃处于较低值,说明在 100℃和 200℃之间 GST 材料发生了相变,而 300℃和 250℃下样品的透射谱同样存在差异,说明 GST 材料在 300℃时同样发生了相变。同理,从图 16-52 的反射谱也可看出相同的 GST 材料相变过程。

4. 类脑芯片与人工智能展望

(1) 忆阻器与人工智能

伴随着人工智能、云计算和物联网等新技术的快速发展,对高性能计算芯片的需求越来越强烈。为了突破传统冯·诺依曼计算架构在数据处理速度和芯片能效比等方面的瓶颈,避免数据的反复搬运，"存算一体化"类脑计算技术成为当前的研究热点之一。实现"存算一体化"的关键是开发出高性能的"存算一体化"器件，并能将器件阵列化形成类脑芯片。

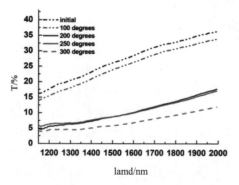

图 16-51　热处理样品透射率测试谱

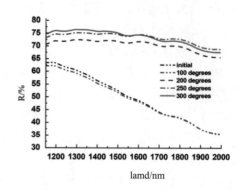

图 16-52　热处理样品反射率测试谱

传统基于电荷的存储器件技术难以实现存储与计算融合的功能，近年来忆阻器受到了广泛关注，因其具有高集成密度、快速读写、低功耗和完美兼容 CMOS 工艺等优良特性。然而，"存算一体化"这一特殊应用对忆阻器的器件特性提出了更高的要求，现有器件在线性度、耐久性和离散性等关键器件特性上仍不理想，因此需要探索提高器件性能的方法，增加可用于计算的有效比特数，提高不同阻态调控的精度，缩短电导调控需要的脉冲时间，抑制电导漂移效应，减小器件涨落与波动。同时，针对"存算一体化"芯片中高密度数据存储和低功耗数据处理对器件小型化的需求，需要研究纳米尺寸下新型存储器的设计与性能优化，为未来研制高性能智能"存算一体化"类脑芯片提供良好的器件基础。综上可知，忆阻器的发展对人工智能的高质量发展具有深层次的推动作用。

（2）光子类脑芯片与人工智能

由氮化硅波导加相变材料的方式模拟生物突触，实现对信号的加权和延时，在此基础上结合探测器和调制器等光电子器件依次实现对加权信号的求和积分以及非线性过程，从而真正地实现单个人工神经元，实现生物神经元的阈值激发和不应期抑制等行为模拟。在单个人工神经元的基础上，通过一定的神经网络的拓扑结构，即单隐层前馈网络结构，构建小型的神经网络，实现对微分方程的求解等功能。在此基础上，利用更大规模人工神经元的集成，更复杂的拓扑结构，构建光子类脑芯片，实现对数字和图像的识别，潜在的光子类脑芯片可应用于神经形态计算、模式识别、思维推理、认知科学和集群分析等人工智能应用。

（3）类脑芯片与人工智能系统硬件化

现阶段的人工智能大多是基于软件实现的，其较高的功耗需求成为智能终端化发展道路上的障碍。下面以实现人脸识别为例展示基于类脑芯片的人工智能芯片在功耗和速率方面的优势。基于软件的人脸识别的流程是：首先将所有目标人脸图像数据化存储在存储器中，同时存储其对应的身份信息；进行人脸图像识别时，将图像信息数据化后和存储器中所存储的所有图像信息进行对比，找到匹配度最高的图像；输出图像信息对应的身份信息。由此可知，每次进行图像识别时，拟识别图像要和所有存储图像数据进行对比，随着存储图像数据的增加，功耗的增加和速率的下降是无法忽视的。未来基于类脑芯片的人脸图像识别，其识别流程为：首先将人脸图像数据化后输入到类脑芯片中，通过修改类脑芯片中类突触器件的参数，使在输入不同图像数据时，输出端口有不同的输出值，将不同输出值和输入图像的身份信息对应并存储，实现对类脑芯片的训练；在识别图像时，将图形数据化后输入到类脑芯片中，类脑芯片直接输出图像对应的身份信息。由此可知，只要类脑芯片训练完成，其能够在及低功耗下快速给出拟识别图像的身份信息，不需要循环对比计算。

综上，基于忆阻器等类突触器件的类脑芯片，能够促进人工智能系统硬件化、终端化的早日实现。

16.4.5　感存算一体

值得一提的是：随着物联网、云计算、大数据时代的到来，海量非结构化数据的深度分析处理（如语义理解、图像识别等），需要更高的计算速度和计算能效，冯·诺依曼架构下的计算体系逐渐显得力不从心，摩尔定律的延续也面临着巨大的挑战。因此，寻找新的高能效计算技术，是当前研究的重要方向。

基于冯·诺依曼架构的传统计算系统中计算单元和存储单元物理分立，数据需要在两者之间频繁调动，造成系统功耗和速度的严重损耗。该问题在应对语义理解、图像识别等智能处理任务时更加凸显，无法满足当前社会智能化发展的需要。要从根本上解决该问题，需要从基础器件、电路、架构、系统等多个层面协同创新，发展存算一体的新型计算系统。存算一体架构最早于 1960年提出，但没有引起人们的重视。一方面是由于过去几十年晶体管的飞速发展使电脑性能有了令人满意的提高，另一方面是过去几十年缺乏能够实现存算一体系统的基础物理器件。

忆阻器是一种新原理纳米器件，其阻值由激励历史决定且连续变化，呈现非易失性。它的出现为开发高能效、存算一体的新型计算系统提供了新的物理基础。忆阻器具有集成密度高、操作速度快、操作功耗低、非易失等优势，被认为是存算一体基础器件的有力竞争者之一，为实现存算一体技术提供了切实可行的解决方案。

忆阻器通常采用交叉阵列的方式进行高密度集成。在忆阻器交叉阵列一端施加列电压矢量时，另一端的输出行电流矢量是施加列电压矢量与忆阻器电导矩阵的乘积。也就是说，基于欧姆定律和基尔霍夫电压定律，忆阻器阵列能够在一个周期内完成矢量与矩阵的乘累加运算。乘法的因子直接存储在忆阻器阵列中，不需要单独的存储单元，从而绕过了冯·诺依曼瓶颈。而且这种基于忆阻器阵列乘累加运算的核心单元计算能效比现有 CMOS 器件提高两个数量级，这对于具有大量乘累加运算的智能处理任务具有重要意义。

基于忆阻器的存算一体技术解决了处理器与存储器分离所导致的计算效率低，功耗高的缺点，突破了传统冯·诺依曼体系架构中的频繁数据调度造成的效率低下问题。但是利用忆阻器阵列实现计算是一种模拟/数模混合计算方式，在和传统的数字处理单元进行交互时需要大量的数模、模数转换单元，在进行信号格式转换时会额外增加大量的功耗与时间开销。另外，随着跨工艺单片集成技术的发展，微纳传感器件能够与忆阻器存算一体单元进一步集成，融合感知、计算、存储等功能，构建感存算一体处理单元。在感存算一体技术中，传感器采集到的模拟信号直接送到忆阻器单元进行运算和存储，能够进一步提高系统能效，已经成为该领域发展新的技术增长点。

本节将从基于忆阻器的存算一体技术和基于忆阻器的感存算一体技术两个方面叙述该领域的主要研究方向、研究进展、存在问题，分析该领域的发展规律，提出发展思考。

1. 存算一体技术

使用忆阻器实现存算一体主要分为两个方面，数字式存算一体技术和模拟式存算一体技术。数字式存算一体技术与传统计算方式类似，使用忆阻器完成布尔逻辑功能，经过不同布尔逻辑的组合调用实现复杂的加法、乘法等计算。模拟式存算一体技术则利用欧姆定律和基尔霍夫电压定律，可以一步实现乘累加计算。目前研究的多数工作在模拟式存算一体技术方面，进展也较为迅速。

（1）数字式存算一体技术

根据逻辑输入变量类型，输出变量类型的不同，可以将忆阻器实现数字式存算一体的研究分为 3 种类型：输入输出逻辑变量表示均为电压（V-V 型）、输入输出逻辑变量表示均为电阻（R-R 型）、输入逻辑变量表示为电压输出逻辑变量表示为电阻（V-R 型）。

图 16-53（a）中所示的逻辑门中，两个输入状态 x_1 和 x_2 分别由施加到忆阻器两端的电压值表示，逻辑输出被存储在忆阻器中，因此该方案被称为 V-R 逻辑门。该忆阻器为双极性 RRAM 器件，上电极施加正电压可使器件转变为高阻态（HRS），上电极施加负电压可使器件转变为低阻态（LRS），计算的输出即为器件的阻态，HRS 表示逻辑 0.LRS 表示逻辑 1。当输入逻辑电压相等时，即 $x_1=x_2=1$ 或 $x_1=x_2=0$，则通过 RRAM 器件的电压降为 0，器件的阻值状态保持不变；当 $x_1=1$ 且 $x_2=0$ 时，器件转变为 HRS，即输出为 0；当 $x_1=0$ 且 $x_2=1$ 时，器件转变为 LRS，即输出为 1。由于 RRAM 器件具有非易失性，计算结果可保存在 RRAM 器件中，无需传输至专用的存储设备中，可供下次计算使用。此过程中的逻辑运算过程是实质蕴涵逻辑（IMP），因 IMP 在功能上是完全的，所有的 16 种布尔逻辑都可以通过更多的 V-R 逻辑门组合实现。

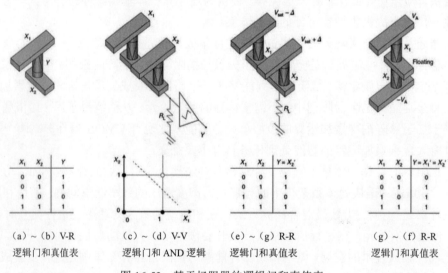

（a）～（b）V-R
逻辑门和真值表

（c）～（d）V-V
逻辑门和 AND 逻辑

（e）～（g）R-R
逻辑门和真值表

（g）～（f）R-R
逻辑门和真值表

图 16-53　基于忆阻器的逻辑门和真值表

在 V-R 逻辑门中，输出信息保存在忆阻器状态中，与输入信号电压值是两种不同的物理量，因此逻辑门之间的级联必须通过额外的电路实现，增加了计算系统的大小、复杂性和功耗。

图 16-53（c）中表示的是 V-V 逻辑门，输入和输出都是用电压表示，低电压表示 0，高电压表示 1。V-V 逻辑门也可以看作一个简单的感知机网络，输出端是输入电压的加权和，其中 RL 是公共节点与地之间的负载，输出端电压 $V_{com}=RL\sum G_j(V_j-V_{com})$，$G_j$ 为第 j 个忆阻器的电导，输出电压通常通过比较器进行电压读取。通过调节忆阻器 G_1 和 G_2 的值，可以获得对所有输入值 0 或之间的线性分隔，即实现所有的线性可分的布尔逻辑函数。在 V-V 逻辑门中，比较器是一个相对庞大的电路，但由于输入和输出都是电压值，因此可以实现级联操作。

图 16-53（e）、（g）中表示的是 R-R 逻辑门，其中输入和输出都是忆阻器的电阻状态，逻辑计算也在忆阻器内部进行，并且可以进行级联操作，也被称为状态逻辑，因为它依赖于忆阻器的非易失状态。在施加电压时，图 16-53（e）实现的是并联配置的 R-R 逻辑门，两端施加的电压分别是 $V_{set-\Delta}$ 和 $V_{set+\Delta}$，V_{set} 是设置电压，Δ 一般为 10%V_{set}，输入是 x_1 和 x_2，输出是施加电压后的 x_2，高阻态代表 0，低阻态代表 1，实现的逻辑功能真值表如图 16-53（f）所示。图 16-53（g）实现的是串联配置的 R-R 逻辑门，输入是 x_1 和 x_2，输出是施加电压后的 x_1 或 x_2 的阻态，在 x_1 上施加 V_A，x_2 施加 $-V_A$ 时（$V_{set}>V_A>0.5V_{set}$），实现了"或"的逻辑操作。可以通过不同的结构和电压施加方式实现其他的布尔逻辑。

与 V-V 和 V-R 方案相比，R-R 逻辑门具有很多优点，包括可以级联操作和通过施加不同的电压配置为不同的逻辑函数。忆阻器实现逻辑运算实现了计算过程和存储过程的统一，从而克服了当今计算体系结构的"存储墙"问题。但目前还存在两方面问题：制备的器件尺寸都比较大，功耗比较高，单次运算与先进技术节点的 CMOS 晶体管电路相比优势不明显，需要在电流特性方面进一步优化，并验证小尺寸器件的性能情况；目前实现的逻辑计算都比较简单，没有验证实现复杂功能时系统整体的稳定性。

（2）模拟式存算一体技术

模拟式存算一体计算的核心是利用忆阻器阵列实现乘累加运算。相比晶体管电路，忆阻器阵列进行相关计算时，具有集成密度高、计算速度快、能效高等特点。2015 年，Prezioso 制备了 12×12 的忆阻器阵列，构建了一个小型的单层感知机系统，阵列扫描电子显微镜图片和网络结构如图 16-54 所示，对 30 幅 3×3 的"Z""V""N"字母图像进行了正确分类。网络实现过程中，实际使用了 10×6 的忆阻器阵列，系统工作功耗约 1W/cm²。网络采用在线训练方式，利用网络实际输出和理想输出的曼哈顿距离作为误差函数，在一定的学习速率下进行权值更新，经过 23 个训练周期，网络即可实现对全部图片的正确分类。器件的尺寸为 200nm×200nm，预计未来可以达到 30nm×30nm，从而使整个网络的集成度达到 1010/cm²，进一步提高能效比。

STDP 规则是生物神经系统中普遍存在的计算方式，对实现类脑计算，模拟人脑存算一体计算方式有重要的研究价值。Erika 等在 2016 年提出了一种基于忆阻器阵列的脉冲神经网络，使用生物神经网络的 STDP 学习规则进行训练，其在文章中利用 HfO₂ 多值忆阻器实现对 5 种字母"A""E""I""O""U"非监督学习。如图 16-55 所示，输入端有 25 个前神经元，输出端有 5 个后神经元，相互之间通过 125 个忆阻器阵列进行全连接，输入图片大小为 5×5，与每一个前神经元相连。即使字母数据的噪声达到 30%，网络也能很好地对其识别。与晶体管实现 STDP 运算相比，忆阻器阵列具有明显的优势，忆阻器的电学特性类似神经突触，而传统电路实现相关功能需要数量众多的晶体管。

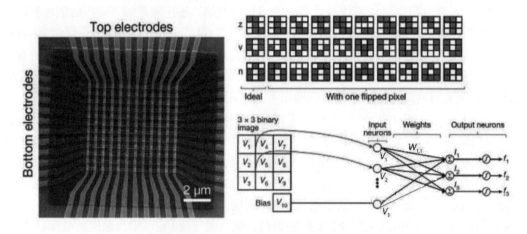

图 16-54　阵列扫描电子显微镜图片和网络结构图

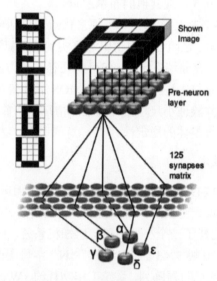

图 16-55　全连接脉冲神经网络

如图 16-55 所示，全连接脉冲神经网络（25 个前神经元和 5 个后神经元通过 125 个人工神经突触连接）小规模阵列的制备和成功应用，验证了忆阻器在实现存算一体架构中具有功耗低、速度快的优点，但是由于阵列规模较小，实现的都是单层感知机结构，只能实现简单数据的线性分类，与复杂多变的现实应用需求有较大差距。

阵列规模的增加使复杂应用得以实现，传统架构实现人脸识别，整体能耗高，运算速度相对较慢。Peng 等在 2017 年制备了 128×8 的多值忆阻器阵列，使用 TiN/TaO$_x$/HfAl$_y$O$_x$/TiN 作为阻变材料，如图 16-56 所示，对包含 320（20×16）个像素点的人脸图像进行训练和识别。更新忆阻器权值时，又加入了权值校验和不加权值校验两种情况，加入校验的更新过程需要

422.4ms，耗能 61.16nJ，不加校验需要 34.8ms 和 197.98nJ，识别率分别为 88.08% 和 85.04%。对图像加入噪声，随着噪声像素比例的增加，识别率逐渐下降。他们的阵列采用的是 1T1R 结构，可以有效抑制大规模阵列中的泄漏电流问题。

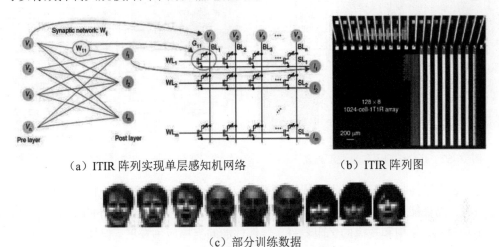

（a）ITIR 阵列实现单层感知机网络　　　　（b）ITIR 阵列图

（c）部分训练数据

图 16-56　1T1R 忆阻器阵列实现人脸识别

大规模阵列的发展为忆阻器阵列走向实用化进一步奠定了基础，并验证了 1T1R 结构在大规模阵列中抑制泄漏电流问题的可行性，多种多样的应用场景展示了忆阻器实现存算一体应用的能力。但测试过程中，外围电路仍过于复杂，迫切需要将部分外围电路集成进忆阻器阵列芯片中，开发与 CMOS 工艺兼容的阻变材料体系，进一步发挥忆阻器在存算一体领域的巨大潜力。

国内外研究者在忆阻器芯片化方面也开展了诸多研究工作。利用忆阻器的状态具有一定的波动性，忆阻器可以用来制作物理上的随机数发生器，在信息安全领域有着重要的应用。如图 16-57 所示，Pang 等在 2019 年报道的一项工作中，研究人员采用 130nm 工艺集成了两个 8kb 的忆阻器阵列，通过置位复位后相同位置的阻值大小作为随机数来源，产生的数据通过了 9 项 NIST 随机性测试，片内和片间均具有良好的数据独立性，实现了真随机数发生器芯片。因此，与传统的物理构造随机数发生器单元相比，忆阻器具有操作简单、易于实现、可靠性高、随机性强的优点。

另外，Xue 等在 2019 年采用 55nm 工艺制造了 1Mb 的 1T1R 阵列，在 FPGA 的控制下，可有效进行 CNN 运算，对 CIFAR-10 数据集的计算精度达到了 88.52%，芯片结构如图 16-58 所示。在二值化条件下运算时能耗为 53.17 TOPS/W，多值化条件下处理能耗为 21.9TOPS/W，能耗十分优越。

（3）存算一体技术发展思考

目前，使用忆阻器的存算一体架构虽然取得了令人鼓舞的进展，整体处于快速发展阶段，但很多问题尚未解决，解决这些问题也是这个领域未来发展的重要方向。

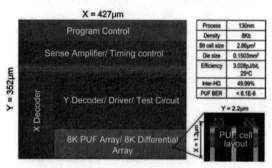

图 16-57　芯片结构图和参数汇总表

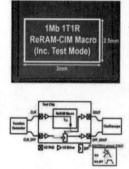

图 16-58　芯片结构图和参数汇总表

第一，忆阻器件制备工艺和集成规模取得一定进展，但器件参数均一性与可靠性离应用需求差距较大。高性能稳定忆阻器件是开展应用研究的前提与基础，国内外同步开展研究，设计制备了多种材料、结构和规模的忆阻器件，器件性能向支撑应用发展。但器件的参数均一性和可靠性受到材料、工艺制约，难以满足大规模实际应用需求，是当前国内外共同面临的研究难题。因而，准确表征器件导电机理，通过精确调控器件内部离子输运过程改善器件的参数均一性和可靠性，设计制备满足不同应用需求的器件，开发稳定、可靠的忆阻器阵列集成工艺，仍是未来的主要研究方向。

第二，忆阻器大规模集成是应用的前提，制约集成规模的关键基础问题包括忆阻器阵列中的串扰和忆阻器阵列的制备工艺。串扰问题是指忆阻器阵列中的旁路电流通道对目标器件读写操作的干扰，是限制忆阻器阵列规模的关键物理因素。忆阻器件与晶体管或选通器件集成是解决串扰问题的主要途径，其中高性能选通器件是实现忆阻器高密度三维集成的关键，目前还无成熟的解决方案。忆阻器阵列制备工艺的均一性、稳定性及其与 CMOS 制造技术的兼容性，是限制忆阻器阵列规模的技术因素。因此，在单元性能优化的基础上，依托 CMOS 制造平台开发忆阻器阵列大规模集成的关键技术，是推动忆阻器走向应用的重要基础。

第三，数字式存算一体逻辑运算单元研究取得一定进展，但能够展示数字式存算一体实际处理能力的成果几乎为空白。当前，该领域的研究主要集中在布尔逻辑和算术运算单元的设计与实现，中国整体研究水平处于并跑地位，具有很好的发展基础。但数字式存算一体处理系统的体系架构研究还比较初级，具有实际可用能力的处理系统成果鲜见报道。因而，设计优化逻辑运算、算术运算单元，设计处理系统体系架构，研发专用、小规模处理系统，并促进其向通用、大规模发展是未来的发展趋势。模拟式存算一体处理系统研究取得一定进展，但规模较小还未形成实际处理能力。忆阻器在集成密度、操作功耗、模拟特性等方面的优势使其在模拟式存算一体处理领域具有广阔的应用前景。当前，该领域的研究主要集中在基于忆阻器的神经形态器件可塑性和神经形态处理原理验证等方向，我国整体研究水平与国外保持同步。神经形态处理系统研究处于较小规模的识别机原型设计开发阶段，信息处理能力和应用演示还非常有限。因而，在忆阻器突触阵列规模有限的前提下，创新网络架构集成多层、多个小规模阵列，获得可比可用的实际处理能力并在复杂计算任务中演示应用，是未来的发展重点。

2. 感存算一体技术

存算一体架构解决了处理器与存储器分离所导致的计算效率低、功耗高的问题，突破了传统冯·诺依曼体系架构中的频繁数据传输造成的效率低下问题。从整个信息采集处理流程考虑，目前获取外界的信息后，要经过模数采样量化存储，再传输给处理单元，在此过程中花费的时间和功耗都不可忽略。忆阻器可以直接处理模拟信号，因此，传感器采集到的模拟信号直接送到忆阻器处理单元进行运算是可行的，无需经过 ADC 的采样量化存储过程，极大地提高了系统效能，即集感知、存储和运算为一体构建感存算一体架构。目前在这方面有了诸多探索。

（1）压力感存算一体技术

皮肤下的触觉感受器能够接收外部压力刺激，产生的响应信号经神经系统传入大脑，便形成了触觉。触觉信号被神经系统存储下来便成为触觉记忆，触觉记忆能够帮助我们更好地与外界环境进行交互，如图 16-59（a）所示。举例来讲，面对陌生的易碎物体，第一次拿起它时往往不知道需要用多大的力度，贸然发力很容易使其损坏。在经过几次尝试后就能够大致判断拿起该物体所需要的力度，此时便形成了该物体的触觉记忆，之后就能够不假思索地拿起它而不会使其损坏。这种情况在日常生活中比比皆是，例如拿鸡蛋、玻璃杯等。目前随着人工智能的飞速发展，人们希望机器人在拥有智能的同时也具有各种"感觉"，触觉作为一种与外界交互的基本感觉占据了重要位置。因此，开发人工触觉记忆单元显得尤为迫切。

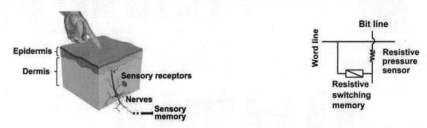

（a）生物触觉记忆的概念图　　　　　（b）触觉记忆单元阵列中每个单元的等效电路模型

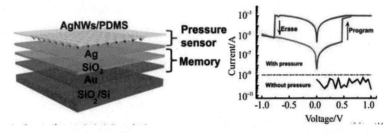

（c）触觉记忆单元器件的结构示意图　　（d）有压力和无压力事件电阻变压力时存
　　　　　　　　　　　　　　　　　　　储器能够成功将压力信号进行存储或者擦除

图 16-59　基于阻变存储器的触觉记忆单元

一种基本的触觉记忆单元是将压力感受器和记忆模块集成起来，用以模拟生物触觉记忆。Zhu 等将阻变压力传感器和阻变存储器串联起来形成触觉记忆单元，如图 16-59（b）所示。这种器件组合利用分压原理存储感受器信号：直流电压施加在串联组合单元的两端，默认状态下阻变存储器两端分得的电压低于其阻变阈值电压，因此不会发生阻变；当有外部压力施加在压力传感器上时，传感器本身的电阻值会降低，进而升高阻变存储器两端的电压，当该电压高于阻变存储器的阈值电压时，存储单元就会发生阻变，从而将触觉（压力）传感器信号记录下来。该组合的结构如图 16-59（c）所示。压力传感器利用 Ag 纳米线（AgNWs）作为压力敏感层，集成在二甲基硅氧烷（PDMS）柔性薄膜上。由于 Ag 纳米线的倒金字塔结构很容易在外界微弱压力的作用下发生较大形变，因此该传感器在低压强区间，为了证明该触觉记忆单元模拟皮肤的可行性，Zhu 等还制备了规模为 4×10 的触觉记忆单元阵列。该阵列随后被用于感知并存储字母形压力图案，包括 "N" "T" "U"，如图 16-60（a）、（b）所示。在实验过程中，只有位于字母处的感受器才能接收到压力并且将信号传递到存储器保存下来，图 16-60（c）表明 3 个字母都被成功感知并记录。一周之后，"T" 形字母仍然能成功保持，并且具有擦除后重新感知的能力，如图 16-60（d）所示。

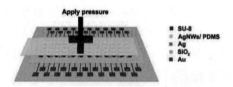

（a）对触觉记忆阵列施加字母形压力图案的示意图

（b）"T" 形图案施加在集成阵列上时的光学图像（比例尺：1mm）　（c）字母 "N" "T" "U" 的存储情况。只有在图案下方的器件才能被置位到低阻态

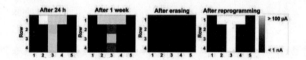

（d）阵列对感知结果长期记忆能力以及擦除后重新存储能力

图 16-60　触觉记忆单元阵列对压力图形的感知与存储

此外，Kim 等学者利用人工触觉感受器成功实现了对蟑螂足部关节运动控制。他们开发了一种传入神经单元，包括阻变压力传感器、有机环形振荡器以及晶体管突触，用以模拟人类对触觉的感知、编码和传递的过程，如图 16-61（a）、（b）所示。该神经单元生长在有机柔性衬底上，其信号传递流程如下：压力传感器将外部压力转化为电平信号，并由振荡器形成脉冲信号；相对于纯电平信号，脉冲串具有更强的抗噪声能力。脉冲信号传递到晶体管突触后激发其产生后突触电流。由于晶体管突触对输入脉冲的幅度、频率、间隔都会有不同的响应，因此施加到传感器上压力的大小和间隔也会对晶体管突触产生不同的调制。突触晶体管后端随后即可以与其他生物神经元进行交互，实现生物神经功能。

基于上述信息传导机制，Kim 等将该神经元与离体蟑螂足连接形成人工-生物混合的单突触反射弧，如图 16-61（c）、（d）所示。晶体管突触后端增加了一个运放将后突触电流转化为电压信号并放大，以便驱动蟑螂足的运动。蟑螂足在收到激励后将伸展并在附节处产生向外的力。图 16-61（e）展示了典型的反射弧功能：当在传感器上施加压力时，蟑螂足向外伸张，产生了反射响应。此外，上文提到的压力的大小和间隔对反射弧响应的影响也得到证实，如图 16-61（f）、（g）所示。

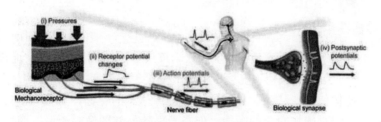

（a）生物触觉传入神经元示意图

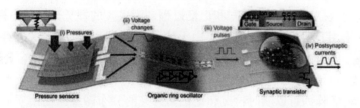

（b）人工触觉神经元示意图，由压力传感器、有机环形振荡器和晶体管突触组成

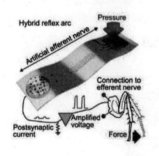

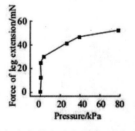

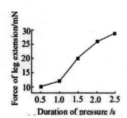

（c）由人工传入神经元和生物传出　（d）蟑螂的光学图像，其后背上　（e）蟑螂是对于传感器上施加
　　　神经元组成的混合反射弧　　　　　安装有人工传入神经元　　　　　　压力的响应

（f）蟑螂足产生力的大小与施加压力大小的关系　（g）蟑螂足产生力的大小与施加压力的间隔之间的关系

图 16-61　触觉记忆应用于运动控制

目前针对触觉感受-记忆单元的工作实现了对触觉的感知、存储、传递以及与生物的交互

等功能，在仿生传感器、义肢修复以及构建更加仿生的人工智能系统等领域具有重要的应用前景。但仍面临两方面亟待解决的问题。首先是传感器方面，器件需在仿生柔性衬底上保持稳定的性能，并且能够经受弯曲、拉伸等畸变带来的影响。另外，目前传感器在精度、集成度等指标上与生物传感器仍存在较大差距；其次在于人工智能网络，基于触觉传感器搭建具有感知功能的硬件神经网络亦是需深入研究的课题。

（2）光学感存算一体技术

视觉是人类重要的一种感官，近一半的大脑皮层忙于处理视觉信息，通过视觉我们可以根据判断物体的大小、形状、颜色、亮度、距离、位置、光滑度、粗糙度等。人类的视觉记忆开始于视网膜接收图像信息，结束于神经网络对图像信息的存储，如图 16-62（a）所示。简单的图像传感器可以实时感知简单的图像，但是当去除外部图像刺激后，图像信息会逐渐消失，并没有记忆图像信息的功能。当前，受人类视觉感知记忆系统的启发，有研究者将光探测器与存储器集成起来，实现对光信号的感知和记忆过程，为人类的视觉记忆仿生提供了基础。

目前 Chen 等采用直接打印方法制备了用于检测并记忆紫外光信号的感存一体器件，将基于 In_2O_3 的光传感器与非易失性忆阻器串联在一起，如图 16-62（b）所示，光传感器检测紫外光并将其转化为电信号传递给忆阻器存储信息，实现了对紫外光的感知与记忆功能。所制备的 10×10 的光感知记忆阵列可以实时检测和记忆紫外光的分布图像。在该项工作中实现了图像感知和记忆一体，即使撤掉光刺激后也能够长期记忆光信息图像，如图 16-62（c）所示，比较接近于人类视觉系统的感知和记忆功能。但是在人类视觉系统中视网膜上的神经元不仅可以感知记忆光信息，还可以对光信息进行简单的预处理，这也是视网膜的主要特征之一。然而在本项工作中没有对存储后的光学图像进行处理，并未实现真正意义的感存算一体。

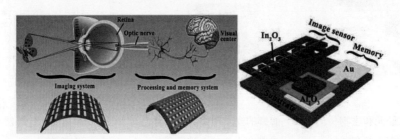

（a）人类视觉感知记忆系统概念图　　（b）基于忆阻器的视觉感知记忆单元示意图

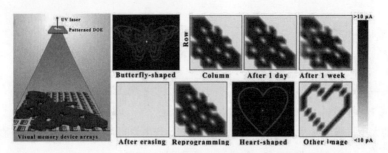

（c）视觉感知记忆阵列的图像感知与记忆结果

图 16-62　基于 In_2O_3 传感器与忆阻器集成结构的视觉系统

最近，Seo 等的工作在光信息感知和记忆的基础上实现了简单的预处理工作。他们将 h-BN/WSe₂ 光传感器与 h-BN/WSe₂ 三端忆阻器串联在一起，如图 16-63（a）所示，光传感器将光信息转化为电信号并传递给三端忆阻器存储，实现了光信息的识别与记忆。本项工作的不同之处是可以实现混合颜色光刺激的检测并实现在线训练学习。不同颜色的光刺激波长不同，光传感器吸收的光子量不同，进而光传感器的阻态变化幅度不同，可以调节施加在三端忆阻器上的分压并表现出稳定可区分特征。基于 28×28 简单阵列所构建的光学神经网络（ONN）与传统神经网络（NN）相比，不仅可以减少滤波等外围电路的复杂度，而且可以实现在线训练，训练后的识别率高达 90%以上，如图 16-63（b）、（c）所示。该项工作展示的感存算一体器件，既可以减少外围电路复杂度又可以以神经信号的方式传递光信息，构建的神经网络可以在复杂光环境下实现训练学习，更接近于人类的视觉感知系统的复杂性与预处理功能。但是在该项工作中光记忆及处理单元不能直接响应光刺激，需要额外的图像传感器将光信号转换成电信号并将其传递给神经形态芯片进行下一步信号处理。分立式的光感知与记忆系统不利于未来大规模集成。开发一种集传感、存储和处理功能于一体的多功能器件以实现更高效的人工视觉系统，是一个迫切的需求。

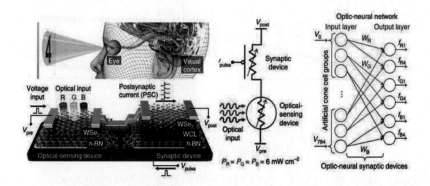

（a）视觉感知记忆单元示意图　　（b）28×28 视觉神经网络用于识别混合多色光

（c）识别率及训练后的权重图

图 16-63　基于 h-BN/WSe₂ 三端忆阻器的视觉系统

与分立式的光感知记忆系统相比，简单的双端光电阻器件能够直接感应并存储光信息，不仅降低了复杂度而且更利于低功耗与大规模器件集成的实现。Tan 等构建了 ITO/CeO₂₋ₓ/AlOᵧ/Al 光阻器件，将光的感知与记忆集成于一个器件，如图 16-64（a）所示。通过 CeO₂₋ₓ/AlOᵧ 电子的俘获与释放调节将光信息转为电信息,实现不同波段光的感知并存储于器件单元中实现非挥发性存储,如图 16-64（b）所示。在该项工作中利用简单的双端器件实现了不同波段光的感知与记忆,减小了器件的复杂度,但是该项工作只是进行存储,并未进行相关信息的预处理。

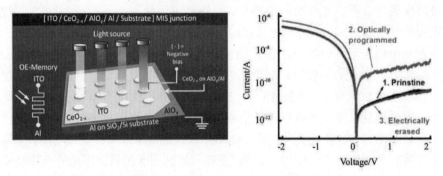

（a）视觉感知记忆单元示意图及基本电学特性

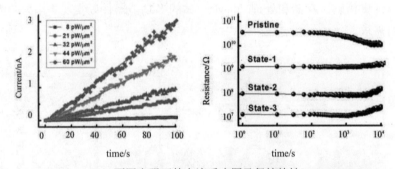

（b）不同光强下的电流反应图及保持特性

图 16-64　基于 ITO/CeO2-y/AlOy/Al 两端忆阻器的视觉系统

2019 年,Zhou 等提出的 Pd/MoO$_x$/ITO 双端光电阻存储器件（ORRAM）,如图 16-65（a）所示,不仅可以进行图像感知和记忆,而且实现了增强图像对比度和降低图像背景噪声等图像预处理功能,有效地提高了图像质量。该结构的 ORRAM 在不同光照条件下 Mo 离子 6+ 和 5+ 价态的转换率不同可以调控器件阻态,实现光可调可塑性突触（STP、LTP）模拟人脑的学习和记忆功能。构建的 8×8 简单阵列,实现了增强图像对比度和降低背景噪声的图像预处理功能,如图 16-65（b）所示。在该项工作中 ORRAM 器件集图像感知、记忆与预处理为一体,具有简单的双端结构有利于未来的大规模器件集成。而且该器件是以神经信号方式感知信息并传递图形信息,具有光可调和时间依赖可塑性,更易于模拟人类的视觉感知系统。在该工作中,ORRAM 器件进行的是紫外光的感知、记忆与预处理,但是实际上人类视觉感知系统需要处理的光信息却要复杂得多。

随着人工视觉技术的发展,能够直接响应光刺激并且能够对视觉信息和感知数据进行临时存储和实时处理的光阻型随机存储器和光电子突触型器件逐渐成为未来人工视觉研究的热点。

（a）视觉感知单元及阵列示意图

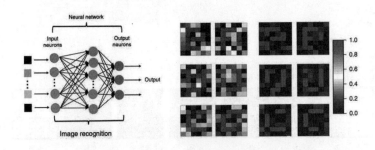

（b）人工神经网络的图像预处理功能

图 16-65　基于 Pd/MoO$_x$/ITO 两端光致忆阻器的视觉系统

（3）气体感存算一体技术

人类通过嗅觉可以对气体的浓度、组成种类做出识别，进而影响我们判断气体是否危险或者是否令人愉悦。人类的嗅觉记忆开始于鼻腔内感受器接收气味信息，结束于大脑嗅觉皮层对气味信息的存储，多次的识别经验更有利于我们准确地判断。受人类嗅觉感知记忆系统的启发，将气体探测器和存储器集成在一起，可以模拟人类对气体信息的感知和记忆过程，实现人体嗅觉的仿生。Shulaker 等将 100 多万忆阻器与 200 多万 CNT 晶体管集成在一个芯片上，集气体感知、存储和计算为一体，构建了 3D 集成纳米系统。通过感知层、存储层、计算层及数据接口层四层堆叠构建了 3D 结构，每个单元包括两个 CNT 晶体管、一个 RRAM 以及一个 Si 基晶体管，整个芯片由超过一百万个重复单元构成，实现了 7 种气体氛围的感知、数据存储以及数据原位分类识别，如图 16-66（a）所示。在该项工作中，CNT 晶体管可以感知周围气体，并将气体信息转化为电信号直接传递给 RRAM 存储器阵列层进行数据存储，Si 基晶体管构成的接口模块对 RRAM 单元存储的数据进行放大及选通处理后传递给 CNT 晶体管计算层进行分类，CNT 晶体管计算层将接收的信息与之前训练学习的片下数据进行对比，从而识别出所检测的气体种类。如图 16-66（b）所示，3D 集成的纳米系统可以进行 7 种气体的准确分类识别。在此项工作中采用了 CNT 晶体管新兴纳米技术，有利于节能高密度数据存储的实现，是迄今为止最复杂的纳米电子系统。但是，在此项工作中有多种气体（酒精、白酒、伏特加）响应差距比较小，需要放大器进行信号放大才使计算层足以进行计算分类识别，这无疑会增加结构的复杂度。

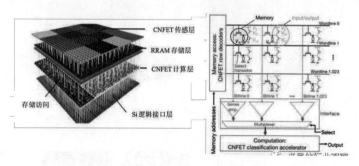

（a）气体感知记忆系统示意图

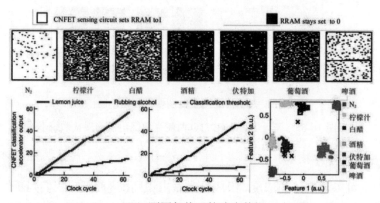

（b）不同气体下的响应数据

图 16-66　基于 3D 集成结构的气体感知、记忆、分类纳米系统

（4）感存算一体技术

发展思考目前，感存算一体架构的发展还处于起步阶段，有很多可供开拓和研究的分支领域，目前的研究工作比较少而且比较简单，所制备的器件大多是处于单元器件（或分立式的器件阵列，尚未互连），还只是具备简单的感知存储一体化，或感知存储一体化加简单处理的阶段，尚未形成真正意义的感存算一体化。但忆阻器存算一体器件相关研究已相对较为成熟，通过解决忆阻器存算一体器件与微纳传感器的高密度三维集成工艺。模拟信号匹配等关键技术后，基于忆阻器的感存算一体技术将进入快速发展阶段。本文从器件性能、阵列集成和电路系统架构 3 个方面进行展望与思考。

第一，器件性能方面。目前的感存算一体器件的研究工作多是基于模拟某一种感官和简单处理，如触觉、视觉、嗅觉等，处理能力十分有限。但是实际上人类的感知记忆系统所处的外界环境更为复杂，在极小的感受单元上可以同时感知触觉、痛觉、温度，可以同时感知外界的压力和不同温度并进行信息处理，因此，发展多感知融合和多元化处理功能的器件体系，减小与应用需求的差距，是面向未来应用的热门方向。

第二，大规模集成方面。目前的大部分研究都只是基于分立式器件单元的简单阵列，规模较小而且没有实现器件单元之间的互连，无法发挥集成阵列高效并行运算的优势。通过解决跨工艺的集成技术问题，发展可靠的三维集成技术，是未来大规模集成感存算一体运算的重要基础。

第三，外围控制电路架构方面。通过感存算一体器件对感知信息进行简单预处理后还需配合搭建系统级架构进行更为复杂的信息处理，才能够具有接近实际应用的处理能力，目前关于这方面的研究工作还比较初级，未来需要深入研究感存算一体信息处理架构、任务调度与分工协作等策略。

16.4.6　待研课题项目 8 种

忆阻器很热门，待解决的主要问题如下：

①生产工艺的改进、产品质量的提高。
②在工业中的应用、读写功能满足计算机结构要求。
③纳米级器件制备采用的各项技术，如纳米压印、溶液制备、电子束光刻技术等。
④存储器的存储密度及良率。
⑤有效提高忆阻器性能，如读写速度、稳定性的各项要求。
⑥忆阻器件的一致性问题：即器件在不同循环、不同器件之间的波动，如器件的 SET 阈值电压的波动，会导致误操作甚至电路功能的崩塌。
⑦忆阻器件的阻值漂移。
⑧高集成、高小尺寸、高稳定等。

16.5　本章小结

1. 忆阻器是近年热点，可用于航空航天、地球资源信息、科学计算、医学影像、云存储、物联网、消费电子、与生命科学等领域，解决实际和瓶颈问题。

2. 忆阻器来源于蔡绍棠发现电压、电流、电荷、磁通（v，i，q，Φ）这 4 种变量的关系中，缺乏"q 与 Φ"的关系。因此，用对称性原理，提出了忆阻器。忆阻值 M 与电荷 q、Φ 之间的关系表达式为：$d\Phi=M(q)dq$。

3. 忆阻特性的材料主要有：有机薄膜、硫化物、金属氧化物、TiO_2、钛矿化合物等 5 种。

4. 忆阻特性的器件主要有：相变存储器、磁性存储器（MRAM）、铁电存储器（FeRAM）、Si+Ag 混合材料存储器件、硅和银合金薄膜、TiO_2 薄膜、金属氧化物存储器（CMORAM）等 7 种。

5. 忆阻器尺寸小（纳米级）、能耗低（晶体管的 10%~20%），可将计算机的存储、运算融一体。其硬件用来脸部识别，比数字式计算机快几千到几百万倍。

6. 典型应用实例 5 个：①仿脑记忆；②存算融合；③神经网络控制；④类脑芯片；⑤感存算一体。

7. 待研主要课题项目 8 种。

16.6 习题

16-1 忆阻器有什么特点，应用途径有哪些？

16-2 具有忆阻特性的材料有哪 5 种？

16-3 具有忆阻特性的器件有哪 7 种？

16-4 忆阻器典型应用实例有哪 5 个，待研主要课题项目有哪 8 个？

附录 习题参考答案

第 1 章

1-1   0V；9V

1-2   8V；8V；0A

1-3   1V；−10V；11V

1-4   220V

1-5   6V；2V；1.33V

1-6   0V；0A；220V；2.2A；73.3V；0.733A

1-7   2352Ω；16.3w

1-8   6V；1Ω

1-9   5Ω；10Ω；1.5Ω；2.08Ω

1-10 2kΩ；2kΩ；2kΩ

1-11 −14.3V

1-12 13mA；3mA

1-13 6V

1-14 25.2A；28.5A；12A；15A；13.5A

1-15 1A

1-16 16V；4Ω；28V；8.872Ω；9V；1.312Ω

1-17 2.4A

1-18 0；1.4V；0.7V；0.7V

1-19 0.81s

1-20 0；0.1A；1V；0.2A；0.2；0

1-21 4000V

1-22 1.26V

1-23 略

第 2 章

2-1~2-4（略）

2-5   125Hz

2-6 $8+j12.7$；$50/113°$；$0.5/−7°$

2-7   19A；11.5Ω

2-8   50W

2-9   6Ω；0.0255H

2-10 31.9Ω；0.319Ω；6.9A；690A；1.52kvar；152kvar

2-11 8Ω

2-12　0.25A；152V；132.5V；0.74

2-13　1000Hz

2-14　1733Ω；0.159μF

2-15　4.2kW；2.42 kvar；4.84kVA；0.866

2-16　7.07A；748.2W；0.53

2-17　49.2A；-26.8°

2-18　5A；7A；1A

2-19　14.1A；0.707；2.2kW；2.2kvar；3.1kVA

2-20　$4.95\underline{/8.1^\circ}\Omega$；$44.4\underline{/-8.1^\circ}$A；$39.8\underline{/-71.5^\circ}$V

2-21　10A；8.5Ω；17Ω

2-22　10^{-3}μF

2-23　527 μF

2-24　20Ω；172 μH

2-25　$R_x = \dfrac{R_2 R_3}{R_1}, L_x = \dfrac{R_2 L_3}{R_1}$

2-26　$1.1\underline{/21^0}$A；$6.4\underline{/52^0}$A；$6.8\underline{/43^0}$A

2-27　$0.54\underline{/-65.8^\circ}$A

2-28　略

第 3 章

3-1　22A；66A；14.5kW；43.5kW

3-2　22A

3-3　5.5A；3.27kW

3-4　15Ω；35Ω

3-5　30A

3-6　16A

3-7　0.845；0.482

3-8　244μF；310V；536V

第 4 章

4-1　$p_{Fe} = 63\text{W}; \cos\Phi = 0.29$

4-2　100V

4-3　$N_1=1100$；$N_2=180$；$K=6.1$；$I_1=4.55$A；$I_2=27.8$A

4-4　$I_1=6.67$A；$I_2=90.9$A

4-5　（1）400 匝；（2）15.1/227A

4-6　（1）$I_1=5.5$A；$I_2=11$A；（2）$S_1=1.21$kV・A

4-7　（1）166 盏；（2）$I_1=3.33$A，$I_2=43.5$A；（3）112 盏

4-8　$U_{P1}=20.2$kV；$U_{P2}=10.5$kV；$I_{p1}=I_{l1}=82.6A$；$I_{p2}=159.1$A；$I_{l2}=275.3$A

4-9　Y/Y：K=10；Y/△：K=17.3

第 5 章

5-1　3000r/min；　0.01；　1；　9.65N・m

5-2　0.04；　11A；　77A；　32.2N・m；　39.8N・m；　73N・m

5-3　4.49kW；　5.61kW；　10.6A；　6.1A

5-4　9.4A；　9.4A

5-5　3.3kW；　217.8V

5-6　2.86kW；　12A；　217.6V；　28N・m；　77%

5-7~5-8（略）

第 6 章（略）

第 7 章

7-1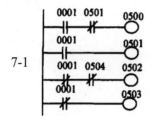

7-2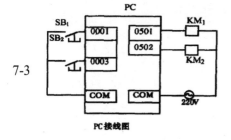

地址	指令	数据
1	LD	0002
2	AND NOT	0003
3	TIM	00
		0150
4	LD	TIM00
5	OUT	0501

(a)

地址	指令	数据	地址	指令	数据
1	LD	0001	6	OUT	0503
2	AND NOT	0504	7	LD NOT	0001
3	OUT	0501	8	OUT	0502
4	LD	0001	9	LD NOT	0001
5	AND NOT	0502	10	OUT	0504

(b)

7-3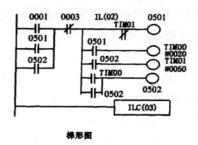

PC 接线图　　　　　梯形图

7-4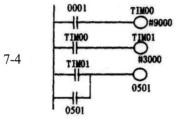

7-5~7-9（略）

第 8 章（略）

第 9 章

9-1　略

9-2　$\pm 5.69\%$；125V

9-3　19 980Ω

9-4　（1）20.8V；（2）22.73V；（3）24.75V

9-5　略

9-6　0.96V

9-7　4.2Ω；37.8Ω；378Ω

9-8~9-9（略）

9-10　9.8kΩ；90kΩ；150kΩ

（1）P_1= 7240W，P_2=7240W，P=14.48kW

（2）P_1= 8300W，P_2=3277W，P=11.58kW

（3）P_1= 7240W，P_2=0，P=7.24kW

（4）P_1= 6243W，P_2=−444W，P=5.8kW

（5）P_1= 8300W，P_2=3277W，P=11.58kW

第 10 章（略）

第 11 章

11-1　（1）I_B=50μA，I_c=2mA，U_{CE}=6V

11-2　R_C=2.5KΩ；R_B=200kΩ

11-3~11-4（略）

11-5　（1）A_u=−150；（2）A_u=−100

11-7　R_{BI}取 36kΩ；R_{B2} 取 12kΩ

11-8　（1）I_B=0.05mA，I_c=3.32mA，U_{CE}=8-16V

（3）r_{be}=0.72kΩ

（4）A_u=−83.66

（5）A_u=−302.5

（6）r_i≈0.72kΩ；r_0≈3.3kΩ

11-9　A_u=-183.66；A_{us}=-76.75

11-10　A_u=-1.3；ri=7.06 kΩ；r_0=3.3kΩ

11-11　$A_u \approx 1, r_i = 16k\Omega, r_o \approx 21k\Omega$

11-12~11-13（略）

11-14　I_D=0.33mA；U_{DS}=8V；A_u≈1；r_i=1.33MΩ

第 12 章

12-1　A_{uf}=-50；R_2=9.8kΩ；u_0=-500mV

12-2　u_0=5.4V

12-3　u_0=5.5V

12-4　$u_0 = \dfrac{2R_F}{R_1}u_i$

12-5　略

12-6　u_0=4V

12-7　略

12-8　u_0=(1+K)(u_{i2}-u_{i1})

12-9　u_0=-2.5V

12-10　t=0.1s；R_1=100kΩ 或 C_F=10μF

12-11　t=1s

12-12　略

12-13　$u_0 = 6(e^{-2t/RC} - 1)mV$

12-14　0.97V~5.02V

12-15　R_{11}=10MΩ, R_{12}=2MΩ, R_{13}=1MΩ, R_{14}=200kΩ, R_{15}=100kΩ

12-16　R_{F1}=1kΩ；R_{F2}=9kΩ；R_{F3}=40kΩ；R_{F4}=50kΩ；R_{F5}=400kΩ

12-17　R_F=500kΩ

12-18　略

第 13 章

13-1　（a）$Y = \overline{A}B + A\overline{B}$；（b）Y=（A+B）C

13-2　（a）同或门电路；（b）异或门电路

13-3　$Y = AB + \overline{A}\,\overline{B}$

13-4　是"判奇电路"。当输入有奇数个 1 时，输出为 1，否则为 0。

13-5　是"判奇电路"。当十进制的奇数接高电平时，Y 为 1，发光二极管亮；否则 Y 为 0。

13-6　$Y = AB + \overline{A}\overline{B}$

13-7　ABCD=1001

13-8　略

第 14 章

14-1~14-4（略）

14-5　420Hz

14-6　9.5KHz

14-7　f=9.5KHz

第 15 章（略）

第 16 章（略）

参考文献

1. 张洪润. 电工电子技术教程. 科学出版社，2007.

2. Yue Sun, Hongrun Zhang. Diagnoses of coaxial probesin shock compression[J]. REVIEW OF SCIENTIFIC INSTRUMENTS. 80, 063902, 2009.

3. Jinhong Li, Hongrun Zhang, Baida Lu. Partially coherent vortex beams propagating through slant atmospheric turbulence and coherence vortex evolution[J]. Optics & Laser Technology. 41(8), 907, 2009.

4. Itoh, M. and Chua, L.O. (2014) Dynamics of Memristor Circuits. International Journal of Bifurcation and Chaos, 24, 1430015.

5. Borghetti, J., Snider, G.S., Kuekes, P.J., Yang, J.J., Stewart, D.R. and Williams, R.S. (2010) "Memristive" Switches Enable "Stateful" Logic Operations via Material Implication. Nature, 464, 873-876.

6. Cabaret, T., Fillaud, L., Jousselme, B., et al. (2015) Electro-Grafted Organic Memristors: Properties and Prospects for Artificial Neural Networks Based on STDP. IEEE International Conference on Nanotechnology, 499-504.

7. Joglekar, Y.N. and Wolf, S.J. (2009) The Elusive Memristor: Properties of Basic Electrical Circuits. European Journal of Physics, 30, 661-675.

8. 谢朔俏等. 忆阻器新型非线性窗口函数的伏安特性研究[J]. 生物物理学, 2017, 5(4): 25-32.

9. 张洪润, 金伟萍, 关怀. 电工电子技术. 清华大学出版社, 2013.10.1.

10. 张洪润, 金伟萍, 关怀. 自动控制技术与工程应用. 清华大学出版社, 2013.10.

11. 张洪润, 廖勇明, 王德超. 模拟电路与数字电路. 清华大学出版社, 2009.1.

12. 张洪润, 马平安. 电子线路及应用. 科学出版社, 2003.1.1.

13. 张洪润. 电子器件原理及应用（元器件外形特征、模拟与数字电路实验）. 科学出版社, 2009.4.

14. 张洪润. 传感器技术大全-上册. 北京航空航天大学出版社, 2007.10.1.

15. 张洪润. 传感器技术大全-中册. 北京航空航天大学出版社, 2007.10.1.

16. 张洪润. 传感器技术大全-下册. 北京航空航天大学出版社, 2007.10.1.

17. 张洪润, 张亚凡. 传感技术与应用教程. 清华大学出版社, 2004.5.

18. 张洪润, 张亚凡. 传感技术与应用教程（第 2 版）. 清华大学出版社, 2005.4.1.

19. 张洪润, 孙悦, 张亚凡. 传感技术与应用教程（第 3 版）. 清华大学出版社, 2009.2.

20. 张洪润, 傅瑾新. 传感器应用电路 200 例. 北京航空航天大学出版社, 2006.8.1.

21. 张洪润, 张亚凡. 传感技术与实验（传感器件外形、标定与实验）. 清华大学出版社, 2005.8.11.

22. 张洪润, 傅瑾新. 传感器应用设计 300 例-上册. 北京航空航天大学出版社, 2008.10.1

23. 张洪润, 傅瑾新. 传感器应用设计 300 例-下册. 北京航空航天大学出版社, 2008.10.1

24. 张洪润, 张亚凡, 邓洪敏. 传感器原理及应用（第 4 版）. 清华大学出版社, 2008.7.1.

25. 张洪润, 张亚凡. FPGA/CPLD 应用设计 200 例-上册. 北京航空航天大学出版社, 2009.1.

26. 张洪润, 张亚凡. FPGA/CPLD 应用设计 200 例-下册. 北京航空航天大学出版社, 2009.1.

27. 张洪润, 蓝清华. 单片机应用技术教程. 清华大学出版社, 1997.11.

28. 张洪润, 易涛. 单片机应用技术教程（第 2 版）. 清华大学出版社, 2003.12.1.

29. 张洪润. 单片机应用技术教程（第 3 版）. 清华大学出版社, 2009.2.1.

30. 张洪润, 孙悦, 张亚凡. 单片机原理及应用. 清华大学出版社, 2008.11.1.

31. 张洪润. 智能技术（系统设计与开发）. 北京航空航天大学出版社, 2007.

32. 张洪润, 刘秀英, 张亚凡. 单片机应用设计 200 例-上册. 北京航空航天大学出版社, 2006.7.1.

33. 张洪润, 刘秀英, 张亚凡. 单片机应用设计 200 例-下册. 北京航空航天大学出版社, 2006.7.1.

34. 张洪润, 吕泉, 吴建平. 电子线路及应用. 清华大学出版社, 2005.4.1.

35. 张洪润, 张亚凡. 单片机原理及应用. 清华大学出版社, 2005.4.

36. 张洪润, 张亚凡. 单片机原理及应用（第 2 版）. 2008.11.

37. 张洪润. 电子线路与电子技术. 清华大学出版社, 2005.4.

38. 张洪润. 电子线路与电子技术-模拟电路与数字电路. 科学出版社, 2003.1.

39. 张洪润. 单片机应用技术教程. 清华大学出版社, 2003.

40. 张洪润. 电子线路及应用-电子元器件、模拟与数字电路实验. 科学出版社, 2003.

41. 张洪润. 单片机原理及应用. 科学出版社, 2002.

42. 张洪润. WPS2000 高级编辑教程. 四川科学技术出版社, 1999.

43. 张洪润, 王川. 高级投影幻灯演示. 四川科学技术出版社, 1999.

44. 张洪润. 最新办公自动化教程. 四川科学技术出版社, 1999.

45. 张洪润. OFFICE2000 办公自动化. 四川科学技术出版社, 1999.

46. 张洪润, 吕泉. 高级电子表格处理教程. 四川科学技术出版社, 1999.

47. 张洪润. 高级信息（日常事务）管理教程. 四川科学技术出版社, 1999.

48. 张洪润, 张亚凡. 计算机最新软件使用技巧. 四川大学出版社, 1998.

49. 张洪润. 计算机基础与操作教程. 成都科技大学出版社, 1998.

50. 张洪润, 董宝文. 智能系统设计开发技术. 成都科技大学出版社, 1997.

51. 张洪润, 蓝清华. 单片机应用技术教程. 清华大学出版社, 1997.

52. 张洪润, 黄建华. 计算机操作装配与维修. 四川大学出版社, 1996.

53. 吕泉. 现代传感器原理及应用. 清华大学出版社, 2006.6.

54. 森村正真, 山奇弘郎[日]. 传感器工程学. 孙宝元译. 大连工学院出版社, 1988.

55. H.K.P.纽伯特. 仪器传感器. 中国计量科学院等译. 科学出版社. 1985.

56. R.梯尔. 非电量电测法. 鲍贤杰译. 人民邮电出版社, 1981.

57. 陈子龙, 程传同等. 忆阻器类脑芯片与人工智能[J]. 微纳电子与智能制造, 2019.1.

58. WANG M, CAI S, PAN C, et al. Robust memristors based on layered two- dimensional materials[J]. Nature Electronics, 2018.1.

59. 忆阻器取代晶体管引全球技术竞赛中国严重落后. 人民网, 2013.7.25.

60. Chua L O. Memristor—The missing circuit element. IEEE Transactions on Circuit Theory, 1971, 18(5) :

507-519.

61. Batas D, Fiedler H. A memristor SPICE implementation and a new approach for magnetic flux-controlled memristor modeling, IEEE Transactions on Nanotechnology, 2011, 10 (2)： 250-255.

62. 胡小方, 段书凯等. 忆阻器交叉阵列及在图像处理中的应用. 中国科学 F 辑：信息科学, 2011, 41(4): 500-512.

63. TUMA T, PANTAZI A, GALLO M L, et al. Stochasticphase-change neurons[J]. Nature Nanotechnology, 2016, 11: 693-699.

64. CHEN CL, KIM K, TRUONG Q, et al. A spiking neuron circuit based on a carbon nanotube transistor[J]. Nanotechnology, 2012, 23(27): 275202.

65. Nanoscale Memristor Device as Synapse in Neuromorphic Systems．Nano Letters．2010.3.1.

66. 神经形态系统中作为突触的纳米记忆器件. Nano Letters. 2010.3.1.

67. 忆阻振荡器. 国际分岔与混沌杂志. 2008.7.15.

68. 科学家研制有学习能力忆阻器可造人工大脑，光明网，2013.3.5.

69. 新型二阶忆阻器：可模仿大脑的记忆方式. https://www.sohu.com/a/337373447_427506 2019.8.29.

70. 夏思为等 . 基于忆阻神经网络 PID 控制器设计 . https://wenku.baidu.com/view/72a3dd6f83d049649a665899.html，2016.4.8.

71. 林钰登, 高滨等. 基于新型忆阻器的存内计算原理研究和挑战, 微纳电子与智能制造, 2020.2.24.

72. 李锟, 曹荣荣等. 基于忆阻器的感存算一体技术研究进展[J]. 微纳电子与智能制造, 2019, 1(4): 87-102.

73. LI Kun, CAO Rongrong, SUN Yi, et al. Research progress on the fused technology of sensing, storage and computing based on memristor[J]. Micro/nano Electronics and Intelligent Manufacturing, 2019, 1(4): 87-102.

74. MOORE，例如，将更多元件塞进集成电路[J]. IEEE 会议录，1998，86（1）：82-85

75. 蔡伯杰，托雷赞 A C，斯特拉坎 J P，等. 高速低能氮化物忆阻器[J]. 高级功能材料，2016，26（29）.

76. PI S，LI C，JIANG H，等. 半间距为 6-nm，临界尺寸为 2-nm 的忆阻器交叉杆阵列[J].自然科学学报. 《纳米技术》，2019，14（1）：35-39.

77. 姚平, 吴华等. 利用电子突触进行人脸分类[J]. 《自然通讯》，2017.8.

78. 朱 B，王 H，刘勇，等. 电可重构结构的皮肤触觉记忆阵列[J]. 先进材料，2016，28（8）：1559-1566。

79. 陈 S，娄 Z，陈 D，等. 一种基于紫外激励忆阻器的人工柔性视觉记忆系统[J]. 先进材料，2018，30（7）.

80. 张洪润, 金伟萍, 关怀. 自动控制技术与工程应用. 清华大学出版社, 2013.10.